**The power of fashion**
时尚叙事

主编：

扬·布兰德（Jan Brand）

何塞·特尼森（José Teunissen）

安妮·范德兹瓦格（Anne wan der Zwaag）

撰稿人：

南达·范登伯格（Nanda van den Berg）

罗塞特·布鲁克斯（Rosette Brooks）

帕特里夏·克雷费托（Patrizia Calefato）

金吉·格雷格·达根（Ginger Gregg Duggan）

深开明子（Akiko Fukai）

亨克·赫克斯（Henk Hoeks）

埃里克·德·凯珀（Eric de Kuyer）

德克·洛维特（Dirk Lauwaert）

乌尔里希·莱曼（Ulrich Lehmann）

吉勒·利波维茨基（Gilles Lipovetsky）

泰德·波汉姆斯（Ted Polhemus）

杰克·波斯特（Jack Post）

卡琳·沙克纳特（Karin Schacknat）

安妮克·斯梅利克（Anneke Smelik）

何塞·特尼森

克里斯·汤森（Chris Townsend）

芭芭拉·温肯（Barbara Vinken）

安妮·范德兹瓦格

The power of fashion
About design and meaning

# 时尚叙事：
# 内涵、历史
# 与祛魅

［荷］
扬·布兰德
(*Jan Brand*)等
/编
温亚男
/译

# 目录

序　　9
引言　　11

## 时尚与历史

道德与时尚　　16
**德克·洛维特（Dirk Lauwaert）**

永恒：服装上的褶边　　30
**芭芭拉·温肯（Barbara Vinken）**

虎跃：时尚的历史　　44
**乌尔里希·莱曼（Ulrich Lehmann）**

## 时尚与社会

时尚社会的艺术与美学　　72
**吉勒·利波维茨基（Gilles Lipovetsky）**

如果一切都是时尚，那么时尚到底怎么了？　　94
**埃里克·德·凯珀（Eric de Kuyer）**

## 时尚——意义系统

时尚：一种符号系统　　128
**帕特里夏·克雷费托（Patrizia Calefato）**

时尚与视觉文化　　154
**安妮克·斯梅利克（Anneke Smelik）**

Ⅰ 服装与内在　　176
Ⅱ 服装是物品
Ⅲ 服装和想象力
Ⅳ 民主势利
**德克·洛维特（Dirk Lauwaert）**

**时尚与表演艺术**

    从花花公子到时装秀：时尚是一种表演艺术      *198*
    **何塞·特尼森（*José Teunissen*）**

    地球上最伟大的表演：      *226*
    当代时装秀及其与表演艺术的关系
    **金吉·格雷格·达根（*Ginger Gregg Duggan*）**

    布鲁明戴尔的叹息和低语：      *252*
    对布鲁明戴尔内衣部邮购目录的评论
    **罗塞特·布鲁克斯（*Rosette Brooks*）**

**时尚与全球化**

    地球村里穿什么      *266*
    **泰德·波汉姆斯（*Ted Polhemus*）**

    日本与时尚      *292*
    **深开明子（*Akiko Fukai*）**

**时尚与艺术**

    混搭的艺术      *318*
    **卡琳·沙克纳特（*Karin Schacknat*）**

    "如此差异"：就如艺术和商品之间的差异，就如生活和生      *346*
    活方式之间的差异——西尔维娅·科尔博斯基和彼得·艾
    森曼 1995 年与川久保玲的合作案
    **克里斯·汤森（*Chris Townsend*）**

    节奏的奴隶：索尼娅·德劳内的时尚项目      *364*
    和碎片化、流动的现代主义身体
    **克里斯·汤森（*Chris Townsend*）**

**时尚理论**

    时尚理论的五位先驱：一项全面调查     *396*
    亨克·赫克斯（*Henk Hoeks*）、杰克·波斯特（*Jack Post*）

**设计师人物小传**

    阿尔伯·艾尔巴茨（Alber Elbaz）     *20*
    伊夫·圣罗兰（Yves Saint Laurent）     *28*
    马丁·马吉拉时装屋（Maison Martin Margiela）     *36*
    川久保玲（Rei Kawakubo）     *40*
    克里斯汀·拉克鲁瓦（Christian Lacroix）     *53*
    帕昆夫人（Madame Paquin）     *60*
    玛丽·官（Mary Quant）     *70*
    维维安·韦斯特伍德（Vivienne Westwood）     *80*
    安·迪穆拉米斯特（Ann Demeulemeester）     *96*
    本哈德·威荷姆（Bernhard Willhelm）     *104*
    可可·香奈儿（Coco Chanel）     *112*
    尼古拉·盖斯奇埃尔（Nicolas Ghesquiere）     *120*
    缪西娅·普拉达（Miuccia Prada）     *125*
    古驰欧·古驰（Guccio Gucci）     *132*
    杜嘉班纳（Dolce & Gabbana）     *140*
    乔治·阿玛尼（Giorgio Armani）     *148*
    伊涅丝·范·兰斯维尔德（Inez van Lamsweerde）     *160*
    索菲亚·可可萨拉齐（Sophia Kokosalaki）     *182*
    亚历山大·范斯洛博（Alexander van Slobbe）     *188*
    保罗·波烈（Paul Poiret）     *210*
    维果罗夫（Viktor & Rolf）     *218*
    约翰·加利亚诺（John Galliano）     *222*
    亚历山大·麦昆（Alexander Mcqueen）     *238*
    盖·伯丁（Guy Bourdin）     *248*
    赫尔穆特·牛顿（Helmut Newton）     *260*
    托马斯·博柏利（Thomas Burberry）     *264*
    汤米·希尔费格（Tommy Hilfiger）     *270*
    迪赛（Diesel）     *278*

| | |
|---|---|
| 拉尔夫 · 劳伦（Ralph Lauren） | *286* |
| 詹尼 · 范思哲（Gianni Versace） | *290* |
| 三宅一生（Issey Miyake） | *296* |
| 渡边淳弥（Junya Watanabe） | *303* |
| 山本耀司（Yohji Yamamoto） | *306* |
| 让-保罗 · 高缇耶（Jean Paul Gaultier） | *314* |
| 露西 · 奥塔（Lucy Orta） | *326* |
| 沃特 · 凡 · 贝伦东克（Walter van Beirendonck） | *334* |
| 亚历山大 · 向曹域兹（Alexandre Herchcovitch） | *338* |
| 侯赛因 · 卡拉扬(Hussein Chalayan） | *342* |
| 啵丽斯（Bless） | *350* |
| 索尼娅 · 德劳内（Sonia Delaunay） | *362* |
| 艾尔莎 · 夏帕瑞丽（Elsa Schiapareli） | *386* |

# 序

　　时尚现象从未像今天这样百花齐放，成为一个备受争议的话题。大量以时尚与潮流为主题的文章，使我们对最贴近自己皮肤的事物的了解与日俱增。报亭的架子上摆满了时尚杂志，提供着最新的穿搭建议，描述着时尚界的最新发展。尽管时尚是当代文化中的一个重要现象，但在知识层面上，它仍然是一片处女地。

　　ArtEZ 艺术学院*将当代时尚视为我们这个时代的一面镜子，其中倒映着重要的社会和文化发展。它将时尚置于理论和社会背景中，从而揭示其潜在的意义，并展开讨论。

　　基于这一思路，我们编写了一本新型时尚手册，以当代视角回顾时尚历史。该书历时三年，将时尚视为视觉导向文化的一种现象，并映入人类学、社会学、哲学和符号学的见解，丰富了时尚的历史。

　　通过本书的出版，ArtEZ 艺术学院希望促进高等院校的学生以及对设计感兴趣的普通大众的时装设计理论框架的形成。

何塞 · 特尼森（José Teunissen）
ArtEZ 艺术学院时尚讲师

---

\*　　ArtEZ 艺术学院成立于 1949 年，是荷兰规模最大的艺术学院——译者注

# 引言

时尚到底是什么？时尚和服装的区别是什么？这本书试图为这两个问题和许多其他问题寻出答案。一些理论家认为时尚——此处指不断变化的着装品位——起源于文艺复兴时期。另外一些人认为法国宫廷名媛的创新对于时尚的起源至关重要。路易十四宫廷里的名媛们，姑且不论她们其他的功过，她们是定义"美的理念"和"良好品位"的第一批非贵族人士。她们赢得尊重基于的是高雅的品位，而非社会出身。

当中产阶级在19世纪兴起时，民主的传播和启蒙运动思想被广泛接受，特征与个性发展成为现代文化的核心概念。时尚在反映内在自我、灵魂和个性方面变得至关重要。这使得19世纪的时尚成为现代性和匿名的城市生活的重要元素之一。它促使夏尔·波德莱尔（Charles Baudelaire）和斯特芳·马拉美（Stephane Mallarme）以及后来的格奥尔格·齐美尔（Georg Simmel）等思想大家开始认真思考时尚对现代文化的影响，并试图理解它在这种背景下的运作法则。

而瓦尔特·本雅明（Walter Benjamin）和罗兰·巴特（Roland Barthes）的研究强调了20世纪时尚的重要性——本书的所有作者都得益于这些思想家。我们可以把他们视为当今时尚理论的先驱。由亨克·赫克斯和杰克·波斯特撰写的这些重要思想家的生平简介，收录在本书最后一章。对时尚设计实践的讨论贯穿了全书。本书也涉及了诸多著名时尚设计师和摄影师最重要的原则和理论，以及他们的作品。

本书中的所有文章都证明了：时尚是当代文化最重要的表现方式之一。为了彻底探索作为文化现象的时尚，我们需要一个宏观且跨学科的方法。社会学、人类学、符号学、心理学以及新兴的视觉文化领域都发展出了关于时尚的有趣观点和理论。这种多元性也体现在其他文章和著作者的观点中。

最后，纵观时尚历史和理论，本书分为六个主题。

## 时尚与历史

在第一章中，我们汇集了三篇关于时尚与历史间的特殊关系的文章。就其本身而言，时尚与既定的意义和传统没有任何联系。每一季它都自我更新，创造自己新的意义系统，其中没有那些我们在传统文化中看到的社会地位或宗教等既定象征。在《道德与时尚》一文中，德克·洛维特描述了总是"不道德"的时尚是如何与当代道德和文化主题联系在一起的。

芭芭拉·温肯在文章《永恒：服装上的褶边》中告诉我们，马丁·马吉拉、山本耀司和川久保玲等概念设计师如何在他们的设计中表达"时间的流逝"和"磨损的布料"，从而展示了时间和历史等概念如何使20世纪90年代的时尚更接近艺术的思想世界。

时尚在从历史中撷取元素并赋予它们当代品质方面是无与伦比的。早在1863年，波德莱尔就在《现代生活的画家》（*La peintre de la vie moderne*）中写道，时尚是如何将强调短暂性的美学与永恒联系起来的。在《虎跃：时尚的历史》一文中，乌尔里希·莱曼试图定义时尚与历史之间的关系。他的工作基于本雅明在20世纪30年代末提出的概念"虎跃",展示了时尚作为一种文化现象如何一直改变和实现我们的历史观念。本雅明所提出的时间概念也是贯穿芭芭拉·温肯《永恒:服装上的褶边》的主题。

## 时尚与社会

时尚并非如智识圈认为的那样短暂和虚无。在裙摆长度和不同颜色的表面下,时尚也是社会及其关系的一面镜子。哲学家吉勒·利波维茨基在他早期的研究中解释了时尚是如何与民主化和个性概念的出现联系在一起的。在《时尚社会的艺术与美学》一文中,他展示了艺术越来越趋向时尚的现象。在过去,两者之间界限分明:艺术是永恒的,时尚是一时的。艺术是原创的、独特的,而时尚是追随流行的。时尚是大众的消遣,艺术是智识圈的壁垒。时尚关注的是徒劳和短暂的体验,而艺术关注的是永恒的美。现在,这些边界变得模糊了。不仅是艺术,就连博物馆和文化遗产也逐渐屈从于时尚营销的诱人原则,强调消费主义、诱惑、体验和短暂的瞬间。

与吉勒·利波维茨基认识相似的是埃里克·德·凯珀的"如果一切都是时尚,那么时尚到底怎么了?"他在文中提出,时尚已经扩张到许多其他领域,被其攻占的领域很多甚至不再与时尚有任何关系。并且,时尚在我们的文化中一直作为悖论存在。时尚塑造了男性和女性之间的紧张关系。有了时尚,你既可以彰显个性,又可以隶属于群体。时尚既短暂,又持久。它看似自然,却

无一不是人为的。如今,时尚已经普及,每个人都唾手可得,大部分悖论属性已经消失了。例如,男女之间的性别差异已经从时尚层面的文化差异简化为生理差异。如今,随着健身和医美越来越受欢迎,差异越来越流于表面,而作为文化现象的时尚系统似乎已不复存在。

## 作为意义系统的时尚

罗兰·巴特1967年发表《时尚系统》(*Systéme de la mode*),是第一个从符号学的角度将时尚定义为意义系统的理论家。在这部作品中,他将时尚的概念仅限于照片,比如那些时尚杂志的内页照片。2006年,帕特里夏·克雷费托也开始关注作为意义系统的"真正的"时尚——通过媒体呈现给我们的时尚:电视、互联网、音乐和时尚杂志上的照片。为此,她从一个宏观的、多学科的视角来研究时尚,并称之为时尚理论。她将时尚视为一个意义生产系统,在这个系统中,研究对象是着装的文化和美学表现。在她的文章《时尚:一种符号系统》中,克雷费托回答了如下问题:时尚系统中的意义是如何产生的?时尚是如何传播的?符号与身份之间的关系是什么?时尚是如何定义男性和女性、流行文化和奢侈品的?

在《时尚与视觉文化》一文中,安妮克·斯梅利克认为,时尚离不开媒体。时尚杂志、时尚摄像、女性杂志与时尚互利共生。媒体让时尚得以成为一种艺术形式和商业实体。斯梅利克解释了媒体如何在时尚这一复杂的文化现象中扮演重要角色,以及时尚如何成为当今视觉文化不可或缺的一部分。

德克·洛维特在他的四篇系列评论中试图阐释服装的意义。服装帮助穿着者定义他的身份：服装展示了其内在自我，同时形成了一套面对外部世界的社会盔甲。时尚也和身体相连。性、情色和性别只能借助服装和与之相关的规范来表达。并且，男性对服装的体验和定义与女性不同。

**作为表演艺术的时尚**

时尚是最典型的表演艺术，其理想平台是T台上的时装表演和时装摄影。曾几何时，礼仪书籍对行为举止做出了严格的规定，但到了19世纪，随着花花公子的出现——他将匿名的城市视为自己的表演平台——表演、漫不经心的行走成为时尚的一个固定方面。何塞·特尼森在《从花花公子到时装秀：时尚是一种表演艺术》一文中指出，在20世纪，这种表演被抽象化和风格化，形成了今天我们所熟知的时装秀：时尚是一种表演艺术。金吉·格雷格·达根在《世界上最伟大的表演：当代时装秀及其与表演艺术的关系》一文中告诉我们时装秀、戏剧和表演艺术文化之间有哪些相似之处。她还描述了时装秀在这一背景下的各种变体，以及这些变体对时尚展示意味着什么。

罗塞特·布鲁克斯在《布鲁明戴尔的叹息和私语：对布鲁明戴尔内衣部邮购目录的评论》一文中诠释了这样一个主题：风格并不是穿什么的问题，而是如何穿，以及用什么态度来诠释形象的问题。在对布鲁明戴尔内衣部门邮购目录的评论中，她讨论了盖·伯丁在20世纪70年代为布鲁明戴尔邮购目录拍摄的作品。她指出，70年代时尚摄影发生的一个重大变化，即从重视产品转向重视产品形象。这意味着时尚摄影开始越来越类似于娱乐产业——甚至可能是艺术——而不是产品信息的展示。

**时尚与全球化**

时尚最初是一种西方现象，在其他文化中并不为人所知。但在2006年，其他文化也开始登上巴黎时尚舞台。时尚一直是以巴黎和伦敦为中心的国际事件。今天，全球广播系统，主要是互联网，使人们可以在世界任何地方同时观看巴黎时装秀。巴黎仍然是时尚中心，但现在各大洲都出现了时装周，而且主要是在西方世界之外。1980年之前，时尚界一直在关注其他文化，但绝大多数是从欧洲本位（异国情调）的角度出发的。欧洲以外的一切都被视为刺激灵感的来源（民族的、异国情调的），并根据西方人的品位转化为西方时尚。根据西方标准，民族服装不被视为"时尚"。现在，这种严格的划分已经消失了。植根于当地传统的时尚开始受到重视和珍视。在《地球村里穿什么》一文中，泰德·波汉姆斯研究了这些国际时尚市场的新进者应考虑的要素。

在《日本与时尚》一文中，深开明子解释了三宅一生、高田贤三、山本耀司和川久保玲等日本设计师如何在20世纪80年代征服了巴黎，进而征服了整个西方。他们带来的美学和视觉是日本的，并牢牢扎根于"和服文化"。

## 时尚与艺术

随着20世纪80年代后现代主义的出现，时尚设计师被赋予了新的角色。卡琳·沙克纳特在《混搭的艺术》一文中解释说，时尚设计师不再提供引人注目的整体形象，只提供符号学的一些元素。这使时尚更加概念化，并更接近视觉艺术。然而，沙克纳特告诉我们，虽然时尚和艺术之间的关系已经存在了几个世纪，但这两者并不总是以同样的方式联系在一起。在很长一段时间里，这种关系是有序的单向流动：艺术家在描绘人物时将时尚作为一种表达方式。这种情况在19世纪中期发生了变化，部分原因是摄影技术的发明和第一位时装设计师查尔斯·F. 沃斯（Charles F. Worth）的出现。沃斯受到时代浪漫精神的影响，这种精神赋予了这位艺术家作为个人天才的主角地位，而他也乐于以此来宣传自己。20世纪初，保罗·波烈更进一步与艺术家合作，深入艺术家之中，并参与艺术创作。时尚设计师的出现将服装制造行业提升到了艺术的高度，这使时尚与艺术融合成为可能。20世纪初，古斯塔夫·克里姆特（Gustav Klimt）、约瑟夫·霍夫曼（Josef Hofmann）和亨利·凡·德·维尔德（Henry van de Velde）试图将时尚与艺术结合起来，于是出现了各种概念。

克里斯·汤森为本书撰写了两篇专题文章，详细解释了时尚与艺术的合作。在《"如此差异"：就如艺术和商品之间的差异，就如生活和生活方式之间的差异——西尔维娅·科尔博斯基和彼得·艾森曼1995年与川久保玲的合作案》中，他探讨了艺术家西尔维娅·科尔博斯基和建筑师彼得·艾森曼于1995年为川久保玲设计的纽约商店。

在第二篇文章《节奏的奴隶：索尼娅·德劳内的时尚项目和碎片化、流动的现代主义身体》中，汤森分析了索尼娅·德劳内专为某家舞厅设计的服装，其本意并非一件时装，而是一个将现代主义身体置于空间中的工具。这件服装从字面上表达了一个运动的、碎片化的主题，以及个体对这种运动性和碎片化的贡献。

## 时尚理论

在最后一章中，亨克·赫克斯和杰克·波斯特讨论了五位一直被视为时尚与现代性理论话语中的重要理论家。赫克斯和波斯特不仅解释了他们的思想是如何在他们自己的时代背景下形成的，而且还展示了这些思想家是如何彼此影响的。

扬·布兰德
ArtEZ艺术学院艺术教育系主任
何塞·特尼森
乌得勒支中央博物馆艺术时尚和服装策展人，时尚讲师

**Fashion and history**
时尚与历史

德克·洛维特（*Dirk Lauwaert*）
# 道德与时尚（*Morality and fashion*）

1. 马克·波斯维克（Mark Borthwick），科洛·塞维尼（Chloë Sevigny）展示马丁·马吉拉的 2000 春夏 74 号系列。

人靠衣装。过去，人们穿衣服，参照的是变化缓慢的实用体系[1]，而现在，人们参照的是快速更迭的时尚体系。过去，人们无法自己选择穿什么，而是依照传统习俗的规定。当然，在传统服装的范围内，也会允许个体的变化，但这些变化仅限于细节。这就像语言：虽然你不能改变规则，但规则是一个弹性系统，让你可以在规则框架里进行思考或组织语词。

如今有了另一个系统——时尚。人们不再按照传统规定来穿衣，而是根据自己的喜好。这种假设意味着，每天早晨，每个人都要为自己的外表负责，但这种赤裸裸的责任造成了困惑、不确定和焦虑（"我真不知道该穿什么！"女人经常在早上发出这样的抱怨。这在过去是不可想象的，因为一切都有规定）。

因此，在时尚系统中，人们根据自己的心情和意愿穿衣，而不再遵从季节、场合和角色。其结果是，人们在自我形象及其传递出来的性张力上不惜进行大量投资。我们的性张力在很大程度上是由服装决定的，人们逃到衣柜中和镜子里来躲避孤独。人们希望"自由地""穿衣打扮"：最初通过裁缝或制衣师将自己的愿望变成现实，后来是由设计师提出一些理念（商品形态），供人们从市场上选择。

身体与裁缝之间的开放式对话，以及后来身体与作为时尚界喉舌的设计师的建议之间的对话，将反传统习俗的论战置于服装的核心位置。由此而来的结果是，着装被历史化了：风格可以被辨识，突变可以被预示。

在穿衣过程中，人们将服装视为一种公开的冒险，一种社会自我和情色自我形象的冒险，而这种形象只能通过之前的事物来建构。时尚可以创造交互方式：每一个服装主张都是对前一个主张的颠覆，并由此宣告一个新的主张。事实上，服装是体现历史性的首要所在："历史片"之所以被称为"古装剧"，正是因为我们可以从主角们的服饰中立即读出过去的历史。历史化（在小说、电影和绘画中）总是从服装考古开始。

## 穿衣打扮与挑选衣服

时尚始于法国勃艮第宫廷，一个风格交替出现的地方。然而，直到19世纪末期，随着经济和技术条件的发展，时尚才逐渐开始向现代时尚产业转变。在法兰西第二帝国时期，一切都水到渠成了。巴黎想成为奢侈品之都。纺织业为其提供"硬件"支撑。第一位服装设计师——沃斯则贩卖"软件"：具体的、个性化的设计。他颠覆了所有角色的关系：贵族们纷纷登门，而不是他上门求见。裁缝不再被动遵从女人们的意愿，而是提出令人信服的建议。男人再次开始女性化装扮，这一习俗自1675年就被遗弃了。[2]

到了20世纪下半叶，高级成衣实现了时尚的民主化。[3] 事先做好各种可能的服装尺码，顾客可以自己选择，这是闻所未闻的！以前，为了做好一件衣服，裁缝要跟顾客身体接触——测量、触摸。衣服的制作与身体有着直接的关系。而在服装店里，人们去试穿，而不是量体裁衣。如今，时尚在服装和顾客之间制造了一种直接关系的假象（毕竟，你做出了选择），但顾客和生产者之间、身体和衣着之间真正的关系却早已被打破。销售人员对服装一无所知；他们最多只知道是否好看。他们不是裁缝或制衣师，只是一双恭维的眼睛，看不出西装哪里有问题。他们最多能判定另外一套西装"可能"更合适。他们看到的是你穿上它的样子，而不是它的制作过程。前者并非不重要，但如果不能与服装本身联系起来，那就有点愚蠢可笑了。这就好比一个技术人员，他只能附和你说的仪器出了故障，却不知道如何修理它。

这种反常现象正是个性化产业的悖论。决定服装的不是与顾客的讨论，而是生产者的建议。销售人员将建议传达给你；他不仅从衣架上取下衣服，还用他那多余且急切的目光为你试穿。他看的是你是否适合阿玛尼，而不是阿玛尼是否适合你（这是多么无礼的行为！）。

这不应被理解为对穿衣自由的呼吁。如果说有什么是不能自由的，那无疑就是穿衣了。服装所表达的"我"并不是以自我为中心的独白。一个人穿上衣服就不再是自己了，最多只能成为自己。认为个人的自由可以通过服装来实现，这是多么大的幻想。正是因为人们认为可以在服装中实现自我，时代精神在这里得到了更深刻的体现。

## 走出试衣间

十几岁时，我不明白母亲和祖母的小题大做。我们站在街角服装店里挑选我的第一套西装。让我无法忍受的是，她们一边打量着我的身体，一边审视这个穿着新西装的脾气古怪的男孩的魅力。她们在打造一个她们想要的年轻人，并在他身上投射了她们自身。就像电影《迷魂记》（Vertigo）中斯图尔特给诺瓦克打扮一样：创造一个异性的幻影。

幻影：神奇的一刻就发生在你穿着新西装走出更衣室的时候。这是你第一次在镜子前成了焦点，摆出造型，昂首挺胸。在镜子的方寸中，你希望自己真的能被重新看待。当这个女人——就像个小女孩——出现在镜子前时，她是多么无助，带着不确定地"希望"能有一瞬间的惊艳出场。是惊艳于身上那件衣服？不，是她自己。

几十年后，一次去一家奢侈品店。一套完全合身的三件套西装——一个非同寻常的发现。你立刻摆出不同的动作：你感觉这套衣服改变了某些真正重要的东西，即你的身体和空间之间的关系。现在，要做出各种动作所需的力气要小得多。你的动作变得更加自然流畅，同时更加自觉、更加高贵，在空间中更加优雅自如。就像舞曲一样，西装诱惑你做出动作，定义空间的动作。服装调节着你眼前的生活空间。

这种放松的自在感是优雅的重要方面之一。它发自内心，甚至比从他人的目光中得到确认更为重要。我不会因为他人的凝视而感到优雅。恰恰相反，我是通过自己身上的优雅气质来吸引对方着迷的目光。因此，服装不仅是社会性的，它首先是自我的支撑。衣服——只要想想紧身胸衣和令人兴奋的女性贴身内衣[4]——会让皮肤和肌肉变得有自我意识。服装是自带色情的。它激起情欲和骄傲，情欲本身即骄傲。人们会感觉到自己——自恋但也慷慨，自信地表现自己，但也给予别人。这就是优雅：令人印象深刻的权威和诱人的慷慨之间的张力。

　　服装是自我与自我关系的基本表达。在穿衣之前，是自我与他人的关系。服装对自我进行过滤，并将其作为内在形象回归身体。这个身体意象首先是为身体和身体中的自我意识而存在的，而不是为了观赏，既不是它自己的（在镜子前），也不是他者的（在世界上）。自我体验本身不是一幅外在的图景，而是一种道德力量，一种内在的品质。自我体验的基调与服装的触觉时刻相关联：衣服如何激起一个人的自我感觉以及他人的观感。或者更确切地说，对我而言，它提出了如何自我感觉的命题。

和读者之外，投射到展示和观察的人之外。对这种倾向，公然表达的是巴特的著作——在伴随图像的文本中将时尚投射到图像之外（Barthes 1967）。

　　在我看来，这是忽略事物本质的最佳方式：时尚和服装总是始于此时此地，始于我的身体。任何关于时尚的思考都离不开穿着衣服的作者和读者。衣着不应该由别人、在别处得到评价——人们的出发点应该是"穿衣"这一更基本的行为。由此可见，服装不是"可识别的"，而是"表演性的"。换句话说，服装不是一种代码，也不是一种宣言——就像文化项目所宣称的那样——而是一种实践。服装不是某种指代，而是一种创造。服装不是代表，而是呈现。[5]服装不是定义，而是定位。服装是语用的，而不是语义的。服装不是书写一个文本，而是定义一个领域，而这个领域只能从"我，此时，此地"中、从被定位和性别化的身体中被理解。

## 服装的在地化

　　关于服装反思的最大问题在于服装的在地化。即使是最简单的陈述——路人在服装店里的即兴评论、时尚照片、电视播音员——也试图将问题推向一个特定的方向，即客观化。因此，服装问题始终是他人的问题（而不是带着评判眼光的"我"的问题）、形象的问题（而不是其自身身体的问题）和规范的问题（而不是个人的问题）。所有关于时尚的历史和理论也都把现象投射到作者

## 时尚与女人

　　时尚似乎是女人的领域。这是有充分理由的：自19世纪以来，女装一直很容易受到最激进、最明显的变化的影响。时尚原则在女装中发挥着最大的"作用"。男装自19世纪以来一直保持稳定，不那么容易受影响，也不那么富有想象力，在色彩和概念上越来越中性，简而言之，就是沉闷、阴暗和令人失望（Harvey，1995）。似乎男人被传统服装体系所束缚，只有女人在时尚体系中活动。

# 阿尔伯·艾尔巴茨（Alber Elbaz）

1961，卡萨布兰卡（摩洛哥）

在20世纪的最后几年和21世纪的最初几年，一些值得尊敬但往往已奄奄一息的时装品牌通过正确的任命决定，获得了新的魅力。创立于1889年的浪凡时装屋可能是其中最成功的例子。2001年，以色列设计师阿尔伯·艾尔巴茨被台湾媒体大亨王效兰任命为女装设计师，同年，王效兰投资买下了浪凡。2002年，从他为浪凡设计的第一个春季系列开始，艾尔巴茨的设计就赢得了国际认可。自他上任以来，浪凡的成衣和配饰销售额增长了十倍，销售门店数量激增。2005年6月，艾尔巴茨被美国时装设计师协会评为对时尚做出"杰出创意贡献"的国际设计师。

用"国际"来形容阿尔伯·艾尔巴茨再合适不过了。他出生于卡萨布兰卡的一个犹太家庭，在特拉维夫郊区长大，1982年至1986年在以色列申卡尔学院学习时装设计。25岁时，他去了纽约，在那里待了七年。他成为杰弗里·比尼（Geoffrey Beene）的得力助手，比尼以高标准著称，对时尚和服装行业中的庸俗行为深恶痛绝。艾尔巴茨说，比尼向他传授了使用不同面料的技巧，并告诉他"衣服的前后之间是女人的身体"。1996年，艾尔巴茨在姬龙雪（Guy Laroche）担任首席设计师，1998年在圣罗兰左岸（Yves Saint Laurent Rive Gauche）担任首席设计师。1999年，古驰集团收购了圣罗兰，汤姆·福特（Tom Ford）接替了他的职位。之后，艾尔巴茨在克芮绮亚（Krizia）工作了一年。

时尚记者苏西·门克斯（Suzy Menkes）曾撰文称，艾尔巴茨为浪凡设计的服装妩媚柔美，其特点是"暧昧的剪裁，含混的装饰，带有一丝不完美[……]宽松自如的衣服轻抚着身体"。艾尔巴茨在一次采访中谈到他的工作方法时说："你可以从档案中获得灵感，但你必须在其中添加一些东西，一点不确定性[……]。一切都是为了产生反差：如果你在设计一件甜美的粉红色连衣裙，你必须加入一些东西，一些城市的东西。也许是灰色的，有点难看，对比强烈，但又很和谐。"

阿尔伯·艾尔巴茨因其温和的性格而备受赞誉，其貌不扬的他与魅力四射的汤姆·福特截然相反，后者是深受女性客户和许多时装公司追捧的设计师。他最近与浪凡续签了合同，但他声称这样做是出于对王效兰女士的喜爱，因为她"是唯一一个在没有人愿意收留他的时候收留他的人"。

参考资料：

Brana Wolf, `Alber Elbaz, Lanvin', Paris, France', in *Sample, 100 Fashion Designers – 010 Curators. Cuttings from Contemporary* Fashion, p. 112 – 115. London/New York: Phaidon, 2005.

插图：
1. 浪凡。广告形象，2005。

这种分歧似乎与对时尚的一种古老的道德解读相一致，即作为女性虚荣心的一种表达，与男性的谦逊相对。对时尚的批评总是强调其女性化的一面。

由此，女人应该在时尚之内，男人应该在时尚之外。只有女人才会对外表感兴趣，而男人不会。只有男人才应该是理性和矜持的，女人就该是不讲道理和咄咄逼人的。这种对立很可能包含许多日常方面，但怎么也不会是时尚。男人和女人存在于两个不同的人类学体系中，这简直不可想象，就好像男人不知道女人也想看到有趣的男人一样！每个站在镜子前第一次有意识地梳理头发的青少年（尽管是在抗议下）都会得出这个令人不安的结论。这种抗议从此成为男性外表魅力的一部分。这个女人肯定不希望她的情人在更衣室里扮演她的角色。但是她很喜欢把他拖到镜子前——这个女性的空间——看他笨拙的样子。显然，每个男人都在扮演这样的角色，就像与生俱来的习惯。

事实上，一个人总是在想象的两性关系之下打扮自己，从不仅仅作为男人或女人"自身"，而总是作为面对一个男人的女人（想象另一个面对男人的女人的存在），或者作为面对一个女人的男人（想象另一个面对女人的男人的存在）。人们总是为了划清界限而穿着打扮——尤其是在人们似乎要取消这一界限的时候。一个区分形式和细节、表明男性或女性的界限。因此，这里就存在着双重机制：在男性和女性的对立之间，也在形式和意义的层次之间，意义在关于异性的迷人命题的对立中产生。

## 展示和隐藏

时尚总是存在于自信的展示和小心的隐藏之间。事实上，时尚是调节身体可见度的优秀文化手段，而且只需要两个步骤：隐藏和展示。隐藏与展示，羞怯与放肆，谦虚与虚荣，矜持与张扬。时尚引导人们的目光——从一个地方转向另一个地方，将注意力吸引到或转移到解剖学和性特征、财富和奢侈品、虚荣或羞耻感上。

时尚塑造了身体及其隐含的"道德"。在隐藏和展示之间寻求平衡。在这里，同样重要的是要把这两个操作看作是相互关联的：一个人只能通过强调一个东西来隐藏另一个东西，也就是说，强调总是意味着隐藏。裸体的假设，以及完全隐藏的身体的假设，都是不存在的。服装之所以成为可能，是因为总有不同的一点。正是这个点带来了交流与变迁。时尚对身体说："把那个换下来，穿这个。"

这一原则不仅适用于单个身体，也适用于不同身体之间。[6] 内部变化是对男女之间、社会高低之间、年龄长幼之间变化的回应。一方会不断尝试征服另一方的空白空间。一方会通过展示和观赏这种小而持久的决斗来回应另一方的提议，而这种决斗被展示和隐藏支配。变化的体系是清晰的，而且在实践上是无穷无尽的。[7] 人们有一种时尚在不断重复的印象（因为棋盘的可能性是有限的，但同时棋局的策略是无数的），正是这一点给时尚以不可穷尽并令人心驰神往的印象。

基于此产生的形象是碎片化的、可组合的身体。解剖学中的身体是可以分割的。血肉之躯不同于假体，既是一体的，又是可分割的，既是局部的，又总是可以重新整合的。只有在反常的情况下，这种分割才是激进的（典型的例子就是拜物教）；时尚本身至多带有一些反常的主题，却不断地将它们融于重新整合的身体形象之中。

诚然，整合后的身体代表了这种碎片化的永久背景，但它也是一个未实现的乌托邦——裸体的梦想是通过服装、时尚、文化应对碎片化的绝对胜利。但是赤裸的身体是没有意义的。[8] 极端的权力剥夺了身体的所有衣物，这并不是偶然的——这也是它们失去意义的原因。赤裸变成赤裸，一种意义和本能的沮丧状态。在这种状态下，身体不能够再提出一个命题。只有通过衣服，身体才能获得意义，才能进入交流。值得一提的是，没有衣服，它立即成为一个封闭的物体：从根本上看是可见的，而对于相互联结的社交活动来说是不可见的。

## 作为当代隐喻的时尚

时尚是后现代社会的隐喻。在那些赞美社会纯粹由时尚原则决定的愤世嫉俗的演讲中，回荡着所有与时尚相适应的道德说教。犬儒主义不过是自我否定的道德主义，它把脸转向墙壁，就觉得问题都不存在了。不幸的是，当道德承诺被回避时，它（犬儒主义）所利用的老式道德主义可以不受干扰地继续下去。犬儒主义是理性的睡眠。

时尚似乎是一个合适的隐喻，可以用来描述一种被诊断为虚幻游戏的文化。然而，首先必须指出的是，时尚的隐喻使用并不充分。对服装和时尚稍加思考，就会发现与随意性、内在空虚和纯粹肤浅截然相反的东西，即对服装和时尚的基本历史和性欲投资，私人性和社会性、时事性和历史性、身体性和生活哲学的亲密交叉。变化仅仅是游戏的规则，而不是游戏的本质。行为规范是生活时尚的手段，而不是本质。

剧院是现代主义后期的隐喻。多不一样的视角！剧院的隐喻至少把两性的对立放在了知识分子的菜单上：在场景和礼堂之间，在这里和那里之间，在游戏和所指之间，在文本和表演之间。而时尚呢？因为它被有意地（清教徒式地）错误理解，在这种对形象的明显崇拜中，这实际上是一种偶像破坏，对幻灭的庆祝始于对时尚的贬低。由于缺乏理解，时尚的地位比戏剧要弱得多。

## 男性建筑

一块布料不会一直挂在移动的身体上：它会垂下、松开并滑落下来。我们都还记得小时候试图用床单装扮自己的游戏。就好像我们都必须先穿过希顿古装（古希腊人贴身穿的宽大长袍）和托加长袍，一次又一次地重复着服装历史的进程：从最小到最大的结构。

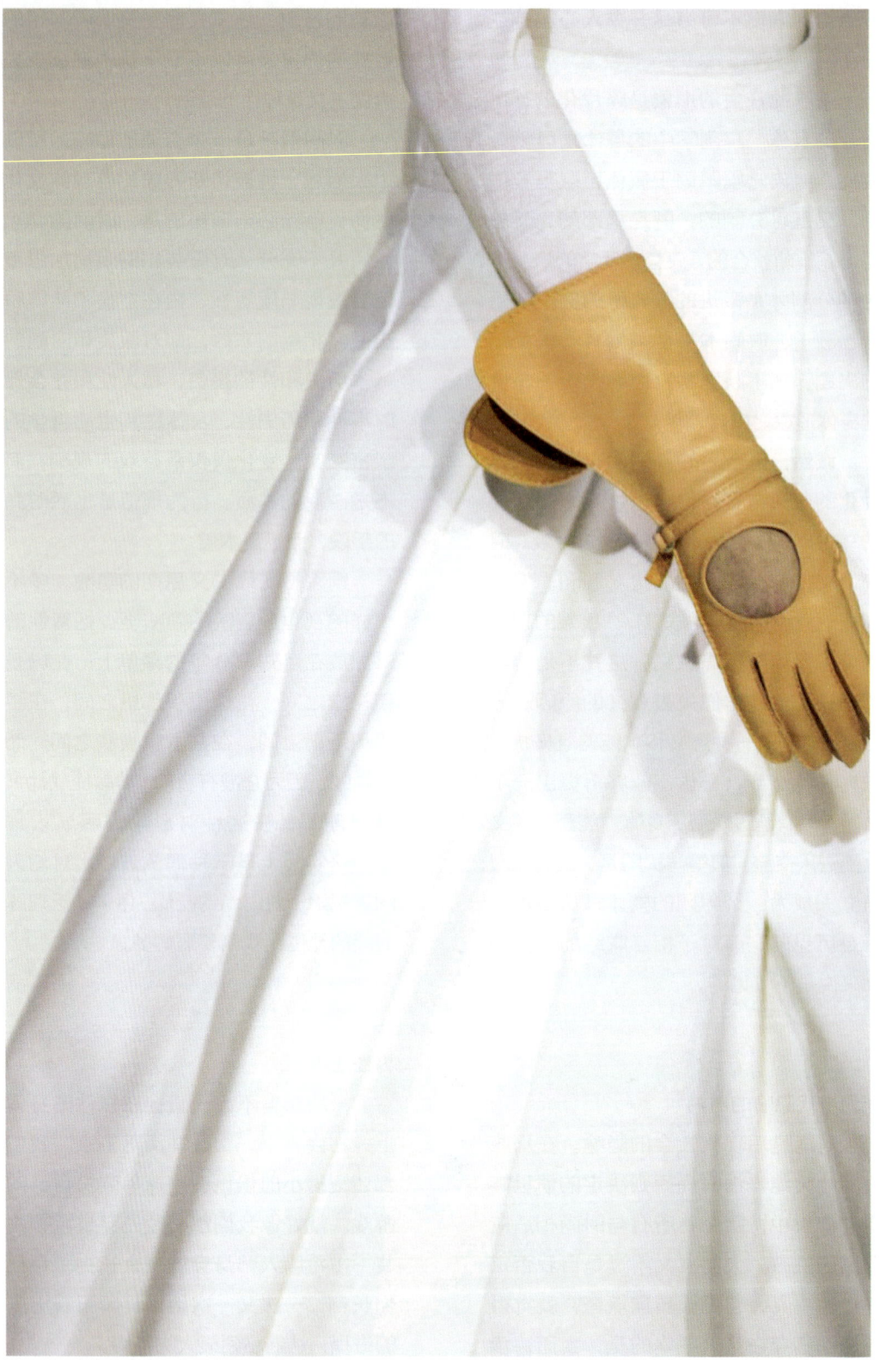

2. 德赖斯·范诺顿，2001/2002 冬季 系列

24.　　　　　The power of fashion

笨拙地裹在宽大的布里，我们体验了衣服对我们的意义，即一种建筑结构。它围绕着开口和接缝，有内部的也有外部的，有高的也有低的。根据式样裁剪布料，将各部分缝合在一起的接缝，布料方向的变化，配件的插入（就像女人的紧身胸衣[9]，当然也曾经是男人的），使得建筑不再是一个隐喻，而是服装的一个重要部分。这个建筑是一个桁架，墙壁挂在上面。因此，它（衣服）就像一座移动的房子。

布料的结构通常隐藏在各种褶皱、装饰和效果的背后。结构的逻辑是每件衣服的核心，却很少成为时尚的主题。时尚往往仅仅是一个装饰问题（织物类型、颜色、刺绣、珠宝），而底层的建筑选项保持不变。就这一点而言，革命是非常罕见的。

从某一时刻开始，建筑已明显成为服装概念的主题：服装被翻了个底朝天，基本思路变得清晰可见。这不仅发生在女装上，也发生在男装上：三件套西装。[10] 从此，男装变得现代：方法明确，并通过方法的可视性在朴素中彰显优雅。男装在逻辑和道德上的成功让它退出了时尚界。

男装的道德内涵在于它对阳刚之气的明确定义，而且显然这一点非常令人满意：实用、高效（运用在运动和军事上）、清醒、自主（很容易使西装带有反叛色彩）、中性、谦逊、清晰易读、基于自我控制（西装也有教士的一面）。

男装关注四肢（女装，一直与遮住双腿的连衣裙联系在一起，即使它是时尚的主角）。直线、修身、灵活——这就是19世纪以来男士时装的样子。新古典主义的严谨与理性建筑的结合，同时又允许相当程度的浪漫主义扩张。在极其精确的形式中，它蕴含了令人惊叹的细微差别和丰富情感。

换句话说，男士服装提出了一个完全不同的命题，即有"我"和"性别"同时存在的身体的意义。男装不依赖装饰（没有装饰性刺绣，面料和颜色统一），也不依赖垂褶、流苏、拖尾。它并不让人赏心悦目。相反，它明确展示了服装作为建筑的效果，从而获得了柔美的一面和低调的优雅。男性气质被定义为直率而非委婉，肯定而非诱惑（通过肯定而诱惑）。

然而，这导致了一个重大问题，即服装作为对话、作为两性之间的游戏场、作为男性和女性原则交会之地的假设。西装革履的男人似乎已不再是时尚的主角，而女人则更多地融入了这令人惊叹的潮流涌动之中。这就好像男性服装逐渐固化为功能性服装，使时尚这个系统最终具备了两种速度：就女性而言，速度超快，社会化的衔接和连贯性越来越难以把握，而男性服装的持续时间非常长（已达两个世纪）。

**服装与个人理论**

传统服装和时尚系统都是有关个性与社会性之间关系假设的实际应用。这种实用哲学的特别之处在于，它既是"道德的"，又是"性的"。与其说时尚是对一个人所扮演的社会角色的信息进行直接编码，不如说它从根本上表明了一个人是如何扮演这一社会角色的。尽管"我"和"社会"仍然是理论领域中的抽象实体，但它们实际上通过服装得到了非常具体的表述（不可能更具体了），因为每个人都与服装有着某种牵连。服装不仅仅是一种立场的确定，更是一种意图的宣示。在这一直接和实用的哲学领域，女性扮演着极其积极的角色。她的服装是关于"我"的假设的永久源泉，与其他的"我"相对，关于总是性化的"我"，总是具有道德内涵的"我"。

通过"装扮"和（以前的）"时髦"等术语，提出了更多的问题——伪装和缓和，但其清晰度并不亚于一个人塑造的"形象"。鲍德里亚说教式的反对似乎将时尚简化为一种幻觉。事实恰恰相反。服装提出了关于内在力量、关于生命意志、关于个人在社会中清醒存在的命题。如果我们（错误地）将时尚视为女性的象征，那么我们就会从中读出女性的智慧，即通过建立一种永不停歇的灵活性，在自身与世界、自身与性感身体的两极之间不断取得平衡。

女性在选择和穿着服装时会产生许许多多问题，这一点从她们对彼此评价的激烈和激进程度就可见一斑：谴责和赞美的标准不是美与丑，而是生活态度。她们的心声很少被听到，她们甚至对自己也不太了解，这与我们对"我"，对一个"人"是什么的观念扭曲有关。我们对人类形象的心理学化已经取代了一种更古老的判断方式，后者现在只留存了某些残余价值。

对我来说，"道德的"（moral，既指品行端正，也强调精神上的概念）一词 [我们越来越把它理解为另一个词："道德准则"（morality）] 最能概括这种古老的人的观念。然而，一个人的"道德品质"与他的道德准则不是一回事，而是与一个人面对危险、失败、反对和考验时的适应力有关 ["士气低落或消沉"（demoralise）这个词就是由此而来的]。一个人的道德是精神力量的集合体（精神力量不能归结为智力，也不能归结为道德准则，更不能归结为性欲）。作为日常实践的服装是这种似乎已经完全从我们的视野中消失的古老人类形象的伟大代表。

对我们来说，"主观"一词已灾难性地与"人"这个字联系在一起。主观是一种不断将人相对化的观念，在这种观念中，人被挤出了所有话语的中心。因此，任何有效的陈述都不能建立在个人的基础上，任何信念也不能建立在个人的基础上。例如，在所有讨论中，它的对立面似乎都是客观是非，后者一时兴起，而后者更适合。在这里，时尚也提供了一个精彩的思想领域：时尚是个人和规范之间的交汇点。每个人都能体会到，时尚不是武断的，也不是客观的，但正因为如此，它是必不可少的。

我们对时尚的扭曲观念——及其道德说教和反伦理的计划——分散了我们对这一现象基础的注意力，即服装在社会历史中，以及在服装、垫肩、开领、带扣、高跟鞋、束腰背后的实用哲学中的根源。

因此，我们将时尚视为一种极易变化的东西，并因此与暂时性紧密相连，但赋予它的历史意识却又如此薄弱，这并不令人感到惊讶——尽管这确实需要引起注意。我们越来越多地将时尚视为一部历史，它只有话题性（当它"流行"时），而没有过去（因为那只是同一话题性的不可提及的"过去时"）。时尚的过去，只是现在不再流行的东西。因此，我们再也看不到历史上伟大的哲学情感表述是如何主要体现在服装上并通过服装表现出来的。

## 注释

1. "服饰"（costume）近乎"习俗"（custom），正如 1987 年在巴黎举办的一个展览的标题所示。
2. 路易十五颁布法令，允许女性独立担任裁缝。之前，女裁缝专为男裁缝打下手。
3. 1973 年，设计师们在成衣领域开展业务，将独家设计的理念与工业生产和大规模分销相结合。见 Grumbach，1993。
4. Alix Giroud de l'Ain, in Elle, December 1997。
5. 它们的关系是直接的，这或许使其不那么具有表现力，或者说不那么具有可塑性。有一种与生俱来的"诚实"让服装比语言更危险：服装不会说谎，它会义无反顾地背叛你。
6. De Kuyper（1993）如此清晰的阐述。另见 Lauwaert，1994：25。
7. Fred Davis 的著作（1992）在这方面极具启发性。
8. 这是一种脆弱的状态，正因如此，它成了一个与亲密情色有关的议题的起点。
9. 关于通过紧身胸衣的存在与否来构建女性形象，请参见 Thesander，1997。
10. 有关这方面的更多信息，请参阅 Anne Hollander 著作中的精彩论述（Hollander，1994）。

## 参考书目

Barthes, Roland. *Système de la mode*. Paris Éditions du Seuil, 1967.

Davis, Fred. *Fashion, culture, and identity*. Chicago: Chicago University Press, 1992.

Grumbach, Didier. *Histoires de la Mode*. Paris: Éditions du Seuil, 1993.

Harvey, John. Men in black. London: Reaktion Books, 1995.

Hollander, Anne. *Sex and suit*. New York: Knopf, 1994.

Kuyper, Erik de. *De verbeelding van het mannelijk lichaam*. Nijmegen/Leuven: SUN/Kritak, 1993.

Lauwaert, Dirk. 'De geest gaat steeds door het lichaam (v/m). Over de verbeelding van het mannelijk lichaam van Eric de Kuyper', *De Witte Raaf* 49 (May 1994): p. 25.

Thesander, Marianne. *The feminine ideal*. London: Reaktion Books, 1997.

## 伊夫·圣罗兰（Yves Saint Laurent）

1936，奥兰（阿尔及利亚）

法国设计师伊夫·圣罗兰 1936 年出生于阿尔及利亚，早年就引起了法国版 *Vogue* 的注意。20 世纪 50 年代初，他搬到了巴黎，学习了一段时间的时装设计。他的设计草图很快登上了 *Vogue* 杂志。*Vogue* 的主编把他介绍给迪奥，迪奥让他担任自己的助理。1957 年迪奥去世时，这位年轻的设计师接过了他师傅的衣钵，他为迪奥推出的第一个系列，年轻而舒适的空中飞人（trapeze line）系列，获得了巨大的成功。

圣罗兰的方法与他的师傅完全不同。像他的伟大榜样夏帕瑞丽一样，他探索了时尚概念的外在边界。迪奥珍视过去奢华的高级时装传统，而圣罗兰则将注意力转向了街头文化。他融入了当代青年文化的元素，并将其转化为高级时装。我们在他 1960 年推出的黑色皮夹克和高领毛衣上看到了这一点，这是他基于摇滚风格推出的"颓废风"（Beat Look）的一部分。然而，他的前卫想法并没有被迪奥所接受，他的位置也被马克·博汉（Marc Bohan）所取代。1962 年，在伙伴皮埃尔·贝杰（Pierre Berge）的帮助下，他受海军服和工作服的启发，推出了自己的品牌。

1986 年，圣罗兰创立了左岸品牌，并在他的时装系列中加入了极具创新性的高级成衣系列。他喜欢从男装中汲取灵感，并由此创造了女式西装的传奇。圣罗兰开创性地为女性设计了实穿、休闲、高贵而时髦的服装。虽然圣罗兰也引领了透视装等创新设计和前卫时装的传播，但他之所以享誉全球，是因为他设计的女式西装促进了女性的解放。

"当下"仍然是他最大的灵感来源。他推出的设计系列基于的是波普艺术和其他艺术流派甚至是具有东方风情的嬉皮风。他对遥远文化的迷恋也反映在受秘鲁、中国、摩洛哥和俄罗斯文化影响的系列作品中。例如，他 1967 年设计的"非洲"（Africaine）系列，采用了大量的亚麻、木材和青铜，他推出的 1976/1977 年冬季系列的设计灵感则来自华丽多彩的俄罗斯芭蕾舞剧。他作品的多样性有时会引发批评，但通常好评如潮。

1998 年，圣罗兰聘请阿尔伯·艾尔巴茨担任设计师，1999 年古驰集团接管公司后，汤姆·福特成了这家时装公司的掌门人。2002 年 1 月，圣罗兰不再担任时装设计师，因为在他看来，时装界已经变得过于商业化了。

参考资料：

Duras, Marguerite. Yves Saint Laurent: *Images of design, 1958-1988*. New York: Metropolitan Museum of Art, 1988.

Vreeland, Diana et al. (exhibition catalogue) *Yves Saint Laurent*. New York: Metropolitan Museum of Art, 1983.

插图：

1. 伊夫·圣罗兰，透视装。1968 系列，照片：理查德·阿维顿（Richard Avedon），*Vogue*。
2. 伊夫·圣罗兰，绣有让·考克托诗句的晚礼服，1980/1981 秋冬系列。
3. 伊夫·圣罗兰，女式西装，1975 年，照片：赫尔穆特·牛顿。

芭芭拉·温肯（*Barbara Vinken*）
# 永恒：服装上的褶边
(*Eternity: a fill on the dress*)

1.

1. 马丁·马吉拉，1999 春夏系列。

30. The power of fashion

瓦尔特·本雅明在他的《拱廊计划》（Passagen-Werk）中曾有些不经意地说道："在任何情况下，永恒与其说是一种理念，不如说是服装上的褶边。"（Benjamin, 1983, I: 594） 这一论断颇具挑衅性，乍看之下很荒谬：难道服装上的褶边不就是徒劳无益的轻浮象征，不就是一时兴起和不断变化的时尚的象征吗？众所周知的时尚是转瞬即逝的王国，尤其是与思想的深刻和宁静之美相比更是如此。时尚的刻度不是永恒，而是瞬间。时尚界最亲密的关系就是它自身与时间的关系。可可·香奈儿将设计师的艺术定义为"捕捉时间的艺术"。为此，她的撰稿人兼好友保罗·莫兰（Paul Morand）将她比作希腊神话中的复仇女神（Nemesis）：时尚的生命力在于杀戮。香奈儿总结了时尚艺术与时间关系的精髓："越短暂的时尚，越完美。你不可能保护已经死去的东西。"（Morand，1976：140-141）

时尚的艺术关于完美的时刻，是突如其来、令人惊讶而又令人期待的和谐幻影——是即将到来的现在。它的实现同时也是它的毁灭。一经出现，在那个赋予其最终形式的时刻，时尚就已经是明日黄花，腐朽、陈旧。因此，库热雷（Courèges）的完美少女——一个现代而简约的女孩，身材瘦削，一身白衣，在等着什么——是一个完美的时尚寓言。也许，出于同样的原因，每场时装秀的最后一件礼服传统上是蒙着面纱的新娘，一个即将开启全新人生的被寄予厚望的女人。这一瞬间否定了时间的永恒性，它抹去了时间的痕迹，它以一种绝对的、不证自明的和完美的姿态杀了历史的差异——这一瞬间变成了永恒，永恒的显现。忧郁的面纱只会突出那一刻转瞬即逝的凄美，它的昙花一现和不堪一击。

本雅明常被引用的悖论暗示了甚至引用了波德莱尔的十四行诗《献给路人的她》（A une passante）中的巴黎图景。它的女主角不是一个穿着白色婚纱的新娘，而是一个穿着黑色丧服的寡妇。短暂的瞬间与永恒是构成这首诗的关键对立："电光一闪，复归黑暗"——电光石火间，照亮了她惊鸿一瞥的美：

> 美人已去，你的目光一瞥使我突然复活，
> 难道我只能会你于来世。

几行之前的"褶边"开始发挥作用了：

> 颀长苗条，一身哀愁，庄重苦楚，
> 一个女人走过，她那灵动的手，
> 提起又摆动衣衫的彩色褶边。

因为这个动作，有那么一瞬间，那"宛若雕像的腿"裸露在外。

这里的时尚似乎无法完成其关于时间的传统任务：它似乎无法抹去历史的差异，无法为了完美的此刻而放弃时间。古老潜伏在现代的面纱之后，死亡在生命中抬起头，爱神和死神相遇。产生的不是和谐，而是冲突和激烈的摩擦。瞬息不能伪装成永恒。时间和死亡留下了它们的"圣痕"——城市生活的症状，本雅明借助普鲁斯特的《追忆似水年华》

解读了"路人"的脸。

海因里希·海涅是第一个将时尚作为现代范式的人，法语中是明显具有相同词源的"la mode"和"la modernité"，以及德语中的"mode"和"Moderne"。短暂的时尚，是现代的本质动力。古代和现代、永恒和短暂不再是相互对立，而是彼此影响的。甚至可以说，年代久远也不再安全了。这种新的关系通常表现为雕像那永恒的、理想的美与时尚盛行一时的破坏美之间的冲突——高与低之间的冲突。这种诗歌体裁的专业术语是滑稽作品。海涅发出一声深沉而滑稽的叹息，哀叹古典美的理想被各个时代的时尚所扭曲和毁损："最高傲的胸脯在粗糙的蕾丝褶边中起伏，最有灵性的臀部穿着毫无灵感的棉布。"

> 哦，悲哀，你的名字是棉布，棕色条纹的棉布。从来没有什么比看到一位来自特里昂特的女士更让我伤心的了，她的身材和肤色都像一位大理石女神，但在这高贵的古董般的躯体上却穿着一件棕色条纹的棉布衣服，看起来就像悲伤的尼俄伯[*]突然变得快乐起来，并用现代的时尚装扮自己，带着乞丐般的骄傲笨拙地走在特里昂特的街道上。（Heine, 1969: 349）。

波德莱尔与海涅一样，在时尚与雕像的冲突上发展新美学，这也正是"路人"的主题。这个冲突产生了新的东西，即第三个术语，即使只是一个负面术语。在这场激烈对抗中诞生的新术语就

---

[*] Niobe，古希腊神话女性，生有七子七女，全被杀死，因悲伤不已而化为石头——译者注

是浪漫主义反讽。它的魅力恰恰在于刺耳、生硬的断音，高低贵贱、荒诞与崇高的合音——突兀、狂野、不协调。浪漫主义反讽基本上就是这种断裂，从而分解了古典雕像的永恒之美和时尚的完美时刻。波德莱尔的"路人"是这种新风格的宣言，它暴露了时尚中极度不和谐时刻的怪诞对比，这一时刻徒劳地试图排除本雅明所说的"时间差"，却注定几乎无法摆脱它。生与死，哀悼与爱欲，古代与现代，永恒与瞬间，它们在相互辉映中呈现出的光亮，显然不是理想的光。雕像是规范的、永恒的美的化身，它通过纯粹的几何尺寸展现了神之美，是神之美超越人身的映射。敬畏和无私的赞美是观赏者的恰当反应。

在浪漫主义中，雕像成为一种象征，人们通过它表现欲望——想想高缇耶、巴尔贝·德·奥尔维利、詹姆斯、霍桑或萨克·马索克。正是因为雕像中欲望的缺席，大理石肢体冰冷洁白、完美无瑕，才唤起了人们将其点燃的欲望。基督教在古代留下的烙印，是将男人之性视为暴虐的，视为玷污圣洁的欲望。雕像的怪异的另一面，即其黑暗的反面是一个布偶，就如 E.T.A. 霍夫曼（E.T.A.Hoffmann）的《沙人》（Sandman），它的美并不是神之美的反映，而是人类的欺骗机制。时尚玩弄着雕像和布偶的魅力，生与死的奇特结合、栩栩如生的外表。在波德莱尔笔下雕像般的女人形象中，更多的是"破碎的身体"和恋物癖的影子（Steele, 1996）。本雅明认为时尚正是恋物癖惯用的传统主

题，是无机物（如雕像）与有机体之间的摇摆之地："每一种时尚都将有生命的身体与无机的世界结合起来。时尚主张活人拥有尸体的权利。以无生命的物体的性吸引力为基础的恋物癖是其核心气质。"（Benjamin, 1983, I: 130）隐藏在时装设计师工作室中的"人体模型"就是这种结合的象征，衣服就是依照这个模型设计的。波德莱尔的"路人"揭示了人体模型是古代雕像美的残影。

白色美丽和威严的古代大理石像和现代时尚在有生命和无生命之间交错：一个雕像如一个活色生香的窈窕淑女，一个真正的女人如同雕像般毫无生气。她的容貌会杀死人，但也会带来重生，带来复兴。这一刻的情欲是永恒的，同时是一种片刻的死亡：用本雅明的名言来说，就是"不是一见钟情，而是最后一瞥之恋"（Benjamin, 1968: 169）。这种永恒化的代价是，对十四行诗的讽刺——割裂、并置和分解。一望无际的蔚蓝天空中的宁静，雕像四周蓝白相间的光辉，被换成了现代都市喧闹震耳的街道，带着她与大众一起前行。挥舞褶边时的情欲张力和肆意，与丧子的哀痛及雕像美丽的沉着均不协调，这增加甚至构成了一种超越欲望的完美。与对曾经完美的美的陶醉、升华和形而上学的钦佩不同，这是一个奇怪的爱情场景，一个角色颠倒的古董。这个女人的眼睛现在拥有朱庇特**的雷电力量："那暗淡的、孕育着风暴的天空。"闪电以猛烈的一击击中观看者的眼睛："电光一闪……复归黑

** 罗马神话里的众神之王——译者注

暗！"暗示了朱庇特的威力，他的克制是必要的，以避免将他的渴望对象化为灰烬，像塞墨勒那样。在这里，诗人的抒情形象被闪电击中，透过他模糊的渴望对象的眼睛；他在性的狂喜和极度的情欲张力中战栗——"我紧张如迷途的人"——就像被电击一样。然而，这种"紧张"绝不仅仅是一种个人反应，而是塔克西勒·德勒尔（Taxile Delors）在《放荡的巴黎人》（Paris-Viveur）中所描述的优雅男士准则的一部分，并被本雅明引用：

"一个优雅的男人应该总是……令人兴奋和紧张不安。我们可以将这些容易引起的骚动归因于自然的撒旦主义，或激情的狂热，或最终成为我们成功的手段。"（Benjamin, 1983, I: 126）。

对现代都市生活中最典型、最常见的事例之一——完美的陌生人之间充满情色色彩的交流，代表着时尚类型而不是个人。波德莱尔利用这些事例改写了爱情诗歌的历史，追踪了现代欲望的形态，并表明了新时尚的结构。一个转瞬即逝的瞬间，一个路人，人们会忘记。如果这首《路人》令人难忘，那是因为这首诗以否定的方式再现了一种传统的光环，在电光之间闪现。形迹从湮灭中产生。"波德莱尔不知道时间的变化，其中只有辩证的形象才是真实的。"本雅明写道。"试着通过时尚来展示它。"《一个过路的女子》（A une passante），虽然，随着时间的分秒流逝精确地产生了这个图像（Haverkamp, 1992: 77-78）。在通过

两种否定时间的模式的冲突,将时尚如电光的短暂和雕像的永恒分开的那一刻,历史如同朱庇特的闪电一样呈现出差异。出现的不是完整的历史,而是现代性在古代产生的、古代在现代性中产生的损毁。悲痛的"路人"呈现着时间和死亡的圣痕。时代的冲突以唯一的方式产生了光环:作为一个失落的时刻,永恒的完美理想被损毁了。但是,让我们回到本雅明,并"试图通过时尚来展示它"。

从查尔斯·沃斯到伊夫·圣·洛朗,以香奈儿和夏帕瑞丽为代表的"时尚"时期,即所谓的"百年风尚",正如大多数时尚专家所认为的那样,已经走到了尽头。在我所谓的"时尚之后的时尚"中,最根本的变化之一是时尚与理想和时间的关系(Vinken, 1993)。在"百年风尚"中,衰老的过程被抹去了——变老的恰恰是那些被定义为时尚反面的东西,即"去时尚化"(démodé)。时尚是毁灭而胜利时刻的艺术。作为短暂性的化身,时尚在其以灿烂的幻觉出现的那一刻否认了短暂性,并产生了永恒的显现——"理想"。

我想说的是,一个接一个的时尚是始于20世纪80年代初的一种现象。它试图做的恰恰相反:设计时间。因此,山本耀司,预洗大部分面料,以破坏新面料的光泽。杜嘉班纳更倾向于暴力(姑且不用暴虐)——在男士夹克上烧出烟洞,然后撕开。更加温和的罗密欧·吉利(Romeo Gigli)则使用手工艺品,这些手工艺品上带有今日难寻的昔日华丽的光彩,只能从几乎未受工业革命影响的国家获得。川久保玲会松开织布机上的一个螺丝钉,就能织出看起来并不完美的做旧布料。她十余年前设计的"蕾丝毛衣"上有很多破洞,看起来——据一向颇有气势的媒体评论——就像在女士行李中被一群飞蛾袭击后勉强幸存下来一样。在川久保玲最近的系列中,她将一些褪色的手工编织的补丁镶嵌在略做旧的布料中。她1994/1995冬季系列的服装是根据一个非常年幼的孩子的尺寸量身定做的,通过尺寸上的差异体现了代际之间的时间差。

短暂的痕迹是一茬接一茬的时尚的基础。这种新面貌存在于时间之中,而不再是梦境之中。裙子上有时间流逝的印记。这与时尚历史决定论的复兴毫无关系,这种复兴有时被称为"后现代",因为它包含的折中主义和明显的随意性。作为一种"历史模式",这种后现代模式被认为是模仿过去时代的时尚(Koda and Martin, 1989)。完全不同的是,"一茬又一茬的时尚"不会让我们想起一个与我们不同的时代;相反,它带有未知记忆的痕迹,一个无法复原的"逝去的时间"(temps perdu),其中的持续时间是以不连续的方式铭刻的。

因此,一件衣服的制作时间,即完成一件衣服所需的时间,可以从成品的表面上解读出来。通常,这就像时间推移一样,证明了某些剪裁和某些裁剪技术的历史发展。一茬又一茬的时尚是一种新的记忆艺术。时尚是个圈,总是循环往复地重现旧时被遗忘的时尚,而一茬一茬的新时尚则倾向于将时间、持续性作为其纹理:现在时尚是由其自身的持续时间、面料磨损所需的时间、颜色褪去的时间、剪裁和缝纫的时间、人体穿着它的时间痕迹组成的。

其中，最有趣的案例是来自安特卫普皇家艺术学院的比利时设计师马丁·马吉拉的作品，他将时间和时间的短暂性作为时装构造，并将其作为时装本身的纹理展现出来。马吉拉正在成为经典，他也许是除了高缇耶之外，唯一一位能够接受日本时尚挑衅的欧洲设计师，并为这场巴黎时尚界的日本浪潮添砖加瓦。多年来，川久保玲一直是这方面最杰出代表。川久保玲不仅是时尚新时间结构的首倡者之一，她还从根本上改变了身体与服装的关系。合身的衣服，也就是那种通过重构创造出理想身材的衣服，不再是一个重要议题了。由此，川久保玲不仅打破了时尚界的禁忌，也打破了古典主义美学的禁忌。通过极端不对称的设计，这个经典的理念就这么被简单地取代了。

马吉拉以另一种同样激进和极端的方式分解了旧的时尚观念——它的时间核心和理想。1991年，他为法国时装与服饰博物馆（Musée de la Mode et de Costume）举办的"世界与设计师"（Le monde se / on ses créateurs）展览提供的作品，成功地寓意了时尚的消极关系，这种关系在一轮又一轮的时尚中得到了发展和实践。夹克衫上的白色光芒正是这种消极关系的象征：照片的底片让我们联想到穿透力极强的X光，这是对表面之下的非自然的、高度人工化的启示，不可见变得可见。剪裁艺术，曾经是，现在也仍然是时尚的间接构成要素，完美的剪裁，无形无迹，如今却里外颠倒，通过同样的艺术手法主题化。过去手工艺的使用带来了完美、迷人的瞬间效果，似乎要将新衣服幻化为永恒。它之所以看似完美，是因为它掩盖了生产痕迹，而这些痕迹现在则暴露在外。之前在完工的那一刻，幕后的魔术师为获得这一效果付出的知识和努力被完全抹去了。

在马吉拉的服装上，生产的各个阶段甚至是最微小的细节都清晰可见。他的服装揭示了一种效果，而这种效果的强大之处至少不再是它的隐蔽性。纽扣、拉链和按扣等技术细节的历史发展被转化为美学特征，抵消了它们曾经带来的突然成功的短暂吸引力。剪裁、褶皱、接缝——一切原本隐藏的细节都被翻转出来。过去的时尚抹去了当下的时间，只有当历史有助于让过去鲜活起来时，才允许被提及，而过去的特性已神不知鬼不觉地被抹去：换句话说，没有什么是人们能够从自己的一生中回忆起来的。在马吉拉的一件又一件时装作品中，这种虚幻的复活过程发生了逆转。但这种逆转所带来的不仅仅是另一种关于时间和暂时性的寓言。正如本雅明所预见的那样，由此确立的艺术揭示了通过时尚确立的性别差异与艺术的辩证形象差异之间的联系。

就像魔术师一样，设计师习惯于将自己的艺术技巧隐藏起来。通过将剪裁过程主题化，马吉拉交出了被小心翼翼地保守的时尚秘密。费利佩·萨尔加多（Felipe Salgado）称之为艺术的"解构"

# 马丁·马吉拉时装屋（Maison Martin Margiela）

1959（比利时）

比利时设计师马丁·马吉拉于 1985 年在伦敦以"安特卫普六君子"之一的身份展出了一个带有明显日本山本耀司和川久保玲美学痕迹的系列（此处原文有误，马丁·马吉拉不是"安特卫普六君子"成员，他当时的女朋友玛丽娜·易（Marina Yee）才是，"安特卫普六君子"赴伦敦办秀是 1987 年。），十二年之后，也就是 1997 年，他还与他们一起推出了一个系列。

1959 年，马丁·马吉拉出生于比利时，后来在安特卫普皇家艺术学院学习。毕业后，他为让·保罗·高缇耶工作了数年。1988 年，他与珍妮·梅伦斯（Jenny Meirens）合作，在巴黎创立了自己的品牌。一年后，马吉拉的第一个系列在那里展出。设计作品是马丁·马吉拉时装屋哲学的核心，所以关于马丁·马吉拉的个人信息很少为人所知。虽然他的店开到了东京（2000 年）、布鲁塞尔和巴黎（2002 年），享誉全球，但他依然刻意向公众隐瞒自己的身份。马吉拉本人的照片或采访非常罕见；他从不以个人身份出现在公众视野中，而总是作为马丁·马吉拉时装屋的一员。模特在展示马丁·马吉拉时装屋的设计时，总是要蒙着面纱或蒙着眼镜——人们无法识别这些模特的身份——以免转移本应集中在服装上的注意力。马丁·马吉拉时装屋的标签要么是空白的，要么就是一串数字，很少提到设计师或时装屋本身。白色标签上的黑色数字仅表明设计所属的系列，比如，数字 0 代表高级定制系列。

马丁·马吉拉时装屋的创作，构成了对服装本质的探究——现有的服装、面料和配饰被解构、重组，一些设计有时甚至被称为反时尚。例如，一些夹克、连衣裙和衬衫以破烂的布块为基础，加入新的面料，从而将变成独特的服装。有一些看起来未完成的设计，例如没有袖子的夹克，重点在于对整体结构的强调。清晰可见的衬里、接缝和打褶揭示了设计过程。拉链和纽扣不再具有任何功能，而只是纯粹的装饰。在这种方法论的指导下，这个时装屋除了设计服装，还设计鞋子、饰物和出版物，等等。马丁·马吉拉时装屋与艺术密切相关的设计不仅在近几年的时装秀上展出，还在很多博物馆展出，如纽约大都会博物馆、鹿特丹的博伊曼斯·范伯宁恩美术馆以及伦敦的维多利亚和阿尔伯特博物馆。

参考资料

Borthwick, M. *'2000-1' Maison Martin Margiela*. Paris: Maison Martin Margiela, 1998.
Maison Martin Margiela (exhibition catalogue). Rotterdam: Boijmans van Beuningen, 1997.

插图：

1. 马丁·马吉拉，蒙眼模特穿着红色服装，1995/1996 秋冬系列。
2. 马丁·马吉拉，由一面完成而另一面未完成的服装组成，甚至还连着布匹。2006 春夏系列。

2.

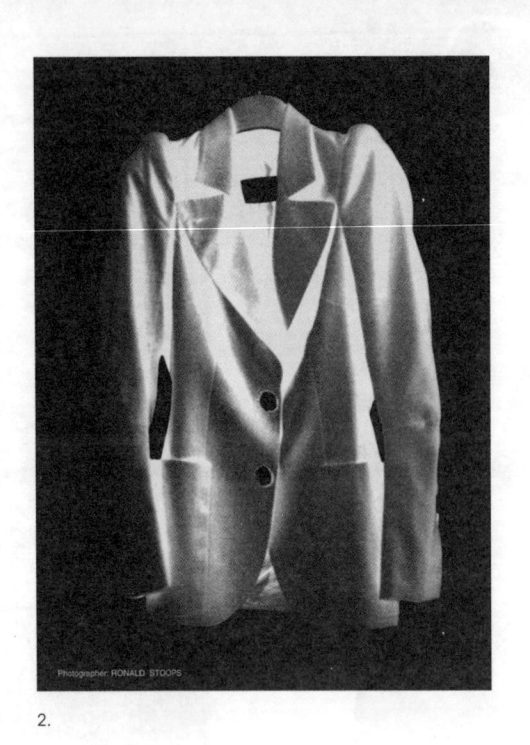

2. 马丁·马吉拉，X-光夹克，1989春夏系列，摄影：Ronald Stoops。
3. 马丁·马吉拉，上衣，多块布料通过拉链连接而成，1999春夏系列。
4. 马丁·马吉拉，有明显接缝的衣服，1999春夏系列。

2.

或"解剖"，他将马吉拉的做法与在时尚之都巴黎当众掀起裙子相提并论，认为他揭开了一个在任何情况下都必须隐藏的秘密。用精神分析的术语来说，时尚是一个将女性的身体伪装成阴茎的过程，以隐藏其充满威胁性的性别特征，并变得更有吸引力。马吉拉通过在建构过程中揭露被物化的女性身体来解构时尚的秘密策略；他从字面意义上打破了时尚华而不实的完美。马吉拉，比利时设计师——你可能会说，这几乎是一种矛盾修饰法——在法式优雅的中心，专注于粗陋的、佛兰德式的异国情调，形成了自己的风格。事实证明，人体模型的标准化是古代雕像叙事化的核心。古老的雕像开始被打破，只剩对标准尺寸的测量——人体模型。马吉拉把人体模型从脏乱的后台扯出来，放在舞台的聚光灯下，展示了标准统一的理想化的身体是人工地、艺术地生产出来的。通过面料的支离破碎，他指向了统一的、标准化的身体的起源。他的时装就像一把尺子，测量那些标准化的尺寸，那些将一个个不同的身体缩减成一个个人体模型、木偶、洋娃娃。他把我们打扮成人体模型，布料被钉在身上，褶裥和接缝都很突出，他给我们的服装是"未完成的"，通过里外颠倒将时尚试图隐藏的事物公开化：

3.

4.

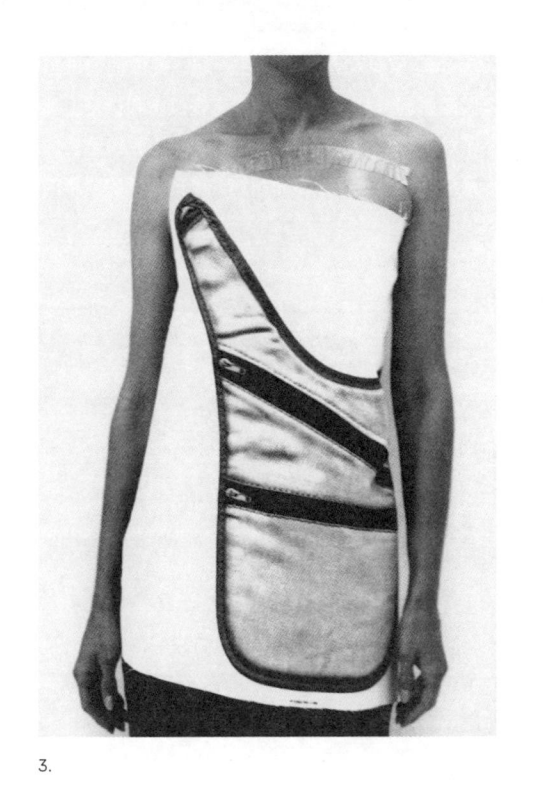

将没有生命的模型当作活生生的人,将活生生的人当作木偶。

　　随着对物化的解构,马吉拉重新引入了时间的痕迹,非常字面意义上的时间标志。在20世纪80年代末和90年代初,他用跳蚤市场上淘来的印花软薄绸制作衬衫,重新剪裁、修补或加上新的元素,用旧袜子制作套头衫,用棉布做内衬,内衬上印有上次时装秀上红色的鞋印,等等。我们不应将这种做法与回收再利用或其他实用目的混为一谈;回收再利用是通过旧物来重塑新物,而马吉拉的新颖之处在于将旧物展示为旧物——这完全是一种美学手法。但是,亲近旧物可追溯到关于两性差异的古老故事——是阴茎的权威作为人体模型、作为设计师的傀儡而被拆解。

　　马吉拉并不是翻新历史款式让其表面看起来焕然一新,而是利用旧材料将其转化为更彻底的新事物。因此,时尚重新获得了它失去已久的东西:对独一无二的迷恋。事实上,每件作品都是原创的。每一块绸布都是与众不同的,没有一个脚印是完全相同的。因为时间融入了这些衣服里,马吉拉希望衰老能让它们完整;它们应该像画作一样老去。马吉拉的作品的原创性正是在于它不过是时间的痕迹、时间的使用、时间的耗尽,

## 川久保玲（Rei Kawakubo）

1942，东京（日本）

与山本耀司一样，川久保玲对服装的定义以及服装与身体的关系有着异于常规的想法，打破了西方的时尚标准。她尝试使用天然和合成面料，并辅以复杂的款式，她的一些服装与其说是时装，不如说是典型的雕塑或建筑作品——根植于和服的宽大设计，非常适合穿着，遮住了女性的身形。不仅仅是她的设计，还有她品牌的名字——Comme des Garçons[*]，都清楚地将她与普遍认为的性感女郎形象拉开了距离。

川久保玲1942年出生于东京，曾在庆应义塾大学攻读文学，后进入一家日本纺织公司工作。在做了两年自由造型师后，她于1969年创立了自己的品牌Comme des Garçons。她的时装首秀系列十分素雅，以黑色为主色调，充满了折边、褶皱和破洞。川久保玲中性的流浪者造型预示了十年后被称为"颓废风"的流行趋势，不仅体现在街头文化中，也体现在高定时装中。1981年，她在时尚之都发布了自己的首个秋冬系列，其设计与巴黎的华丽、奢华、超级女性化的时尚风格完全不同。她的服装设计新颖、工艺精湛，引起了巨大反响。穿着平底鞋、面色苍白的模特们穿着宽大、男性化的裤子，内外反穿的不对称外套，以及袖子加长、有着破洞和下摆宽松的毛衣。尽管如此，川久保玲的设计还是在知识界和艺术界大受欢迎，证明了非西方设计师也能获得成功。她的作品启发了其他人，并受到年轻一代设计师的模仿；马丁·马吉拉、侯赛因·卡拉扬和维果罗夫都将川久保玲视为概念设计的灵感来源。

一段时间后，川久保玲打破了她典型的单色调，服装变得更加丰富多彩。川久保玲于1997年推出的著名的"肿块系列"（bump collection）中，我们也能看到她对女性身体的迷恋。通过在衣服上随意添加羽绒填充物来控制女性身体部位，如腰部、腹部或臀部。通过解构传统的女性形象，川久保玲反对西方社会兴起的关于美和性的观念。

20世纪80年代，川久保玲的服装曾令人惊愕，而如今，这个品牌已畅销全球，川久保玲不仅与前卫时尚联系在一起，还与她自1988年起出版的杂志Six、家具和建筑联系在一起。就像他们推出的服装系列一样，川久保玲商店在概念和执行上都是革命性的——从20世纪80年代几乎毫无装饰的商店到她最近在东京和纽约开张的店铺的繁华内饰。

参考资料：

Grand, F. *Comme des Garçons*. Paris: Assouline Publishers, 1998.

Sudjic, D. *Rei Kawakubo and Comme des Garçons*. New York: Rizzoli, 1990.

插图：

1. 川久保玲，外缝服装，1981年系列。
2. 川久保玲，2006春夏系列，完全通过在把布缠绕在人体模型上和无式样裁剪制作而成。
3. 川久保玲，团块系列，1997春夏。

---

[*] 法语，意为像男孩子一样——译者注

3.

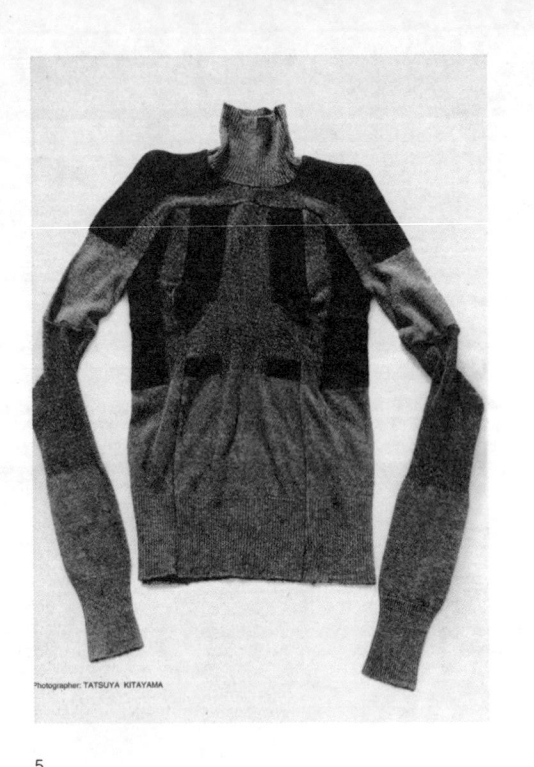

5. 马丁·马吉拉，旧袜子制作的针织套头衫，1991/1992秋冬系列。
6. 马丁·马吉拉，博物馆系列两件套上衣，1994/1995秋冬系列。
7. 马丁·马吉拉，博物馆系列，1994/1995秋冬系列。

5.

这是他针对一轮又一轮的时尚中最棘手的问题之一给出的解决办法。他的服装从来就不是崭新的，从未免于时间的痕迹，因此不会过时，只会变老。马吉拉玩味着时尚的重要标志之一——永恒的新品的回归，期待已久的新系列的到来。这一直是他的系列标志。在 1994/1995 年冬季的"博物馆系列"中，他采用了历史上的服装模型——通常是为洋娃娃或小孩设计的尺寸——不是为了夺人眼球，而是为了突出他们的年龄，就像某个被遗忘的阁楼上覆盖的灰尘一样。同年，他的冬季系列采用了葡萄酒的形式，带有年份：贴着 1992 系列的标签，如果按照时尚标准，它已经无可救药地过时了。

作为喜欢用旧布的设计师：这个循环已经结束，我们又回到了波德莱尔的巴黎，那里留下了现代性和后现代性的印记。本雅明对自己《拱廊计划》的任务的描述也许是对马吉拉最好的注解："这件作品的方法：文学蒙太奇——对此不用我多说，只需要展示给大家。我不会擅自使用任何珍贵的东西，也不会随意诙谐地转折。但是那些破衣烂衫、残余物：我不想盘点它们，而是让它们以唯一可能的方式发挥作用：使用它们。"（Benjamin, 1983, I: 574）。

6.

Photographer: Photographer: ANDERS EDSTRÖM

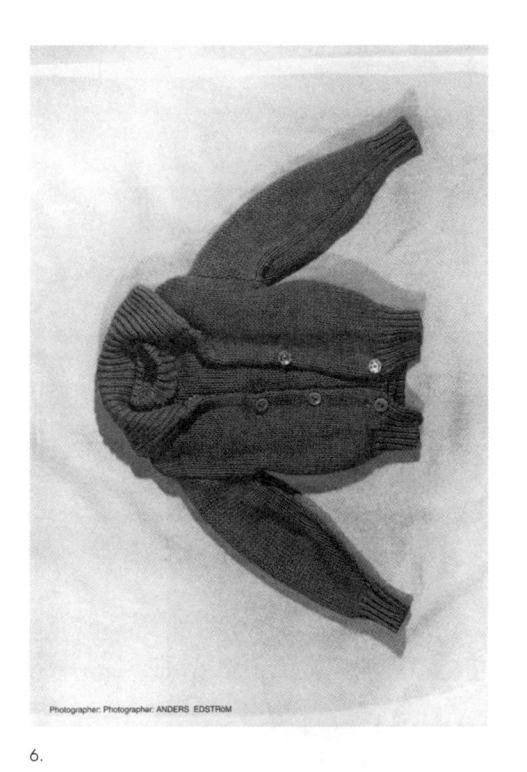

7.

参考书目

Baudelaire, Charles. *Les fleurs du mal*. Edited by Antoine Adam. Paris: Garnier, 1961 (1857).

Benjamin, Walter. *Das Passagen-Werk*. Two volumes, edited by Rolf Tiedemann. Frankfurt a. M.: Suhrkamp, 1983. Translated by the present author.

— "On Some Motifs in Baudelaire", in *Illuminations*, edited by Hannah Arendt. New York: Schocken, 1968 (1936).

Haverkamp, Anselm. "Notes on the 'Dialectical Image': How Deconstructive is It?" *Diacritics* 22:3-4 (1992): 70-80.

Heine, Heinrich. "Die Reise von München nach Genua (Reisebilder III)", in Sämtliche Schriften, vol. 2, edited by Klaus Briegleb Munich: Hanser, 1969 (1829). Translated by the present author.

Koda, Harold, and Richard Marrin. *The historical mode: Fashion and art in the 1980s*. New York: Rizzoli, 1989.

Morand, Paul. *L'allure de Chanel*. Paris: Hermann, 1976.

Steele, Valerie. Fetish: Fashion, sex, & power. Oxford: Oxford University Press, 1996.

Vinken, Barbara. *Mode nach der Mode: Geist und Kleid am Ende des Jahrhunderts*. Frankfurt a. M.:Fischer, 1993.

43.    Fashion and history

乌尔里希·莱曼（*Ulrich Lehmann*）
# 虎跃：时尚的历史
(*Tigersprung: fashinging history*)

1.

1. 帕昆夫人，礼服，1904年。

"老虎用两条后腿走起路来很像人类；它穿着一套精致优雅的花花公子的西服，剪裁完美，让人难以分辨出灰色喇叭裤、绣有花朵的马甲、带有无可指摘的褶皱的绚丽白色睡衣和大师亲手缝制的晨衣下的动物身体。"
——让·费里，《上流社会的老虎》
（Jean Ferry, *Le Tigre mondain*, 1992：105）

下文将解释为什么可以用一只跃起的老虎来将时装认知为改变我们对历史认知的文化对象。这一论点将以"虎跃"为中心，即瓦尔特·本雅明在 20 世纪 30 年代末将其作为"辩证形象"，用来抨击在评价过去的文化物品和当代历史哲学时的普遍观点。

在本雅明对 19 世纪的唯物主义诠释中，时装是主要的拜物教元素，这一因素也因其心理学意义而受到重视。在本雅明的《拱廊计划》中，时装是最常被提及的商品，也是探索波德莱尔和普鲁斯特的写作以及超现实主义的隐喻。在最后几篇"关于历史概念的论文"（1939/1940）的其中一篇中，对本雅明未完成的巨著的认识论框架进行了研究，人们发现以下条目对其对历史和时尚的理解至关重要：

> 历史是建构的对象，并非由同质与虚无的时间构成，而是由现时—时间所构筑。对罗伯斯庇尔（Robespierre）来说，古罗马就这样背上了"现在时"的意义，从历史的连续体中消失了。法国大革命认为自己是古罗马的转世。

它引用古罗马，就像时装引用过去的服饰一样。时装在过去的丛林中激荡，在任何地方都散发着现代的气息。它如猛虎下山，一跃成为过去。然而，这一飞跃发生在统治阶级掌控的舞台上。在开放的历史天空下，同一个飞跃构成了辩证的飞跃，马克思把它理解为革命。（Benjamin 1991c：7-1）

本雅明认为，评价历史必须注意到要将现在注入过去，从而激活过去。可以从虚假的、实证主义的历史连续体中提取出"时期"，并将其赋予"现时—时间"，充满当代（文化）表达的意义和革命潜力。

## 历史唯物主义和历史决定论

历史不仅是我们亲身经历、耳闻目睹或读到的东西，也是我们描述、分析，更重要的是归结为一种结构。这种结构的一个非常重要的形式是历史唯物主义。它标志着一种基于五个基本前提的对历史的理解：

1. 个人的自我保护和自我实现建立在社会结构和工作关系的基础之上，这种观点与理想主义和个人主义相反；
2. 客观观察到的社会运动是由社会矛盾（阶级斗争）推动的，而不是由"普世精神"的自我实现（如黑格尔所言）推动的；
3. 历史发展受制于一个可与自然规律相媲美的客观规律；
4. 这种发展可以辩证地重新建构，并

与当下息息相关；

5. 任何对历史发展的揭示都能够而且一定会激发革命实践，最终导致无阶级社会。

历史唯物主义反对将历史，尤其是其文化表象视为单一、个别事件的方法。后者被称为历史决定论。它把历史事件和事物牢牢地归入过去，避免任何区分社会历史模式或结构的企图。

这两种理解历史的方法都起源于19世纪下半叶。这说明了他们的"科学"主张，同时也使他们与现代性的起源相吻合，即波德莱尔、戈蒂埃和其他法国作家在1850年左右提出的现代性风格。正如我们将在下文中看到的那样，现代性主要是通过时装（Modernité 与法语里的时尚一词——la mode 是词源上的近亲）来定义自身的。正是服装的象征意义及其作为隐喻的潜力，帮助本雅明将虎跃置于其认识论的关键点。

本雅明对现代性进行了复杂的、有时甚至是反复无常的探究，他的探究有两条主线：

① 一条诗学—神学的线索，贯穿于对波德莱尔、普鲁斯特、超现实主义以及对拱廊等艺术品的艺术史解读；② 一条历史唯物主义的线索，由马克思（与黑格尔、恩格斯一起）提出，贯穿于对历史学的研究、对历史主义的挑战以及对政治制度的分析（社会民主主义与社会主义），最后奇特地融入了犹太神秘主义元素和救世主问题。

这些线索在本雅明的《拱廊计划》中交织在一起，并在不同程度上为他对不同主题的讨论提供了素材，其中最突出的是时装。

本雅明未完成的《拱廊计划》中有大量的原始资料和参考文献，因此我不会试图列举所有可能对他的时尚观点产生过影响的作者。我在这篇文章中关注的是反对历史进步的线性规范，以及时尚在形成这种观点中所起的重要作用。

**翻起衣襟**

马克思主义文学评论家弗雷德里克·詹姆逊（Fredric Jameson）将历史主义描述为一个"在今天，如果不偷偷地竖起领子，小心提防，就无法念出这个词"（Jameson 1979：43）。

这一形象之所以重要，不仅因为它唤起了人们对一种目前已不被认可的史学方法的保密意识，还因为服装在这里被用作一种隐喻。翻领建立了语义上的联系，将詹姆逊的这幅作品与本雅明早先使用的反转片中的对应画面联系起来（Benjamin，1991b:584；1991d:304）。对他来说，翻领展示的是作为服装外壳典范的内部。

在19世纪的时尚中，翻起的夹克或晨衣翻领上的丝绸衬里构成了历史唯物主义者——已故的本雅明自诩为历史唯物主义者——的辩证法，即灰暗的呢绒及其对立面——华丽的衬里。由于本雅明随后将通过自己对时尚的诠释来批判历史决定论，因此，正是他对服装的特殊看法最终将我们引向一种有别于历史决定论——部分也有别于历史唯物主义——的历史方法。

关于认同一种史学方法的问题，詹姆逊写道：

> "任何'历史决定论'的困境被同一性和差异性之间奇特的、不可避免的，但似乎无法解决的交替夸张了。这确实是我们必须对过去的任何形式或物体作出的第一个武断决定。"
>
> （Jameson，1979：43）

正是这种对自身、对主体的参照，使得过去的文化物品特别适合作为历史感知的要素，而不是对文本资料的解释。当我们看到一件文物时，我们会立即评估它与我们自身经历的接近程度。如果这种体验超越了理智的认识，占据了感官的领域，即在我们的感知中产生了情感的共鸣，那么上述"同一性与差异性的交替"就变得至关重要了。以时尚为主要参考点，人们意识到任何服装范例都有助于加强这一论点。

如果我们面前是一件 19 世纪晚期的裙子，我们可以选择认同它，意识到它的剪裁已经重新流行起来，我们可以轻松地从当代设计师，例如克里斯汀·拉克鲁瓦的系列中找出类似的设计。但与此相反，我们也可以选择关注其内在的不同之处，指出这件衣服纯粹只具有"历史"研究价值，与我们想象中的"历史服饰"截然不同，与我们现在的着装方式毫无关联。

当我们选择通过认同来让过去的事物可以接近时，詹姆逊所说的困境就出

2.

2. 莫里斯·勒卢瓦尔（Maurice Leloir, 1851 - 1940），雅克·杜塞（Jacques Doucet, 1853 - 1929）的礼服素描，"路易十四系列"，1907 - 1909 年。收藏于巴黎时装博物馆时尚部门。杜塞不仅设计 18 世纪风格的礼服，同时也热衷于收集路易十四时期的家具、装饰品与艺术品；他对装饰惯用语的改变，如将镶嵌细工（marqueterie）改为织物（fabrics）一词，显示出其历史引证的功力。莫里斯·勒卢瓦尔自 20 世纪 80 年代起，便是位著名的插画家、舞台设计师兼服装收藏家；他也为道格拉斯·费尔班克斯（Douglas Fairbanks）1929 年的最后一部电影《铁面人》（The Iron Mask）担任服装设计师。

3.

4.

3. 雅克·杜塞的晚礼服，1910年。女演员德普雷（Desprez）穿着杜塞设计的具有历史意义的礼服。其如希腊罗马时代托加长袍般的设计，与摄影棚中的布景相得益彰，因而引发了当时希腊罗马时尚的复古风潮。

4. 爱弥儿·品盖特（Emile Pingat），外出服，1888年。丝绒加上金银线刺绣。纽约布鲁克林美术馆现代棚内摄影部收藏。根据龚古尔（Goncourt）兄弟，品盖特提到时尚时，似乎总感觉是在提某些非法的、不道德的事物：他不仅参照了18世纪的风格，还把男装引入女装。他会把一件刺绣的男性骑士外套加长，并且在一个世纪之后，变成女性在日间穿着的服饰。成名作由借鉴而来确实有些难以启齿。

现了。然后我们去掉它的陌生感，那种之所以将它确定为历史物品的特征。例如，如果我们通过本季T台上的造型来理解半身裙，我们就无法领会它真正的风格和社会影响。另一方面，如果我们像历史决定论一样，专注于文化客体在其历史主观性方面的根本差异，我们就会把自己的文化定义为与之前的文化完全不同的文化，因而之前的文化与我们的经验无关，我们的情感也无法触及。历史决定论和历史唯物主义都面临着这个问题，因为这两种方法都旨在尊重过去，将其作为一种学习的来源和一种有待建立的批判模式的模板，同时又与将历史对象视为具有持续影响、与当下息息相关的观点作斗争。

时尚解决了这个问题，当然不是从范式的角度，因为它的主要关注点仍然是商业的成功，而且通过提出风格化的论断，提供一种辩证的环境，在这种环境中，任何过去的物品，如服装或配饰，都有可能被视为历史性的（因为它植根于过去，并可被识别为历史性的），但同时又是当代演绎的基础，是旧形式的新版本，在最新的潮流中复兴，反过来又预示着未来的时尚。

## 历史叙事

历史经常是用因果关系来描述的。在分析一种服饰形式时，传统服饰史也遵循这一模式，并根据变化的社会习俗或政治观念对其进行改进或反对。大多数历史模型似乎倾向于这种线性的历史叙事。时尚只能被视为不具备叙事性。它并不遵循从一种形式到更高形式、从一件服装到"更好的"服装的进化路径。虽然工业的进步体现在开发新材料、纺织品、面料、铆接方法、甚至是新颖的剪裁方式上，但除了每季服装的销售量不断增加之外，并没有朝着一种目标、使命或某种实质目的取得明显的进步。

时尚通过它的引用方式变化无常。它任性地引用过去的任何风格，以一种新颖的方式或现在的方式进行演绎。同一类型的服装，外观却可以通过使用过去的元素而焕然一新。因此，时尚构成了历史的美学结构。它也由此为辩证的历史哲学提供了恰当的支持，在辩证的历史哲学中，追求的是思想和概念，而不是按时间顺序对事件的记叙。运用辩证的观点，历史学家可以跳过中间时期，从一个概念跳到另一个时期的相关概念。

然而，具有讽刺意味的是，尽管时尚是反叙事的，但由于它在资本主义社会中所扮演的角色，它绝不是历史唯物主义的支持者。传统上，高级定制时装中的时尚发明是最先进的时尚形式，是资产阶级的终极象征和地位指标。许多马克思主义历史学家认为，它不仅是一个漏网之鱼，而且是商品文化中的一个过时元素，已经远远超出了其饱和点。因此，按照马克思的观点，将穿着打扮与寻访历史结合起来，其最终的社会结果可能会显得肤浅和徒劳无益；但我想说的是，时尚与历史的关系超出了其作为文化对象的影响范围。重要的是，时尚以一种富有想象力的方式裁剪历史结构，它有助于塑造一种对过去的新认识，在本雅明看来，这种认识与历史唯物主义一样有助于我们理解历史。

在整个19世纪以及20世纪上叶，时尚的不断更新、对服装史的诠释以及对过去服装风格的解读，都大大加快了历史和文化发展的步伐。然而，加快的不仅是时尚本身的步伐，还有现代社会连续重组的速度，因为时尚被视为现代性的起搏器，是变革的首要指标，甚至是恒定指标。本雅明引用革命家奥古斯特·布朗基（Auguste Blanqui）的话说，"（人类）所期待的一切新事物都是旧事物的重新发现，因为它们一直存在；新事物无法解放人类，就像新潮流无法更新社会一样"（Benjamin, 1982: 1256）。然而，尽管时尚与资本主义生产方式相似，却颠覆了它的史学原则。时尚虽然在材质结构上始终保持不变，但在外观上，在大多数人能够看到的地方，却与以往的风格截然不同。例如，尽管拉克鲁瓦引用了19世纪末的服饰风格，但他的首场高级定制时装秀却被誉为"革命性的"和"激进的"。尽管我们可能会使用各种夸张的标签，但事实仍然是，这些设计只是看上去是新的，而人体服装的基本形式没有（也不可能）改变。因此，本雅明对时尚的看法并不是源于它的社会角色；对他来说，革命性在于对社会结构的挑战。

现代性的进步——即使牢房里的布朗基不相信它——有两个特征：它是迅速的，而且似乎不可预测。这就把它和时尚联系起来了。因此，为了对现代进行评估，各种形式的历史决定论、辩证法和唯物史观被宣称为不可或缺的工具，对一些诗人和理论家来说，装扮资本主义现代性表面的时尚不仅成为其结构的主要元素，而且成为其分析的主要元素。

时尚既是审美现代性的主要对象，也是其社会指标，具有打破历史连续性的功能。然而，时尚的显著特征却与这种"打破连续性"所产生的历史和政治后果相去甚远。时尚是历史唯物主义历史结构中的一个辩证元素，但同时它本身也包含与之相反甚至是对其进行否定的元素，因为它有助于资本主义的主要罪恶——炫耀性消费、对大众的剥削（参见纺织业的工作条件）以及社会差异的具体化。

时尚固有的辩证性本应使其成为历史唯物主义思想的重要对象。然而，由于服装的短暂性和轻浮性以及潮流的轮回，推动了资本主义的生产发展，所以其无法在新的历史方法中占据重要地位。在历史唯物主义背景下讨论文化时，文学、绘画或音乐总是赫然在列，而服饰方面的新发展则被认为本质上源于资产阶级的追求，其社会内涵可忽略不计。

例如，在马克思关于资本主义经济基础的著名解释中，剩余价值是通过"20码亚麻布和大衣的故事"来描述的（Marx 1996:59）。马克思之所以使用这个例子，是因为恩格斯对曼彻斯特纺织业的密切参与。然而，这个例子中的服装也可以作为一个"辩证形象"，因为故事包含了具体事物（即布料卷）与抽象事物（即大衣剪裁必须源于时尚限制）的对立。

这种关系不仅仅是商品 A 和商品 B 之间的关系，也不仅仅是"相对价值形式"和"等价形式"之间的关系，还包括原材料和文化产品之间的关系（同上：68-69）。时尚必须以时间为背景，但又暗中颠覆了其时间顺序，这使得这个例子超越了布料与服装之间的明显关系，将其转化为一种独立于时间的产品（亚麻布）与一种具有历史和文化内涵的产品（长礼服的剪裁和款式）之间的关系。例子中提到的时装本身就是克服历史主义局限性的典范，它具有跨越历史飞跃的潜力，通过当代风格的引用，将长礼服带入当代。

## 跃入历史

本雅明希望探索解释历史的新方法，并含蓄地书写或重写历史。在他试图书写历史，尤其是 19 世纪巴黎历史的过程中，谎言开始为真正的时尚哲学奠定基础。在《拱廊计划》中，巴黎的历史将从一个新颖的视角来书写，采用历史唯物主义的结构、超现实且令人回味的诗学以及普鲁斯特文学版本的"非自主记忆"（mémoire involontaire）。本雅明试图将历史哲学与 19 世纪后半叶现代性早期的艺术感知细节进行美学融合。

从历史唯物主义的角度来看，过去一定要与现在发生联系，尤其是与革命实践发生联系。然而，本雅明将历史和革命与时尚联系起来的方式十分新颖，甚至可以说是特立独行。然而，一场社会革命引用前一场社会革命的方式与当代时装引用过去服装的风格之间的对应关系，比马克思关于亚麻布与大衣之间关系的论述更敏锐地意识到其潜在的含义。本雅明特意采用了时尚商品，就是因为它对历史的挑战。

时尚从过去中感知现代，践行了对当下具有重要意义的理念。在此过程中，它遵循了历史唯物主义关于历史重演的论断：在唯物主义者看来，过去的每一个行动都可以成为现在的典范，因为它终将重演——也许在表面上有所不同，但在社会政治结构上肯定是相似的。因此，一个人必须对过去进行革命，以便从中吸取教训。这正是时装设计师在赞美他们的新系列时所声称的。然而，本雅明赞同马克思主义者对服装（或上文提到的长礼服）的附加条件。它的革命动力暂时只发生在资产阶级内部；一旦这种潜能在"开放的历史之幕"下得到释放，也就是在后革命时代，当历史唯物主义观点使历史意识更加敏锐时，时尚将真正成为现代性的典范和必要变革的真正指标。

本雅明引用"虎跃"的历史例子来自马克思研究法国1848年革命的开篇《路易·波拿巴的雾月十八日》。

人们创造自己的历史，但又不能随心所欲地创造历史；他们不是在他们自己选择的环境下创造历史，他们面临的环境是直接遭遇的、过去形成和传递下来的……他们似乎忙于自我革新和革新其他事物，创造从未存在过的东西，正是在这样的革命危机时刻，他们急切地召唤过去的灵魂为他们服务，借用彼时的名字、战斗口号和服装，用这种古老的伪装和这种借用的语言来呈现世界历史的新景象。因此，路德披上了使徒保罗的外衣，1789年至1814年间的革命交替以罗马共和国和罗马帝国的形式交替出现，1848年的革命除了模仿如今被称为1789大革命，即1793年至1795年的革命传统外，别无他法（Marx, 1979: 103-104）。

本雅明将引用过去革命的思想转用于引述服装（从而从社会的"男性化"革命延伸到服装的"女性化"革命），这种思想似乎只在资产阶级内部才有意义。一旦天空"敞开了一角"，"始终如一"的消极无限性也将被打破，真正的历史意识将带来自由的最后一跃。如果这意味着与时尚决裂，放弃服装设计与穿着中的诗意及其引用的诗意，那么这就形成了一个恰如其分的悖论：时尚有助于将消极的一面形象化，而一旦受到挑战，则可能会消除消极的一面。然而，这种悖论并不新鲜。正如格奥尔格·齐美尔所言，时尚的命运就是在其被广泛接受的每一时刻"死去"，而又在同一时刻重生，再次启动时尚先锋、媒体传播、普遍追随和风格消亡的循环（Simmel, 1904: 138-139）。

除了将"虎跃"直接解读为时尚的批判潜力之外，还有四种不同的时尚含义：① 在引用过去的服装风格时，时尚能够打破历史的连续性，变得既短暂又持久；② 时尚的引用是不可逆的，它的外观

1.

克里斯汀·拉克鲁瓦（Christian Lacroix）
1951，阿尔勒（法国）

他的粉丝称他的作品原创、奔放、光彩照人；恶毒的言辞则称其为戏剧化的庸俗和乏味的浮夸。但是有一点很清楚：克里斯汀·拉克鲁瓦的作品会被极简主义者敬而远之。他的高定时装对天鹅绒、丝绸、珠宝和蕾丝的过度使用，让人联想到十七八世纪法国宫廷的奢华绚丽。

拉克鲁瓦在蒙彼利埃学习的艺术史。起初，他的目标是成为一名博物馆馆长或者舞台设计师。1973年，他搬到巴黎，开始撰写关于17世纪服装的论文。当他开始自己动手设计时，他未来的妻子弗朗索瓦丝鼓励他坚持下去。

1978年，拉克鲁瓦迈出了进军时尚界的第一步，成了爱马仕的助理。之后，他在东京皇室工作（与宫廷裁缝一起工作），20世纪80年代初成为巴杜（Patou）的设计师。那时的高级时装已经老套得令人麻木；富裕中产阶级主要穿着宽肩套装，布料相同，剪裁考究。虽然留给拉克鲁瓦的戏剧性创作空间似乎没有多少，然而他却获得了巨大的成功。1986年，他设计的巴杜系列服装为他赢得了享有盛名的金顶针奖，1988年，他再次将这个大奖收入囊中，但这一次获奖的是以他自己名字命名的系列。

克里斯汀·拉克鲁瓦时装屋成立于1987年，由LVMH总裁、富有且传奇的贝尔纳·阿尔诺（Bernard Arnault）资助。一些历史学家认为，拉克鲁瓦的首个系列引起的轰动不亚于第二次世界大战后迪奥推出的新风尚（Dior's New Look）。这可能有些夸张；拉克鲁瓦华丽的风格、昂贵的材料（别出心裁的设计更增益了其奢华的感觉）和他出色的色彩运用引起了媒体和公众的热烈掌声。一个典型的例子是他推出的一款膝上气球裙，由拉克鲁瓦最喜欢的模特、满头白发的玛丽·马丁斯-塞兹内克展示。1987年，美国时装设计师委员将其评选为最有影响力的外国设计师。

早在20世纪80年代末，他的高定系列中就出现了高级成衣系列和配饰系列。90年代，他推出了休闲时尚系列，还有克里斯汀·拉克鲁瓦牛仔和一系列家居纺织品。他的第一个男装系列于2004年推出。

拉克鲁瓦的第一款香水"这就是生活！"（C'est la vie，1990）并不成功，几年后就悄悄退出了生产线。之后，克里斯汀·拉克鲁瓦伊甸园香水（Christian Lacroix Bazar）问世，有女士版和男士版。2002年，拉克鲁瓦被任命为葡琦（Pucci）的艺术总监。

除了他的时装系列，拉克鲁瓦还设计了戏剧和歌剧服装，包括为《卡门》（尼姆）和《费德尔》（巴黎）设计的服装。

参考资料：
Baudot, François. Christian Lacroix. London: Thames & Hudson, 1997.
Seeling, Charlotte. Mode: De eeuw van de ontwerpers. Cologne: Könemann, 2000.

插图：
1. 克里斯汀·拉克鲁瓦，玛丽·马丁斯-塞兹内克穿着气球裙，1987年。
2. 克里斯汀·拉克鲁瓦，第一个高级时装系列的洋装和围裙，1987春夏系列。

2.

创造了一种奇异的独立而不可识别的特性——由此产生了诠释学的潜力；③ 时尚在一种想象的、"过时"的状态下是最令人回味的："五年前的衣服"（正如本雅明对超现实主义的假设）（Benjamin，1991a：1031），即对刚刚不再时髦的过去的表达，是本雅明个人历史学所必需的想象力和幻觉的助推器；④ 本雅明认为"虎跃"是辩证的，它遵循黑格尔、恩格斯、马克思和卢卡奇的哲学传统。

时尚的轮回，将永恒或"经典"理想的命题与其公开的当代对立融合在一起。永恒和短暂之间显而易见的对立，因需要过去才能延续现在的飞跃而不再成立。相应地，超历史主义者把时尚的位置描述为既脱离了永恒，即一种审美理想，也脱离了历史的连续发展。通过"虎跃"，时尚能够从现代跳跃到古代，然后再跳回来，而不会停留在某个特定的时间或审美形态。这就产生了一种新的历史发展观。如果加上辩证的形象，老虎在历史天空下的飞跃标志着一种趋同，而这种趋同的本质是一种革命性。

一场革命——历史本身的过渡——通过一种引用过去的方式将马克思的政治思想应用于美学研究，类似于时尚的轮回。充满政治色彩的社会具体化和抽象化与其最新的着装方式密切相关，因为显然时尚体现了资本主义结构。突然，一个来自过去的时间实体，通过一个文体引语，从过去脱离出来（一个真正唯物主义的美德）并投身于现在。历史学家迈出了一大步，在早已逝去的事物中寻找当下的影子。在德语中，Katzensprung

5. 欧仁·德拉克洛瓦（Eugene Delacroix），《自由领导人民》（Liberty Guides the People）（局部），1830年，帆布油画 259cm×325cm，巴黎罗浮宫美术馆收藏。

6. 弗拉迪米尔·洛林斯基（Vladimir I. Kozlinsky），《法国人民公社的死者在苏维埃红旗之下复苏》（The dead of the Paris Commune Have Been Resurrected Under the Red Banner of the Soviets），1921年，油版画，72cm×47.7cm，圣彼得堡俄罗斯国立美术馆收藏。马克思和本雅明在历史引证中所提到的"虎跃"，在此可视化为两份政治宣言的图画，而两者间几乎相隔了一个世纪。

（猫的跳跃）这个词传达的是一个比较近的距离，只是一箭之遥。而在虎跃中，一只更大更凶猛的猫科动物跳了一大步，稳稳地落在远处，历史唯物主义因此找到了精确而富有诗意的隐喻。

## 最初的飞跃

在阐述了本雅明对时尚的理解背后的一些想法后，我想勾勒出这一形象从其历史唯物主义开端到本雅明式创造的发展过程。

唯物主义思想的飞跃更多地归功于恩格斯的阐释，而不是马克思，并且是通过阅读黑格尔，特别是他对客观和自然规律的阐释而发展起来的。1858年7月，恩格斯从曼彻斯特的一家纺织厂给伦敦的马克思写了一封信，其中记录了马克思主义理论中最早使用激进飞跃的情况，以取代之前使用的更具试探性的"折叠"（Umschlag）：

"有一点是肯定的——比较生理学给人一种健康的蔑视，蔑视人类对其他动物的思想上的傲慢……在这里，黑格尔关于数量序列中的质的飞跃的表述也非常适合。"（Engels, 1983: 327）。

在《共产党宣言》中，这种"质的飞跃"也就是后来著名的"物化成空"（all that is solid melts into air）。自然界的进步从来都不是连续的；它是由各种飞跃组合而成的，最重要的飞跃发生在物体（元素、构型等）的形式打破连续性并以完全不同的状态出现时；例如，水逐渐变热，直至变成水蒸气（Engels, 1987a: 61）。

然而，黑格尔理论体系中的理想主义只是辩证唯物主义基础的一部分。恩格斯只能把他对黑格尔辩证法的理解转移到社会政治历史中去。在他为《巴黎社会主义评论》（*La Revue Socialiste*）改写的一篇文章中，"飞跃"第一次被假定为革命事件（Engels, 1987b: 270），因此后来被本雅明在挑战历史决定论的过程中利用，正如我们所看到的，历史决定论反过来将时尚作为其主要范例。然而，恩格斯的假设宣称商品，以及被商品化的客体对消费主体的隐性支配地位是不合时宜的，妨碍了人类走向"自由王国"。

在资本主义中，很少有商品像时装一样引人注目。它短暂的特性、对不断变化的外表的追求，需要持续的消费。对于普通消费者来说，追随时尚意味着不断更新自己的衣柜。显然，在历史唯物主义意义上的飞跃之后，我们很可能会摆脱对最新时装的依赖。因此，具有讽刺意味的是，本雅明将解放时尚的虎跃作为他向历史提出类似革命性挑战的工具。

在恩格斯看来，通过故意中断历史进程（即通过革命）来实现解放的乌托邦社会主义思想，在科学和哲学上都建立在人类所处环境中发生的辩证飞跃之上。然而，对于一些马克思主义批评家来说，其理论基础的复杂性是不够的。他们对缺乏革命实践变得不耐烦了。格奥尔格·卢卡奇（Georg Lukàcs）在 1919 年关于"历史唯物主义不断变化的功能"的演讲中要求：

> "不是人的意识决定人的存在，恰恰相反，是人的社会存在决定人的意识"这一辩证法的基本信条的必然结果是——如果理解正确的话——在革命的转折点上，必须在实践中认真对待全新的范畴、经济结构的颠覆、进步方向的改变，即飞跃的范畴。（Lukàcs, 1971：249）

卢卡奇不遗余力地从社会经济意义上确定"飞跃"。对他来说，这一飞跃是辩证的，不仅因为它体现了"自然辩证法"，而且因为行动本身也是辩证的。他坚持认为，这一飞跃不是"毫无征兆地突然产生人类历史上迄今为止最大的变革"的一次性事件，而是存在的事物早已预示了的（Hegel, 1929：390）。只有当它——就像时尚一样——融入社会进程，只有当它是"有意识地实现每一时刻的意义"，是有意识地加速这一进程的必要方向时，它的特性才能得以保持。它希望让历史预示的固有结构显现出来。因此，为了揭示历史进步的真正原因，飞跃必须"走在进程的前面一步，当革命从'自身目的的本能畸形'中退缩，并有可能动摇和半途而废时"。（Lukàcs, 1971：250）。

在前面的演讲中，卢卡奇确定了恩格斯和马克思对（最初是黑格尔式的）飞跃的解读的正确性。同时，我们还发现了与本雅明的虎跃在历史中的明显联系。对卢卡奇来说，这句话是向分析革

7. 马克斯·恩斯特（Max Ernst），《男人与裸女》（Man and Nude Woman），1929 年，纸上拼贴，14.3cm x 11.2cm，巴黎私人收藏。

恩斯特运用了流行杂志上的插画小说、商业目录、19 世纪的医学论文等作为他拼贴作品的原始材料，唤起了资产阶级表层下的某种无意识集体性。

命实践迈进了一步，但对本雅明来说，这句话将"拨开迷雾"，阐明主体和文化客体的历史观。因此，在1923年德国版的《历史和阶级意识》（History and Class Consciousness）中发表的卢卡奇的布达佩斯演讲中，本雅明读到：

> 对马克思和恩格斯来说，"从必然王国到自由王国的飞跃"不仅仅是美好的、抽象的和空洞的愿景，它为完成对当前的批判提供了响亮的装饰性词语，但并不涉及系统的承诺。相反，它是对历史发展道路的明确和有意识的思想预见，其方法论意义深入到对当前问题的解释中。（同上：247）

本雅明的耳边一定回响着这样一个概念，即飞跃有助于预测"历史将要走的道路"。在其中，他不仅看到了对历史"进步"的方式及其如何推进资本主义制度、对人类状况的客观化和对人的异化进行批判的可能性，还看到了对资本主义历史在整个19世纪和20世纪初改写自身的方式进行批判的可能性。本雅明意识到这是一个机会，他可以通过线性历史进程的传播来展示资本主义的合理性。因为这种批判的主要对象是文化，他一定认为用现代的主要商品——时尚——来例证他的挑战是一种恰当的讽刺。

考虑到卢卡奇对马克思和恩格斯批判中的装饰性和美感的观察，本雅明在隐喻中使用了这一最具表现力的元素，通过装饰人的形体来审美或美化生活；这可能会使他的论点含糊不清，甚至晦涩难懂，但却赋予了本雅明在政治和艺术中所追求的诗意。

## 服装记忆

对于本雅明来说，时装并不只是伴随着实证主义历史的发展，通过技术的发展、生产便利化或购物环境民主化，向更多的人提供更复杂、更奢华或更豪华的服装，从而实现更大的繁荣。缝纫机、改进的裁剪式样或新的百货商店并没有使西方资本主义变得更加平等，而只是扩大了其商品的消费群体。当平等实现时，它不是法律面前的平等，不是在获得文化表达方面的平等，而首先是相对于商品化对象的平等。

然而，至少对本雅明来说，时尚的绣花袖子里有一种典范的品质。本雅明将他对马克思和恩格斯的阅读与他对波德莱尔和普鲁斯特（他曾翻译和分析过波德莱尔和普鲁斯特）的深入了解结合起来，将服装内含的对过去的引用和"非意愿记忆"作为现代性的特征。

在时尚界，引用服装的记忆——能够创造出一种错综复杂的时间关系，并描绘出一种形而上的体验。对于精通德语和法语的本雅明来说，"现代性/模式"（modernité/mode 法语，Modernitât/Mode 德语）显然有着密切的词源关系，是一个术语包含另一个术语的结构性姊妹关系。时尚需要引用来改写甚至构建自己的历史。这并不是为了掩盖过去的不完美或风格上的罪过，而是为了允许一种变化的发生，在这种变化中，最新的风格可以借鉴以前的风格，从而重新评估其对当下的影响。过去为了现在的旨趣而被激活，并且重要的是，在时装设计中，现在很快就会与自己的过去接轨。在服装领域，最新的流行趋势往往在被更多人接受的那一刻就过时了（参见Simmel）。时尚的先锋几乎直接将现在视为历史，因为服装业的不断变化已经加速到这样一种程度——发明、引用和直接复制都只能通过设计师自身的形象和行业地位来使其显得与众不同，而不是遵循时尚的新潮事物的发展时序。

对于唯物主义批评家来说，时尚的引用在超现代的现在（即目前21世纪最新的时尚潮流）与其"史前"的过去（即19世纪的资本主义现代性，它为时尚的社会和历史意义确立了参数）之间建立了一种辩证关系。阿尔弗雷德·施密特（Alfred Schmidt）在他的《历史与结构》（History and Structure）一书中写道，马克思"拒绝仅仅记录资本主义日常生活的物化的、伪客观的结构，而是寻求将凝结在这些结构中的历史还原，他遇到了具体的人类现实，尽管是畸形的现实。"（Schmidt，1981：61）

就像资本一样，它不是简单的物质事实，而是"两个人之间的关系"，历史的发展也是通过人类的行为和外表被铭记和激活的。

本雅明的《虎跃》中提到的事件通过服装来体现，在历史主角之间建立了亲密的实体关系。关键还是服装中的引用。正如马克思所说，法国1830年的"七月革命"和1848年的"二月革命"都是试图诉诸1789年"原初"的道德和伦理，正如"时尚引用过去的服装一样"。对许多人来说，古罗马的理想得到了重塑，成了法国革命的理念；而对另一些人来说，正如从1800年后的帝国时尚中可以观察到的那样，过去的革命主要是一场时尚革命，充满了魅力和现代美感。

## 艺术与时尚

虎跃的核心仍然是对历史进步线性的攻击。通过对历史决定论的挑战，本雅明希望消除自己的担忧，即植根于资本主义经济学的现代性，可能会通过时尚逐渐习惯先锋艺术在20世纪头几十年中发起的任何意想不到的冲击。本雅明的朋友西奥多 W. 阿多诺（Theodor W. Adorno）短暂地接过了本雅明的解释学衣钵，他写道："时尚是艺术永久的自白，大意是艺术并不符合之前提出的理念。"（Adorno，1984：436）

我们无法像资产阶级文艺教（Kunstreligion）所希望的那样，将时尚与艺术、所谓的短暂与崇高截然分开。阿多诺指出，作为审美主体的艺术家，已经在先锋派的论战中将自己与社会分离开来。在现代性中，艺术通过时尚与一种"客观精神"交流——不管它看起来多么虚假或腐朽。在阿多诺看来，艺术无法保持早期理论赋予它的任意性和无意识性。艺术是完全被操纵的，但又独立于需求，尽管需求在某些时候必须加入进来，因为讨论的主题是资本主义。阿多诺强调，由于垄断时代对消费者的操纵已成为当前社会生产关系的原型，时尚本身就代表了一种社会和文化上的客观力量。他提到了黑格尔，黑格尔在《美学讲演录》中认为，艺术的任务是将本质上与它格格不入的东西融入其中。然而，由于艺术对这种融入的可能性感到困惑，时尚界便将其装饰过的帽子扔进了擂台，并渴望将这种异化、再造或编纂的对象化文化本身融入其中。因此，阿多诺认为，如果艺术要防止自身被出卖，就必须抵制时尚，但同时又要将时尚纳入自己的范畴，以避免对社会和文化存在的主要推动者——如进步和竞争——视而不见。鉴于阿多诺对本雅明所选择的文化命题的依赖，他将波德莱尔的"现代生活画家"康斯坦丁·盖斯归功于他的第一次反思，即名副其实的现代艺术家是在迷失于短暂中保持自身力量的人，这并不完全令人惊讶。阿多诺遵循马克思和齐美尔的观点：

> 在这个主观精神在社会客观性面前变得更加无能为力的时代，时尚揭示了后者在主观精神中的过剩，痛苦地与之疏离，但纠正了主观精神本身就是纯粹存在的幻觉。对于那些鄙视时尚的人来说，时尚最有力的回应就是它参与了一场恰如其分的、具有历史饱和度的个人运动……通过时尚，艺术与它通常放弃的东西同床共枕，并从中汲取力量，否则在艺术赖以生存的放弃之下，这种力量就会萎缩。艺术，作为幻觉，是无形之体的外衣。因此，绝对的服装就是时尚。（Adorno，1984：436）

正如齐美尔的《货币哲学》（*Philosophy of Money*，1900/07）所假设的那样，主体与客体的分裂是通过将后者的精神移入前者而得到调和的，本雅明和阿多诺——尽管后者对齐美尔"生活哲学"的模糊性提出了种种批评——都会接受这一点。时尚对这三者来说都是一种历史修正，更重要的是，它具有解释学的潜力（尽管程度不同）。它将客体与个体主体完美地融合到一起。显然，时尚引领着服装，但也超越了服装。因此，与传统对文化物品的评价相反，在整个现代性过程中，艺术似乎只是在"装扮"社会或历史，而代表其绝对原则的则是时尚。

**时尚商品**

本雅明认为，以前的所有时代都有许多期望没有实现。他在20世纪30年代末写道："过去携带着一个秘密索引，指向它的救赎。"（Benjamin，1991e：693）一个热切期待未来的现在，有责任记住它的过去并完成它所承载的期待。对本雅明而言，也不存在偏爱古代或现代的意识形态的争论或对立，而是对象内部古代性与现代性的融合——正面体现在时尚的飞跃潜力上，反面体现在19世纪巴黎的"商品地狱"中。这就是为什么在本雅明的辩证形象中，尤其是在他的"虎跃"中，一个冲突的因素跟另一个混合起来。在这些图像中，古老与现代（美学）表达凝结在一起。它既包含着重蹈覆辙的威胁，也包含着抵消现代性重构社会和异化人类的破坏潜力的

**帕昆夫人（Madame Paquin）**

1869，圣丹尼斯（法国）—1936，巴黎（法国）

　　帕昆，1869 年出生于法国，原名简·贝克斯。她和丈夫自称帕昆夫妇。帕昆夫人在巴黎著名的鲁夫时装屋（Maison Rouff）做学徒。19 世纪 90 年代初，帕昆夫妇开了自己的时装屋。帕昆先生主要负责商业运营，帕昆夫人则负责设计。

　　帕昆夫人很快以其精湛的工艺而闻名，她将同时代人使用的柔和色调换成了活泼的色彩。她非常喜欢奢华和高品质的材料，如皮草和蕾丝，她经常将这些材料与流苏一起融入她的设计中。她的设计在自己的时代并不被视为创新，因为风格依旧传统。她从过去汲取灵感，这也符合时代精神。18 世纪，尤其是法国大革命的理想，是她伟大的榜样。她设计的浪漫晚礼服在风格上，有时甚至在名称上都与那个时代有关。与一个世纪前的同胞们一样，她也从古典物品中寻找灵感。

　　帕昆夫妇在伦敦开设了第二家店铺，她的时装屋也是第一家在其他国家开设分店的时装公司。接着又在布宜诺斯艾利斯、马德里和纽约开了分店。1900 年，帕昆夫人应邀为巴黎世界博览会挑选参展的时装设计师。将这一重任授予一位女性被认为是非常了不起的，因为当时的高级定制时装仍由男性主导。

　　早在 1910 年，帕昆夫人就曾让人穿着她设计的服装在公共场合走秀。她派模特在美国巡回展示她的服装，并在伦敦举办了第一场配有音乐的时装秀。像波烈一样，帕昆夫人也经常与乔治·巴比尔（George Barbier）和保罗·易利伯（Paul Iribe）等艺术家合作。1919 年帕昆先生去世后，她决定将品牌的艺术领导权交给玛德琳小姐。1936 年，帕昆夫人去世了。她的时装屋一直延续到 1953 年与沃斯合并。1956 年，沃斯停业。

参考资料：
Sirop, D., *Paquin*. Paris: Edition Adam Biro, 1989.

插图：
1. 帕昆夫人，礼服，1907 年。摄影：Boissonnas 和 Taponier 为时尚杂志 *Les Modes* 拍摄。
2. 帕昆夫人，礼服，1940 年。摄影：Han Ray 为杂志 *Harpers Bazaar* 拍摄。
3. 帕昆夫人，皮草制成的晚礼服，1938 年。摄影：Andre Durst 为杂志 *Vogue* 拍摄

3.

8. 格兰维尔（Jean-Ignace-Isidore Gerard），《时尚》（Fashion）（为《另一个世界》Un Autre Monde 一书创作的插图），1844 年，石版画，巴黎国家图书馆。画中的角色十分活泼，时尚转动命运之轮，决定接下来的风格将如何发展、哪种服装将再度复苏。一群花花公子对其羡慕不已。根据格兰维尔的插画，1992 年会见证法国大革命时期雅克宾帽的再度流行。这位艺术家的预言只有些许不正确：时间提前到了 1989 年（大革命 200 周年纪念），当时高缇耶的夏季服饰系列的焦点在这顶帽子上。

9. 保罗·波耶尔（Paul Boyer，年代不详），"蒙代斯旅馆"（Hoteldes Modes）的照片，1988 年。右边的两件礼服，是德雷特时装屋（Maison Deuillet）出品，中间的则是出恩斯特·劳德尼茨（Ernest Raudnitz）之手，墙上的两幅全身肖像为乔瓦尼·波尔蒂尼（Giovanni Boldini）的作品，左边的是"玛尔特·雷尼尔（Marthe Regnier）夫人肖像"（1905），身着帕昆时装屋（Maison Paquin）的晚礼服；右边则是"迈尔·兰特梅（Mile Lantelme）肖像"，1907 年，穿着雅克·杜塞做的套装。时尚与艺术在这沙龙中并驾齐驱，是一幅比巴黎百货公司内更复杂的时尚展示雕像群，并显示出法国高级定制服装的正式走向，展现其与艺术作品的趋同性。

The power of fashion

力量。这种力量就是本雅明所说的"救赎"。它的神秘特质存在于它要克服的事物的残余中,正如我们所见,它是上个世纪的商品(参见超现实主义,尤其是路易·阿拉贡的小说)。当时尚利用这种残余,通过引用过去的服装来设计新的款式,它将本雅明的辩证形象在认识论层面上提出的要求形象化和具体化了。

在1935年的一封信中,阿多诺确实质疑了本雅明论证中的这一概念。他对这种商品所包含的救赎和神秘特质提出了质疑。

> 把商品理解为一个辩证的形象,仅仅意味着把它也理解为自身消亡和"废除"的主题,而不是把它看作纯粹的向旧的回归。一方面,商品是异化的对象,因此其实用价值已经消失;另一方面,它是一个幸存的对象,在异化之后,其直接性也随之消失。(Scholem and Adorno, 1994: 497-498;译文修订版)

在讨论过时服饰一而再再而三的自我重复时,无论是将其作为例证,还是仅仅出于"历史"趣味,我们都必须审视其作为商品的角色。19世纪80年代的紧身裙是一种实用价值已经消失的商品,因为除了乔装或角色扮演,几乎没有其他穿着场合。另一方面,如果一个人穿了一件引为典范的紧身裙(我之前举例的拉克鲁瓦的设计),那么按照阿多诺的说法,她就穿上了一件"已失去其直接性"的商品,因为它已经脱离了其起源,并为了当下而被激活。显然,真正时尚的设计永远只能是为了当下而被激活;

正如我们所看到的那样,真正时尚的设计不可能克服这一点,它将不再作为时尚而存在,而是作为物品实现自治而"崇高"的艺术品的功能。

然而,具有讽刺意味的是,时尚商品通过提前死亡和不断自我更新来摆脱消亡。当设计被"接受"成为时尚主流时,真正的创新就消失了,取而代之的是发明和推广新风格或新风尚。因此,(服装)历史的"改写"仍在快速进行,并通过不断促使自己"代谢",理想地避免了任何倒退的趋势。因此,为辩证形象量身定做的商品就是服装,本雅明在他的"虎跃"中也举例说明了这一点。

阿多诺赞同本雅明的观点,他认为未来可能产生问题的压力要求人们现在做好准备,对过去负责,同时意识到自己的行为对未来的影响。本雅明将这种意识延伸到过去,创造了一种复杂的模式,即一个可供选择的未来,一个"被移动"的过去(也通过服装时尚可视化),以及其中的一个短暂的现在。"时尚是新事物的永恒重复。然而,是否存在救赎的动机,尤其是在时尚当中?"他问道,提出了对他自己的历史学至关重要的问题(Benjamin, 1991c: 677)。社会上重复出现的错误和弊病并不是时尚的争论焦点。但是,"永恒重复"表明了一种结构,这种结构可以用来挑战资本主义宣扬的历史理解,从而找到其自身合理性的核心。

对波德莱尔和本雅明来说,现在因其短暂性而成为现代性的代名词,而时尚则代表了现代性的本质。这不是它的实质，因为它的短暂特征不能形成实质，而是一种浓缩的精华，体现了"此时此刻"，加上对过去的提及，可以说构成了一个呼之欲出的未来。本雅明对时尚的诠释使他能够将"救世主式的"过去形而上学一面与社会历史批判的唯物主义一面结合起来。后者虽然受到恩格斯和马克思对黑格尔的批判性解读的影响，但并不是正统的辩证法，而是在辩证方法以及他自己对历史唯物主义的应用中为美学找到立足点。由于我所选择的"诗学-神学"和"历史唯物主义"线索的侧重点不断变化，尤其是在《拱廊计划》的后期（约1934年起），对新形式的社会、文化和历史批判的大量引用，虽然在表面上是进步的，但始终必须保持发展。但本雅明坚定地选择摒弃历史决定论，全心全意地接受了其对立面——历史唯物主义。在巴黎革命等事件中，由纱线编织而成的错综复杂的历史图案来作为内在相关但在时间上并不连续的象征，要比遵循实证主义的连续性来观察整个19世纪肤浅的社会结构更为重要。

在本文的最后，我想举个简单的例子，说明虎跃的辩证形象如何在时装设计师的设计系列中得以可视化。这种"飞跃"——不应被理解为对我的论点提供确凿的证据，而是作为一种视觉辅助——将是一种"文学"的飞跃，而不是简单的风格飞跃。例如，在1795年至1810年间的督政府服装，援引了希腊/罗马民主的公民美德，并在一百年后，保罗·波烈的高腰设计在美学上革命性地取消了紧身胸衣，这也让督政府服装在这场

10. 欧文·布卢门菲尔德（Erwin Blumenfeld），《珍珠公主》（*The Princess of Pearls*）（为卡地亚珠宝所作的公开照），1939年，出自纽约玛丽娜·申茨（Marina Schinz）收藏。布卢门菲尔德拍摄了一幅19世纪时尚肖像的一部分，放大了底片，把一串真正的珍珠项链放在上面，再次拍摄，随后于1939年9月在《时尚芭莎》上发表，将其作为时尚引用自己过去的嘲讽再恰当不过了。

The power of fashion

服装革命中复活了。因此,这符合本雅明对时尚的观察,即在历史决定论的荆棘丛中"嗅出"并"重写"现代的东西,也就是被政治激活的东西。

## 简·帕昆夫人的老虎

历史学家儒勒·米什莱(Jules Michelet)在评价自己所处的时代,即19世纪时,回顾了前一时代尤其是18世纪末的梦想和希望,即法国大革命的理想。当时,时尚界也梦想着未来在物质和精神上实现阶级和性别平等,这也体现在革命性的不分男女的"无裤党"(Sane-culottes)的(着装)习惯上和花布制成的中性长衫上。1795年,"反叛的道德家"((Camus, 1951: 134)尚福将服饰作为其准则的核心:"一个人在慷慨之前须先公正,就像一个人在穿蕾丝衬衫之前穿亚麻衬衫一样"(Chamfort 1968: 82)。

一个世纪后,当代时尚将像老虎一样一跃回到这个革命性的过去。法国时装设计师简·帕昆在她1898年的夏季时装系列中,公开提到了历史的"改写",她设计了一款以著名历史学家命名的裙装。她的设计"米什莱"是一件天蓝色的连衣裙,上身带有五颜六色、朴素的刺绣。它看起来像是农民周日服装的精致版本,帕昆的标志性设计又加大了这个区别:翻领和下摆有复杂的毛皮装饰。帕昆夫人的设计是对这位历史学家的致敬,她曾在法国学院(Collegede France)以"女性对女性的教育"(1850)

为题举办了一系列讲座,并不厌其烦地强调女性服装在社会中的作用。

米什莱对服装重要性的认识在龚古尔兄弟的日记中有所描述,龚古尔兄弟于1864年3月参加了这位历史学家在其巴黎家中举办的一次庆祝活动。"我们穿着便服去了米什莱舞会,那里所有的女人都装扮成受压迫的民族:波兰、匈牙利、威尼斯等,就像在观看欧洲未来革命的舞剧。"(De Goncourt, 1956: 25)这位资产阶级历史学家对政治反叛情有独钟,他将自己对平等和自由的追求转化为知识界和上流社会举办一场优雅的化妆舞会。他梦想一个摆脱普鲁士和俄罗斯统治的欧洲,然而他的抗议很可能会被他的女宾客们穿着的丝绸和雪纺长裙的沙沙声淹没。帕昆的1898年时装系列也对大革命做了不那么隐晦的历史描述,以"罗伯斯庇尔模型"为特色,那是一款由厚重的丝绸和府绸制成的柔和黑色连衣裙,配有一条大腰带,突出了克制和宁静。黑色面料及其剪裁象征着严谨的政治理念,而腰带则代表着控制,否则对道德纯洁的追求很容易转化为痴迷和恐怖统治。

两季之后,也就是1899年夏,帕昆将"改写"历史提升到了一个更加高度视觉化的层面。"热月袍"是一种以革命历的11月(法兰西共和历的11月)命名的长袍,采用乳白色和米白色丝绸和塔夫绸,剪裁类似希腊罗马式长袍。褶皱顺着整条裙子往下延伸——这在当时是个新奇的样式——没有紧身胸衣,只是用精致的缝线来标示腰线。长袍的顶部有几处绣花：在丝绸上缝上薄薄的蕾丝，就像柱子上雕刻的科林斯式柱头。

在这种情况下，革命理想的采纳，即对希腊罗马社会中公民美德的反映，并不是通过对希腊罗马长袍的现代诠释来体现的——就像法国都政府时期的高腰礼服一样，会一再流行起来。相反，帕昆试图反思这些古代社会形成的理想。她将建筑和美学中的结构元素——圆柱——带回到它的"自然"起源，并用它来装扮人体。这与黑格尔在《美学论》（Lectures on Aesthetics）中对时尚的要求如出一辙。

服装艺术的原则在于把它当作建筑来对待……此外，穿戴行为和穿戴物的建筑特征必须根据其自身的机械性质自行形成。我们在古典雕塑（即古典希腊）中看到的服装，正是遵循了这一原则。披风特别像一个房子，人可以在里面自由移动。（Hegel, 1975, II: 746-47）

"热月袍"要求穿着者保持挺拔和自觉的姿势。她的动作受到限制，因此每个姿势都要经过深思熟虑。在经历了19世纪下半叶的过度设计——克里诺林裙撑，繁复的宝塔式荷叶边加裙撑——之后，帕昆的设计体现了某种程度的朴素和克制。面料（比以往任何时候都更奢华）和剪裁都有明显的特色。时尚中固有的辩证形象也在"热月袍"中得到了体现，服装中原本被视为坚固和力量的元素——上升的石柱——变成了它的对立面：飘逸的丝绸。然而，通过褶皱的"构造"，裙子的材质变得更加硬挺，从而获得了类似的象征意义。由于它是穿在女性身上的，因此与人体有着高度感性的关系，其象征意义变得更加强烈，对社会的影响也显得更加直接。

在他的《拱廊计划》中，尤其是在他的后期"漫谈历史概念"的论文中，本雅明抛开了历史决定论，用历史唯物主义的方法把过去一个世纪的文化中的重要线索串联起来，从而创造出一种历史模式。作为一种现代主义的文化对象范式，人们按照重现的模式对时尚进行分析。它的影响通过虎跃的形象得到了辩证的重构。这种双重功能激活或具体化了对象，使其成为进一步政治实践的组成部分。然而，尽管表面上坚持历史唯物主义，本雅明仍然保持着他的方法论的独特性，甚至是不稳定性。也许是出于某种理论上的疑虑，但更肯定的是出于保护现代性诗意元素的目的，本雅明转向了历史的结构化，摒弃了僵化的历史唯物主义方法。他使用服装作为隐喻，标志着他有意与马克思主义分析保持距离。然而，通过"虎跃"将时尚辩证化，有助于将这种距离保持在最小限度。

因此，在本雅明最后的著作中，这位历史学家穿上19世纪唯物主义者阴沉刻板的晨衣，同时作为一种华丽的对比，展示出诠释学—诗学的内衬，这种内衬体现出一种独特的风格，这种风格将与时尚主题产生共鸣，从而引出对时尚哲学的首次探索。

11. 帕昆夫人,"米什莱"设计(上),1898年夏,水彩画;"罗伯斯庇尔"设计(中),1898年夏,水彩画;"热月袍"设计(下),1898年夏,水彩画。伦敦维多利亚与阿尔伯特博物馆收藏。

参考书目

Adorno, Theodor W. Aesthetic theory. London/New York: Routledge, 1984. (The text was written between 1966 and 1969; Gretel Adorno and Rolf Tiedemann edited the unfinished book for publication in 1973.)
Benjamin, Walter. Das Passagen-Werk. Vols. 1 and 2, esammelte Schriften. Frankfurt a.M.: Suhrkamp Verlag, 1982.
— "Die Gewalt des Surrealismus", in Gesammelte Schriften, II.3. Frankfurt a.M.: Suhrkamp Verlag, 1991a (1928/29).
— "Pariser Tagebuch", in Gesammelte Schriften, IV.1. Frankfurt a.M.: Suhrkamp Verlag, 1991b.
— "Über den Begriff der Geschichte", in Gesammelte Schriften, I.2. Frankfurt a.M.: Suhrkamp Verlag, 1991c. (First published by Adorno in 1942 in New York.)
— "Der Ursprung des deutschen Trauerspiels", in Gesammelte Schriften, I.1. Frankfurt a.M.: Suhrkamp Verlag, 1991d (1924/25).
— "Zentralpark". I.2, Gesammelte Schriften. Frankfurt a.M.: Suhrkamp Verlag, 1991e.
Camus, Camus. L"Homme révolté. Paris: Gallimard, 1951.
Chamfort, Nicolas Sébastian-Roche. Maximes, pensées, caractères et anecdotes. Paris: Garnier-Flammarion, 1968. (The text was begun in 1779/80 and expanded until its original publication in 1795.
Engels, Friedrich. Letter to Karl Marx, in Karl Marx and Friedrich Engels. Collected works. Vol. 40. London: Lawrence & Wishart, 1983.
— "Anti-Dühring", in Karl Marx and Friedrich Engels, Collected works. Vol. 25. London: Lawrence & Wishart, 1987a (1876-78).
— "The Development of Socialism from Utopia to Science", in Karl Marx and Friedrich Engels, Collected works. Vol. 25. London: Lawrence & Wishart, 1987b (1880).
Ferry, Jean. "Le Tigre mondain", in Le Mécanicien et autres contes. Paris: Maren Sell/Calmann-Lévy, 1992 (1953).
Goncourt, Jules & Edmond de. Journal: Mémoires de la vie littéraire. Tome II. 1864-1874. Paris: Fasquelle Flammarion, 1956.
Hegel, Georg Friedrich Wilhelm. Aesthetics: Lectures on fine art. Vols. I and II. Oxford: Clarendon Press, 1975.
— Science of Logic. Vol. 1. London: Allen & Unwin, 1929 (1812/13).
Jameson, Fredric. "Marxism and Historicism", New literary history IX, no.1 (Autumn 1979): 41-73.
Lukács, Georg. History and Class Consciousness. London: Merlin, 1971 (1923).
Marx, Karl. The Capital. Vol. 1, Karl Marx and Friedrich Engels, Collected works, Vol. 35. London: Lawrence & Wishart, 1996. (First published in 1867; the fourth edition of 1890, edited by Engels, is generally accepted as the most authoritative.)
— The eighteenth Brumaire of Louis Bonaparte, in Karl Marx and Friedrich Engels, Collected works. Vol. 11. London: Lawrence & Wishart, 1979 (1852).
Schmidt, Alfred. History and structure. Cambridge, Mass./London: The MIT Press, 1981 (1973).
Scholem, Gershom and Theodor W. Adorno, eds. The correspondence of Walter Benjamin 1910-1940. Chicago/London: The University of Chicago Press, 1994 (1975).
Simmel, Georg. "Fashion", International Quarterly X (October 1904): 130-155.
Smith, Gary, ed. Benjamin: Philosophy, history, aesthetics. Chicago/London: The University of Chicago Press, 1989.

**Fashion and society**
时尚与社会

## 玛丽·官（Mary Quant）
1934，伦敦（英国）

玛丽·官革命性的设计是以伦敦为中心的"摇摆60年代"时尚的象征。她的设计与当时的流行时尚构成了彻底决裂。这些作品让人联想到童装，色彩鲜艳、图案丰富，还有玛丽·官世界闻名的标志——雏菊，在她的作品中经常出现。

官1934年出生于伦敦，曾在伦敦戈德史密斯艺术学院学习艺术。1955年，她开了自己的精品店"芭莎"，最初出售其他设计师的作品，但很快就开始出售自己设计的服装。官对当时的时尚深恶痛绝，并推出了与之截然相反的前卫造型，这就是著名的"切尔西造型"：不穿开襟衫、长裙、衬裙和衬衫，不强调腰部和胸部，而是简单、短小、笔直的套裙。

官在时尚领域的主要创新包括尼龙紧身衣、PVC雨衣和雨靴、双肩包、热裤，尤其是迷你裙，可谓创造了历史。她是最早关注时尚青少年的人之一，这一目标群体的预算有限，因此她将服装的价格压得很低。官不是为社会上层设计的，而是大众。她通过超模崔姬（Twiggy），推出了一种新的理想女性类型：脆弱而中性。官不仅模特选得很有创意，她的时装秀也很有创意。在流行音乐的伴奏下，稚气未脱的模特们在T台上翩翩起舞。除了服装，她还出售饰品和少女化妆品系列。

她的设计立即受到了正忙于反对当权派的青年运动的追捧。到20世纪60年代中期，官的设计大受欢迎，并销往世界各地。60年代末，当青年文化式微时，玛丽·官也失去了她在时尚界的影响力。70年代末，她卖掉了自己的公司。从那以后，她主要为其他品牌设计服装，并继续自己的化妆品系列。她的产品仍然很受欢迎，特别是在日本。

参考资料：

Carter, E., ed. *Mary Quant's London*. London: London Museum, 1979.

De la Haye, Amy, ed. *The cutting edge of 50 years of British fashion*. London: Victoria & Albert Museum, 1997.

插图：
1. 1960年，穿着迷你裙的崔姬。

1.

吉勒·利波维茨基（*Gilles Lipovetsky*）
# 时尚社会的艺术与美学
(*Art and aesthetics in the fashion society*)

1.

1. 希尔维·夫拉里（Sylvie Fleury），密探，1995 年。

在一个由大众消费和传播重新设计的社会中,时尚已经不再像几个世纪以来那样局限于特定的服装领域。相反,它现在是一个包罗万象的过程,是一种跨界现象,正在侵蚀我们生活中越来越多的领域,从而重组整个社会——物品、文化、身体习惯,以及话语和形象。游戏和体育、新闻和电视、广告和设计、健康和食品、出版、管理,甚至道德(为非洲饥民举办的摇滚音乐会和录音、电视募捐等),现在都受到时尚的影响。如果说消费社会——现在是超级消费社会——可以用许多具体特征(生活水平、舒适度、广告、休闲、假期等)来描述,那么从结构上看,它可以被视为一个人们生活中越来越多的部分被时尚帝国吞噬的社会。我们现在正处于全面时尚甚至超级时尚的时代,而矛盾的是,家庭在服装上的支出却越来越少。

在这个时代,"时尚逻辑"的扩张无处不在。在消费、休闲和通信行业,寻找新的模式和项目,进行创新,加快变革步伐的压力一直存在。每年有20000种新的大众消费品在欧洲市场出现,单单美国市场就有16000种。在以消费为导向的经济领域,新产品的快速推出和"有计划的淘汰"是时尚的典型特征,也是绝对必要的。与此同时,如今各行各业都面临着大规模定制需求、版本与选择激增的挑战,服装时尚一直奉行的边际差异原则在其他行业也变得至关重要。现在,每种型号的汽车都有几十种款式,在20世纪90年代,精工每月上市约60种新款手表。大众营销正在让位于细分营销,在细分营销中,商品多样化到了极致,选择和替代品的范围不断扩大。

与此同时,我们正在见证日常生活的整体审美化,这体现在广告形象、设计、销售点和展示橱窗装饰、城市内部规划、遗产保护以及美容产品、身体文身和整容手术等方面的蓬勃发展。超级消费社会到来的同时,审美诱惑也在无限蔓延,我们的普通生活完全被舞台化了。在轻松幽默、年轻酷炫、性感时尚的氛围中,形式、空间和身体的组合伴随着超-选择和自助服务的诱惑。现在,整个日常生活都沉浸在享乐主义、休闲和崇尚当下的氛围中,而这正是时尚主要的时间框架。趣味购物和"零售娱乐"、城市主题化和多感官设计、文化活动和聚会派对:

2. 斯沃琪,广告形象,2004年与2005年。

3. 沙滩上慢跑的女人。

现在，分销、物品和整个城市生活都在被无处不在的时尚诱惑逻辑重新设计。时尚的三个构成特征——短暂、微小差异和诱惑——不再是受社会限制的现象，而是整个超消费社会的组织原则。[1]

这立即引发了一个问题，超级时尚帝国的版图到底有多大？特别是，它是如何成功改变艺术世界的？它的新特性是什么？人们是如何看待它的？在一个被无处不在的诱惑、营销和全面时尚主导的时代，审美体验意味着什么？这些是我在下文中要回答的问题。

## 作为超时尚的艺术

按照古典的观点，艺术和时尚之间的界限相当清晰。时尚产业离不开对销售和利润的追求；艺术原则上受非商业化精神的支配。时尚会过时，而艺术是永恒的。时尚是为大众服务的，艺术则不那么容易接近。时尚意味着跟随和从众，现代艺术则推崇原创性和独特性。时尚是肤浅的、徒劳的、无足轻重的，而艺术则意义深远、美学上令人振奋。

这些界限似乎仍然存在。在生产方式（工业系统与个人创作）、参照系统（商业主义与纯粹创作）、展示场所（商店与博物馆、美术馆和艺术中心）和宣传渠道（女性杂志与艺术期刊）方面，时尚与艺术仍有天壤之别。然而，谁会看不到艺术和时尚之间的界限变得多么模糊呢？在一个完全时尚的系统中，界限不再清晰和绝对。许多事例可以证明这一点，比如：

艺术博物馆如雨后春笋般涌现，但如今它们主要是为旅游和大众娱乐而设计的。现在，时髦的分销行业都在谈论"体验式消费（表演、游戏、休闲、旅游等）"和"营销体验"，[2] 艺术中心举办的作品展览不再纯粹为了欣赏，而是为了产生体验、让人兴奋和激发特定的情感。毕加索现在成了汽车的名字，索尔·勒维特（Sol LeWitt，美国观念艺术的先驱人物）为香水设计了包装。品牌孜孜不倦地通过可识别的标识和口号来提升自己的形象，而某些当代艺术家似乎也在通过无休止地重复易于识别的风格和技巧来为自己做广告。博物馆和展览越是不把自己当作人们顶礼膜拜的美的殿堂，时尚类型艺术就越能彰显自己的魅力。新的时代已经到来：独立领域的时代为界限模糊的时代让路，这一不确定的过程正在把艺术变成时尚。

当然，这一切并不新鲜。19世纪中叶，波德莱尔已经明确地将审美现代性与所有时尚、短暂和转瞬即逝的东西联系在一起（Baudelaire，1955）。后来，在先锋派的推动下，对新事物的崇拜加强了艺术与时尚之间的联系，因为时尚的基础是对变化的永恒追求和对传统时限（即过去）的否定。艺术世界不再由传统和对美的追求所主宰，而是像时装一样，被不断的更新、断裂和惊喜所主宰。重要的是打破与过去的联系，创造新的开端。与时尚一样，现代艺术也是对新近过去的批判，是非连续性的，是快速波动的。"时尚不断抵消自己""它的命运就是抹去自己"（König，1969：95-96），前卫现代性则是"自我否定"和"创造性的自我毁灭"（Paz，1976：16）。前卫现代性就是要创作出绝对当代、绝对现代的作品，并摒弃一切对过去的借鉴，无论其是多么新近的。前卫艺术作品与时尚一样，注重现在而非过去，似乎是对严格现代性的赞歌。哈罗德·罗森伯格（Harold Rosenberg）称之为"新的传统"（Rosenberg，1959），新的审美观和不断加速淘汰的原则成为艺术不可分割的一部分，正如它们引导着时尚的进程一样。

然而，与此同时，现代主义艺术却将自己与时尚直接对立起来，表现出了反传统、未来主义的意图，正如阿多诺所说，是"不妥协"的。前卫艺术拒绝大众品位，背弃了美学，转而追求无限的创作自由。它的野心是为艺术而艺术，或者改变人们的生活，消除艺术与生活之间的界限，摧毁博物馆，创造"完整的人"。其结果是产生封闭的、不和谐的、错位的、令人震惊的作品——与时尚的轻巧诱惑截然相反。时尚是基于即时诱惑的逻辑，而先锋派艺术则致力于反对图像的戏剧诱惑，反对审美和谐，反对透视描绘的魅力。

今天呢？艺术与时尚之间的这种默契和脱节是否依然存在？在这个充满诱惑的时代，这个问题迫切需要重新审视。

首先必须指出的是，现在不再有任何重大的革命性艺术运动，不再有任何时髦的"主义"，不再有野兽派、立体

4. 丹尼尔·布伦（Daniel Buren），阿斯彭堡的旗帜，装置作品，1987年。
5. 杰弗·昆斯，"迈克尔·杰克逊和泡泡"，达吉斯琼诺收藏基金会。
6. 莫瑞吉奥·卡特兰（Maurizio Cattelan），"第九小时"，1999年，埃曼努埃尔·佩罗廷画廊，巴黎。
7. 皮皮洛蒂·瑞斯特（Pipilotti Rist），"女性雨人（我被称为一株植物）"视频装置1999年，巴黎现代艺术博物馆。

主义、表现主义、几何抽象主义、建构主义、达达主义或超现实主义等与过去的突然决裂。今天，似乎很明显的是，重复压倒了创造，雷同压倒了差异，循规蹈矩压倒了审美颠覆。单调乏味和似曾相识的印象比绝对新奇的感觉更有感染力。正如奥克塔维奥·帕斯（Octavio Paz）所强调的，"前卫艺术的否定已成为仪式的重复：反叛变成了过程，批评变成了修辞，越轨变成了仪式"（Paz, 1976：190）。我们所看到的越来越像是为了追求原创而追求原创，这种夸张的过程往往（以避免绝对）无疾而终。

其次，当代艺术已经失去了昔日扰乱人心的能力，趋向于拥抱虚无和渺小，甚至是骗局和诡计。艺术具有颠覆力量的时代已经一去不复返了（抽象主义、杜尚的小便池、达达主义的表演）；现在越来越难让人们反感，因为挑衅实际上已经成了惯例。新的原则，甚至挑衅，已经被公众同化；事实上，不再有任何抵抗或愤怒，或真正的丑闻，因为人们习惯了任何事情，几乎对震惊免疫。[3] 前卫艺术不再是一个具有革命或激进内涵的打破传统的世界；剩下的只是一种"一切皆有可能"的普遍感觉，这是冷漠或厌倦的结果（De Duve, 1989：107-144a）。

当代艺术因此变得越来越与纯粹的景观或非景观相混淆，融入时尚，融入一个物质过剩的世界，一个没有任何标准、没有任何更高理想的任意世界。在这个

6.

7.

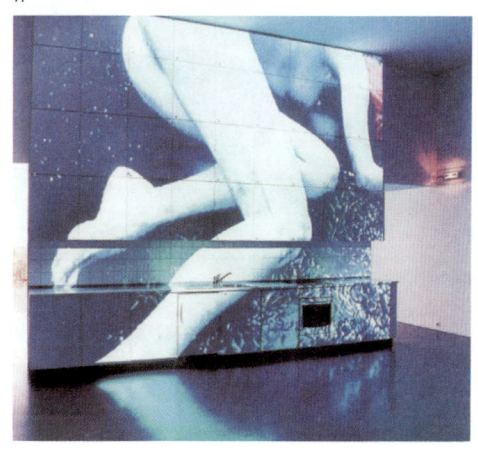

世界里，一切都在展示。当任何事物都可以成为艺术时，它就成了一个没有真正的奉献、挑战或重大对比的领域——它失去了所有深刻的意义，不再真正令任何人不快，也不再真正激起人们的情感或热情。

　　装置艺术、表演艺术、艺术活动以及极简主义和概念作品的激增表明，艺术已经进入了为事件而事件的时代，进入了琐碎和矫枉过正的时代，现在的艺术不过是一种小玩意儿——而这正是时尚的本质。当然，这一切都与服装的吸引力相去甚远，但它只是完成了将艺术转化为时尚的过程，因为这涉及一种纯粹的效果逻辑、无端的升级、旨在转瞬即逝的快消物品、毫无意义的复杂变化，它们创造了一个肤浅的、完全任意的共鸣空间，就像时尚一样（Clair，1983）。

　　过量的无意义符号、矫枉过正的艺术创作在徒劳无益的景象中摧毁了一切意义，看起来像是一种炫耀性的浪费。直截了当地说，当代艺术已经变得比时尚更时尚，更肤浅，更无谓，甚至比时尚更无意义。艺术现在将自己视为超级时尚、超时尚的典范。当然，并不是所有的当代艺术都如此低劣；可以肯定的是，仍然有高质量的作品和才华横溢的艺术家。然而，总体而言，艺术正趋向于成为一个缺乏实质、意义、内涵和文化责任的领域。

　　这种艺术观是新的。从一开始，艺术就表达了神圣和超越的力量。它是

8.

9.

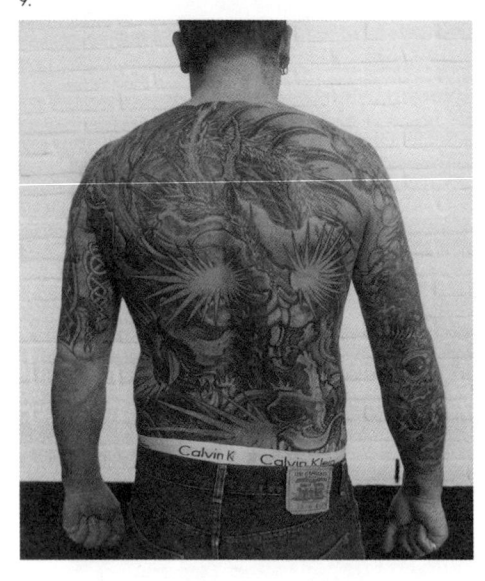

绝对的语言,是社会和政治等级的语言。艺术作品意在创造一种崇高感和振奋感,让人们怀着敬畏和尊重的心情去欣赏。这一切现在就要在我们眼前终结了。我们已经走到了沃尔特·本雅明所说的"光环的消解"的尽头,这是艺术升华和民主去神秘化的最终阶段。

  现在的艺术世界充斥着空洞、多余和炫耀的消费品。黑格尔强调,艺术不是"令人愉快的游戏",因为它通过感性表达绝对或真理,将普遍性和特殊性联系起来。现在,这种普遍性维度日益缺失,艺术作品除了表达个人的幻想、个人的痴迷和完全的主观性之外,似乎不再表达任何其他东西。人们不禁感到,艺术已成为一个一元论的、自恋的超个人主义世界,缺乏意义或集体性的责任。超现代化时代与艺术的极端个人化所带来的装饰化和肤浅化进程相吻合。也许这就是黑格尔所说的"艺术的终结"。当然,这并不意味着艺术的消失——从来没有现今如此多的艺术家、艺术作品或艺术展览场所——而是指艺术被无谓的、肤浅的、任意的时尚秩序所同化。

### 日常生活的审美化

  让我们明确一点:艺术与时尚的超现代结合并不意味着制造产品与美学质量的脱节,也不意味着平庸或媒体制造的庸俗的胜利。相反,它反映了日常环境的整体审美化,反映了审美诱惑原则

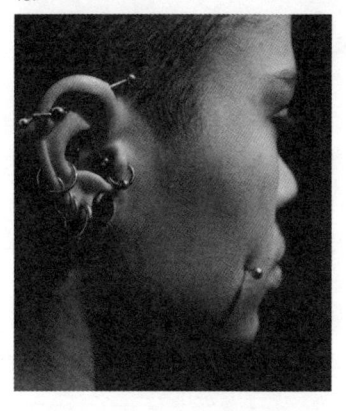

8. 桌子上的巧克力汤，以极简风格呈现。
9. Marco，背面的文身显示了南太平洋文身传统的影响。
10. Camill，巴西，耳钉和颊钉。
11. Benetton，广告形象，1991年。

的力量。毫无疑问，时下流行的风格是商业化的，千篇一律而且安全，但这并不是说审美价值被抛弃了。正如雷蒙德·洛威（Raymond Loewy）所说，"丑的是卖不出去的"。现在，任何工业制造品都逃不过设计公司的眼睛，也逃不过对"装饰"诱惑和形式质量的需求：无论是通过设计、包装还是色彩，现在风格、外观和审美诱惑都已成为"物品"生产不可分割的一部分。在品牌传播中也可以观察到同样的趋势，现在的广告视觉效果满是顶级模特、美丽的身体和面孔、绚丽的风景和精致的室内装饰。主题商店、酒吧和餐馆都在努力做到兼具功能性和吸引力，舞台和氛围都是量身定制的，在追求概念和形象、流动性和曲线、新的透明和优雅方面展开竞争。杂志的设计不仅要具有可读性，还要具有美感。电视频道和演播室的"外观"经过研究和重新设计，提升了"审美舒适度"。就连烹饪也在玩外观诱惑的游戏，厨师们用"禅意"的表现手法和"创意"的方式摆放食物。

除此之外，还有通过新潮的形象和更容易获得的产品系列来传播精致的奢侈理念，城市中心被改建成博物馆，美观的陈列柜迎合了人们对遗产保护日益增长的关注，以及医美、文身、整容的传播和流行都加强了精致的奢侈理念的传播。所有这些现象，无论多么迥异，都反映了超消费时尚社会中供求关系和审美实践的螺旋式上升。

## 维维安·韦斯特伍德（Vivienne Westwood）

1941，格洛索普（英国）

英国时装设计师维维安·韦斯特伍德从未受过学院教育，几十年来却一直影响着我们对时尚的看法。韦斯特伍德出生在格洛索普，原名维维安·伊莎贝尔·斯维尔。她曾短暂就读于哈罗艺术学校，之后在那里当过一段时间的老师。在伦敦，她遇到了"性手枪"乐队的经理马尔科姆·麦克拉伦（Malcolm McLaren）。1971年，两人合开了一家名为"摇滚起来"（Let It Rock）的商店。起初，他们主要经营20世纪50年代的服装，但很快受朋克的启发，他们开始销售带有恋物癖特征的服装：大量皮革、橡胶、链条和拉链。他们的商店和出售的服装都与伦敦街头文化紧密相连。目标群体是年轻的无政府主义者，主要是朋克和摇滚青年。韦斯特伍德很快被推崇为朋克女王。她于1976年推出的"绷带服"（Bondage）系列震惊了英国时尚界。虽然她的服装被媒体打上了"不能穿"的标签，但仿制品却层出不穷，店里的生意也是红红火火。

到了80年代，当朋克风走向商业化时，韦斯特伍德的兴趣转到了时尚历史和其他文化上。因此，时装技术在她的作品中变得越来越重要。她对历史服饰进行研究，并将古老的剪裁原则运用到自己的设计中。1981年，她在伦敦举办的首次时装秀上展示了以17世纪为灵感的"海盗"系列，一年后又推出了深受美国本土影响的"水牛女孩"（Buffalo Girls）系列。1985年，她以17世纪和18世纪为基础，推出了"迷你蓬裙"（Mini-Crini）系列，将维多利亚时代的胸衣、束腰和紧身胸衣与现代元素如拉链等进行自由组合。内衣变成了外衣古典美的理想——臀部、腰部和胸部不仅得到了强调，而且在韦斯特伍德眼中被视为女性力量的象征。十年后，"万岁可可"（Vive LaCocotte）系列也采用了同样的方法，将维多利亚和阿尔伯特博物馆的藏品作为灵感来源。她与麦克拉伦的合作在80年代初结束，维维安·韦斯特伍德开始了自己的个人事业，创立了自己的品牌。1987年，她回到伦敦受英国女王伊丽莎白二世的启发，推出了"哈里斯粗花呢"（Harris Tweed）系列。在这里，她对英国时尚传统和剪裁的热爱彰显无疑。

在随后的十年中，历史在她选择主题和材料

3.

# Vivienne Westwood

时也发挥了重要作用。她在 1990 年推出的"肖像"（Portrait）系列充满了对绘画的借鉴，而随后的系列则受到了 20 世纪时尚的启发。英格兰仍然是她最喜爱的主题。1993 年秋季"盎格鲁人"（Anglomania）系列中，她频繁使用斜纹软呢和格子呢等英式面料。同年，韦斯特伍德推出了她的红标成衣系列，并被任命为柏林艺术学院的时装教授。在接下来的几年里，她在世界各地开设了店铺，包括东京和纽约的旗舰店。她还推出了男士系列和香水"闺房"（Boudoir）。

韦斯特伍德的座右铭很务实，正如她自己所说，"在行动中学习"。她非常严谨，重视细节。韦斯特伍德对传统情有独钟，但她又将过去转化为现代，有时甚至是幽默的模仿。她对时尚的态度不拘一格，取得了巨大成功，世界各地都在模仿她。2004 年，在维多利亚和阿尔伯特博物馆举行了她的作品回顾展。

参考资料：
Molyneux, M. and G. Krell. *Vivienne Westwood: Universe of fashion*. New York: Universe Publishers, 1997.
Wilcox, C. *Vivienne Westwood*. London: Victoria & Albert Museum, 2004.

插图：
1. 维维安·韦斯特伍德，万岁可可系列，1995/1996 秋冬。
2. 维维安·韦斯特伍德，变装系列。1991/1992 秋冬。
3. 维维安·韦斯特伍德，万岁可可系列，1993/1994 秋冬。
4. 维维安·韦斯特伍德，广告形象，2005 年。
5. 维维安·韦斯特伍德，绷带服系列，1976 年。
6. 维维安·韦斯特伍德，迷你蓬裙系列。1985 春夏。

因此,时尚文明是日常生活环境、集体愿望和行为中审美价值民主化的重要组成部分。与此同时,在时尚文明中,美学创新不再"自上而下",不再"专制",而是更加符合公众的期望和品位。随着"顾客是上帝"这一理念以及炫耀式(post-status)感性消费的兴起,我们已经从高级定制时装鼎盛时期令人眼花缭乱的"贵族美学"转向了"营销美学",一种作为民主时尚终极阶段的"营销时尚"。

在这种情况下,我们越来越难以保持传统的态度——崇拜"高级"艺术,对商业设计或所谓的"次要"艺术不屑一顾——因为今天的"次要"艺术往往没有"高级"艺术那么令人失望。广告往往比前卫的装置艺术和表演更具创造性。顺便提一下,现在的广告比艺术本身更具挑衅性,引发的公众讨论也更多,著名的贝纳通广告和色情时尚就是很好的证明。在我看来,商业电影比"实验"电影更有创意、更有趣、更富于普遍意义。时尚摄影、样板间和工业设计比许多前卫绘画和雕塑更具创造性和创造力。

这并不是说时尚、广告和设计垄断了创作,而是说"阳春白雪"和"下里巴人"艺术之间的等级划分已不复存在。同样,工业设计、广告或商业电影往往比先锋学院派更具创造力。问题不再是"高雅"艺术与"工业"艺术之间的对比,而是无论在哪个领域,富有创造性、丰富、优美的作品与重复、多余的作品之间的区别。广告和设计并不因为其商业性而低人一等,而"高雅"的艺术也不应该仅仅因为其非商业性和封闭性而受

到崇拜。我们不能再以这样等级森严的方式来看待这些所谓的异质领域。重要的不是某件作品是"伟大"的艺术还是"商业"的艺术,而是作品本身:即使是服从商业需要的作品,也可以是美丽的、有创造力的,也可以带来真正的审美愉悦。至少,这个超现代时尚时代成功地打破了传统的审美等级和分类。

**超现代的博物馆和建筑**

我们不仅可以在艺术作品中看到汹涌澎湃的时尚进程。这些作品的展出场所——博物馆——本身也按照时尚逻辑进行了重新设计和改建。自20世纪70年代末以来,巴黎蓬皮杜艺术中心(Georges Pompidou Centre)就展示了时尚和诱惑的新优势。当然,皮亚诺和罗杰斯(Piano and Rogers)想表达的是1968年5月精神(法国的一场规模浩大的学生工人运动)的延伸,这是一个反建制的项目,旨在让所有人都能接触到文化,文化不只是精英阶层的专利。选择高科技、透明、金属质感的建筑风格,让人联想到工厂或炼油厂,是一个非常前卫的设计。

然而,与此同时,该中心的外观就像一个巨大的、色彩鲜艳的组合玩具,再加上自动扶梯和人行道,为人们提供了一种轻松、友好、流动和透明的文化视角。皮亚诺和罗杰斯并不想建造一座与城市隔绝的内向型殿堂。他们希望打破令人生畏的传统文化形象,摒弃将博物馆视为避难所、静谧和虔诚之地的观念,

12. 巴黎蓬皮杜艺术中心，建筑师：Piano and Rogers。
13. 发电厂，巴尔的摩（美国），购物中心。

从而确定了整个建筑的设计理念。它不再是一个为精神启蒙而设计的"大教堂"，而是"一场盛会，一个大型的城市玩具"（Piano）。

换句话说，时尚的标准（享乐主义、轻松愉快、挑衅、轻盈、无障碍和活力）现在已实实在在成为博物馆空间的一部分。收藏艺术品的建筑第一次不再具有神圣性和教育性，取而代之的是轻松愉快，并带有工业建筑的影子。人们在"文化机器"中穿梭，就像在逛超市；神圣的博物馆氛围让位于轻松、享乐、互动的旅游氛围。时尚成功地占据了博物馆的空间。

从那以后，时尚逻辑继续探索新的途径。毕尔巴鄂的古根海姆现代艺术博物馆（Guggenheim modern art museum in Bilbao）就是一个惊人的例证。这是第一个没有自己的作品或藏品的博物馆，它从一家美国博物馆租赁展品。最重要的是，这座博物馆错落有致的体量和杂乱无章的形式为城市带来了令人难以置信的奇观，这座巨型建筑"轻松"而奇妙，因为它夸张，似乎与其主要功能脱节。弗兰克·盖里（Frank Gehry）的杰作令人惊讶、惊奇和着迷，它完全吸引了公众的注意力：建筑比展品更重要，容器比内容更重要。这艘"伟大的钛船"是艺术与时尚、严谨与夸张、权力与娱乐场景融合的作品。这不再是有教育意义的博物馆，而是给人诱惑、情感和震撼的博物馆。这些话并不是批评，

14.

15.

恰恰相反。我认为这座雕塑建筑令人兴奋、充满灵感、富丽堂皇——证明了时尚逻辑的潜力。

不仅仅是博物馆体现了时尚系统的冲击波，在许多其他当代建筑作品中也可以看到这一点。当然，从某种意义上说，与时尚逻辑相去甚远的莫过于工业化的城市和建筑。在城市边缘或新城镇，我们看到了丑陋、单调、死气沉沉、毫无惊喜的空间的出现，这与时尚的轻快和诱惑完全背道而驰。许多当代纪念性建筑也是如此，如拉德芳斯拱门、卢浮宫金字塔、巴士底歌剧院和法国国家图书馆。所有这些巴黎现代建筑的外形都很简陋，只剩下基本的几何形状；它们被光滑的材料和玻璃片覆盖，像一些庞然大物。在幕墙和玻璃结构的衬托下，许多建筑（如法国国家图书馆）显得不伦不类、透明、非物质化；它们的美学参照系是一种冷漠、短暂的抽象概念，带有禁欲主义的气质。这与时尚的轻快质感或享乐主义的戏剧性截然相反。

那么，时尚在这里不起作用吗？当然不是，但方式不同。在这里，效果、形象和营销逻辑同样占据着主导地位。这些新纪念性建筑的典型特征是一眼就能看完。这些形式不需要反复观看，一切都能尽收眼底。人们会感到惊讶，但也只是第一眼的那个瞬间；这种情感很短暂，不留痕迹。可以说，诱惑力当场消失（Genestier，1992）。简而言之，就像时尚一样，这些都是强大但短暂的

14. 发现港，巴尔的摩（美国），儿童博物馆。
15. 毕尔巴鄂古根海姆博物馆，建筑师：弗兰克·盖里。
16. 泰特现代美术馆，伦敦，外部。
17. 泰特现代美术馆，伦敦，室内。

形象，不需要任何想象力的参与。时尚所特有的即时、短暂的愉悦，现在也伴随着对这些著名建筑的感知。

这些建筑是对城市新需求的回应，城市需要管理自己的形象，需要获得形式简单、易于识别的"宣传性"建筑，以树立城市形象，用一眼就能认出的标志性景点吸引游客——这就是现在所说的城市品牌。这种图像的主导地位意味着，新的"严格的"纪念性与时尚逻辑——品牌、标识和宣传影响的逻辑——有异曲同工之妙。

整个时尚系统的力量就是如此强大，它成功地改变了我们与过去文化的关系，以及我们与传统的关系。超现代化的时尚时代是自相矛盾的，因为就在社会开始按照面向当下的时尚逻辑运作的时候，人们却在遗产保护和纪念物的狂潮中开始对过去着迷。大型展览吸引了越来越多的参观者。从未去过博物馆的法国人的比例现在只有15%。人们有时开玩笑地说，欧洲每天都有一座新博物馆开张。现在，每座城市都希望有一座或多座自己的博物馆，地方和地区当局也在不断推出建立新博物馆或翻新现有博物馆的项目（在过去的20年里，法国约有600个项目上马）。对过去的热爱和好奇随处可见。时尚社会不是由一个绝对或自给自足的现在构成的，而是一个不断上演和"重新发现"过去的矛盾社会。如今，几乎所有东西都成为遗产和博物馆周期的一部分，成为保护和"博物馆化"的借口，

18. Zosen, Aviadro and Mister（ONGcollective），"Esperanza"，巴塞罗那，涂鸦/街头艺术。

包括最新的"事物"。超现代时代是遗产和纪念的时代。

超级时尚系统并不否认过去，相反，它修复和保护过去，并根据现在的品位和需要对其进行翻新和重新设计。城市中心被改造成旅游消费品，昔日的仓库和修道院被改造成文化中心、酒店、办公室、博物馆或剧院。古老的乡村小屋被翻新，保留了房梁，但安装了所有最新的现代便利设施——旧瓶装新酒。现代时尚是"国际化"的，没有记忆，也看不到根基；超现代时尚则是再循环，[4]是新与旧的杂交。在现代主义、高科技"整体外观"的蓬皮杜艺术中心之后，我们现在有了超现代美学的复式、记忆与现在的混合体（伦敦泰特现代美术馆）、民主美学戏剧性的终极形式。

**审美体验、消费主义和个人主义**

人们与艺术作品的关系同样也是以消费和娱乐为基础的时尚社会的表征。人们不再怀着近乎恐惧的敬畏之心静静地欣赏过去的作品，而是在熙熙攘攘的游览人群中轻松地观看。从某种意义上说，这些作品就像快餐一样，在一种高速"快餐化"的逻辑中被吞食和消费。最近的调查表明，游客平均只花15到40秒的时间欣赏大卫的《萨宾人》（Sabines）——这取决于他是否阅读了标签，以及5到9秒的时间欣赏安格尔的《大宫女》（Grande Odalisque）。作品中神圣、光辉的氛围已被轻松、超移动的娱乐体验所取代。

人们与艺术的关系已成为时尚和体验超级消费循环的一部分。在我们的社会中，艺术作品是大众娱乐的对象，是吸引人的表演，是丰富休闲和"消磨"时间的方式。游客所追求的是持续的刺激、当下的情绪、消遣的时间，而不是一种特定的审美体验。参观博物馆的人不再是喜欢审美沉思、启蒙之旅和精神熏陶的艺术爱好者；我们看到的是寻找娱乐、打发业余时间的消费狂。这甚至不再是分门别类的消费，而是本质上的游牧式旅游消费。艺术已进入体验消费时代，这是文化休闲大众民主化的终极阶段。

人们一再表示，大众文化实践的特点是从众性。游客一窝蜂地涌向同样的景点，他们看的是"值得一看的东西"，是广受赞誉的展览，是媒体谈论的事物，是流行的任何东西。这不是海德格尔的一般主体（das Man）、大卫·理斯曼的"他者导向的人格型态"的群体模仿行为又是什么？这一点不容否认，但这只是问题的一个方面。因为，在千篇一律的"一般主体"之外，我们还可以看到比以往更加自由、更加个人主义的行为。这种个人主义是什么呢？

首先，如果说有群体从众，那首先是大众对当代艺术的冷漠和排斥。在任何地方，甚至在艺术爱好者中间，对当代艺术的批评和谴责都在不断增加。直到20世纪70年代，还有人认为人们会像对待印象派那样对待前卫艺术：起初是嘲笑，后来是钦佩。然而，这显然没有发生。当代艺术不会享有同样的命运。明天，它将会有支持者，但也会有反对者。对美学作品的异议和分歧现在已经成为一种结构性现象——这进一步证明了伴随着全面时尚化时代而来的是品位的个性化。

其次，矛盾的态度正在出现。一方面，自19世纪80年代以来，一种典型的个人主义、工具性的艺术态度得到了发展，即投机和"商业"态度。但与此同时，整个市场建立在或多或少的个人关系网络之上。个人购买一件艺术品是因为他们认识这位艺术家，见过他，与他交谈过，参观过他的工作室。购买艺术品不是从众或投机使然，而是出于情感和关系的原因。在这种情况下，购买表达了一种个人联系、一种选择、一种在环境中自我定位的情感方式。它反映了一种富有表现力的、用户友好型的个人主义。同样，这并不涉及对艺术的纯粹热爱，因为在这一市场领域，人们购买绘画作品往往是为了室内装饰。人们购买的是它们的装饰功能，而不是内在价值。我可以理解艺术家们为什么不赞成这种态度，但重要的是，尽管如此，这是一种因人而异的审美态度，是人们与艺术关系的个性化过程。

再次，尽管我们的时代产生了乏味的、冰冷的、毫无新意的城市空间，但可以看到，私人空间、私人住宅的装饰也在变得个性化，每个人都在试图按照自己的品位重新创造属于自己的世界。以过多的规范、夸张、庸俗为中产阶级礼仪和舒适标准的时代已经让位于更加个性化的审美追求，这种追求不再受引人注目的体面标准的约束。这可以从集市和旧货市场的激增、古董市场的发展和古董与现代物品的结合、海报和各种墙纸的广泛使用，以及"家居与花园"杂志的日益流行中看出。所有这些都指向了大众对日常生活审美化的需求，一种更个性化、更少标准的装饰追求。全面时尚时代使人们与家居的关系更加个性化，也使人们生活审美化的趋势更加民主化。

最后，尽管博物馆中的群体行为通常是旅游性质而非审美的，但也不能一概而论。也有一些人非常喜欢当代艺术，他们往往将其作为检验和了解自己的一种手段。作为"开放作品"（Umberto Eco），当代艺术作品唤起了主体的个人联想和共鸣。它们不再强加单一的方向、意义或信息，不再是沉思的对象，而是成为一种可以回应和质疑的客体。而这正是吸引人的地方：与艺术作品建立一种个人的、情感的、反思的关系，与自己的朋友和其他艺术爱好者讨论这些作品，并在展览中相会。交流建立在与当代艺术的关系之上，这是一种以严格的个性化品位为基础的社交形式。超现代化的时尚时代不仅仅是"泛化的互动限制"中的形象、现象和表面性，它还鼓励新形式的社会关系、自我反思和情感表达。

不乏批评家不无怀旧地谴责当代艺术的失败，以及受制于文化产业、刻板形象和工业成品美感的美学人的悲惨遭遇。这种批评在我看来既过分又片面。

的确，现在几乎没有什么宏伟大作了，但超时尚的时代并不意味着完全的庸俗和审美贫乏，也不是工业化、商业化的平庸的代名词。尽管存在着大量肤浅的、糊弄人的、糖衣炮弹式的艺术，但这并不能构成某些人所说的"审美野蛮"（Horkheimer and Adorno 1974: 140, and more recently Mattéi 1999）。全球化的时尚系统也可能创造出美丽、动人甚至强大的产品。它生产的不再是永恒的作品，但人们的个人生活和外表（美容产品、整容手术、时装和"新造型"）正变得更加审美化。博物馆的光环正在为逛超市般的轻松惬意让路，但人们对审美体验的热爱正变得更加民主，这体现在遗产和自然保护、对旅行的热爱、博物馆参观人数、对奢侈品和装饰品的喜爱以及音乐的大受欢迎上。审美趣味非但没有消亡，反而在社会各阶层蔓延开来。

并非所有东西都是平庸、平淡、格式化或媚俗的。有很多优质产品可以创造快乐，并激发真正的审美情感。如果像我一样接受审美鉴赏的主观主义和相对主义理论，那么最重要的就是主观反应，也就是在接触艺术作品时感受到的情感。在此，我们不能不承认，大多数商业歌曲和电影与"不朽"的作品一样能引起人们的共鸣。廉价刺激？但它们仍然能让人欢欣鼓舞或热泪盈眶。人造情绪？但什么又是"真实的"体验呢？现在是停止妖魔化时尚的历史性胜利的时候了，因为时尚不仅不是审美情感的坟墓，反而有助于在全社会传播审美情感。

多年来，现代艺术被视为永久的革

命载体，而时尚则与盲目从众、与形式上的"永恒重复"联系在一起。这些日子已经一去不复返了，现在的情况恰恰相反：时尚的诱惑引发了最大的文化和美学变革。"高雅"的风格变得重复而平淡，而时尚体系则是"第二次个人主义革命"（Lipovetsky 1983）的主要源泉之一：个人从伟大的群体中解放出来，个人对末世论意识形态的不满，阶级文化的模糊，自我服务和主观自治的兴起。时尚一方面创造了大众行为和品位，同时也使其更具个性和美感。艺术以"改变人们的生活"为使命，而时尚是少数人的奢侈品，这样的时代已经一去不复返了。超现代化的悖论和讽刺之处在于，当艺术趋向于与肤浅的事物融为一体时，时尚却逐渐成为社会、审美和个人变革过程中的关键因素。如今，正是时尚在不断"改变人们的生活"，只是没有颠覆性。在许多方面，这是值得惋惜的，但在另一些方面，这是值得庆幸的。

注释
1. 有关时尚组织的详细分析，请参见 Lipovetsky 1994。
2. 关于情感或体验消费的更多信息，请参见 Rifkin 2000，Lipovetsky 2003，Lipovetsky and Roux 2003。
3. 媒体定期报道的当代艺术真正的"成就"，真正的"表演"，是他们在拍卖会上创下的纪录。如今，让人惊讶、震惊或感兴趣的不再是艺术品的新意，而是它们令人咋舌的价格。杰夫·昆斯的《迈克尔·杰克逊和泡泡》在苏富比拍卖行拍出 560 万美元的价格，达明安·赫斯特的一件大型装置作品以 105 万美元的价格售出，毛里齐奥·卡特兰的《第九小时》以 300 万美元的价格成交。在全面时尚化的时代，艺术家不再是被淘汰的演员，而是作品在拍卖会上大放异彩的明星。

4. 关于超现代性概念的更多内容，参见 Lipovetsky 和 Charles 2005。

参考书目

Baudelaire, Salon of 1846, 'The heroism of modern life'; also 'The painter of modern life', Chapter IV. French: Le salon de 1946. London: Clarendon Press, 1975. English in Mayne, Jonathan, The mirror of Art. London: Phaidon Press, 1955.

Clair, Jean. Considérations sur les beaux-arts. Paris: Gallimard, 1983.

Duve, Thierry de. Au nom de l'art. Paris: Editions de Minuit, 1989.

Genestier, Philippe. 'Grands projets ou médiocres desseins', Le Débat 70 (May-August 1992).

Horkheimer, Max and Theodor Adorno. La dialectique de la raison. Paris : Gallimard, 1974.

König, René. Sociologie de la mode. Paris: Payot, 1969. In English see: A la mode. On the Social Psychology of Fashion. New York: Seabury, 1973.

Lipovetsky, Gilles. L'Ere du vide. Paris: Gallimard, 1983.

— The empire of fashion. Dressing modern democracy. Princeton University Press, 1994.

— 'La société d'hyperconsommation', Le Débat 124 (March April 2003).

Lipovetsky, Gilles and Sébastien Charles. Hypermodern times. Cambridge: Polity Press, 2005.

Lipovetsky, Gilles and Elyette Roux. Le Luxe éternel. De l'âge du sacré au temps des marques. Gallimard, Paris 2003.

Mattéi, Jean-François. La barbarie intérieure. Paris: PUF, 1999.

Paz, Octavio. Point de convergence. Paris: Gallimard, 1976.

Rifkin, Jeremy. The age of access. New York: P. Tacher/G. P. Putnam's Sons, 2000.

Rosenberg, Harold. The tradition of the new. New York Horizon Press, 1959.

19. Sam Taylor-Wood，第十五秒，在塞尔福里奇百货公司的正面安装照片，伦敦，2000年6月/10月。

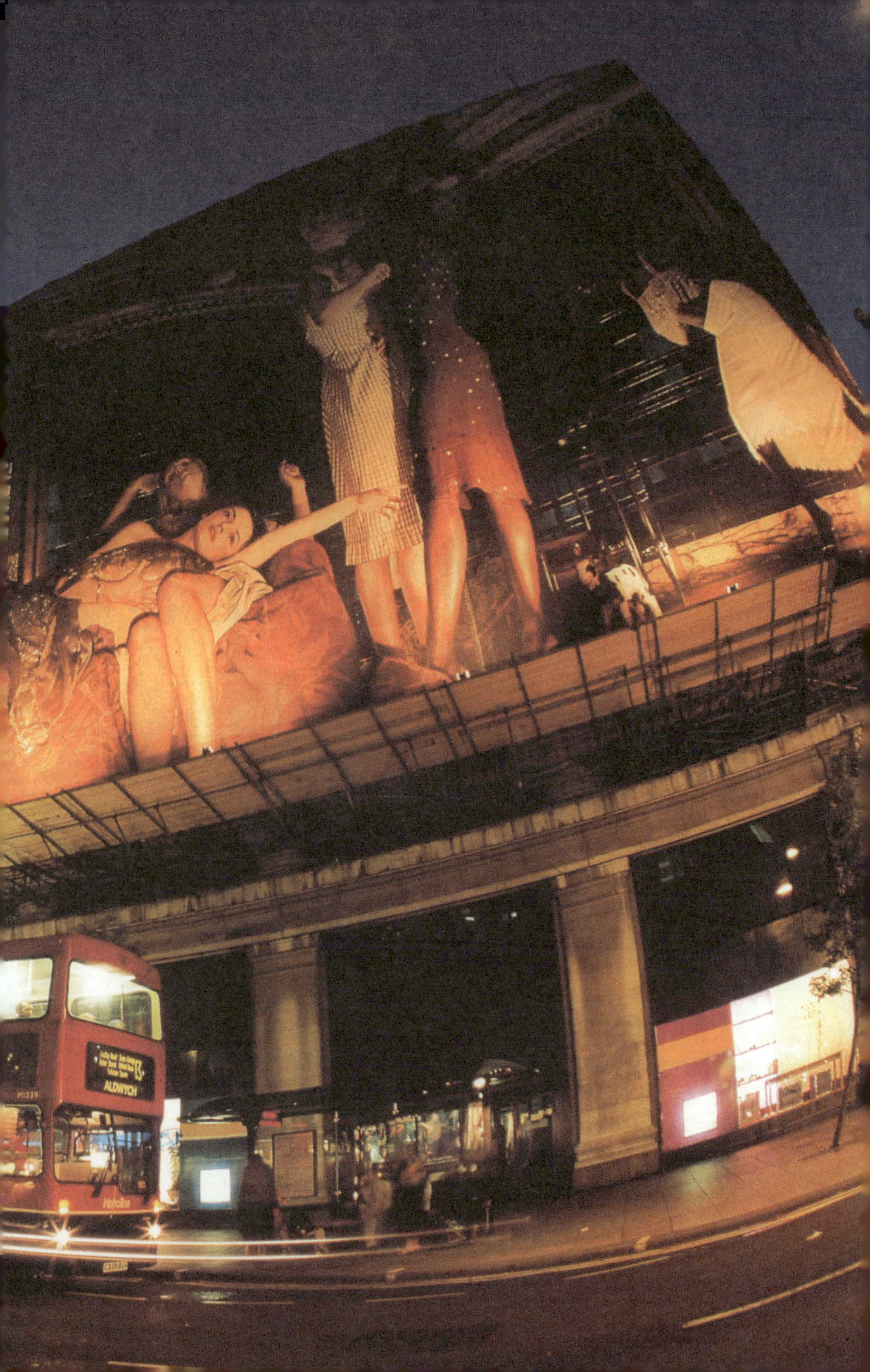
13
ALDWYCH
M1339

埃里克·德·凯珀（*Eric de Kuyer*）
# 如果一切都是时尚，那么时尚到底怎么了？
(*If everything's fashion, what's happening to fashion?*)

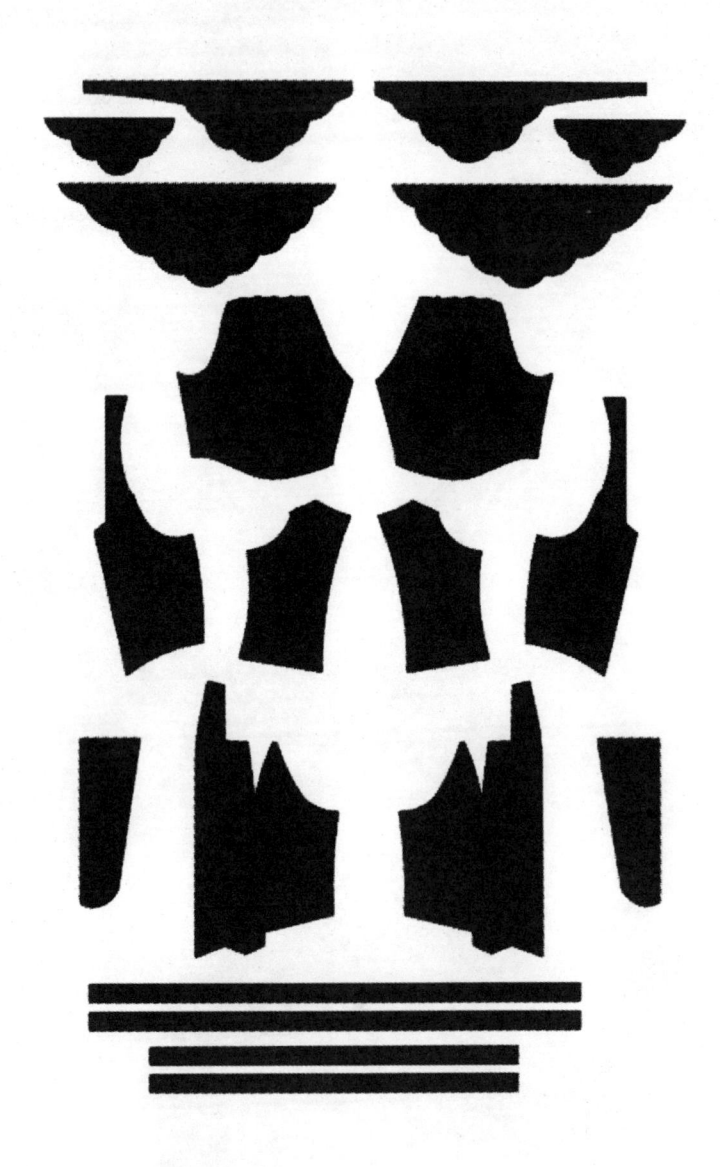

# I
**作为悖论的时尚；时尚的悖论**

为什么时尚现象一直吸引着评论家、研究者和理论家？原因可能是多方面的、复杂的，但我认为，总是与悖论有关。或者更准确地说，是因为时尚现象体现了一种悖论，而悖论，只要未得到解决，就会刺激人们的思维并引发分析。奇怪的是，许多分析都忽视了这一悖论特性，结果是精心构建的论点和理论思考很容易推导出对立的结论，从而被否定。毕竟，在逻辑学中，悖论是一个既真又非真的命题。[1]

时尚服装，即作为一种时尚现象的服装，是一种内涵特别丰富的现象，非常适合研究男性和女性之间的差异，因为性别差异是其核心所在。更有趣的是，男性形象与女性形象之间的反差在时尚界最为明显。女性的基调是无节制、囤积、急迫，不管是否赶时髦，她们都不断更新衣橱。这种丰富性和多变性与男性着装的明显统一性、不变性和"单调性"形成了鲜明对比。在此，两性之间的对比尤为突出，在男性或女性使用服装来表达其性别身份的方式之间形成了一种对立。

另一个悖论在于时尚既短暂又持久。一方面，时尚是一种完全琐碎的现象，以轻浮为特征；另一方面，时尚又触及我们生存和存在的深层核心。它强调即时、短暂和转瞬即逝，并由此揭示出人们对时间、历史和过去的关注。作为一个哲学问题，乌尔里希·莱曼（Ulrich Lehmann 2000）对其进行了广泛论述，他遵循波德莱尔和本雅明的理论，将时尚视为现代性的典型代表。

我特别感兴趣的另一个特点是社会学性质的：个人与集体之间的对立。时尚和时尚潮流煽动、诱惑，甚至在某种程度上迫使人们遵守一种普遍的服装规范，而这种规范具有传递性。

罗兰·巴特在他的时尚语言研究（Barthes 1967）中恰如其分地表达了这一点，并在早先发表的一篇文章中更加明确地阐述了这一点，强调了时尚服装的规定性（Barthes 1960）。巴特认为，时尚期刊或时尚话语中存在着一种轻微的强制形式，在这种强制形式中，有些东西被说成是事实，即使它只是一种预测，比如"今年冬天的流行趋势是……"。

另一个规定性的方面是，"人为的"被说成是"自然的"，就好像时尚是一种自然法则，作为一个个体，你不仅"必须"遵守，而且只能忍受。任何偏离都是不自然的。但是与文化事实（在这种情况下也可理解为人工事实）被假定为自然事实的其他领域相反，在这里，信息的隐藏对于它所针对的每个人都是透明的。

时尚不是一种自然现象。整个时尚产业都在不遗余力地推销新的服装和色彩，并且努力地用新服装充斥市场。

与其说这是一种自然现象，不如说是一种工业和生产现象。时尚是一种温和的强制手段，它导致或被认为会导致人们自觉或不自觉地适应进而遵从一种社会规范。但与此同时，时尚的规范也会激起逆反心理：要与时尚保持距离，

## 安·迪穆拉米斯特（Ann Demeulemeester）

1959，科特赖克（比利时）

比利时设计师安·迪穆拉米斯特的作品在形式上朴实无华、简单明了，在色彩平衡上柔和素雅。在迪穆拉米斯特的许多系列中都能看到长外套、连衣裙和宽大的西装，皮革和黑色的运用也多有涉及。她的早期设计尤其具有哥特式风格。迪穆拉米斯特的服装充满了令人意想不到的细节，如复古的蕾丝和巧妙的褶皱帷幔，这些设计经得起细细端详，比乍看之下更有层次感。然而，这种对细节的关注不应与她对装饰的偏好相混淆，她其实并不喜欢装饰。迪穆拉米斯特经常尝试前卫的图案和剪裁技术，并对不对称情有独钟，通过不对称来表达她深植于心的完美主义。

安·迪穆拉米斯特的风格有时被人称为现代浪漫主义。她的设计具有现代特征，但其简洁性和她本人对潮流的不敏感使其成为永恒。她的女性形象是后女性主义的：自相矛盾，因此适合现代女性：脆弱而富有诗意，同时又充满力量和阳刚之气，因为她坚信每个女人都有男性的一面。这一点在她早期的设计中体现得尤为明显，其设计灵感来自20世纪70年代的摇滚风格和近乎军旅风格的服装，并配以作战靴。近来，她的设计更趋向于轻快、浪漫的基调，她还在服装中引入了棕色和白色的色调。

迪穆拉米斯特出生于1959年。1981年，她从安特卫普皇家艺术学院时装系毕业。职业生涯初期，迪穆拉米斯特是一名自由设计师，1985年她创立了自己的品牌。1987年，她与其他"安特卫普六君子"成员——德赖斯-范诺顿（Dries Van Noten）、德克·范塞恩（Dirk Van Saene）、玛丽娜·易（Marina Yee）、德克·比肯博格斯（Dirk Bikkembergs）和沃特·凡·贝伦东克（Walter van Beirendonck）一起在伦敦举办了时装秀。同年，她和丈夫、时尚摄影师帕特里克·罗宾（Patrick Robyn）创办了"BVBA 32"公司——自此成为她的设计基地。1999年，她的第一家店在安特卫普开业。安·迪穆拉米斯特是为数不多的独立时装设计师之一，她完全依靠自己的力量工作，没有大财团或银行家的帮助。她至今仍在安特卫普生活和工作。

参考资料：
Derycke, Luc and Sandra van de Veire, eds *Belgian fashion design*. Ghent-Amsterdam: Ludion, 1999.

插图：
1. 安·迪穆拉米斯特，2002/2003秋冬系列。

1.

或者至少要努力与众不同。没有女人想要体现抽象的女性气质，也没有男人想要体现抽象的男性气质。每个女人和男人都想成为一个个体，一个被群体所接受的个体。

对时尚有敏感认识的人绝不会盲目追随时尚潮流，而是会确保在一个小细节上体现出自己作为个体与大众的不同。一个微小的差异就能表明，他（她）将自己与"时尚追随者"区分开来，因为每个人都想成为一个独立的个体，而不是穿着"统一的制服"。无论如何，每一种时尚趋势本身都既提供了标准，也允许潜在的变化。这通常是通过与基本形象相匹配的大量配饰来实现的，就男装而言，至少在三件套西装成为主流服装并因此具有相当程度的可预测性和统一性的时候，这些配饰也许更加重要和值得关注，因为变化是如此有限（Barthes, 1962）。

哲学家理查德·沃尔海姆（Richard Wollheim）的父亲是俄罗斯芭蕾舞团导演迪亚吉列夫（Diaghilev）的经纪人，他在回忆他的父亲时写道：

> 从他（我的父亲）身上，我学到了很多宝贵的东西。如何在清晨挑选衬衫，如何用袜带防止袜子往下滑，如何用右手食指在领带结上打一个凹痕，如何折叠手帕，并在放进胸前口袋之前先抹上古龙水，最重要的是，我明白了只有一丝不苟地遵守这些礼仪，男人的身体才能指望得到世人的容忍。（2004: 23）。

领带在男性着装仪式中扮演着核心角色。沃尔海姆记得：

> 我父亲每周要把七条领带，外加一两条黑色领结，送到干洗店蒸汽熨烫（同上：55）。

小沃尔海姆研究了这些领带，他的记忆中留下了这些领带制造商的名字。沃尔海姆继续说道：

> 久而久之，我发现，通过观察父亲的领带与缝在领带内侧的标签，我掌握了这样一种能力：周日，当有钱的外国人来吃午餐时，我能通过观察丝绸的纹理、针脚的细密度，精准地辨认出其打领带的手法，并且能知道关于他们或他们的衬衫制造商最重要的信息。（同上：30）。

在普鲁斯特的《追忆似水年华》（*A la Recherche du Temps Perdu*，1986年）中，我们也能发现这类意味深长的细节。夏吕斯的领带之所以受到关注和被描写，是因为上面那些小"红点"为这位花花公子素雅到夸张的着装增添了出人意料的轻佻。而作家本人，正如他的管家塞莱斯特·阿尔贝雷（Céleste Alberet）所说（1973: 286），他接待那两位他认为无聊至极的英国熟人，只为了研究他们的衣着。"你知道吗，塞莱斯特，"他谈到其中一位时说，"他的衬衫和马甲都来自旺多姆广场的夏尔凡*。"

看来，规范与偏差之间的平衡划分得越合理，人们对时尚的评价就越高。因为时尚试图调和的是两个对立面：独特性和统一性。"我"与"他者"之间的对立，

---

\* 夏尔凡：Charvet，创立于1838年的法国衬衣品牌。——译者注

以及"我"如何通过"他者"的恩惠而存在，是时尚现象的核心。正如安妮·霍兰德（Anne Hollander）所说：

> 时尚之所以具有非凡的力量，是因为它能让每个人看起来真正独一无二，即使所有赶时髦的人都穿得非常相似。时尚同时满足了人们对独一无二和融入群体的两个深层需求。（Hollander 1994: 38）。

我认为这与其说是（时尚的）一种特质，不如说是时尚的目标，是其潜在的意识形态，无论在实践中能否实现。这也是格奥尔格·齐美尔对时尚现象的观察的重点（1992）。

奥利维亚，是一个十三岁的青春期少女，而且有强烈的时尚意识。她的朋友圈都是同龄人，她必须确立自己作为女孩、少女和个体的地位。长期以来，她一直在攒钱买校服。她想要日本漫画电影中的那种校服，她非常喜欢。遗憾的是，那种校服只存在于电影中，她至今还没有找到。甚至在伦敦这个校服天堂也找不到，在那里她只见过糟糕的校服，也就是"真正的校服"。她很清楚，如果在学校必须穿校服，她就不会对异国情调的校服有这种渴望。但现在不同了。因此，在伦敦旅行期间，她在唐人街买了一件中式裙子，弥补了她的失望。这件衣服穿在她身上美极了，但我不知道在下萨克森州的村庄里，她会不会看起来太奇怪。她标新立异得是否过于张扬，会不会让她遭到排斥？平衡是个难题；就穿着而言，这是一门你必须在身体力行中学习的艺术。总之，在你的青少年时期，一切跟身体和精神相关的事物，都要经过不断的试错！

在这种个体与总体、自身与他人之间的对立中，我们认识到，保持平衡是永恒的需要，而这种平衡正是每种关系的典型特征。齐美尔将其称为"生物"给定（同上：106）。事实上，它以不同的形式反复出现。在夫妻关系中，它表现为在"独处"与"陪伴"之间追求一种理想状态。但在家庭和更大的社会群体中，单一性和集体性、身份认同和改变也扮演着重要角色。当这种平衡出现问题时，就会立即面临某种形式的不安或污名化的威胁。事实上，维持这种平衡是一项不可能完成的任务，也是一项终生的任务，这种平衡的特点就是所谓的双重束缚：有它不行，没有它也不行。人际关系的心理学或社会学层面也是一种哲学！

在伦敦买到一件"异国情调"的衣服，这绝非偶然。为了寻找一件"异国"（日本）校服，她决定再买一件东方服装。这种选择是极端的，也是危险的，但它也揭示了关于服装和随之而来的时尚强迫症的一种有趣的思路和策略。这不仅仅是为了逃避"流行/不流行""入时/过时"之间不可调和的对立。它包含了我们可以称之为反时尚的态度：不愿屈服于时尚的大众压力，捍卫个人品位，但同时通过做出本质上具有审美价值的选择，强调个体的外表和服装的重要性。

正如沃尔海姆所说，"让自己的身体为世人所接受"。主要问题是赋予"女性气质"以形式这一模糊需要，但要根据自己的品位以自己的方式来加以诠释。

## II

所以就得出了结论："品位"。品位，或者说"好品位"，是时尚和个人服装领域最基本的标准之一。它当然与审美有关，但又以一种非常特殊的方式表现出来。更重要的是，这个概念有些模棱两可。它可以被理解为一种规则——就像约翰·斯蒂格曼（John Steegman）的著作《品位规则》（The Rule of Taste）的书名一样，时尚领域也在其中。但它也可以被视为一种极其主观的给定或不言而喻的东西。

品位有多个性化，什么是品位？布尔迪厄（Bourdieu, 1979）认为这是一个阶级问题，而巴特则认为品位与个人直接相关。对个人而言，品位使其有别于他人。更确切地说，它是个人身体特征的一种表现（Barthes, 1975: 122），因此它不仅仅是一个美学问题，除非从"感官可感知性"这个词的本义来看，它当然是一个身体因素。在巴特看来，品位与人的身体密切相关，因此是个体的存在因素。品位意味着"我的身体和你的不一样"。这是身体之谜。如果把品位与规范性相分离，那么就不存在"好"或"坏"的品位。正如阿斯法·沃森·阿瑟雷特（Asfa-Wossen Asserate）在其著作《教养》（Manieren）中所言，品位是既定的，是不言自明的

（2003: 19）。

选择中式服装可以很好地表达自己的服装和时尚品位。如前所述，这是相当"危险的"，因为在它发挥作用的环境中（不是在伦敦或其他国际大都市，而是在农村），它无疑会被视为"古怪"。那么，问题就在于，在特定的环境中，"古怪"是被容忍还是被羞辱。

## 花花公子

个人坚持自己的品位，与普遍标准背道而驰的不拘一格何时变成了怪癖？这是我们面临的问题。让-保罗·阿隆（Jean-Paul Aron）将"古怪"定义为对罕见和奇特事物的认同（Aron, 1969: 31），"古怪"是花花公子和纨绔主义的态度和策略。

在巴特看来，古怪并不属于纨绔主义的范畴，因为它太容易被模仿，因而人们很容易见怪不怪。在我看来，古怪并不会导致模仿，因为它是一种负面价值。充其量，就像在盎格鲁-撒克逊的圈子，它是可以被容忍的。事实上，这是一种极端的自我肯定，与花花公子的行为密切相关。

通常认为，花花公子是沉迷于自己外表的人。然而，造成这种现象的潜在动机却更为复杂和微妙。巴比·德奥雷维利（Barbey d'Aurevilly）在19世纪中期写道：

> 纨绔主义不考虑规则，但却遵守规则。它与规则同在，并通过服从规则进行反叛；当它摆脱规则时，它又向规则

求助。纨绔主义主宰着规则，又一次次地被规则主宰：这是一场永恒互动的双向游戏！（1977：30）。

这正是我所谓的"有意识地卷入悖论"。花花公子首先痴迷于自己的外表。但这种痴迷（本质上是审美痴迷）是与一种伦理态度相结合的。花花公子试图调和两个极端，"鱼和熊掌要兼得"这个表达很好地传达了这一点。时尚对他来说不重要。按照阿隆的说法，"花花公子讨厌时尚"（1969：31）。一方面，他们反对时尚；另一方面，服装却是极端重要的。

这种对外表的过度关注是对时尚的反叛或抗议，同时也伴随着对时尚所代表的东西的抗议：社会等级的识别和合法化。花花公子的态度和行为导致了对他民主或反民主的相反解释。一方面，与资产阶级的一致性相反，这种任性的偏离是反资产阶级的，并且由于它强调个人主义，在某种程度上也是反社会的。这就是为什么花花公子的态度常常被称为"贵族的"，并且在这个意义上被定性为反民主的。

他憎恶社会等级划分，却捍卫另一种等级制度，在这种制度中，他根据自己的优越感占据最高的位置，他认为这是天选之子的标志（Kranz 1964：110）。

另一方面，霍兰德写道，花花公子布鲁梅尔"证明了本质上的优越不再是世袭贵族"（1994：91）。

布鲁梅尔让服装独立于社会等级，从他的态度中可以推导出真正的民主灵感。在花花公子主义出现的时代，服装与阶级密切相关，但花花公子却无视这一点，只关注作为个体的自己。

这种相反的评价——民主与反民主——揭示了意识形态的对立。民主有两种内涵：一种是指向大众化，一种是在社会中以人为本。归根结底，这是对"平等观念"的捍卫，而不是对"个人权利"原则的捍卫。或者更准确地说，要么强调"同志情谊"，要么强调"平等"。对后者平等——假设民主思想以"平等"的价值观为前提，尽管存在差异。

因此，花花公子的行为会被判定为反民主还是民主，主要取决于是将群体放在首位还是将个体化原则放在首位。例如，罗兰·巴特写道，由于成衣业的整合，花花公子的理想就此破灭（Barthes 1993：966）。对古怪（差异）的接纳正是民主思想的表现！

## 对冲

花花公子和纨绔主义通常被视为相似的现象，而事实上它们只有一个共同点：反对资产阶级的主流规范。但事实上，它们是互不相容的。

在19世纪和20世纪初，纨绔主义经历了多次复兴浪潮（Breward 2000）。几乎每一次新的浪潮都有相同的机制在起作用。在某些情况下，一个人的服装很快就变成了一个群体的服装，然后开始属于一个更大的男性社会群体。举例来说，花花公子布鲁梅尔的服装就是如此，尤其是深色三件套，这在很大程度上影响了浪漫派的服装。因此，纨绔主义是一种群体现象，而这正是花花公子所抵制的。

在服装领域，这些群体现象（通常是反叛、反资产阶级的青年文化的特征）有时会被泛化为所有男性使用者都会"接受"的版本。50年代早期的牛仔裤和T恤衫也可以被看作是纨绔主义更现代的形式。牛仔裤和T恤衫的出现标志着对主流一致性的反叛，它们后来被迅速采用，成为"非正式"但被普遍接受的服装（De Kuyper, 1993）。

因此，花花公子是一种不情愿的潮流引领者，而纨绔主义则是一种与花花公子本质相对立的现象。你可以说，纨绔主义的典型代表是那些想要成为花花公子的人！

这里有趣的是，随着对原本单一（例如博·布鲁梅尔）或至少是边缘（浪漫派的纨绔主义）的概括，一步步的对冲策略开始生效。这种令人不安的偏差已不再局限于个人，而是蔓延到了一个小群体，如果要在更大的阶段加以扩展，就必须对其进行中和，因为它对大多数人、对规范来说似乎太危险了。在被普遍化的过程中，它也被淡化了。牛仔裤已成为"舒适"和"非正式着装"的主要标志，反叛的内涵已不复存在。甚至恰恰相反：它成了一种常规服饰。

在60年代，这被称为"压抑性容忍"，是简单的对冲的变体，或者是对"如果打不过，就加入"说法的实践。

## 动机

个人或特定群体的极端着装行为之所以被大众所适应或接受，必然有其深层次的原因。服装必须满足某些需求。而对于男人来说，这些需求总是出于对反时尚服装的渴望。（如前所述，这种欲望在花花公子身上得到了最极端的诠释。）

但这其中还包含着其他因素：这不仅仅是一个服装问题，也不再只是个人与集体之间的对立。通过采取反时尚的态度并将其作为首要价值，男人认为这是将自己与女人对立起来的最引人注目的方式，因为女人完全适应了时尚已经是公认的事实。也就是说，男人关心的是保护自己的男子气概，使其免受巴特所谓的女性化的质疑，以及免受我本人试图应用在除恋爱以外的其他领域的怀疑（Barthes, 1977; De Kuyper, 1993）。对时尚和服装的关注很快就会被指责不够阳刚。简而言之，有被认为是同性恋的风险，这是异性恋男子非常敏感的地方（De Kuyper, 1993b）。

普鲁斯特的《追忆似水年华》中的花花公子夏吕斯特别注意让自己显得对着装不那么在意。他甚至单调乏味和循规蹈矩得有些夸张。虽然那些只有同性恋同伴才能识别的细微口音，无不揭示了他完美的异性恋、超中产阶级的外表只是一种伪装，一个面具（Diana Festa McCormick, 引自 V. Steele 1999: 211），但这并不能改变他所在的环境承认他是具有良好品位的时尚专家这一事实。他被称为"裁缝"（la couturiere，法语里面的la修饰阴性词语，这里的"裁"词性是阴性，指女裁缝），因此被默认为非异性恋。这是否证明他的随从从未对他的同性倾向视而不见？当然，但是伪装是安全的。只有在亲密的时刻——例如，当他试图引诱叙述者时，或者当他在生命的尽头变得非常颓废时——他才会承认自己的自然倾向，并放弃严格的着装规范。

在普鲁斯特的作品中，男性的优雅总是以一种危险的方式将人物推向不道德的女性化，换句话说就是同性恋。

然而，对男人来说，反时尚并不是绝对的信条。就像这个领域的所有其他事情一样，总是一个细节和背景的问题。但是，在某些情况下，普通男性过分关注时尚所冒的风险——对他来说，这种风险被称为女性化——是值得的。他接受挑战，并打算赢得挑战。这个冒险游戏的结果让他收获颇丰，因为这给了他额外的男子气概，一般用"阳刚"这个词来形容。（普鲁斯特笔下年轻的圣卢普在某种程度上也是如此，只是事实证明这个游戏非常危险。）欧洲南方男人不加掩饰的时尚意识被他们的大男子主义行为所弥补。类似地，经典好莱坞电影中的男性主角实际上可以表现出女性特质，只要他通过彰显自己的男性气质来弥补这些特质（De Kuyper，1993）。

通过表面上拒绝表现对时髦服装的肤浅兴趣，通过表现出决心，通过拒绝参与或利用外表的社会作用，通过寻找一种"中性的""自然的""实用的""正式的同时又是非正式的"服装形式，几个世纪以来，男人似乎已经把服装的作用降低到一种满足基本需求的程度。他认为这使他更大程度地脱离了对女性服装和时尚的需求，而这正好突出了自己的男子气概。

当然，在这种情况下，"中性""实用"和"自然"等代表男性反时尚偏好的形容词就显得模棱两可了。尽管与女装相比，男装多年来一直是中性的、单调的、灰色的或乏味的，但它也一直是时尚领域的组成部分。正如霍兰德所说：

> 不要被愚弄了：它仍然是一种反时尚的时尚（Hollander，1994：21）。

纨绔主义和花花公子似乎是理解19世纪和20世纪男性服装的关键，而当然，它们主要是对反时尚或非主流时尚的渴望。适应了规范之后，它们就仅仅成了服装，必要时经过精心修饰，使其显得优雅，但仅此而已。三件套男装就是其中的代表。

霍兰德在她对男装的基本研究中，将其描述为一种：

> 抽象的三件套与衬衫和领带一起，具有统一、宽松的外形（Hollander，1994：62）。

她说，它拥有"基本的美学优势"（同上：39），而且——一个并非不重要的方面——她指出，这种设计"适合批量生产"。换句话说，服装的批量生产通过建立一种标准，使其成为"时尚"。正如格奥尔格·齐美尔所指出的：

> 一件物品并非一经问世就是时尚的，而是以成为时尚为目的进行销售才使其成为时尚（1992：42）。

## 关于性和西装

在此，我将再次提到安妮·霍兰德

## 本哈德·威荷姆（Bernhard Willhelm）
1972，乌尔姆（德国）

插图：
1. 本哈德·威荷姆，2005 秋冬系列。
2. 本哈德·威荷姆，2005 春夏系列。
3. 本哈德·威荷姆，2005 春夏系列。

最初的德国设计师本哈德·威荷姆不喜欢对自己的作品进行反思，也不赞成将时尚理论化。他设计的是"他认为感觉好的东西"。他心目中的女性形象并不性感或美丽，他也不太看重开放的思想。在作品中，威荷姆将传统影响与天真幽默的时尚观结合起来。由于他对时尚界的颠覆态度，再加上他天马行空的幻想，他的作品独一无二，无法与其他设计师的作品作比较。

本哈德·威荷姆1972年出生在德国巴伐利亚的乌尔姆市。他曾就读于安特卫普皇家艺术学院，在求学期间曾为沃特·凡·贝伦东克、亚历山大·麦昆和维维安·韦斯特伍德等设计师工作。威荷姆于1998年毕业，不到一年就在巴黎推出了他的第一个系列。他继续住在安特卫普，与同窗好友兼缪斯女神尤塔·克劳斯（Jutta Kraus）一起管理着自己的品牌。

他的设计时而荒诞不经，但本质上是折中的。他在作品中融入了当代社会的各种元素，尤其是流行和街头文化。他从美国说唱歌手的服装风格中汲取灵感，迈克尔·杰克逊的肖像就曾出现在他的秋冬系列中。同时，他表现出对民间传说的强烈爱好。他的出生地的黑森林童话是他格雷琴风格背后的特别重要的灵感来源。我们可以从他对刺绣、钩针编织等传统技艺的热爱中看出这一点。褶皱和打褶（他的母亲一直为他提供手工配件）以及他对传统巴伐利亚服装风格的借鉴，他解构了这些德国南部元素，产生出非传统的创作，正如他1999年在巴黎展示的以巴伐利亚女装为灵感的系列。他的时装秀也不走寻常路，比起传统的走秀，他更喜欢视频。

本哈德·威荷姆经营了几年自己的品牌后，被任命为意大利卡普奇（Capucci）品牌的创意总监，该品牌于1962年在巴黎首次亮相，以其奢华、实验性的设计和精湛的剪裁而闻名。威荷姆潜心研究品牌档案，一年后，他推出了一个女装系列，将卡普奇的传统与自己的风格完美地结合在一起。2002年，这位设计师定居巴黎，在这座城市推出卡普奇以及他自己品牌过去几季的时装系列。

1.

2.

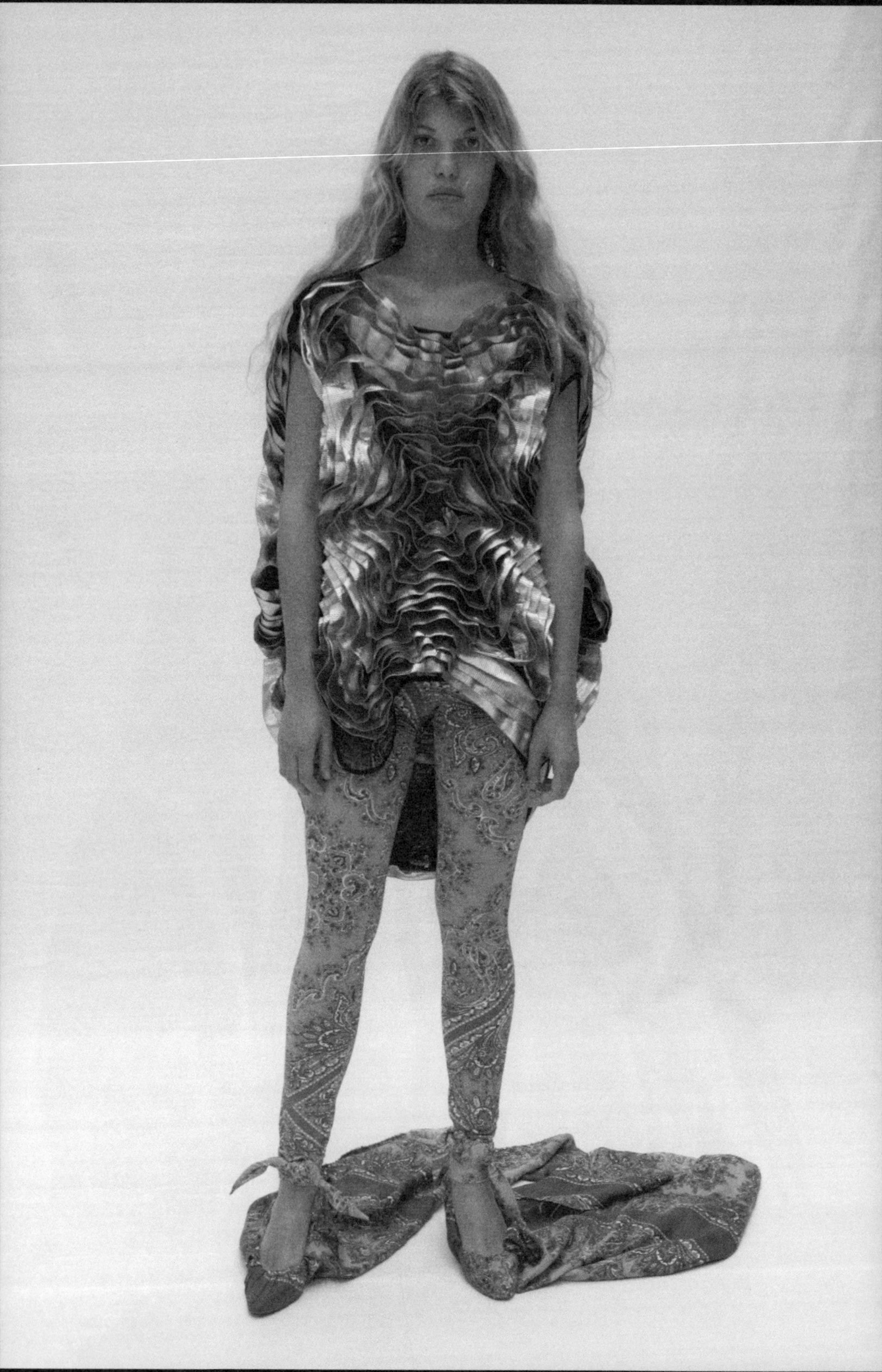

3.

Unit trust letter
On the boil
97% profit in three months
Eight who found a road to riches
How's Your Trading Record
How to avoid futures shock
you put your trust

的工作和她的论文，它们颠覆了时尚界关于男女关系的传统观点。她出色地论证了男性服装（西装）实际上代表了一种比过去两个世纪中的女性服装和女性遵循的时尚形象更现代的理念。在霍兰德看来，我们通常认为保守的男装，其实比女装"更前卫"，用她的话说是"更现代"，在她看来女装是"保守的"（Hollander，1994：6-7）。

她给出的理由是，三件套西装更适合身体活动，既是正式的，也可以是非正式的。她还说，三件套西服更为抽象，这意味着它符合人们通常所说的"设计"。在这里，她使用了正常、真实和自然等限定词。[2]

由于我是符号学家——或者应该说是巴特学派？——所以当我遇到这类论点和术语时，我会变得警惕和怀疑，因为很快就会发现，在"自然性"等最初的表层之下，存在着复杂的人为构造。而"真实性"往往只是一个方法和背景的问题。

霍兰德的论点在我看来更加奇怪，因为在这本书和其他书中（Hollander，1980），她总是强调"实用"这样常用的修饰词，但在时尚话语中这些往往是虚假的论点。因此她写道："时尚中的枯燥乏味比任何形式的身体不适都更令人难以忍受，而身体不适无论如何都是一个见仁见智的问题。"（Hollander，1994：64，p.126）

她强调所谓的限制性女装（包括紧身胸衣）从未阻止妇女从事体力劳动和繁重工作，这在我看来是非常正确的。因此，舒适是时尚和服装喜欢使用的合理化理由之一，而正如霍兰德所言，时尚和服装本质上也是非理性的。"时尚不是建立在理性之上的。"（同上：180，13）

那么，为什么作者在整本书中继续以舒适和自然等标准来维护西装的剩余价值和典范性质呢？而这似乎与她自己辩护的内容——这一切的非理性——相矛盾。不过，这是她的历史目的论方法的结果，也可能与她从艺术史的背景来看待时尚现象有关。

尽管西装仍是男士服装的重要组成部分，但已处于边缘地位，主要原因是男士的反时尚形象已经超越了女士的时尚形象。这就是为什么这种形象在"与时俱进"的意义上可以被称为"现代"。但不能因为它是最新的，就赋予它特殊的价值……男性的服装观念打败了女性。这足以称之为"更现代"吗？在讨论这个问题之前，我想就女性纨绔主义提出一个问题。

**女性纨绔主义**

《西德日报》（Siiddeutsche Zeitung）为苏珊·桑塔格（Susan Sontag）撰写的讣告标题为"她本想成为一名花花公子……"（SZ，30-12-2004）。

按照阿隆的说法，纨绔子弟被视为男性现象。（1969：30）它预先假定了一种只有在盎格鲁-撒克逊文化中才能出现的社会独立。然而，它主要是在法国浪漫主义时期被模仿，并在19世纪末由惠斯勒（Whistler）和王尔德（Wilde）等美学家复兴，之后在达达主义者和超现实主义者那里得到延续（Lehmann 2000）。这算是英国与欧洲大陆之间的互动。

但是就没有女性版的纨绔主义吗？女性版纨绔主义并不存在于大家想当然的地方，即女同性恋服装中。在人们的刻板印象中，女同性恋服装代表了一种有意识的反女性模式，但在反城市、盎格鲁－撒克逊模式中却遵循着一种有意识的乡村主义。在这里，我想到的不是以消费和戏剧性为主要焦点的最新形式，如劳拉·阿什利（Laura Ashley），而是像弗吉尼亚·伍尔夫（Virginia Woolf）所穿的那种朴实无华的服装。[3] 这类服装与其城市版本有许多相似和相关之处：新艺术领域中注重的风格设计完全适合优雅的家居环境，甚至是其延伸和反映。女性已成为室内装饰的有机组成部分。[4] 她在物品和家具之间穿梭。"自然、柔软、悦目而实用，既可正式穿着，也可非正式穿着"，这是霍兰德对男装的描述，但同样的描述也适用于这类女装（Hollander，1994：8）。[5]

显然，我们在这里讨论的服装试图避开时尚和流行，或者更彻底地说是否认时尚和流行。然而，我们仍要牢记这类服装的美学品质。毕竟，这不是校服，不是工作服，不是职业装。这是一种美学和享乐主义的服装，与女权运动者的服装不一致，例如，19世纪末的女权倡导者，他们确实反时尚，并蔑视服装的美学维度。

值得注意的是，普鲁斯特的《追忆似水年华》的男主人公马塞尔希望看到他心爱的阿尔贝蒂娜，也是他的"囚犯"，穿着意大利设计师福图尼（Fortuny）的衣服，福图尼在20世纪初的设计风格宽松、透明和华丽，他使用的面料灵感来自文艺复兴时期的艺术。在周围的所有物品中，她是一件珍贵的物品。男主人公马塞尔爱上阿尔贝蒂娜也绝非偶然，事实上，阿尔贝蒂娜通常并不像小说中的其他女主人公那样按照时尚穿衣，而是作为一个活泼的现代女孩，大胆地在诺曼底度假胜地康布雷（原型是卡布尔）走来走去，像一个运动型的摩登女郎。当她"穿得很特别"时，她的朋友、花花公子夏吕斯称赞她"对服装有着非凡的品位"和"天生"的优雅。

这种着装方式产生于注重审美意识的圈子和氛围中（如亨利·范·德·维尔德的新艺术运动，或威廉·莫里斯的工艺美术运动），或注重精神价值（如神学家斯坦纳），或两者兼而有之（所有与自然哲学有关的运动）。

从这个意义上说，阿尔贝蒂娜这样的人物与她给人的初印象完全不同，她是一个不自觉解放了的女孩，这让叙述者不禁要问，一个人如何与一个解放了的女人生活在一起？她的性取向即使不是明显的女同性恋，也是模糊的。事实上，她很像科莱特[6]笔下的人物。

给人的印象是，时下女性中出现了一种类似于"纨绔主义"的穿衣风格，一种"随意"而又"优雅"、不拘小节而又仪态万方的穿衣风格，表现出一种对服装的认识，但又以个性化的方式将这种认识表现出来。一种反时尚的时尚……

# Ⅲ

## 三件套西装的重新发现

个性与一般性之间的矛盾是时尚悖论的一个方面。另一个方面是在强迫性和追求自由之间寻求平衡。那么，极力想反时尚的男性时尚是否能摆脱强迫性呢？换句话说，自诩为"反时尚"的男装是否能摆脱时尚的压力？完全不能！事实上恰恰相反，因为在这一领域，几乎不存在任何回旋余地。

由于我的职业没有特别的着装规范，而我同事们穿的普通休闲服一点也不适合我。身体既承认了它的局限性，也承认了它的可能性！我注意到流行的男式西装又开始打折了，所以我在寻找一套新的西装。作为一个男人，如果你想要一些与众不同的东西，但又买不到，那就只能将就了。自从马甲在六七十年代流行之后，已经很多年都买不到马甲了。当然，西装一直都在，但我既不是旅行推销员，也不是政治家，对他们来说，西装是职业装的一部分。我的职业要求穿一些略微不那么传统的服装。既然我们现在似乎生活在"什么都有可能"的时代，我想我一定能找到适合自己品位的东西。

你可能会认为现在市场上的产品会非常多样化，但说到男士西装，几乎千篇一律。似乎只有黑色或灰色。我想，再等一两个季度吧。会有所改变的。但事实并非如此。直到上一季，出现了一个新的色调，我觉得应该是棕色，开始与灰色和黑色竞争。与此同时，我找到了一套灰色西装，带点儿绿棕色调，我很满意。

数十年来，深灰色或黑色的两件套或三件套西装再次成为主流。[7] 在这一时期，除了不拘小节的牛仔裤，多色夹克搭配不同面料的长裤的组合流行过一段时间后，西装又卷土重来——在我看来，这种时尚趋势的发展过程是典型的男性过程。

70年代末，朋克（Punk）这一叛逆群体首次出现。虽然他们的服装没有被完完全全地接纳，但朋克确实激发了人们对颜色的刻意排斥和对黑色的迷恋。黑色西装规范形成的第二个因素比较难确定，但1980年的电影《福禄双霸天》（*The Blues Brothers*）提供了一个有用的综述脉络和参考体系。

电影的主角是两个倒霉蛋。他们的衣着就很能说明问题：俩人都戴着帽子、墨镜，留着鬓角，穿着黑色两件套西装。里面是白衬衫和窄领带，领带松松地打结，露出衬衫最上面的纽扣。上衣的扣子扣了上面一颗，下面一颗没扣，不经意间让人看到一片白衬衫和领带。

这个式样被进一步雕琢。在接下来的几十年里，出现了同样面料的马甲，两件式西装再次变成了经典的三件式。衬衫现在是灰色、黑色和白色的，条纹和素色交替出现。裤腿时而变宽，时而变窄，上衣和翻领的款式也经历了变化。但最重要的是暗色调、严谨性和严肃性。具有"革命性"的是，领带被放下，衬衫纽扣可以敞开，没有任何刻意追求运动风格的意味！

80年代重新推出的男式西装（无论是否为三件套）是时尚潮流的典型代表。在此之前，西装也一直存在，但它实际上是一种职业服装，显然是无聊的体面的标志。多年来，两件或三件套西装被认为是商人、高级公务员、政治家和银行职员的制服，处于时尚的边缘。它一旦从"经典"的王座上下来，就成了无聊和资产阶级的代表。

然后，时尚发生了转变：三件套黑色或灰色西装"突然"成为男士的时尚特征。尽管如今西装并不被视为男性的最佳服装，但它无疑已成为男性衣橱中的必备单品。它或许相当于过去所谓的"最好的衣服"？（Sunday suit，西方世界多信奉天主教或基督教，他们在星期天做礼拜，在传统社会里，会穿最隆重的衣服进教堂做礼拜）事实证明，并不完全如此。它更像女性的"小黑裙"——出自香奈儿之手，现已成为经典（Hollander 1980 and Teunissen 2002）。

人们希望深色的三件套西装可以既时尚又兼具多种功能，就像"小黑裙"一样，既可以在时尚派对上穿也可以在葬礼上穿。它既符合社会"规范"，也符合其对立面，即对规范的拒绝或相对化。

它的回归仍以其特殊性为标志。时尚的三件套西服不同于公务员、商人等仍在穿的三件套西服，因为它具有引语的功能。它带有必要的反讽意味，因为它夸张地引用了体面，意在破坏其资产阶级心态。

有一个问题：为什么朋克服装只有"黑色"这个元素保留了下来，而《福禄双霸天》的风格却流传了下来？这个问题的答案与"讽刺"或"引用"有关。无论朋克服装在诠释和设计上有多么俏皮和新颖，这些服装本身都是以最严肃的态度穿着的。而《福禄双霸天》的情况正好相反：其形式证明了严肃性和体面性——有时看起来就像神职人员穿的那种衣服！——服装的穿着却强调了疏离感和趣味性。就这一点而言，当前的深色西装与过去两个世纪中作为传统男装典型的深色西装完全不同。

因此，深色西装的反资产阶级心态和讽刺性的引语功能，取决于它的穿着环境。

在葬礼上，它会有所收敛；在宴会上，则会通过轻微的腔调变化来体现其"引语"功能。而在非正式着装的场合，西装的正式感就会显得有些"过了"。然而，即便在这种情况下，"过度着装"也不成问题，毕竟西装是暗含"反讽"意味的。换言之，这是可以被接受的，因为其中蕴含的幽默感。

西装所承担的功能，或者说它的多功能性加上它的讽刺内涵，正是它的不同凡响之处。男装——至少是那些与日常生活而非时装秀相关的服装——通常就是字面意思，无论多么时尚，都不代表俏皮或资格，更不用说讽刺了。我们不要忘记，男装传统上属于"必需品"，而非"装饰品"。它是什么就是什么；正如一个男人本质上就是他自己，正如他不必为了证明自己的男子气概而诉诸服装的矫揉造作。两个多世纪以来，男装一直在说"别整那些有的没的"。

加布里埃·可可·香奈儿1883年出生在索米尔。出身贫寒并没有阻止香奈儿进入法国贵族阶层。1910年,她在巴黎开了第一家时装店,随后又在多维尔开了一家。香奈儿完全不顾当时的流行趋势,用廉价的"平纹针织面料"(通常用于男士内衣)设计出耐穿的运动型服装。香奈儿的经济状况不允许她使用昂贵的面料,而针织衫耐穿、柔软,最重要的是非常适合她的设计风格。战争需要女性下厂劳作,而香奈儿的服装具有极大的活动自由度,正好满足了这一需求。香奈儿经常从男性服饰中汲取灵感,比如粗花呢服饰和现代制服。她的设计在时尚界掀起了一场革命,由于大量使用针织面料,让普通人买得起,从而实现了时尚的平民化。由此,她将男装的舒适感带到了女装中。

香奈儿的设计风格是基于她自己男孩子般消瘦的身材,以及她积极和独立的人生观。她追求完美的强烈愿望在缝纫中得到了体现。香奈儿以自己为基础,形成了对现代女性的前卫理念,成为许多人的理想。1926年,她推出了一款多功能小黑裙。它简约时尚,就像男士的黑色西装一样永恒。女人第一次有了可以用于所有场合的着装。香奈儿的小黑裙从此成为经典,整个20世纪的设计师们都在这个基础上不断地重新推出小黑裙,每次都有些新变化。

1939年,战争一触即发,香奈儿关闭了沙龙。战后,男性设计师开始掌管时尚界,传统的女性形象重新回归,这让香奈儿大为震惊。迪奥的十分女性化的"新风尚"(New Look)在她看来是反现代的,这迫使她在50年代重出江湖。她重塑了香奈儿的"风格",经典的斜纹软呢女式套装,裙摆刚过膝盖,搭配金色纽扣,这成了人们的最爱,特别是在美国,公众和媒体将她捧上了神坛。香奈儿于1971年去世,卡尔·拉格斐(Karl Lagerfeld,生于1938年)于1983年起执掌该品牌。他发扬了香奈儿的风格,并补充了新的形象,香奈儿变得大受欢迎,尤其是在美国。

参考资料:

De La Haye, Amy and Shelley Tobin. *Chanel: The crets*. Boston: Little Brown and Company, 1972.

Leymarie, Jean. *Chanel*. New York: Rizzoli, 1987.

Madsen, Axel. *Chanel: A woman of her own*. New York: Henry Holt and Company, 1990.

Richards, Melissa. *Chanel: Key collections*. London: Hamlyn, 2000.

Wallach, Janet. *Chanel: Her style and her life*. New York: N. Talese, 1998.

插图:

1. 可可·香奈儿穿着针织套装,1935年。
2. 奥黛丽·赫本穿着小黑裙出现在电影《蒂凡尼的早餐》中,1960年。
3. 香奈儿,香奈儿的传统以各种可能的现代方式得到利用,2006春夏系列。

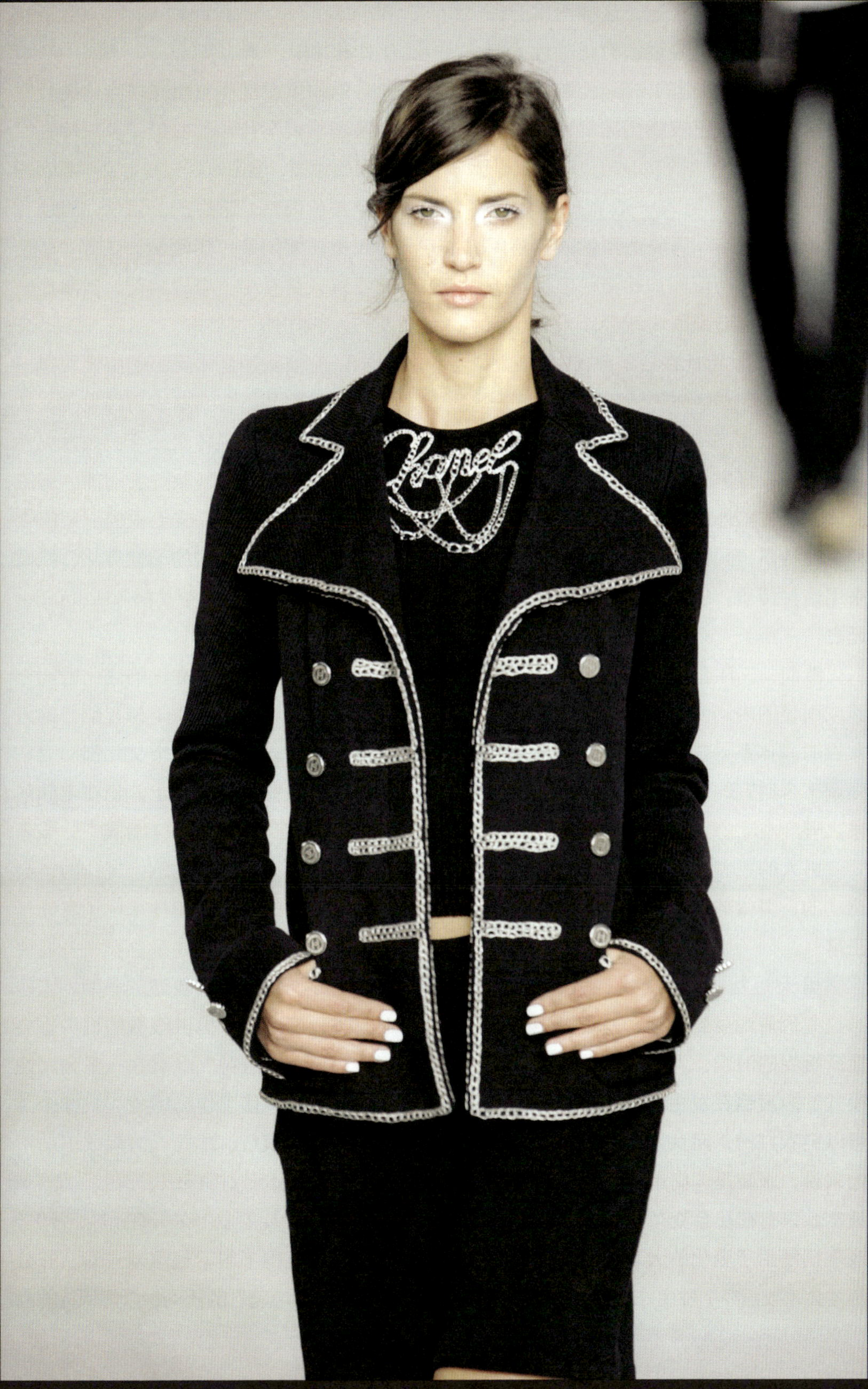
Chanel

按照霍兰德的观点，这种严肃的品质最初似乎对女性来说很有挑战性，但也逐渐成为女性规范的一部分。如今，"过分讲究"这个词不仅适用于男性，也可用于女性！

说到服装，男人一般都比较保守。例如，"万宝路"男装造型就很容易因其风格的模棱两可而被接受，但那也十分冒险。这种造型很快就会让人联想到"扮"成牛仔，因此在日常穿衣中，这种参考形象是要被调和的。俏丽的元素——爱打扮自己，对阳刚的肉体的直接玩味——会让直男的形象面临太大的风险。肢体、服装和外表方面的爱俏始终是一种女性特质，同性恋男性可能会热衷于采用这种特质，但异性恋男性则会避而远之。

然而，三件套西装却是个例外。反讽或引语的内涵使三件套西装完全落入女性时尚体系，"讽刺、戏谑的引用"，强调不合时宜的轻浮始终是它的主要源泉之一。

男人的衣着从来不是俏皮的，而是运动的、得体的或潇洒的；男人"行为正常"。

男人是社会人，是职业人。但是，当这些价值观受到审视，并逐渐也被女性所接受的时候，人们对经典男性服装模式的态度也在发生变化。现在，男人可以穿衣打扮，而女人则可以声称，对她来说，服装是"简单实用"就好！而通常，只有在社会变革和性别分化的游戏规则发生了变化的大背景下，这种情况才会（或已经）发生。

## IV
## 工作和休闲

但如果说三件套西装在当代男装中扮演着重要角色，那就错了。三件套西装虽然重要，但正如我们在上文所看到的，这个角色仍然是边缘的。目前，男装有两大类：休闲装和运动装。正式/非正式西装只是其中一个异常的，虽然很重要的，子类别。

以前被认为是休闲服的服装现在已成为日常服装。转变似乎已经发生。从休闲服到工作服的转变如今已成为男性服装体系中的普遍现象。所谓的休闲服，即夹克、裤子、衬衫或毛衣的舒适组合，是过去十几年来人们的习惯穿法，就像牛仔裤和T恤的组合一样（Hollander，1994：108-109）。

这一现象与当今文化的变化密切相关，特别是与工作和休闲相互结合的方式密切相关。我们的整个文化都建立在这些界限模糊的基础之上。坐在电脑前"既意味着工作，也意味着休闲"。或者，更准确地说，当我在电脑上工作时，会有各种各样的小游戏和技术小工具让工作变得更轻松——也许是这样——但最主要的是，它获得了戏谑的一面。工作很有趣，不是吗？提供服务的机构也会想方设法将"服务"隐藏在一系列属性和场景背后，使工作场所看起来像个游乐场。如今银行、邮局、医院或车站不能仅仅是"银行"、"邮局"、"医院"或"车站"了。这种现象发生在所有领域，而"学校"这个机构不得不艰难地应对，充分利用"个人电脑"的托词，以便保持中立。

总之，人们竭尽全力让世界看起来像在放松，同时以这样或那样的方式让放松富有成效。在大多数情况下，这种放松本身就是生产性的，因为每一种形式的娱乐都与一种消费形式相关联。娱乐即消费，消费在娱乐中扮演着重要角色。于是，休闲和旅游被称为产业，而文化产业也不再局限于公认的媒体和大众产品。[8]

休闲活动作为一种生产形式，已经成为经济中一个非常重要的部门。而消费也是一种劳动形式，比如购物，已被命名为"快乐购物"，以摆脱日益模糊的"必需"和"需要"的范畴。当然，消费对经济至关重要。消费者行为具有决定性的重要意义，我们的经济学家也密切关注着它。

另一方面，工作的概念和与之相关的内容的价值也已经大打折扣。我们喜欢的这些概念如"流动性""灵活性""终身教育"，等等，都表明工作不再是一个"职业"或"事业"，即一个系统中的固定价值。这些概念已成为相对的、可替代的价值元素。此外，在这个新的价值体系（我们的意识形态）中，休闲不再是工作的对立面。失业才是工作的对立面，工作已成为一种"理念"而非现实，尽管它成了政治家和其他政策制定者的执念之一。只有在失业的情况下，工作才有价值。另一方面，失业实际上也是一种价值，尽管是一种负面价值：不工作。毕竟，生产可以使用越来越少的劳动力，而消费却总是需要越来越多的消费力。这是我们的文化所面临的两难境地。

在这种不断变化的背景下，休闲服装——我们更愿意称之为娱乐服装——已经变成了工作服。这些服装与我们闲暇时的着装已不再有区别。许多起源于工作服的元素现在已被休闲服装普遍使用。

真正的休闲服装主要包括运动装。如今，体育运动并没有得到更广泛的开展，但开展体育运动的"理念"已变得无处不在。运动服装当然早已存在，但却从未如此普及，如今它已成为一个新的类别。它已成为一个独立的领域，一个门类，但它的界限也在模糊，尽管模糊的程度比上一个类别（指休闲服装）要小。现在，运动服装在运动场外也可以穿。它是一种生活方式的明确信号：行动自由，能与周围环境轻松接触。夏日的到来尤其影响了享乐主义服装的展示，这种服装并不局限于度假或休闲场所，在越来越南方化的城市景观中随处可见。随着好天气的到来，每个城市都或多或少地试图将自己改造成一个以露台文化为中心的享乐主义度假胜地。

## 幼稚化

因此，我们现在所看到的基本情况是休闲和运动服装刻意试图成为一种时尚。[9]只有对年轻人来说，休闲服装和运动服装是同一类型的——都是与街头文化相关的服装——带有一些时尚的细节或独特的标志，然后被大多数成年人作为一种时尚或反时尚的造型。"青春活力"和"青春期特征"已成为成年人的穿衣参考；因此，毫不奇怪，我们仍然可以看到时尚信号的迹象。时尚的早期功能——代表某种场合或社会地位——已经消失了。取而代之的是，时尚现在针对的是一代人：年轻人及其所谓的不拘一格，当然，这种不拘一格从某种意义上来说反而是极其整齐划一的。

据我所知，霍兰德是第一个指出这一点的人，而且非常正确的是，时尚不仅模糊了性别，也模糊了年龄。事实上，无论男女老少，都几乎穿着同样的外套、裤子和毛衣，所以每个人都穿得像个孩子，从而凸显了我们服装的无性别化（60年代的"中性"现在变成了"无性"）：

> 在博物馆或公园里，一群成年人看起来就像在学校旅行。每个人都穿着孩子气的五颜六色的拉链夹克、毛衣、裤子和衬衫，这些衣服和传统的工作服别无二致，只是颜色很鲜艳。（1994：167）

以前，我们在欧洲大陆很容易通过服装辨认出哪些是美国人（并为此感到高兴），而现在，我们的服装习惯，就像我们的许多饮食习惯一样，已经美国化了。

关于服装和对服装的要求——令人着迷的自由和随意，霍兰德认为，这主要意味着：

> 从成人的性别负担中解脱出来。（……）闲暇时，上至祖母，下至三岁的孩子，全家人的穿着都一模一样（同上：167）。

当然，这种统一的画面偶尔也会被打破。但即使是在相反的方向上，在戏剧的夸张中，霍兰德也不再发现成人的时尚特征，而是发现了孩童般的对伪装的需求。在男性身上也能看到这种情况：我之前提到的三件套黑色西装，其引语特质也应归入这一范畴。

女性时尚一直是"伪装"的范畴，或者可以称之为化妆舞会。变化的是它的多面性、形式的多样性，尤其是它的任意性。

## 怎样都行

可以说，古典时尚是一种成熟的形式。现在的着装方式可以说是对童年时期的倒退。这是日本年轻人正在认真对待的一种趋势，这绝非偶然！

"戏仿"是这里的一个核心概念，我们也可以在对三件套的引用中看到。无论早期的时尚如何广泛地借鉴其他时代、其他时尚潮流，"戏仿"从来都不是其中的基本要素。"戏仿"是为了再利用，它在乎的是风格而不是效果。与之相关的讨论大致如下："好吧，这一季我们将从30年代、40年代等风格中寻找灵感……但要适应当下。修正、重绘和重新审视。"这是决定性的。现在是："我们将把自己伪装成一个捣碎的球……"这里最主要的是行为的怪诞性，而不再是曾经构成"时尚"核心的东西：时尚的变化，对风格的游戏……

我想花一点时间谈谈我们普通服装的"无性"和多变的统一性，以及它的消费和生产。当代服装——无论男女——的特点是"自由"，一切皆有可能。服装的形式多种多样，其用途也多种多样。

如果真有着装规范这回事，那也是可以游戏的。

即使是在要求统一着装的情况下，似乎也要加一点游戏的态度（一种风貌）。这可能会失去控制，就像警察帽，最终似乎削弱了与这种功能相关的权威。我们可以观察到一种普遍性和特殊性的结合——既需要休闲和运动时穿的朴素的制服，也需要一切皆有可能，包括制服。[10]

# V
## 一切都是时尚！

这不再仅仅是一个服装行业的问题，而是一个时尚产业的问题。矛盾的是，时尚产业是反时尚的。

小时候，我对某些服装店的样子感到惊讶和好奇。它们的橱窗热闹拥挤，从几百年前到现代都没有任何改变。店名一般都充满希望："女士的天堂"或类似的名字，并且，那里出售的都是女装。灯光通常很暗；只有几个灯泡，如果有日光灯管，也要尽量少用。在半昏暗的环境中，你可以看到一些僵硬的假人。他们展示的衣服丝毫看不出合身，更不用说有吸引力了。对于那些在这种惨淡的陈列中难以做出选择的顾客，还有一些标签，用刻板的、明显可以互换的词语来赞美每一件衣服。其中一个特别有趣："最新时尚"。为什么这件紫色和棕色相间的碎花连衣裙会被贴上"时尚"的标签，这更让我感到惊讶，因为它的姊妹款——一件带有紫色碎花的棕色连衣裙却是"修身"的。会不会有顾客看到这些信息后，被店员的推荐所吸引，在这家店里购买了他们认为是"最新时尚"的东西？

50年代初……

虽然作为一个男孩，我却常常对女性时尚有一些了解。身边的一切都或多或少地提醒着我。但男士的时尚就不那么显眼了，更难以确定……在Zeedijk（奥斯坦德的海滨长廊）上，白天和晚上都很热闹。他们排成长长的一排挨着走，让诺和朱莉安娜手挽手，还有方斯、安妮和莉莉安……他数着遇到了多少穿着同一件毛衣的年轻人。有一年，他们穿着鲜红的毛衣。真是亮眼！但第二年，每个人都穿上了黄色毛衣。红色毛衣去哪儿了？一年后，人们穿上了浅蓝色毛衣。让诺阿姨对这一现象的专业解释是：这就是时尚。（De Kuyper, 1989）

70年代，我们住在巴黎的一条狭窄的街道上，处于布料贸易的中心。一个女性朋友的父母家人在这个时尚分支里谋生。他们给我的印象从来都不是浮华，而是血汗和泪水。拖着货架，贴标签，拆包，包装，发货。一切都笼罩着忧郁的气息。

在我的印象中，广告已经不再使用"时尚"这个概念了。如果我翻阅一本产品目录，我注意到人们默认那里提供的一切都是时尚的，毋庸置疑。实际上，"时尚"已经等同于"服装"，如果服装有什么与众不同之处，那么"时尚"一词就会被加上：潮流时尚。然而，该目录分为三个主要部分：年轻、现代、经典。

显然，接在"年轻"之后的是：适合中年女士和老年女士！

## 如果一切都是时尚

在大规模生产的背景下，古老的时尚体系已被侵蚀。高级定制时装一直是一个表象的世界，并试图创造出某种参照系。但有谁相信它只是一场盛大的表演，更多属于娱乐而非现实？

是什么让时尚成为如此独特、如此令人兴奋的现象？是永恒短暂的一面。时尚是唯一的，或者至少是最纯粹的哲学悖论显现的领域。

但我们现在看到的是什么呢？时尚（服装）的基本原理及其力量和意义现在已扩展到整个市场和整个生产领域。长期以来，汽车行业一直是这方面的典范，其次是电子产品，在这些领域，我们至少可以看到技术进步——传统上，这是将新产品推向市场的一个有益理由。现在，最小的消费品也充分利用了时尚的形象，将其作为一种短暂的话题模式。无论是洗衣盆、牙刷、电钻还是花园篱笆，似乎都无法摆脱时尚的概念。每隔几个月，颜色、质地和形状都会发生变化。一百多年以来，锌桶一直是一种通用的形状。无论在任何地方，桶都是"桶状"。现在，桶每隔几个月就会改变颜色和形状，商店里有几十种桶，它们都有相同的功能，那就是方便运水。

"设计"的理念也被彻底侵蚀了。设计现在只不过是一种大胆、醒目或幽默的形式而已，这与它的基本理念完全矛盾：以最有效的形式实现特定功能。但是，你能为"坐"的功能设想出多少把"最有效"的椅子，这似乎成了规则。

所有这些产品的寿命都非常短暂，因为潮流就像时尚一样，是以"暂时性"为前提的，其持续时间与特定的话题性相适应。一家潮流商店每隔几个月就会更换全部商品。"耐久性"不再具有价值。以使用一生为使命的产品已经不存在了。消费者知道产品——因为它是一种时尚产品——是易腐的，是暂时的。新款不断涌现，现有款式不断被遗忘，就是最好的证明。

在类似的机制中，流行趋势具有决定性的指导作用，这种机制已经从消费领域扩展到文化产业和整个文化领域。市场力量和思维方式已经渗透到目前对"市场"这一概念还相当陌生的领域。每个人都是"顾客"或"消费者"，无论你是音乐会或剧院的观众，还是学生或宗教人士。市场哲学是压倒一切的，以管理原则为指导。

显然，在这样一种文化中，时尚这一概念曾是"永恒的短暂性"的垄断和象征，如今却被无数子行业所取代和削弱。过去以独特方式颂扬"短暂性"的行业，如今已沦落为践行这一原则的众多行业之一。这也难怪，为了在时尚（和文化）的背景下生存，时尚将自己变成了反时尚，其结果是，供应以令人难以置信的方式变得多样化和综合化，以满足"无所不包"的需求，夸张的多样性拖着冷漠的后腿。

奢侈品行业被称为"奢侈品工业"并非毫无道理，它大规模地生产"独一无二"的产品。

**还有性别分化？**

（时尚）对服装最重要的功能之一——性别区分有何影响？

霍兰德在书中为这样一个命题进行了辩护：在整个现代性时期，女装都有意采用男装的基本款式。这是通过对男装的吞并来实现的，其中最重要的当然是裤子。现在看来，这一过程是在后现代主义时代完成的。不仅男装的款式被采用，而且与舒适和自由有关的基本态度也受到重视，这就是反时尚的态度。

两性之间的竞争在过去的时代中也扮演着重要角色。这不仅是一个女人看男性模特的问题，也是一个男人对女性时尚着迷的问题——尽管他不能承认——女性时尚的奢华与男装的灰暗形成了强烈的对比。女性的体态也让男人羡慕不已。

1930—1960年的好莱坞电影是这场战争的决战之地，这绝非偶然，因为当时电影是表现男女日常形象的最重要、最具影响力的媒介。此外，这一时期的电影非常注重"魅力"，这是一种只能进行性暗示但绝不直接进行色情描写的形式。自我审查制度规定了尺度，而情色的张力要框定在既有的规则下。男明星发挥魅力的自由度极小——身体的性感是女性的专属领域——而男装的主要目的是抵制和远离任何色情元素。在这些电影中，我们看到男明星不断地从女性语域中吸收元素，并将其融入男性元素中。与此同时，我们也看到了女性——这也是霍兰德所强调的——对男性服装元素的吸收。我曾用"你能做的，我都能做得更好"来表达两性之间的竞争（De Kuyper，1993）。

霍兰德现在所描述的"新男性自由"（1994：175）已经在好莱坞电影这个狭窄但极具影响力的领域中得到了尝试。然而，一个本质区别是，当时两性之间的色情游戏和他们的外表，总是分别带有男性或女性潜能的额外价值（"我可以做得更好"）。现在的说法是：

> 今天，两性都在玩变装游戏，因为几个世纪以来，男人第一次从女人那里学习穿着习惯，而不是相反（同上），

或者：

> 很明显，在20世纪下半叶，女性最终采纳男性的全部着装风格，并根据自身情况进行了修改，然后将其交还给了男性，并赋予了他们巨大的新可能性（同上：176）。

然而，一个与时装背后的力量有关的重要问题仍未得到解答，特别是与性和性别相关的动机发生了什么变化的问题。

这难免让人联想到解放。但霍兰德说，大众的穿着越来越像孩子，类似"雌雄同体的婴儿精神"盛行（同上：177）让人不仅怀疑，这虽然打着解放的幌子，但其实都是在倒退。

这个持续了两个世纪、被霍兰德称为"辉煌"的过程最终陷入了僵局。性

## 尼古拉·盖斯奇埃尔（Nicolas Ghesquiere）

1971，卢丹（法国）

年轻的尼古拉·盖斯奇埃尔被视为这十年来最有影响力的设计师之一。1997 年，他开始为著名的巴黎世家（Balenciaga）*设计成衣，并为其增添了全新的光彩。这个时尚品牌是克里斯托瓦尔·巴伦西亚加（Cristobal Balenciaga）于 20 世纪 20 年代在西班牙创立，他是一位"设计师中的设计师"，只为精选的贵族客户制作高级时装。1937 年西班牙内战爆发后，克里斯托瓦尔·巴伦西亚加逃往巴黎。1968 年，他结束了这个品牌，但由于复杂的代理商网络，它仍持续存在。1986 年，该品牌被积克宝格集团收购，1987 年品牌重新开张。1997 年，时年 27 岁的尼古拉·盖斯奇埃尔被任命为该品牌的首席设计师。

尼古拉·盖斯奇埃尔成长于法国中部的一个小镇卢丹，父亲是比利时人，经营高尔夫球场，母亲是法国人，是一位裁缝。在 14 岁时，他曾到阿尼亚斯贝实习，之后，他为让·保罗·高缇耶和蒂埃里·穆勒（Thierry Mugler）担任设计助理。1995 年，他开始在巴黎世家的亚洲授权部门工作，他的任务之一是为日本设计丧服。

盖斯奇埃尔被认为是奇才。正如时尚记者苏西·门克斯所写的那样，他的时装系列"强烈而奇特，但总是引人入胜，个性十足"，而且总能引起轰动。盖斯奇埃尔的设计常常带有一种未来主义的近乎科幻的色彩，他将巴黎世家遗产中的几何形状与意想不到的自由元素结合在一起，比如他在 2003 年颇具影响力的"潜水"（Scuba）系列中的运动服或羽毛。今天，巴黎世家是国际时尚媒体的宠儿之一。盖斯奇埃尔的一些作品，如窄腿裤和机车包，现在已成为经典时尚的一部分。他的一些设计，比如"工装裤"，不论是原版还是街头的复制品，都成了大热门。"时尚偶像"，比如影星科洛·塞维尼和艾莎·阿基多（Asia Argento），Vogue 杂志法国版主编卡琳·洛菲德（Carine Roitfeld）和超模凯特·摩丝（Kate Moss）经常出现在巴黎世家，使其成为人们崇拜的对象。

简而言之，很难找到一个像尼古拉·盖斯奇埃尔这样在当今时尚界具有如此大影响力的设计师。但即使他如此成功，都无法使他免于资本的施压，巴黎世家现在属于巴黎春天集团（后改名开云集团），该集团给他的创作时间并不多。尼古拉·盖斯奇埃尔面临着巨大的压力，既要引领时尚，又要保证商业上的成功。既有趣又实穿的 2005 年秋冬季系列，就是对他所处困境和设计能力的最佳说明。

参考资料：

'Balenciaga by Nicolas Ghesquiere. A First Retrospective. Summer 1998 – Winter 2004', *Purple fashion*, no.. 2, Fall/Winter 2004/05: 236-259.
Blanks, Tim, 'Nicolas Ghesquière, Balenciaga. Paris, France', in *Sample, 100 Fashion Designers – 010 Curators, Cuttings from Contemporary Fashion*, p.140 – 143. London/New York: Phaidon, 2005.

插图：

1. 巴黎世家，广告形象，2005 年。

---

\*　品牌的中文译名，它与创始人的中文译名有区别。
　　——译者注

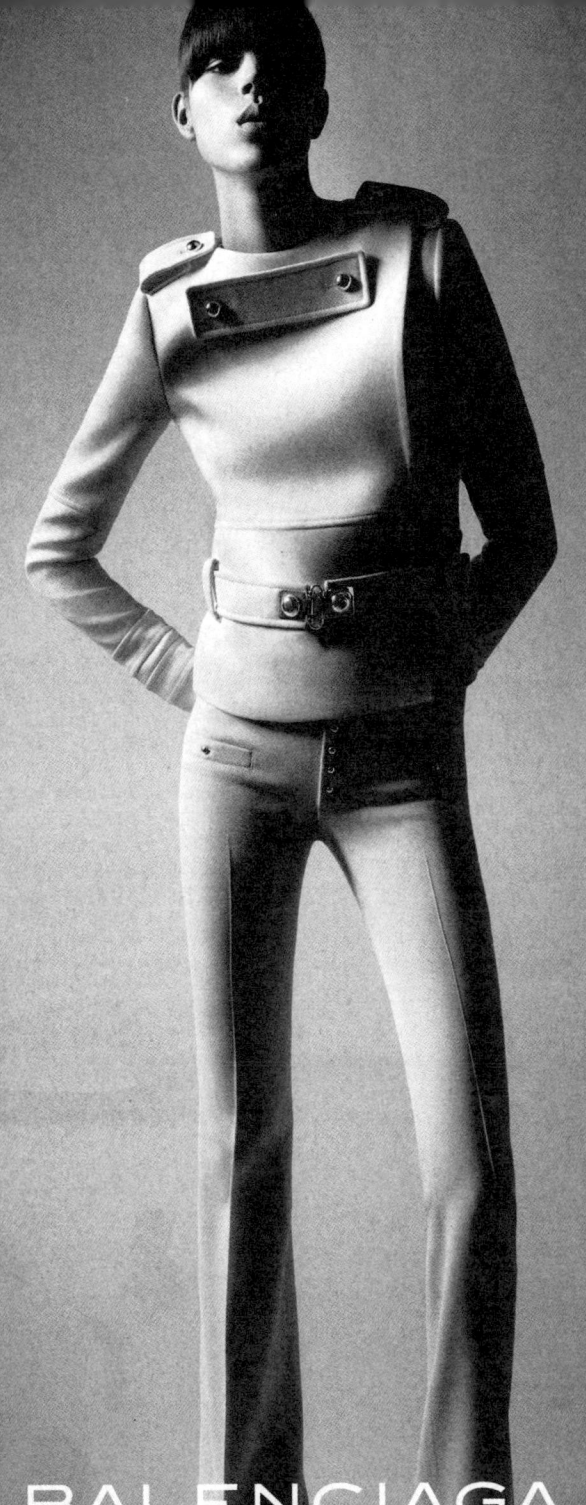

BALENCIAGA

别分化的市场显然没有消失，而是在服装以外的领域重新抬头。身体本身，比起服装的遮掩，更能凸显性别的差异。男性（和女性）的健身和健美运动以及女性（和男性）的整容手术都表明，在当今主要由男性和女性组成的无性幼态化的世界中，身体性并没有消失。对性差异的需求以一种绝望的方式从外壳转移到了身体本身，从象征性转移到了实质性。但在这一过程中，一个文化层面也消失了，一个新的奇怪的悖论正在出现。一方面，我们注意到时尚——作为其基础的原则——普遍盛行，另一方面，时尚已经消失，扩展到了无数事实上与时尚毫无关系的领域，其结果是时尚的独特性受到损害。

## 注释

1. 悖论是从两个相对价值之间的紧张关系来看的；其中一个价值试图和解，或是试图否认支持其他立场的另一个价值。
2. "像动物的皮毛一样自然"是霍兰德喜欢用的比喻。请见 pp.5, 89, 91, 108。
3. 她也写了一篇关于纨绔主义的短文，这是巧合吗？请见参考书目。
4. 法文当中有 femme d'interieur 的说法，意义与"家庭主妇"略有不同，更倾向于"女主人"的意思，不过这也有较为正式的不同内涵。
5. 无论如何仅限于自己的房屋。就像艺术与工艺运动的状况一样，新艺术鲜少进入一个与外界的关系中。
6. 朱莉亚·克里斯德瓦（Julia Kristeva）在她分析柯莱特作品的著作当中，对普鲁斯特与柯莱特之间意想不到的关联有精彩的解析。同时，亦请见 J. 罗斯（J. Rose）的小说《阿尔贝蒂娜》（Albertine）。
7. 缺乏"色彩"，或者说反时尚色彩黑色，在有人拿白色西装当作它的对应物时，更是值得注意。或许是因为定位没有黑色西装来得固定，白色西装成了男性夏季时尚的一部分。但是在这里，（白色）西装在个别休闲服装或运动服的情境中具有正式服装的功能，关于这一点我还必须进行说明。
8. 因此，消费者由于购买完全不需要的商品，加上如"天罗地网"一般的"服务"网络，而花费的宝贵时间和精力，其实应该获得"赔偿"。消费并不是生产的对立面。
9. 我们都知道，有一家大型的时尚连锁店就叫 Basics。
10. 特别适合说明这个观点的是霍兰德的评论，她分析当代美国人害怕与众不同，并急切地想借由穿制服来让自己得到安全感（Hollander, 1994, 178ff.）。

## 参考书目

Albaret, Céleste. Monsieur Proust. Paris: Robert Laffont, 1973.
Aron, Jean-Pierre. "Lexique pour la mode", Change 4 (1969).
Asserate, Asfa-Wossen. Manieren. Frankfurt am Main: Eichborn, 2003.
Barbey d'Aurevilly, Jules. Du dandysme. Paris: Editions d'Aujourd'hui, 1977.
Barthes, Roland. "Pour une sociologie du vêtement", in Annales, 1960. Also in Œuvres complètes. Part 1. Paris: Seuil, 1993.
— "Le dandysme et la mode", United States Line Paris Review (1962). Also in Œuvres complètes. Part 1. Paris: Seuil, 1993.
— Système de la mode. Paris: Seuil, 1967.
— Roland Barthes par Roland Barthes. Paris: Seuil, 1975. Dutch translation by Michiel van Nieuwstadt and Henk Hoeks, Nijmegen: SUN, 1991.
— Fragments d'un discours amoureux. Paris: Seuil, 1977.
Bourdieu, Pierre. La distinction. Paris: Minuit, 1979.
Breward, Christopher. "The dandy laid bare", in Fashion cultures, S. Bruzzi & P. Church Gibson. London: Routledge, 2000.
Hollander, Anne. Seeing through clothes. New York: Avon, 1980 (1975).
— Sex and Suits. London: Claridge Press, 1994.
Kuyper, Eric de. De hoed van tante Jeannot. Nijmegen: SUN, 1989.
— De verbeelding van het mannelijk lichaam. Nijmegen: SUN, 1993.
— "The Freudian construction of sexuality. The gay foundations of heterosexuality and straight homophobia", in If you seduce a straight person, can you make them gay? Edited by John P. de Cecco and John P. Elia. New York: The Haworth Press, 1993.
Kranz, Gisbert. "Der Dandy und sein Untergang", in Der Dandy, Schaefer Oda. Munich: Piper Verlag, 1964.
Kristeva, Julia. Le génie féminin. Part III : Colette. Paris: Fayard, 2002.
Lehmann, Ulrich. Tigersprung. Cambridge, Mass.: MIT Press, 2000.
Proust, Marcel. A la recherche du temps perdu. Paris: Gallimard-Flammarion, 1986.
Rose, Jacqueline. Albertine. London: Chatto and Windus, 2001.
Simmel, Georg. "Zur Psychologie der Mode", in Aufsätze und

    Abhandlungen, 1894-1900. Frankfurt a/M: Suhrkamp, 1992 (1895).

— "Die Mode" in Philosophische Kultur. Berlin: Wagenbach, 1983 (1923).

Steegman, John. The rule oftTaste. London: Macmillan, 1936.

Steele, Valerie. Paris Fashion: A cultural history. Oxford: Oxford University Press, 1988.

Teunissen, José. "Betekenisloos zwart", in Kleur, A. Koers et al. Arnhem: kaAp, 2002.

Wollheim, Richard. Germs. Trowbridge: Waywiser Press, 2004.

Woolf, Virginia. "Beau Brummell", in The common reader. Part 2. New York: Random House, 2003 (1932).

1.

2.

## 缪西娅·普拉达（Miuccia Prada）
1950，米兰（意大利）

普拉达商标自 1913 年起就存在，总部位于米兰。该公司最初专营奢侈皮具，但当创始人的孙女缪西娅·普拉达在 1978 年接掌公司时，一个新时代开始了。普拉达几乎一夜之间成为地球上最有影响力和最负盛名的时尚品牌之一。

缪西娅毕业于政治科学专业，是一名共产党员。作为一位积极的女权主义者，相比于女性的时尚，她更关注女性的权利。因此，在她后来推出的系列中，没有妩媚的女性气质。

1985 年，她以一系列黑色尼龙手袋和轻便帆布包获得了巨大成功，这两款配饰都受到国际时尚人士的热烈欢迎。然而，第一个以普拉达为名的成衣系列于 1989/1990 年问世，但市场认可度不高。人们普遍认为，过于严厉、过于挑剔、过于丑陋。但这正是普拉达想要的。融合了种族、历史、情色和幽默的后现代风格在时尚界大行其道的时代，普拉达从 20 世纪五六十年代的工业设计中寻找灵感。

我们从普拉达的设计中看到了前卫艺术，它意味着从传统的女性角色模式中解放出来，在某种意义上它也代表着从过时的优雅和歇斯底里的时尚潮流中解放出来。到了 20 世纪 90 年代中期，普拉达颇具争议的时尚风格的突破已成型。1992 年，缪西娅推出了价格稍低的缪缪（Miu Miu）系列，以她的小名来命名的这个系列，颜色和材料都是天然的，这也是普拉达自己喜欢穿的。1993 年，她获得了美国时装设计师协会国际奖。第二年，她的时装秀首次出现在纽约，普拉达专卖店也在伦敦开张。普拉达将这次扩张归功于她的丈夫和商业伙伴帕吉欧·贝尔特利（Patrizio Bertelli）。

普拉达的服装、鞋履和包袋往往看似简单和传统，但实际上它们只使用最好的材料，设计与有趣的细节之间呈现出无与伦比的平衡。

荷兰建筑师雷姆·库哈斯（Ram Koolhaas）在纽约、洛杉矶、旧金山和东京为普拉达设计了壮观的门店。这些建筑同时考虑到在这里举办艺术展览的需求（由普拉德基金会组织）；同时，这些场地也可以进行戏剧表演或放映实验电影，为在这里购物增添了额外的文化价值。

参考资料：
Koolhaas, Rem, Miuccia Prada, Patrizio Bertelli. Projects for Prada. Milan: Fondazione Prada, 2001.
Tilroe, Anna. 'Een voortdurend experiment', in: Het blinkende stof: Op zoek naar een nieuw vision. Amsterdam: Querido, 2002.

插图：
1. 普拉达，广告形象，2005 年。
2. 缪缪，广告形象，2005 年。
3. 普拉达，2005 春夏系列，摄影：Peter Stigter。

3.

**Fashion as a system of meaning**
时尚——意义系统

帕特里夏·克雷费托（*Patrizia Calefato*）
# 时尚：一种符号系统
(*Fashion as sign system*)

1.

1. Fake London, T-shirt, 2002 春夏系列。

## 提要

自 1967 年罗兰·巴特写了《时尚系统》一书以来，符号学一直在分析所谓"时尚符号"的本质。在巴特看来，这是一种描述时尚的符号，即在专业杂志中转化为语言的时尚。除了这种特殊的巴特符号类型之外，我们还可以谈论"真正的"时尚（巴特本人称之为时尚），即一种不仅是"刻画"或描述的系统，而且还是一种由其他传播媒介——电影、电视、互联网、音乐、摄影、电子游戏等——同步提供信息的交流和社会解释系统，并正在成为"大众时尚"（Calefato 1996）。[1]

在这个意义上，符号学视角与时尚研究不谋而合，或者我更确切地将其描述为"时尚理论"，这是一个多学科领域，它将时尚视为一个产生意义的系统，在这个系统中，服装的文化和美学表现得以产生（Calefato，2004）。本章在阐明与时尚理论相关的一些方法论、历史和理论问题之后，我将分析社会-符号学时尚系统的某些方面——其中包括服装与身份（包括性别身份）之间的关系，然后一一分析奢侈品、专有名称和写作等一系列主题。

## 时尚理论：介于符号学和文化研究之间

"时尚理论"一词指的是一个跨学科领域，它将时尚视为一个意义系统，在这个系统中产生了对着装的文化和美学描绘。从术语的角度来看，这个术语反映了一种发展态势，即传统的服装史和服装社会学已被批判性地取代，而理论则被隐含地视为对普世标准的解构。从内涵的角度来看，"时尚理论"让人想起"电影理论""性别理论"等说法，其中的"理论"意味着具体的、谱系化的知识。"理论"将它的"主题"——在这种情况下是当代时尚——视为一个系统，在这个系统中产生了角色、社会等级、想象模型、身体形象。从这个意义上说，时尚理论就是文化理论，这一表述部分涵盖了现代"文化哲学"，但又根据文化和性别研究、后结构主义和后殖民主义的传统对其术语进行了重新定义。

这里使用的"时尚理论"一词比"时尚研究"一词更有针对性，后者更具体地扩展到与时尚界专业相关的各种学科（从造型到营销）。另一方面，"时尚理论"一词的使用指向一种横向的理论方法，即在任何专业技能之前，通过从人文和社会科学（包括文学、哲学和艺术）中选择时尚系统作为物质文化、身体历史和感性理论的一个特殊维度，构建有利条件和理论过滤器。瓦莱丽·斯蒂尔（Valerie Steele）编辑的一本国际季刊也叫《时尚理论》，自 1997 年起由伯格（牛津）出版社出版，它接受了"时尚理论"的研究方法。

时尚理论的前身和基础可以在 20 世纪早期的一些基本社会学研究中找到，其中最广泛和最有远见的是乔治·齐美尔的研究；也可以在瓦尔特·本雅明的哲学著作中找到，特别是他关于 19 世纪巴黎的随笔；还可以在结构语言学中找到,它将服装和时尚视为一种符号学系统,其运作机制在某种程度上像语言一样。

乔治·齐美尔在1985年发表的一篇关于时尚的论文中将时尚定义为一种社会凝聚力系统,它使个体的群体身份与相对的精神独立性得以辩证地协调。齐美尔说,时尚受模仿和区别动机的支配,这些动机通过特定的社会圈子垂直传播到社会中。它们伴随着时尚所传达的"刺激、有趣"的魅力,是通过齐美尔所描述的"其广泛、无处不在的传播与其快速、根本性的消逝之间的对比"以及"对时尚不忠的权利"(Simmel 1895)来实现的。

齐美尔的分析为时尚的定义奠定了基础,时尚是一个只能在现代性背景下谈论的体系,特别是大众社会的成熟现代性,在大众社会中,商品的生产自动意味着可大规模生产的符号和社会意义的生产。在这一典型的时尚阶段,传播机制是一个"垂滴(富人愈富应能惠及穷人)"过程,从高贵的社会阶层扩散到大众,然后通过模仿机制进行横向扩展,在新一轮循环中又立即被区分机制所取代。

托尔斯坦·凡勃伦(Thorstein Veblen)的《有闲阶级理论》(The Theory of the Leisure Class, 1899)与齐美尔的著作同时问世,将服装消费列为中上层阶级炫耀性消费的一部分,而桑巴特(Sombart)(1913)则认为,自资本主义原始积累阶段以来,奢侈品消费(尤其是女性奢侈品消费)一直是资本主义的一个主要特征,而服装和可可制品则是奢侈品消费的重要组成部分。

本雅明在《拱廊计划》(1982)中形象地将时尚描述为"无机物的性感魅力",这是商品大规模再生产的固有属性。在本雅明看来,时尚代表着商品形式的胜利,在这种形式中,身体变成了一具肉体,一种拜物教。在时装中,活体与无机体之间的关系被颠倒和复制了:(女性)身体展示了一种被泯灭、被疏远的自然的魅力,并且仍然是一具外壳、装饰和服装的支撑物。本雅明构建这种幽灵般的视觉所依据的场景是现代城市,其原型是19世纪的巴黎通道、大型博览会上展出的商品、狂欢式的建筑,在这座城市中,波德莱尔式的世俗艺术家和爱伦·坡式的疯子都是引人注目的人物。

德·索绪尔(De Saussure)的《普通语言学教程》(Gourse of General Languages)中有两处非常简短的引用,对时尚和语言进行了比较。

第一处指出,时尚与语言不同,它并不是一个完全任意的系统,因为时尚所蕴含的对服装的痴迷只能在人体所决定的条件下进行。第二处论述了模仿的机制,它既涉及时尚现象,也涉及语言中的语音变化,而《普通语言学教程》认为,在这两种情况下,模仿的起源都是一个谜。

20世纪上半叶的语言符号学对时装和服饰现象着迷,正是因为它看到了特征之间内部对立机制的运作,看到了强制性但无动机的变化——简而言之,这种系统性让人非常容易联想到与符号概念相关的语言功能。20世纪30年代,结构语音学的创始人、当时的布拉格语言学圈子的成员尼古拉·特鲁别茨科伊

（Nikolai Trubetskoy）将索绪尔的语言（langue）和言语（parole）之间的对比应用于特定服装和衣服之间的关系，认为前者是一种类似于语言的社会现象（因此也包括时尚），而后者是一种类似于言语的个人行为。特鲁别茨科伊谈到了语言系统与服装系统、音韵学与服装研究之间的同源关系，从而证实了欧洲结构主义20世纪30—50年代在语言学与人类学之间建立的更为普遍的联系。与特鲁别茨科伊（和雅各布松）一样，布拉格语言学圈子的主要成员之一彼得·博加季列夫（Petr Bogatyrev）也在同一方向上对斯洛伐克摩拉维亚的民间服饰进行了分析，他采用功能主义方法确定了服饰的功能等级，包括实用、审美、魔法和仪式功能（Bogatyrev, 1937）。

1931年，出生于立陶宛的美国语言学家和人类学家爱德华·萨皮尔（Edward Sapir）在《社会科学百科全书》（*Encyclopaedia of the Social Sciences*）中撰写了"时尚"条目，他在其中确定了时尚与品位以及时尚与服装之间的区别，即后者是一种相对稳定的社会行为，而前者则会不断变化。萨皮尔和特鲁别茨科伊（当然是在不同的文化背景下）都特别关注时尚和音素的概念，这可能不是偶然的，音素是语言的基本单位，它是语言的一个独特的、恒定的特征，语言系统的可识别性是以对比为基础的。而模仿和独特正是齐美尔从时尚中发现的动机。

## 服装、时尚、身份

罗兰·巴特的《时尚系统》（1967）清晰地反映了时尚作为一种社会话语的理论转变。从根本上说，巴特在此论述的不是真正的时尚，而是杂志上描述的时尚：服装完全被转换成了语言，甚至图像的唯一功能也是被转换成单词。从这个意义上说，不仅（正如巴特面对索绪尔传统所坚持的那样）符号学是语言学的一部分，反之亦然，而且"所有想象世界的科学"（即语言学）努力将语言建立为一个"重生"的系统，它与"语言学家的语言"并不相同。巴特语言学打破了正统。因此，巴特的课程超越了实际的符号学，即时尚只有通过构建其意义的装置、技术和交流系统才能存在。在巴特的《时尚系统》中，专业报刊是讨论时尚的场所，时尚的主体和时尚的对象（读者）都是在这里被建构起来的。后现代语境清楚地表明，从电影到音乐、新媒体和广告等一系列社会话语，都是时尚的存在场所，它是一个交融、互文的系统，是衣着符号之间的网状参照物，也是协商、解释或接受其意义的主体的不断建构和解构的所在。

迪克·赫伯迪格（Dick Hebdige）1979年对亚文化的分析与此完全吻合。赫伯迪格摆脱了英国文化研究的传统立场，将时尚定义为大众社会中一种审美和伦理形式，其中新兴的群体文化（葛兰西的影响在这里是根本的）由包括穿着方式、音乐、文学、电影和日常习惯在内的各种元素组成——一个以从摇滚到朋克的"街头风格"表达的流行世界，

## 古驰欧·古驰（Guccio Gucci）

1881，佛罗伦萨（意大利）— 1953，米兰（意大利）

古驰原是佛罗伦萨一家古老的家族企业，在19世纪以生产草帽起家。现在的古驰时尚公司的创始人是古驰欧·古驰，他在伦敦萨伏伊酒店当过一段时间的领班，1904年成为一名马鞍工，并开了一家相关用品商店。传说他曾查看过那些富有客人的行李，从而获得了后来的创作灵感。这并非空穴来风。古驰在他的产品系列中加入了昂贵的手袋、旅行包和鞋子，通常带有与马术运动有关的符号（即使在当时，马术运动也是资产阶级的特权），比如马镫、马衔等。

1925年问世的古驰行李袋大获成功。著名的古驰乐福鞋，脚背上有一个马衔标志，可以追溯到1932年，在注重传统的精英阶层中被视为经典的身份象征之一。

古驰的儿子阿尔多（Aldo）设计了古驰的标志，标志由两个大写G组成，来自他父亲姓名的首字母（该商标也可以通过绿-红-绿条纹来识别）。他和他的兄弟鲁道夫（Rudolfo）扩大了成衣系列和运动装的生产线。1939年，兄弟俩在罗马和米兰开设了第一家分店，但古驰仍然以其独特的皮具而闻名。几十年过去了，轰轰烈烈的成功同时伴随激烈的家庭财产纷争，到20世纪80年代末，古驰几乎濒临破产。

美国设计师汤姆·福特拯救了这家公司。作为古驰的创意总监，他对潮流、魅力和商业成功都有着敏锐的感知，福特成功地将这个奄奄一息的公司转变为一个蒸蒸日上的时尚公司，并再次出现在国际时尚报告中，而这一切都是在短短的十年内完成的。福特重新诠释了品牌的所有传统元素，同时也保持其产品的高端性和精英品牌地位。古驰的崭新形象也要归功于前卫摄影师马里奥·特斯蒂诺（Mario Testino），福特在1995年邀请他拍摄了一系列的广告形象。古驰的商业史很容易让人将其与普拉达进行比较。在福特于2000年离职后，这种增长态势是否会长期持续，仍有待观察。

古驰在过去的几十年中发布了许多香水：古驰1号、古驰淡香水、古驰3号、艺术女神、忘情巴黎、嫉妒和狂爱。

参考资料：

Forden, Sara Gay. *The House of Gucci: A sensational story of murder, madness, glamour and greed.* New York: William Morrow & Co., 2000.

White, Nicola. *Reconstructing Italian fashion: America and the development of the Italian fashion industry.* New York: New York University Press, 2000.

插图：

1. 古驰，广告形象，2005年。
2. 汤姆·福特为古驰设计的时装，2001系列。

2.

PHOTOGRAPHY BY MATT JONES, STYLING BY TIMOTHY REUKAUF. JULY 2001. MODEL: JICKY SCHNEE.  GUCCI BY TOM FORD

赫布迪格将其与被视为"卓越话语形式"之一的时尚进行了对比。他认为，朋克是一种将风格非自然化的策略，就像超现实主义一样，它是对事物的矛盾解读，如安全别针插入皮肤或不自然的发色，同时疯狂地揭示了各种话语的非自然特征。

事实上，随着各学科放弃将时尚作为一种制度化的上层社会体系的整体概念，时尚理论也走向了成熟。"垂滴效应"变成了"泡沫效应"，这一点从牛仔裤和迷你裙这两种20世纪标志性服装的历史中可以清楚地看出。时尚作为大众时尚，被视为"不仅仅与服装有关的各种对立、意义和价值的复杂难题"（Calefato，1996：7）。这种复杂性集中于身体及其在世界中存在的方式，被表现、被掩盖、被伪装、被衡量，并与刻板印象和神话传说相冲突。

衣着是一个物理-文化领域，在这个领域中，我们的外在身份得到了可见的、可感知的表现。这种复合文化文本结构为个人和社会特征的表现提供了机会，这些特征利用了诸如性别、品位、种族、性、对社会群体的归属感或反过来的越轨行为等要素。对男性气质（Breward，2000）或通过服装在历史上和文化上构建的性别差异（Lurie，1981）的时尚研究表明，服装的历史也是"身体的历史，是我们如何构建它、想象它并根据其生产和生殖功能、纪律、写在它上面的等级制度以及构建其激情和意义的话语将它划分给男人和女人的历史"（Calefato，2000）。时尚，是在时间和空间中组织衣着符号的工具，几乎就像打造它自己的语言一样，同时它通过构建符号之间的混合体，展示了各种可能的混合参考代码的方式，就像语言和文化混合体，身份认同的概念正是在这种混合体中构建的。

因此，通过时装表现性别认同，一方面是对男性和女性的典型、陈规定型的描绘，另一方面是对主流话语的挑战，这种挑战是通过身体符号传达出来的。变装和非自然化的经历，甚至像化妆舞会一样，都带有预设的性与性别之间的一致性，显示了"外在风格"（Kaiser，1992）如何同时成为一种美学和政治策略。外在风格与表达从属身份的反抗和愉悦的形式之间的复杂关系，在同一意义上得到体现：正如贝尔·胡克斯（bell hooks）*所写，服装所表现的风格与颠覆（即被统治者和被剥削者利用某些时尚来表达反抗和/或顺从的方式）之间有着密切的关系（hooks，1990：217）。

"从人行道（或街道）到T台"：如今，日常文化场所是决定时尚的地方，甚至在风格研究产生作为奢侈品标志的实际产品之前就已经决定了。这是休闲服装跨国公司吸取的教训，在此基础上，它们进行蛊惑人心的操作，例如，至少自20世纪80年代末以来，它们构建了寄生于西方大都市非洲青年的风格和品位的价值观和神话。

---

\* 贝尔·胡克斯是美国当代女性主义代表人物之一。其名字取自祖母，为了标示区别以及尊敬，首字母小写。——译者注

**时尚和奢侈**

因此，当前的时尚传播模式是在社会中进行"横向"传播，有时会从部分人群、反建制团体或前卫文化中获取灵感，但主要依靠的是代际亲和力和日常生活经验。从这个意义上说，符号学网络模式已经完全取代了垂滴模式，这主要是因为社会流动性、不同符号系统的融合、不同文化的交汇以及在全球范围内"旅行"扩散的符号之间的可译性，所有这些因素都决定了当今时尚传播的速度和机制。

在这一网络中，某些关键因素是一种脚手架，维持并塑造着时尚不可预测、混乱不堪，有时甚至具有传染性的动态。其中有四个因素在当今极为重要。首先是叙事性：每一种时尚都有效地包含着一种叙事或故事，它解释了时尚的用途并决定了时尚的节奏。故事并不总是以"很久很久以前"这样的字眼开始：往往只需要一个图像、一个手势、一个"碰触"，故事就出现了。它可以借鉴文化文本性中沉淀的知识世界，然后反过来作为一种新的文本形式出现，从而产生后续的故事。

第二个要素涉及空间性：时尚叙事在空间中有效成形，并反过来构建新的空间。

街道、T台、整个世界都变成了空间，物体在其中鲜活起来，身体在其中互动。第三个要素涉及复杂的神话领域，正如巴特所说，神话的主要特征是文化发展的"自然化"（Barthes，1957）。时尚采用在社会领域再现的意义和想象的形象，使它们象征性地自然化和永恒化，即使是短暂的。

根据习俗、品位或时尚为身体着装的活动提供了第四个构成要素：感官性。人类感官的复杂性和互惠性事实上在时尚的再现和传播中发挥着作用。有一些刻板的感觉，但也有一些过度的感性，它们可以利用时尚固有的拜物教属性、服饰的生命力来反转其意义以及使其人性化。

从许多角度来看，时尚法则几乎可以被定义为"奢侈"法则，因为它们建立在一个悖论之上，即让那些不必要的、多余、浪费和无意义的消费成为强制性的。因此，我们可以说，不仅可以从奢侈品的角度来思考时尚（指目前包括在这一领域的所有服装），而且最重要的是，可以从时尚的角度来思考奢侈品，这具有更有趣的理论意义。研究符号的学者在此提出的问题是，我们是否可以将奢侈品视为一种符号或符号系统，如果可以，又是在何种意义上。实际上，奢侈品——与时尚一样——代表的是一种概念，它让人想起符号的"网状"性质而非指代性质。特别是在今天，事实上，通过试图发现物品、价值、激情系统中的等级来争论什么是奢侈品或时尚，似乎是不恰当的，也是过时的，这些物品、价值、激情被假定为表示一种社会地位，或者像凡勃仑所声称的那样——一种非生产性的条件，或者甚至像鲍德里亚所声称的那样——它们唤起了道德准则，哪怕只是把它作为幽灵召唤出来。

奢侈品和时尚都与独特性有关。在物质世界中，这与时间有关，与制造过程的手工性有关，与等待有关（这里的等待本身成了一种衡量标准），与工艺有关，即使头部品牌现在也意识到了这一点。例如，自2002年秋季起，人们可以在指定的古驰专卖店订购由熟练工匠手工制作的"定制款"男鞋和女包。在这种情况下，"真实性"和"定制"不仅仅是刺激消费的因素，而且还能让人体验到一种特殊的与众不同，而品牌本身则逐渐退居幕后。在这些独一无二、大受追捧的物品中，古驰的标志以一种全新的"低调"方式出现在物品内部，以一种非侵入性的方式出现在主人姓名首字母的旁边，因此，主人就成了他或她新物品上的"品牌"，并为其贴上了只属于他或她的与众不同的标签。

　　独一无二的是真实的体验，是一件物品所蕴含的叙事，它成功地拥有了生命，并激发了一种渴望，即它所包含的生命完全属于自己。如今，"复古"一词在奢侈品领域所具有的特殊光环，就在于这种对"活过的"物品所蕴含的叙事性的特别关注。"复古"的东西已经被使用过，已经存在过，是跨越时间与他人沟通的桥梁。越是属于别人的东西，尤其是近代的"特殊"人物，就越有力量赋予新主人以身份和个性，而新主人则从这些东西中，连同它们的有形性，获得了意味着平静和愉悦的距离感，并创造了能够负担得起融入他人的奢侈。

　　有一种"复古"可以被称为"备选方案"，即"自己动手做"，它为那些追求节俭的生活方式和尽可能远离标准的生活方式的人构建了一个物品世界：

2.

3.

4.

2.　古驰，手工男鞋，2005年。
3.　格蕾丝·凯莉提着以她命名的凯莉包。
4.　新版凯莉包。
5.　山本耀司的签名。

这些被使用过的物品，被重新命名并"以时尚或室内设计的语法重新安置在新的支架上"。然而，还有一种真正意义上的奢华"古董"，其"诗意"与前者相似。但一个重要的区别是，它与拍卖行、收藏家和高级时装有关，使物品从其起源和历史所在的神话世界中获得光环。它们可能是一个"凯莉"手袋，就像格蕾丝王妃拎过的一样，或者是一个灵感来自简·伯金的"伯金"手袋；可能是一件著名乡村庄园物品拍卖会上的家具，最好是曾属于某位艺术家或电影明星；可能是一件杰奎琳·肯尼迪曾经拥有的珠宝；可能是一件几十年前由著名造型师设计的历史性服装，就像现在电影女星在奥斯卡之夜穿的服装一样。因此，"复古"已经成为一种定义方式，即使是在日常生活中，在一个时间必须与身体和叙事更接近的时代，诸如"古董"之类的词，包括其相对的廉价版"现代"，都无法表达这种定义。

## 名称和品牌

在维姆·文德斯（Wim Wenders）的电影《城市与服装笔记》（*Notebook on Cities and Clothes*）中，导演"诗意地"采访了山本耀司（Calefato, 1999），其中有一个场景是这位日本设计师反复排练他在东京新店招牌上的签名。设计师的身体和作品之间的隐喻控制着这种持续的"排练"，直到最终成功。因此，签名汇集了书写的所有图形学元素，一方面是追求书写的名字与手之间的对应

5.

关系，另一方面是将服装转化为纯粹的符号，而签名则赋予了其生命。

专有名称与身体有关；更确切地说，它们将身体"铭刻"在一种造型—实践—服装的社会领域中，服装完全可以被定义为一种语言形式，而时尚则被视为一种沟通制度，它定义了当今时代的服装。从这个意义上说，这里所说的名字属于术语，我为此提出一个临时"术语表"。签名是设计师的署名，与风格创作的工匠性甚至艺术性相关联；它包括手工性、激情和身份，签名作为一种书写方式是身份的一部分。例如，画家在画作上签名与公民在官方文件上签名之间的区别。前者涉及作品的意义，生产者与产品之间的复杂关系，并将其交给他人、世界和时间。后者涉及语言的效力：支票上的签名赋予支票以交换价值，文件上的签名认可文件中的内容，护照上的签名确认个人的社会和公民身份。日常用语创造了一些新词，如"signé"——这个法语单词意味着服装所包含的排他性、与众不同、经济和地位价值。

品牌是公司采用的名称，是公司用来"标记"商品的标志，就像标记牲畜一样。有时，它是一个严格意义上的名称（阿玛尼、米索尼、贝纳通等）；有

时，它是一个象征性的名称、昵称或奇特的名称（库凯、克里齐亚、耐克等）；有时，它是一个伴随品牌的符号，因而成为一个标志（耐克的 swoosh 标、拉科斯特的鳄鱼标、楚萨迪的小狗标、鸳鸯的小鸭标等）。恰当的名称往往能充分表达一个公司本身，它就像一个完整的文本。有时，品牌是家谱上的父系编号，就像格林纳威的电影《枕边书》(*The Pillow Book*) 中女主角的父亲每年在她生日时"送给"她的身上的标志一样（见 De Ruggieri, 1999）；但有时，它能让身体和身份通过服装彰显自身，就像互联网上的"昵称"一样。

因此，身体通常穿戴的是一些专有名称。在各种精神体验中，在时空上有时相距甚远的宗教、传统和文化中，"穿戴"一个名字往往意味着将神的圣名写在自己的身体上。将神的文字或符号文在或画在皮肤上，或编织在衣服里，以隐喻的方式改变信徒的身体，使其更接近神，或实际上成为神的一部分——这种做法似乎使伟大的一神教通过语言或文字的传达而近乎无处不在。

今天，写在身体上的专有名称是世俗化的、琐碎的，是服装的"洗礼"，而"洗礼"者不仅拥有生产服装的手段和权力，更重要的是拥有传播服装的手段和权力，并使服装在符号帝国中流传；事实上，名称从根本上说就是身体所炫耀的品牌、符号、标志或签名。这里再次出现了一种隐喻关系，尽管与前面讨论的关系不同；在这种情况下，是服装变成了名字，而作为品牌的名字，即使

不是真正的神，至少也变成了一种神话、一种原则和一种意义的载体，看似"自然"，但实际上是通过复杂的操纵和伪装策略在文化上发展起来的。因此，物品的专有名称与日常功能是分离的，"我现在谈论的是我的耐克或托德斯，而不是我的鞋子；是我的鸳鸯，而不是我的包包；是我的盟可睐，而不是我的风衣"(Pezzini, 2000: 96)。这样做并没有错，伊莎贝拉·佩兹尼（Isabella Pezzini）补充道："我们总是会喜欢这样那样的东西，就像莱纳斯喜欢毯子一样"（同上）——而表达对物品喜爱的最好方式就是给它起个名字，就好像它是一个有生命的存在一样。名字有效地"激活"了事物，让静态的、无机的东西活了起来，从这个意义上说，名字是拜物教变态行为的主要载体之一，无论是表达畸形儿的成人仪式，还是表达消费者的强迫症。当一件衣服被"洗礼"时，这种反常现象与我们每次穿衣时对自己身体的改造直接联系在一起，这种普通的日常行为既恢复了伪装和面具的狂欢仪式，也恢复了统一的着装规范，尽管这种恢复往往是无意识的。然而，20 世纪的最后几年以服装界专有名称的过度使用为标志，或者佩兹尼引用艾柯的说法，称之为"超编码化"。正如娜奥米·克莱因（Naomi Klein）在她的著作《无标志》(*No Logo*, 2001) 中激情洋溢地长篇论述的那样，我们这个时代社会再生产的一个具体特征实际上是围绕品牌构建一种风格或生活哲学，而品牌是以跨国公司为首的公司现在想要创造的唯一

"产品",将实际商品的生产外包给了分散在世界各地的"无名"公司。克莱因最有趣的论点之一是生产全球化现在终于将生产者与生产的产品分离开来。例如,如果一家跨国公司在印度尼西亚以低成本生产了一双鞋,那么真正制作出这双鞋的人将永远不会穿上这双鞋。虽然工人用自己的双手制造了这双鞋,但从一开始就被剥夺了所有权,因为唯一重要的是谁制造了这个品牌,也就是谁最终赋予了这双假想的鞋以名字,以及市场营销和广告世界所赋予它们的光环。我认为克莱因的分析是资本主义生产方式所导致的异化概念在 21 世纪的一个有趣版本,它不仅让人深入思考名称的力量——真正的商品符号(如罗西-兰迪所说),还让人思考"东方"与"西方"、"第一世界"与"第三世界"之间的关系,如何在与复杂的时尚系统相关的物品和图像的交流中被重新定义。

### 时尚与写作:签名和标签

1992 年,我编辑了一本由不同作者撰写的文集《时尚与魅力》(*Moda et Mondanita*),其中我自己撰写的文章《社会想象中的身体与时尚》以及另外两篇文章《时尚与文字性》和《时尚与语言:当时尚使用文字……》中对时尚中的专有名称(品牌、标识和签名)给予了特别关注。《时尚与文字性》是由法裔以色列研究员克劳德·甘德尔曼撰写的,《时尚与语言:当时尚使用文字……》是由法国里昂大学讲师、符号学家和语

6. Lacoste,广告形象,2005 年。
7. 耐克,广告形象,2004 年。
8. 托德斯,广告形象,2005 年。

**杜嘉班纳（Dolce & Gabbana）**
杜梅尼科·多尔奇（Domenico Dolce）
斯蒂芬诺·嘉班纳（Stefano Gabbana）

在美国，他们经常被简单地称为"意大利设计师"，这似乎正是他们所需要的身份。杜嘉班纳充满了鲜明而做作的"意大利风格"，其灵感来自20世纪40年代到60年代的新现实主义电影，包括热血女主角安娜·麦兰妮（Anna Magnani）、索菲娅·罗兰（SophiaLoren）和吉娜·劳洛勃丽吉达（Gina Lollobrigida）以及西西里、黑手党、天主教，还有颈子上的念珠串垂在深V领口的性感寡妇。

在这个著名的二人组创作的系列中，怀旧被融入性感，奢华、讽刺和乐观融为一体，形成了一个新巴洛克风格。紧身胸衣，轻薄的外穿衬裙，豹纹和鳄鱼纹图案，细条纹西装，珍珠、黄金（和金漆）和闪闪发光的首饰。不过也有大量的黑色，不仅仅是长筒袜。他们多年来一直保持着这种氛围，包括他们住的沃尔佩别墅，这座位于米兰的19世纪的豪宅。

杜梅尼科·多尔奇出生于巴勒莫附近的一个村庄，父亲是一名服装制造商。从小他就在他父母的企业工作，后来到艺术学院学习。之后，他去了米兰，1980年在那里遇到了平面设计师斯蒂芬诺·嘉班纳。他们俩都对时尚着迷，而且很快坠入爱河。他们成立了时尚咨询机构，为服装公司提供咨询服务，同时努力实现自己的大梦想：拥有自己的服装系列。这个梦想在1985年实现了，当时他们受邀在米兰的成衣展上展示了他们的第一件作品。他们称之为"真正的女人"。

他们随之大获成功。媒体和公众对此反应热烈，杜嘉班纳百搭的作品受到众多影视明星的欢迎，如汤姆·克鲁斯、布拉德·皮特、妮可·基德曼，格温妮丝·帕特洛，凯莉·米洛，当然还有麦当娜，尤其是麦当娜代表了他们心目中的理想女性：美丽、性感、迷人、自信和充满意大利风情。倾慕是双向的。杜嘉班纳在1993年为麦兰娜的全球巡回演唱会"少女时代"设计了所有的演出服装。

在20世纪90年代，杜嘉班纳扩大了产品系列，包括较便宜的D&G系列和牛仔裤系列，以及内衣、泳衣、眼镜和其他配件，再加上几种香水：杜嘉班纳、浅蓝和西西里。

2005年，两人为意大利足球俱乐部AC米兰设计了队服。

虽然他们的私人关系已经结束，但品牌依然存在。他们从未考虑过出售他们的品牌，因为他们想对产品有完全的控制权，连一个小细节都不放过。现在，在新千年开始之际，似乎他们转型的时机也到了。

参考资料：

Dolce & Gabbana, Isabella Rossellini. *10 years of Dolce & Gabbana*. New York: Abbeville Press, 1996.

Leenheer, Ilonka. Interview met Dolce & Gabbana in Dutch *Elle*, September 2005.

Sozzani, Franca. *Dolce & Gabbana*. London: Thames & Hudson, 1999.

插图：
1. 杜嘉班纳，广告形象，2005年。
2. 杜嘉班纳，广告形象，2005年。

DOLCE & GABBANA

www.dolcegabbana.it

言学家纳迪娜·格拉斯撰写的,这两篇文章特别将设计师签名现象置于最复杂的符号学网络中,当服装上刻有语言时,无论是"圣文服装",如犹太拉比佩戴的写有上帝之名的法器或泰菲林,还是T恤,都会出现这种现象。

甘德尔曼认为,现代"文字时尚"(文字成为服装的一部分)"是用文字包裹身体的传统的一部分"(Gandelman, 1992:72),而这一传统可以追溯到各种文明、文化和宗教,在其中,仪式之一正是用文字包裹自己。正如甘德尔曼所说,这种对字面上的、具体的文本融入是作为实际文本的可视性发生的,在犹太神秘主义传统中(本文经常提及),这种可视性包括上帝之名的可读性。这种可读性并不总是明确的,正如卡巴莱传统所显示的,上帝之名是隐藏的,用圣保罗的话说,只能"管窥"(per speculum in aenigmate)(同上:74-75)可读性/可见性,总是对他人的一种解读。

在我们这个时代,T恤已成为身体与语言、服装系统与交流过程之间的隐喻。T恤是一件"书面"服装,上面印有"书写"的痕迹,象征着服装所固有的交流态度,甚至可以与穿着者的意图相分离。事实上,T恤不仅带来了作为服装的使用和共享意义的交流,还传播了对这种意义的认识,扩展了对穿着服装的身体被视为共享意义、价值观、风格和行为的交流这一事实的感知。

在格拉斯的文章中,她完成了一项诠释学任务,即用符号学代码解读那些把服装狂轰滥炸的书面文本,尤其是在最近几十年的时尚史上,在此期间,诸如品牌名称等文字元素已从伪装或隐藏在服装内部转变为一种创新性的公开展示,作者将这一过程描述为"拓扑性"(从内部到外部的转变)和"歧视性"(并非所有文字都被展示)(Gelas, 1992: 95)。她认为服装对文字的使用有三种逻辑:一种是区别逻辑,从根本上说与品牌名称有关;一种是再创造逻辑,具有越轨、嘲讽和讽刺意味,是T恤衫的典型特征;一种是诱惑逻辑,与(雅各布森意义上的)"炫耀"衣服上文字的诗意功能有关(同上:97-106)。具体而言,区别的逻辑——名称显示服装价值的基础——并不仅限于炫耀身份;相反,格拉斯说,区别不是语义学的问题,而是符号学的问题:正如本维尼斯特所说,前者"要求被理解",而后者"要求被认可"(同上:200)。作者说,在这种情况下,诉诸文本而非其他符号具有重要意义,至少有两个原因:1.因为语言具有索绪尔意义上的语言和言语两个维度,实现了个人和社会双重含义的概念区分;2.因为名字证明身份、保证身份的一般范畴。

在我自己的文章中,专有名称完全是当代时尚"世俗"地位的一部分,是语言的一个绝对独特的地方,其力量既可以指定身份(正如许多20世纪哲学-语言学理论所表明的那样),也可以"呼唤他人"(正如语言的对话性和"互称性"维度所阐明的那样),巴特和列维纳斯等不同的作家在此维度上发展出了精彩的理论。在我的文章中，我从巴特对普鲁斯特和名称的暗示性思考出发，试图在时尚系统中构建一种可能的情景，以激活巴特所说的名字的"三种力量"：本质化、引用和探索的力量（Calefato，1992：28-32）。不过，我还研究了上述哲学语言学理论中提到的名称的真实价值与当今时代典型的冒牌现象之间的关系（同上：32-37）。

　　这三篇文章，对作为品牌或标志的名称的力量进行分析的方法有所重叠：符号语言学方法、哲学方法和我今天所说的"社会符号学"方法，重点分析了当符号超越了其在单一符号系统（这里指语言系统）中的功能，并获得了一种复杂的关系价值时，符号所具有的特殊性，在此基础上构建了信仰、行为、习惯和意识形态。

　　在时尚系统中，专有名词的作用尤其具有丰富的实用性（我认为还有政治性）和理论意义。这一观点源于对服装和语言之间关系的全面研究：巴特的《时尚系统》。如前所述，巴特将时尚纯粹视为"描述的时尚"，即在专业杂志专题中转化为语言的时尚。作者将这种时尚与摄影中的"图像时尚"和"真实"的穿着时尚区分开来。然而，正如前文所述，巴特的论述揭示了服装与语言之间更广泛的关系，由此，《时尚系统》真正可以被视为该主题的"标准著作"。这一点还体现在书名所引入的两个引人注目的元素上：1. 构建一个以文字为基础的神话式参照框架，具体而言，品牌在价值和意义的构建中扮演了一个精确

9.

10.

9.　Guess, T-shirt, 2005 年系列。
10.　凯瑟林·哈姆涅特（Katherine Hamnet），身穿印有政治口号的 T-shirt, 1984 年。

143.　　　　　　　　Fashion as a system of meaning

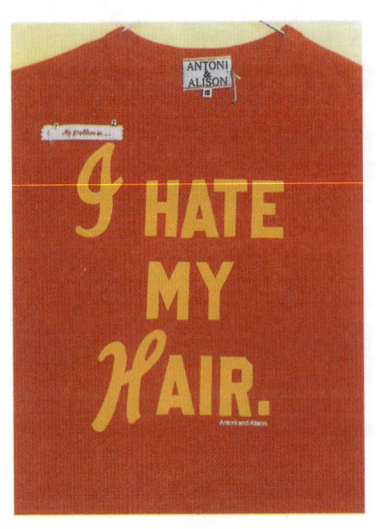

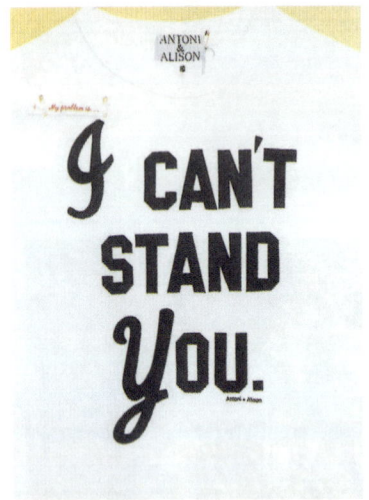

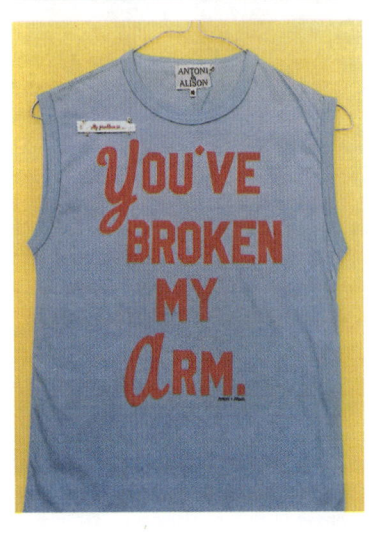

的角色，其中语言符号的价值在今天被转化为一种商品；2. 在同一件"真实"的服装上书写文字的功能，这往往明确地显示了服装与世界、服装与时尚之间的关系，就像"印字"T恤或更普遍的在服装上签名一样。

如今，时尚的对象——服装和配饰，已经完全转化为语言，甚至超越了实证分析的要求，描述的时尚与真实的时尚之间的每一个假定鸿沟都可以说是被弥合了，品牌、标语、构成服装的"活字幕"以及时尚与其他意义系统之间不断交叉引用的跨符号实践都是如此重要：电影、广告、都市艺术、摇滚音乐、新流行语（Calefato, 2004）。归根结底，"真正的"时尚总是充满了语言、文本和互文性。

在大约30年前，穿着设计师或"品牌"服装还不具备后来所获得的象征价值：在大多数情况下，这是一种社会特权，只有最富有的人、那些喜爱著名服装设计师并且有能力负担精心制作的高品质服装所带来的奢华和愉悦的人，或者那些即使是中产阶级也想在特殊场合"一掷千金"的人，才能拥有这种特权。设计师或公司的专有名称隐藏在标签的内侧；或者，对于最著名的时装设计师来说，他们的名字的首字母会出现在包包的封口处，或者衣服或围巾的一角。在当时几乎独一无二的网球衫上，胸前会有一个低调的鳄鱼图案，这一特征立即让这件网球衫成为运动装或休闲装的代名词；同样，各种牛仔裤的品牌也总是出现在腰部位置。

然而，到了20世纪80年代，设计

11. Antoni & Alison，T-shirt，2002年春夏系列。

师或品牌名称在大规模生产化的情况下，神奇力量开始显现。知名时装品牌推出"年轻"系列，意大利设计师在媒体上声名鹊起，在衣服上半模仿半装饰地使用文字（T恤再次登场），休闲装或运动装跨国生产商的出现，这些都是品牌在时装和社会习惯中扮演新角色的显著特征。这种现象反映在深思熟虑的国际营销决策上。事实上，在今天的传播世界中，越来越重要的不是对象本身或其有用性，甚至它的货币价值也是次要的。最重要的是传播价值、标志功能、理念以及特定物品所传达的"生活方式"。还有什么比名称、品牌或标识更能表达这一切的呢？在语言中，还有什么比专有名称或其图形等同物（缩略语或符号）更能确认这种独特的指代力量，这种用一个符号唤起整个世界的力量？直到最近，"仅仅"为少数人准备的签名，正在变成一种广泛使用的标志，一种密码，通过它可以获得一个想象的价值世界，加入一个风格"部落"。这种标志有时必须通过侵略、偷窃或谋杀来占有，就像在世界大都市的郊区和贫民窟曾经发生过并仍在发生的那样；这种标志经常被青少年当作一种品牌，展示在背包和日记本上（通过识别他人属于哪个"部落"来对其进行社会分类），甚至文在皮肤上。

在时尚界，尤其是在最近几年，使用专有名称作为品牌和签名的现象如此普遍，以至于一切都已经被"表述""命名""洗礼"过了。在这个体系中，似乎已经没有任何空间可以容纳那些"无名之辈"了。矛盾的是，命名的快感已经渗入一个系统中，比如时尚，而与之形成鲜明对比的是，时装系统也是最肤浅的通用性和身体"互换性"的场所。服装或配饰的专有名称越多，穿着它的身体就变得越无名，身体的标志就变得越普遍和可互换。然而，这是时尚的"不道德"悖论，这只能通过品牌名称来实现。

正是在这里，出现了一种可能的语义颠倒，近几十年来，这种颠倒导致了对服装名称的讽刺性、嘲弄性操纵，以及在象征性（以及现实性）时尚经济中的冒牌现象。品牌，无论是一个注册机构、财富来源、地位象征还是一个神话，都常常被欺诈活动所嘲弄，而在意大利，我们对这种欺诈活动再熟悉不过了，在一些临时市场上，主要时尚品牌的仿品或多或少地公开出售。

品牌和价值之间当然有着密切的关系：一件衣服越"品牌化"，它的声望就越高，价格也越高。正是这种经济成分才是时尚的戏仿和"贬低"所在：价值源于语言的细节。物品与文字之间的区别变得模糊不清，交换不再以等价物为基础，价值也不再与实际商品有任何联系。一个名字汇集了专有名称的所有"图形学"特征，打破了价值循环，嘲弄了价值平衡。从经济角度来看，品牌最近的表现似乎也不太好。从最近的销售数字和股票市场的价格数据来看，那些在整个20世纪90年代在利润和形象方面都处于巅峰的品牌似乎正处于经济和金融危机之中，即使在服装行业之外也是如此。一些分析家认为，这是抗议者反对跨国公司和单向全球化的第一次胜利——这是因为消费者，尤其是新一代青少年，对人类基本价值有了更深刻的认识，他们有一种团结感，并意识到许多公司在世界各地以极低的工资剥削工人，却通过其品牌装出一副"若无其事的样子"的生产机制。毫无疑问，这一切正在产生影响，即使从长远来看，也不容忽视。

然而，完全沉浸于品牌的"可能世界"并不仅仅是一种表面现象——通过在日常服装中以"勒德分子似的"避免一切品牌和签名的方式就可以拒绝的，因为没有人能够保证一件不那么"品牌化"的物品不是在恶劣的工作条件下以荒谬的工资水平生产出来的，更重要的是，没有任何国际检查员或消费者协会的监督。

如今，人们使用了各种策略反映对标志力量的批判。多年来，一些团体、期刊和网站一直在进行所谓的"文化干扰"（Klein，2001），即通过街头涂鸦、直接在广告牌上进行图形干预或"黑客攻击"等方式，戏仿和谴责与品牌或广告相关的故弄玄虚。例如，几年前，一家著名时装公司广告牌上的模特被变成了骷髅。另一种常见的策略是反转广告信息，使用相同的标语，表达相反的含义。在这场符号学游击战中，品牌本身成了主要目标，使用与市场营销和广告相同的技术，但以放大的形式，颠覆了它们所传达的价值观。

在各条战线上发起的新的抗议运动，主张公平的财富再分配和国际团结，以满足当今世界的多种需求，那些2001年7月在热那亚举行的反对"八国集团"

12.

12. 范思哲，麦当娜的广告形象，2005年。

游行的年轻人（和不太年轻的年轻人），还有那些即使没有参加大规模的示威游行，但批评和反抗的声音充斥着网络的年轻人，通过明确的标志来表明自己的观点和政治立场，这些标志在服装和身体上起着重要的催化作用。例如，在热那亚，有受大都市涂鸦启发而设计的T恤，或展示诸如"我叫沃尔夫（Wolf），我解决问题"（出自塔伦蒂诺的狂热电影《低俗小说》）等语句。此类抗议的另一个非常常见的特征是典型的干扰策略，即把广告信息翻过来，例如麦当劳标志旁边带有嘲讽短语的T恤，或者耐克标志旁边带有"骚乱"字样的T恤，但这很可能是一件真正的耐克T恤，因为该公司从嘻哈和街头文化中窃取了许多标志和口号。

事实上，文化干扰被重新吸收到标志中的情况并不罕见。在2001年夏天，巴黎最著名的老佛爷百货公司的地铁广告牌上，蕾蒂西娅·卡斯塔迷人的形象和一个似乎是涂鸦艺术家用毡尖笔写的标语并列在一起。要逃离品牌象征力量的迷宫是很难的：要做到这一点，我们必须有意摆脱象征强加的枷锁，而标志总是向其发起挑战。2001年春，路易威登设计师马克·雅各布（Marc Jacobs）请来纽约地下艺术家史蒂文·斯普劳斯（Steven Sprouse），在经典的LV单一图案手提包上印上了令人意想不到的标志。结果，签名和标签完美结合，被称为"涂鸦包"，从贝壳包到小手袋和帽盒，款式繁多，时尚品牌的名字就像用喷雾罐写在墙上一样。斯普劳

斯在路易威登的签名上采用了将名称与巴黎市名或手提包系列名称（如"枕头包"）相联系的重复手法，以及将名称分解成相反的序列。一个有趣的尝试是将标签叠加在作为背景的传统品牌名称上——这个想法显然是由一个旧LV包引起的，古怪的前卫歌手塞尔日·甘斯布（Serge Gainsbourg）曾用黑色颜料涂抹过这个旧包。

时尚与大都市艺术的邂逅从字面上印证了"从人行道到T台"的口号，涂鸦文化渗入工作室，为奢侈品服装业带来灵感。迪奥的约翰·加利亚诺在其2001秋季系列中也采取了类似的做法，只是他这次使用涂鸦的重点并不是其标志性的图案，而是对构图和色彩的富有远见的运用。原本是反建制的非法涂鸦运动的元素如今却出现在高级精品店中，这无疑是对加利亚诺等设计师（包括杜嘉班纳和雅各布本人）的智慧的肯定，但同时也证明了涂鸦的含义正在变得模糊。将设计师的签名简化为标签，或将设计简化为人群中的习语，这些都是"符号学熵"所产生的许多噱头中的一部分，而当代社会的许多想象力正是建立在这种"符号学熵"的基础之上的。

街头时尚中涂鸦的存在有着悠久的历史，至少与受哈林（Haring）启发的T恤一样悠久，带有"壁画"背包或各种不同形状的服装，被画成地铁车厢的样子——这一历史的最初动机是借鉴国内青少年使用毡尖笔来装饰牛仔裤、靴子或背包的做法，以寻找一种独特的特质标志，使标准化的服装和配饰看起来不

## 乔治·阿玛尼（Giorgio Armani）

1934，皮亚琴察（意大利）

设计师乔治·阿玛尼，1934 年出生于皮亚琴察，一开始就读于米兰大学医学专业，中途休学去从事时尚贸易。1957 年，阿玛尼开始在米兰的文艺复兴百货公司担任橱窗设计师。七年后，他离开百货公司到了尼诺·切瑞蒂（Nino Cerruti）的工作室上班，并于 1970 年开始成为一名自由设计师和顾问。五年后，阿玛尼和他的商业伙伴塞尔吉奥·加莱奥蒂（Sergio Galeotti）创立了 S.p.A，并推出了阿玛尼品牌下的男女成衣系列。

与范思哲富有魅力、充满历史感的风格相比，阿玛尼的设计则是现代、极简、精致。阿玛尼把功能性和舒适性放在首位，去繁就简。他创造了奢华、耐穿的成衣系列，其设计的特点是高度的完美主义，适度的色彩运用，以及经常使用羊毛、真皮和丝绸。为寻找面料和设计的灵感，他会前往非西方国家旅行，如中国、印度和波利尼西亚。

他采取了中性的方法来处理女装和男装。他用"女性化"的面料设计了一个宽松的、感性的男士系列，软化了传统的男性形象，另一方面，女装在他的设计之下则变得刚毅起来，尤其是在将男性西装应用于女性服装之中，这一点在他 20 世纪 80 年代推出的女性商务"权力套装"中表现得最为明显。阿玛尼在为好莱坞经典电影《美国舞男》（American Gigolo，1980）中的理查德·基尔（Richard Gere）设计服装后，名声大噪。从那时起，他就经常与电影制片人合作，并为戏剧、歌剧和舞蹈设计服装。他的优雅和实穿的设计很快成为好莱坞的宠儿。

在随后的几年里，阿玛尼的风格变得更加低调。他并未将自己局限于成衣，而是开拓了几个分支，如牛仔裤、运动装和高定时装，创作了非常多样化的产品。随着香水、配饰和牛仔裤等新产品的不断推出，他的产业帝国仍在继续扩张。

参考资料：
Celant, Germano and Harold Koda, eds. Giorgio Armani. New York: Guggenheim Museum, 2000.
Martin, Richard and Harold Koda. Giorgio Armani: Images of Man. New York: Rizzoli, 1990.

插图：
1. 乔治·阿玛尼，广告形象，1984 年。
2. 乔治·阿玛尼，女性权力套装，1993 年。
3. 乔治·阿玛尼，广告形象，2003 年。

GIORGIO ARMANI

13.

DÉ COLLECTIE VAN DIT SEIZOEN.

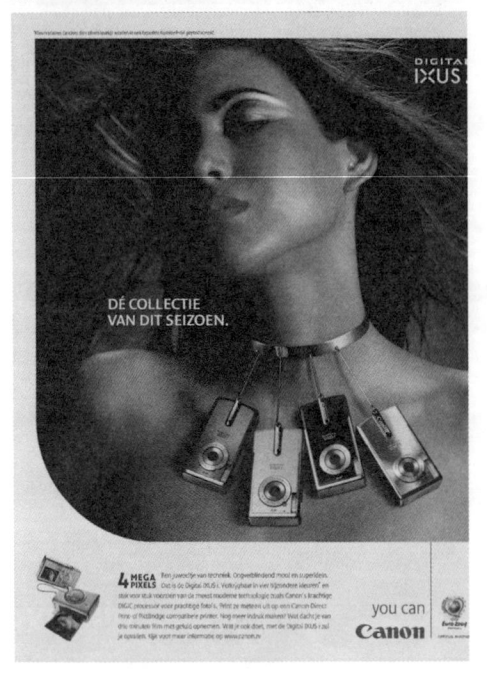

14.

那么像批量生产的,并尽可能"个性化"。真正有丰富含义的是穿着标志的身体形象,就像涂鸦和气溶胶艺术一样,介于设计与字母、图形和文字之间。我们似乎正在目睹"墙体"的出现,它模仿的是柏林奥拉宁堡大街(Oranienburger Strasse)等被遗弃后又被重新使用的建筑物的外墙;或者是地下"火车体",它在当代年轻人的城市旅程中启动;或者是"书写体",每个用户名就是一个人生项目,尽管以昵称的形式出现。因此,服装正成为每天都在创造的人群成语的一部分,它借鉴了图形技术和不寻常的绘画图案,以及卡通和漫画等媒体形象。比起传统的艺术与时尚的联姻,这里涉及的是作为社会实践的服装与语言之间的联系。

## 结论

如今,正如盖特丽·斯皮瓦克·查克拉沃蒂(Gayatri Spivak Chakravorty)所说,时尚是跨国资本主义统治叙事的组织方式(Spivak Chakravorty, 1999),然而时尚是矛盾的:它承载着故事,它创造空间,它产生神话,它为意义发声,它是冲突的场所,就像整个当代世界是一个服装符号对话和转换的复合场景。因此,街头是一个物理和隐喻的场所,在这里,风格、品位和习惯将时尚联系在一起,形成了一种散漫的、流行的大众文化。传播媒体,尤其是电影作为社会想象力的主要源泉,正在与时尚产生极其密切的协同作用

（Calefato，1999）。新的传播技术正在改变社会背景下的身体定义（Fortunati, Katz & Riccini, 2002），人们从理论上认识到，将人体服装视为一种伪装意味着什么，这种伪装允许人们抛弃社会或性别方面的刻板印象，故意以模糊性打破游戏规则，并创造出令人愉悦的表演。

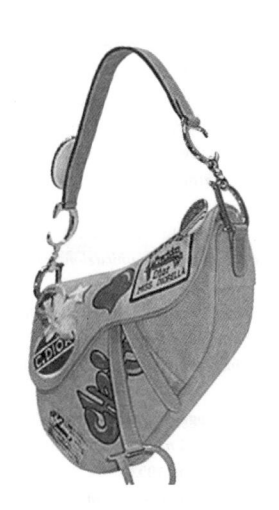

15.

16.

13. 佳能，广告形象，2004 年。
14. 本田，广告形象，2005 年。
15. 史蒂芬·斯普劳斯为路易威登设计的涂鸦包，2001 系列。
16. 约翰·加利亚诺为迪奥设计的马鞍包，2001 秋冬系列。

Fashion as a system of meaning

参考书目

Barthes, R. *Mythologies*. Paris: Seuil, 1957. (Translated as Mythologies. New York: Hill & Wang, 1972).

Barthes, R., *Système de la mode*, Paris: Seuil, 1967. (Translated as The Fashion System. New York: Hill & Wang, 1983).

Barthes, R. Scritti. *Società, testo, comunicazione*. Edited by G. Marrone. Turin: Einaudi, 1998.

Benjamin, W. *Das Passagen-Werk*. Edited by R. Tiedemann. Frankfurt am Main: Suhrkamp, 1982.

Bogatyrev, P. *"Funkcie kroja na moravskom Slovensku", in Publications of the Ethnographic Section of Matica Slovenska*, vol. I, Turciansky Sv. Martin, 1937.

Breward, C., ed., "Masculinities", *Fashion theory* 4, no. 4 (2000).

Bruzzi, S., *Clothing and identity in the movies*. London, New York: Routledge, 1997.

Butler, J. *Gender trouble*. New York, London: Routledge, 1990.

Calefato, P., "Il corpo e la moda nellimmaginario sociale", in Calefato, P., ed. *Moda & mondanità*. 11-43, Bari: Palomar, 1992.

Calefato, P. *Mass moda*. Genoa: Costa & Nolan, 1996.

Calefato, P., ed. *Moda e cinema*. Genoa: Costa & Nolan, 1999.

Calefato, P. "Rivestire di segni", in *Cartografie dell'immaginario*. Rome: Sossella, 2000, 117-139.

Calefato, P. *Segni di moda*. Bari: Palomar, 2002.

Calefato, P. *Lusso*. Rome: Meltemi, 2003.

Calefato, P. *The clothed body*. Oxford: Berg, 2004.

Ceriani, G. and R. Grandi, eds. *Moda: regole e rappresentazioni*. Milan: Franco Angeli, 1995.

Chambers, I. *Urban rhythms. London*: Macmillan, 1985.

Davis, F. *Fashion, culture and identity*. Chicago: The University of Chicago Press, 1992.

De Ruggieri, F. "Corpo e scrittura in "I racconti del cuscino" di Peter Greenaway", in *Moda e cinema*, edited by P. Calefato, 102-121. Genoa: Costa & Nolan, 1999.

Dorfles, G. *Mode e modi*. Milan: Mazzotta, 1979.

Dorfles, G. "Sono solo riti tribali non chiamateli lusso", *Corriere della Sera* 23 (December 2003), p. 37.

*Fashion theory: The journal of dress, body and culture*. Oxford: Berg.

Fortunati, L., J. Katz and R. Riccini, eds. Corpo futuro: *Il corpo umano tra tecnologie, comunicazione e moda*. Milan: Franco Angeli, 2002.

Gandelman, C. "Moda e testualità", in *Moda & mondanità*, edited by P. Calefato, 71-94. Bari: Palomar, 1992.

Garber, M. *Vested interests*. New York, London: Routledge, 1992.

Gelas, N. "Moda e linguaggio: quando la moda si serve delle parole...", in *Moda & mondanità*, edited by P. Calefato, 95-107. Bari: Palomar, 1992.

Haraway, D. *Simians, cyborgs, and women*. London, New York: Routledge, 1991.

Hebdige, D. *Subculture: The meaning of style*. London, New York: Routledge, 1979.

Hollander, A., *Seeing through clothes*. New York: Viking, 1975. Berkeley, Los Angeles: University of California Press, 1993.

Hooks, B. *Yearning: Race, gender, and cultural politics*. Boston: South End Press, 1990.

Kaiser, S. "La politica e l'estetica dello stile delle apparenze.

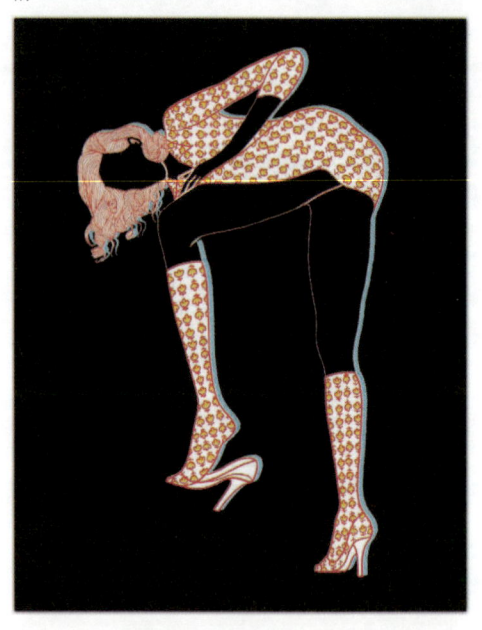

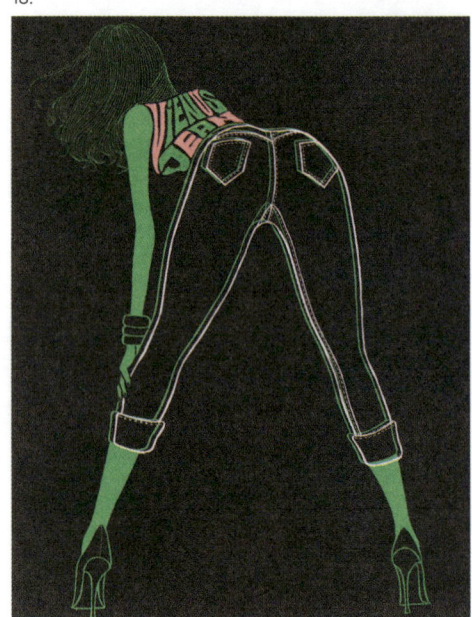

17. Hiroshi Tanable，*Vogue* 杂志插画，2004。
18. Hiroshi Tanable，Edwin 牛仔宣传招贴，2004。

Prospettive moderniste, postmoderniste e femministe", in *Moda & mondanità*, edited by P. Calefato, 165-194. Bari: Palomar, 1992.

Klein, N. *No logo*. London: Flamingo, 2001.

Lurie, A. *The language of clothes*. New York: Vintage Books, 1981.

Paulicelli, E. *Fashion under Fascism: Beyond the black shirt*. Oxford: Berg, 2004.

Pezzini, I. "Chi non si firma è perduto", *Carnet* 5 (May 2000): 92-98.

Polhemus, T. *Street style*. London: Thames & Hudson, 1994.

Polhemus, T. *Style surfing*. London: Thames & Hudson, 1996.

Sapir, E., "Fashion", in *Encyclopaedia of the Social Sciences*. New York: Macmillan, 1930-35.

Simmel, G. "Die Zeit. Wiener Wochenschrift für Politik, Volkswirtschaft, Wissenschaft und Kunst", *Zur Psychologie der Mode* 5, no. 54 (1895).

Sombart, W. *Luxus und Kapitalismus*. Munich: Duncker & Humblot, 1913.

Spivak Chakravorty, G. *A critique of postcolonial reason*. Cambridge, London: Harvard University Press, 1999.

Steele, V. Fetish: *Fashion, sex and power*. Oxford: Oxford University Press, 1997.

Valli, B., B. Barzini and P. Calefato, eds. *Discipline della moda. L'etica dell'apparenza*. Naples: Liguori, 2003.

Veblen, T. *The theory of the leisure class*. New York: Modern Library, 1899.

Volli, U. *Contro la moda*. Milan: Feltrinelli, 1988.

Volli, U. *Block-modes*. Milan: Lupetti, 1998.

Weber, M. *Die protestantische Ethik und der Geist des Kapitalismus*. Tübingen: Archiv für Sozialwissenschaft und Sozialpolitik, 1904-1905.

安妮克・斯梅利克（*Anneke Smelik*）
# 时尚与视觉文化
（*Fashion and visual culture*）

1.

1. Foto Blvd, 2003 年 4 月。

"设计即此在。"——亨克·奥斯特林（Henk Oosterling）

没有媒体，时尚就无法生存。作为一种艺术形式和商业企业，时尚的成功取决于媒体的关注。媒体在将时尚塑造成复杂的文化现象方面发挥了至关重要的作用。摄影以及后来的电影和电视，已经将时尚媒体化。时尚已经成为当今视觉文化的内在组成部分，反之亦然。时尚、家居和女性杂志不能没有时尚，同时时尚也不能没有这些杂志。本章将探讨视觉文化以及媒体"塑造"时尚的方式。前半部分给出了理解当代视觉文化的理论背景，后半部分介绍了媒体理论用于分析和理解时尚的多种方法。

## 视觉文化

自从摄影、电影、电视、视频、CD-Rom和互联网发明以来，我们已经从书面文化迅速转变为视觉文化："我们生活在一个图像文化中，一个景观社会中，一个形似和拟像的世界里。"(Mitchell, 1994：5)当代视觉文化无处不在，又错综复杂。图像不再是独立存在的，而是受到多媒体的影响，通常与文字和音乐融为一体。一张时尚照片会附有一个标题或一段文字。一场时装秀离不开音乐或身体动作的编排。除了多媒体方面，图像还在全球媒体社会中流通，各种体裁和媒体混合在一起。

正因为这种视觉文化一方面如此普遍，另一方面又如此复杂，我们需要理论工具的帮助来理解图像，包括时尚图像。为了公正地对待视觉文化的复杂性，我们要在跨学科框架的基础上提出以下问题：关于意义和意识形态，身份和视觉愉悦，技术与经济。理论洞察力造就媒体素养。劳拉·马尔维（Laura Mulvey）将我们日常对待媒体的态度恰当地描述为"热情的疏离"（1989：26）。在本章后半部分提供一些分析工具之前，我想先把视觉文化放在后现代主义的框架中。

## I
## 理论框架

### 后现代性

尽管"后现代主义"一词常常被描述为模糊和不确定的，但还是有一些方法可以对其进行定性。在这里，我将后现代主义区分为：a）后现代性；b）后现代哲学；c）作为艺术和文化运动的后现代主义（Van den Braembussche, 2000）。

第一，后现代性。后现代指的是我们目前生活的时代，尤其是自1960年代以来兴起的信息社会。那么，这就成了一个我们所处的历史时期的问题。信息社会可以被称为"后殖民"社会。第二次世界大战后，第三世界的殖民地迅速实现了独立。这个社会也是"后工业化"社会。重工业已经被服务业所取代。从1960年代开始，服务越来越多地以信息技术为特征，而计算机的出现则推动了这一进程。科学和技术是不可或缺的，它塑造了我们的社会。工业社会以资产为基础（谁控制了生产资料？），而信息社会则是以信息获取作为关键（全民访问），获取信息，也就是获取知识。后现代意味着一个网络化的社会，在这个社会中，每件事物和每个人都通过电视和互联网等大众传媒相互连接。

后现代性的另一个特征是全球化。全球化体现在媒体（你可以在世界各地收看 CNN 和 MTV）和资本（你可以在世界任何地方使用自动取款机）上。时尚也是如此。贝纳通（Benetton）的多种族宣传活动展示了全球化良性的一面，但公平地说，这些活动也引起了人们对全球化负面影响的关注。

将后现代性的特征应用到时尚领域，我们可以得到以下图景。过去，时尚依赖于丝绸、棉花和羊绒等面料，以及西方从其殖民地引进的灵感。1970 年代，嬉皮士的出现重新激发了人们对非西方服装的兴趣。随着 1980 年代山本等日本设计师的解构主义时装的出现，第一批非西方设计师打破了封闭的时尚精英圈层。后来，侯赛因・卡拉扬（Hussein Chalayan）、许利・贝特（Xuly Bët）和亚历山大・赫乔维奇（Alexander Herchovitch）等设计师接替了他们。随着印度和非洲时装周的举办，时尚已经全球化。

再看时尚产业，情况就更清楚了。尽管荷兰时装业最初是在荷兰本土发展起来的，比如在恩斯赫德，但现在已经大部分转移到了人力成本更低的亚洲和"东德"。看看你毛衣或裤子上的标签，你很可能会发现"中国台湾制造"等内容。全球化给西方国家带来了廉价服装和巨额利润，但同时也引发了对剥削的抗议，例如对巴基斯坦童工生产耐克鞋的抗议。这些对人的虐待案例标志着无标识和反全球化运动的开始。

2.

2. 贝纳通，"合众彩"（United Colors）系列广告形象，2002 春夏系列。
3. 米夏・克莱（Micha Klein），"欢愉，人造美人"系列，1997/1998 年。阿姆斯特丹实力美术馆收藏。
4. 安迪・沃霍尔，浅蓝色的玛丽莲・梦露，1962 年。

## 后现代哲学

第二，后现代哲学。这里有两个重要概念："宏大叙事的终结"和"传统主体的消亡"。这两个概念表明西方文化正在经历一场危机。后现代哲学家让-弗朗索瓦·利奥塔（Jean-Francois Lyotard）认为，西方文化不再能够讲述任何"宏大叙事"，即意识形态的终结。这意味着意识形态不再能为现代人提供有意义的参照系。意识形态发现自己陷入了合法化危机，不再能够宣布真理或宣告未来的乌托邦。当然，这并不意味着每个人都放弃了自己的信仰；相反，我们实际上看到了意识形态和宗教的回归。但是，利奥塔认为，没有人能够再把这种信仰或意识形态作为唯一的真理强加于人。如今，仍然试图将任何一种真理强加于人的人都被称为原教旨主义者。

宏大叙事的终结不仅仅是一个消极的过程。对大多数人来说，摆脱片面的、强制的真理是一种解放。更重要的是，它导致了后现代文化中"小叙事"的蓬勃发展。现在，没有一个主导性的真理，许多人都有权利和自由讲述自己的故事，包括那些以前很少有机会这样做的人，如妇女、工人、黑人、年轻人。在艺术领域也可以看到同样的发展：不再只有一种主流运动，而是有多种方向。我们在时尚界也看到了同样的多元化，不再是由一个时尚大王，甚至不再是由一个城市所主导的"宏大叙事"，而是来自不同城市和世界不同地区的众多设计师的多种视角。

宏大叙事的终结也对人类的主体性产生了影响。传统的个体观念认为，他（几乎总是"他"）是一个自主的、连贯的、具有理性的实体。主要是精神分析终结了这种观念。弗洛伊德认为，人根本不受理性支配，而是受无意识支配。而马克思则认为，是我们的阶级决定了我们是谁。我们可能认为自己是独立的个体，

3.

4.

Fashion as a system of meaning

但事实上，我们是由我们的阶级、种族、年龄、性取向、宗教、国籍等定义的——这个清单上的选项不胜枚举。因此，事实上，我们并不是一个真正自主和连贯的实体。这就是为什么后现代主义不再提及"个体"，而是"主体"。而且，这个主体是支离破碎的、四分五裂的。正如1980年代巴黎的一幅涂鸦所写，"上帝已死。马克思已死。我也感觉不太好"。

用一种更积极的方式来表述这种破碎的主体性观点，就是与网络社会进行类比：主体，即自我，总是与他人相关联。我们不再是独立的个体，而是处于复杂而流动的关系之中。可以说，我们在通信线路的节点上确认了自己的身份。因此，后现代主体具有传统个体所不具备的动态性和多样性。人类地位的这种变化与宏大叙事的终结产生了同样的效果：现在有更多以前被排除在外的人，如黑人、妇女和同性恋者，可以要求获得主体性。妇女、有色人种和来自所谓"第三世界"的艺术家所创作的艺术和文化得到认可，也证明了这一点。

这一发展为人类身份的形成带来了更大的自由度。看看流行文化就知道了，像麦当娜这样的人可以像时钟一样有规律地变换不同的形象。例如，今天你可以通过性别偏向来进行身份游戏。或者通过与其他种族文化的碰撞，如苏里南借鉴美国黑人嘻哈亚文化的元素。时尚是身份游戏的重要组成部分。在早期，你的性别和你的阶级决定了你必须穿什么，而且有严格的规则，不能轻易违反。现在，这些规定只适用于女王，其他人每天早上都站在衣柜前，决定哪件衣服符合他或她的心情：巴洛克式的、哥特式的、性感的，还是今天的商务风格？

**后现代主义**

第三，适用于艺术和文化的后现代主义一词。后现代主义的一个重要特征是高雅文化和低俗文化之间的区别逐渐消失。20世纪以来，传统的文化概念已经摆脱了与精英艺术的联系。如今，学者们基于雷蒙德·威廉姆斯（Raymond Williams）的著名表述"文化是一种整体的生活方式"（1958），使用了一个宽泛的文化概念。在这里，文化被视为社会和历史背景下的一种实践。

高雅文化和低俗文化之间的严格区分已不再可行。无论如何，后现代主义在很大程度上是建立在西方文化中文字与图像地位之争的基础上，在西方文化中，文字被视为高级的思想表达，而图像则表达情感和身体的低级欲望。从文字文化到视觉文化的转变意味着人们不再纯粹从负面的角度看待图像，而是重视图像的积极力量及其所唤起的体验。此外，"阳春白雪"和"下里巴人"文化不再明确地与特定学科联系在一起（如文学与电视）。每一种艺术形式都有其低俗文化的表现形式。想想那些泪流满面的吉卜赛男孩的肖像画或者低级浪漫小说就知道了。"高雅"正在走下神坛：高级时装受到街头文化的影响。"低俗"的作品得到提升，在报纸的艺术副刊上受到关注，或在博物馆中展出。贝纳通的广告照片、米夏·克莱因的电脑艺术作品以及伊涅丝·范·兰斯维尔德的时尚照片都曾在荷兰博物馆展出。

民主化和商业化也是讨论"高级"与"低级"的关键。媒体的繁荣和传播使艺术和时尚人人都可以接触到。大型展览会的大量参观者以及大城市的"节日化"都证明了这一点。文化"流行"起来,并被大量消费。此外,商业性不再只与低俗文化相关联,它已渗透到高雅文化中,这一点可以从每周的十大文学排行榜、当地超市里成堆的巴赫和莫扎特的音乐CD、奥迪对阿姆斯特丹市立博物馆的赞助或卡尔·拉格斐与H&M的设计合作中推断出来。

后现代的另一个特点是互文性,即文本总是指向其他文本。每篇文本都是一个由引文、典故和参考文献组成的网络。当然,这个词并不仅仅代表狭义的文本观,文本之间同样存在着无休止的相互指涉。广告片参考了录像片,而录像片借鉴了电视剧,电视剧又引用了电影,而电影本身又是根据小说改编的,这部小说又从莎士比亚的一部戏剧脱胎而来,等等。这是一个无休止的游戏。例如,麦当娜的视频短片《物质女孩》(Material Girl)引用了玛丽莲·梦露在电影《金发女郎》(Gentlemen Prefer Blondes)中的歌曲《钻石是女孩最好的朋友》(Diamonds are a Girl's Best Friend)。在雅诗兰黛香水的广告中,模特走过的花田与麦当娜在《挥霍爱情》(Love Profusion)的MV中走过的花田一模一样。妮可·基德曼在香奈儿的广告中完美再现了她在《红磨坊》(Moulin Rouge)中的角色。一些导演,如巴兹·鲁尔曼(Baz Luhrman)或昆汀·塔伦蒂诺(Quentin Tarantino),将互文性作为自己的标志。在当代文化中,视觉享受的很大一部分是建立在识别基础上的:你能找到的参照物越多,你就越能感觉到自己是个聪明的观众。

5.

6.

5. 雅诗兰黛,接近天堂,广告形象局部,2004年。
6. 麦当娜,《挥霍爱情》MV场景,局部。

Fashion as a system of meaning

# 伊涅丝·范·兰斯维尔德（Inez van Lamsweerde）
1963，阿姆斯特丹（荷兰）

2003年，《美国摄影》（American Photo）评选出全球最杰出的25名摄影师，荷兰人伊涅丝·范·兰斯维尔德就在其中。她既是艺术家又是时尚摄影师，从一开始便无视艺术、时尚与商业作品之间的界限，并十分成功。她的作品出现在许多精美刊物上，如《面孔》（The Face）、Vogue与Arena Homme Plus，也在不少国际美术馆和画廊展出。她的个人风格在这两个领域都清晰可辨。

伊涅丝·范·兰斯维尔德曾经在一次访谈上说过，她对美深深着迷。她拍摄的对象永远都是人——或者更准确地说，是她重新塑造的人物。她以数字手段处理过的人都很奇特，太光滑、太机械、太冰冷，不像百分之百的人类。

她的作品的根基往往来自大众媒体与身体文化的理想女性形象，与基因科技、整形与健身，以及身体、认同与性的操控息息相关。在《最后幻想》（Final Fantasy，1993）系列中，三岁的小女孩穿着缎面的内衣"搔首弄姿"，但脸上却加上了成年男性的嘴巴，带着情色意味的甜美女孩变成了恶魔。《森林》（The Forest，1995）系列呈现拥有女性双手、温和而被动的男人，而《谢谢大腿大师》（Thank You Thighmaster，1993）中的女人其实是近似于人体模型的突变体，身上没有体毛，乳头与私处的位置上只是皮肤。相机不会骗人？你肯定希望它会。

伊涅丝·范·兰斯维尔德时尚摄影作品中的许多模特儿都呈现超风格化、夸大的刻板形象，而且极度美丽，没有瑕疵，也没有个人特色。他们在超现实的场景中活动，整体效果有时令人联想到盖·伯丁的作品，如《隐形字》（Invisible Words，1994）系列。不过她的作品比这位前辈大师更加多样化，因此不太可能产生特定的联系。

伊涅丝·范·兰斯维尔德在1990年毕业于阿姆斯特丹的里特维尔设计学院，同年，得到了第一个摄影工作，成果刊登在Modus杂志上。1992年，她获得荷兰摄影大奖和欧洲柯达大奖的时尚与人物金奖。从1990年初期开始，她几乎只与丈夫维努德·马达丁（Vinood Maladin）合作。

现在，伊涅丝·范·兰斯维尔德与马达丁主要在纽约生活和工作。他们的近期作品受数字技术干预程度较低。他们为"金牙蚊子"剧团（Mug met de Gouden Tand）成员拍摄了九张黑白照片，2003年为Vogue杂志制作了裸体月历，全都没有运用数字效果。

1.

参考资料：

Hainley, Bruce. 'Inez van Lamsweerde', *ArtForum*, October 2004.

*Inez van Lamsweerde 'Photographs'*.Deichtorhallen Hamburg: Schirmer/Mosel, 1999.

Jonkers, Gert. 'Inez en Vinoodh', *Volkskrant Magazine*, 22 February 2003.

*Rauw op het lijf*. Rotterdam: Nederlands Foto Instituut, 1998.

Schutte, Xandra. 'Perverse onschuld', *De Groene Amsterdamer*, 10 September 1997.

Terreehorst, Pauline. Modus: *Over mensen, mode en het leven*. Amsterdam: De Balie, 1990.

插图：

1. 伊涅丝·范·兰斯维尔德，"狄沃拉与米安克" 1993 年。

弗雷德里克·詹姆逊等一些理论家将后现代形式的互文性称为"仿作"。所谓"仿作",是指仅仅重复的文字或视觉引文,纯粹的引用是这个游戏本质。这种引用没有更深层次的含义,因为所有的历史联系都被抛弃了。时尚界也有这种情况。如果你看一下约翰·加利亚诺的作品,你就会发现无数的引用:从其他文化(民族印花),从其他时代(19世纪的轮廓),从街头文化(推着购物车和提着塑料袋的女士),甚至从马戏团(小丑般的妆容)。所有的东西都被混在了一起,而各种元素则从其历史时间和地理背景中剥离出来。

这方面经常用到的一个词是"bricolage",字面意思是"拼凑"。现在已经成为一种"拼贴"文化,每个人都可以修修补补,拼凑自己的衣服,甚至拼凑自己的身份。因此,后现代文化的特点就是"模仿"和"拼贴"。要说明这种文化现象的意义并非易事,但它确实使时尚变得有趣而灵活,而不会被"宏大叙事"所左右。

本文想讨论的后现代主义的最后一个特征是从再现到模拟的过渡。我们已经看到,后现代的模仿——引用、借鉴和参照——并不一定有更深刻的含义。这是因为后现代文化不是再现,而是模拟。这一过程取决于媒体技术的应用。

在柏拉图或康德等人的旧艺术观念中,艺术作品指的是超越现实的更深层或更高的东西。每件艺术品都是独一无二的,因而也是不可替代的。早在20世纪30年代,沃尔特·本雅明就认为,由于复制技术的发展,艺术品的角色正在发生变化。随着摄影和电影(以及后来的电视和互联网)的发明,任何图像都可以被无限复制。伦勃朗《守夜人》的复制品始终是一幅名画原作的复制品,而曼·雷拍摄的琪琪拉小提琴的照片却没有复印品与原作之分。在机械复制的时代,原作和复制品之间的区别因此消失了,随之消失的还有本雅明所说的艺术的"灵气",也就是艺术品的独特性与原创性。对于时尚界来说,复制技术最初意味着巨大的原动力,因为设计图像可以通过杂志和电视媒介传播。但是在时尚界,复制品也已经取代了原创设计。巴黎或米兰时装秀结束一天后,这些照片就已经出现在互联网上,六周后复制品就出现在了H&M的商店里。

在波普艺术中,安迪·沃霍尔(Andy Warhol)通过制作丝网印刷的金宝汤罐头或玛丽莲·梦露等偶像形象,玩转了复制品的概念。失去灵气的另一个例子是,当我们在博物馆观看达·芬奇的《蒙娜丽莎》或维米尔的《戴珍珠耳环的少女》时,可能都会感到失望。我们已经在书本、电影、马克杯、毛巾上看到了太多的复制品,有的留着小胡子,有的是玩偶的形式,原版几乎无法与之相媲美。只有在博物馆里静静地感受这幅画时(但周围都是游客,你能做到吗?),你才有可能寻到原作的灵气。

1970年代,让·鲍德里亚(Jean Baudrillard)比本雅明更进一步,他认为在媒体的冲击下,不仅是艺术,现实也在发生变化。他认为,无处不在的媒体将现实变成了一个拟像，即复制品的复制品。拟像消除了"存在"和"显现"之间的区别。想想一个装病的人——这个人实际上开始表现出生病的迹象，于是什么是真的什么是假的就不再清楚了。后现代主义也是如此：我们的文化被彻底"媒体化"，我们的经验由媒体决定。媒体不是反映现实，而是构建现实。或者换一种说法：媒体不是表现现实，而是模拟现实。

我们都从自己的经历中了解到这一现象。例如，当我们在希腊度假时，我们会感叹大海像明信片上一样蓝。我们的体验是由图像决定的，在这个例子中图像是明信片。如果我们在肯尼亚的野生动物园游玩，我们就好像来到了《国家地理》电视节目中。当我们对心爱的人说"我爱你"时，我们会情不自禁觉得自己是在演电视剧。因此，翁贝托·艾柯（Umberto Eco）说，在后现代时代，我们的态度里永远都有讽刺意味。我们再也不能天真地说"我爱你"了，因为我们已经在电视上看到和听到过无数次了。这句话失去了意义，也失去了真实性。但根据艾柯的观点，我们可以做的是带着讽刺的口吻说出这句话：像《勇士与美人》中的里奇那样说出"我爱你"。当电视上的真人秀节目试图尽可能地模拟生活时，生活本身已经变成了一场大型的真人秀，在这场秀中，存在和显现已经无法分开。在艺术和时尚中，我们可以看到对真实性的渴望，这是对拟像文化的怀旧反应。在后现代文化中，真实与虚幻之间的界限已变得几不可察，

人们希望重新获得"真实"的东西。但问题是，这种真实是否还有可能。这就是媒体创造的拟像的力量。

既然我已经概述了作为时尚运作框架的后现代主义，那么现在是时候更仔细地研究一下可以用来分析图像的工具了。这些分析方法都来自后现代主义的理论基础——后结构主义。

## II
## 分析

### 符号

后结构主义在1960年代受到符号学、精神分析学和马克思主义的启发。后结构主义也被称为"语言学转向"，因为语言形成了这些理论发展的模式。德·索绪尔关于符号学的著作有助于对任何系统的"语法"进行结构主义分析，无论是神话、广告、电影、时装还是小说，人类学家列维-斯特劳斯（Lévi-Strauss）、早期的巴特或电影符号学家梅茨（Metz）的研究都是如此（Sim，1998）。几乎所有后现代哲学家都遵循语言是意义范式这一核心思想。根据拉康的精神分析理论，甚至无意识的结构也像语言一样。尽管有些哲学家指出，语言和符号从根本上说是不稳定的，如德里达的解构主义或利奥塔的后现代"宏大叙事"失落论，但文本仍然是后结构主义的核心焦点。事实上，一切都被解释为"文本"，包括图像、音乐或时尚。符号学最初主要研究文学，但学者们很

快开始关注流行文化领域，如建筑、时装、音乐、体育、女性杂志或视频短片等。

符号学是关于"符号"（源自希腊语"semeion"，意为标志）的理论。符号是承载意义的最小元素。语言是我们最熟悉的符号系统，但交通标志也是符号系统，如巴特所表明的那样，时尚也是符号系统。一个符号由一个能指（法语，signifiant）和所指（法语，signifié）组成，前者是意义的物质载体，后者是所指涉的内容。"服装"这个词的字母和声音构成了能指，它指代的内容是一件具体服装。能指和所指，形式和内容，共同创造意义。能指和所指之间的关系几乎总是任意的，毕竟没有人能说出为什么一件东西在英语中被称为 dress，在荷兰语中被称为 jurk，在法语中被称为 japon。符号总是指代现实中的事物。符号的第一层含义是指代，也就是你可以在字典中查到的含义。但是事物很少只有一种意义；大多数符号都有许多第二含义。这些意义被称为内涵。在这种情况下，指称符号、能指和所指形成了一个新的实体，一个新的内涵符号的新能指，如下图所示：

| 能指 | 所指 | 隐含义 |
|---|---|---|
| 能指 | 能指 | 明示意 |

一个大家耳熟能详的例子是红玫瑰。在指称层面上，它只是一朵带叶带刺的花。为了成为爱的象征，花的指称意义必须反过来成为一种符号。然后，这个符号就形成了内涵的基础，也就是第二

个含义：爱情。为什么？因为我们的文化认为玫瑰，尤其是红玫瑰，象征着爱情。一张海报给这个众所周知的象征增加了第三层含义，用带刺的铁丝网围住荆棘，并将"暴力止息与爱发生之地"的字样放在枝干中间。因此，花成为爱和非暴力的象征，而刺代表暴力。（请自下而上阅读表格。）

| 能指：<br>作为"爱情"的红玫瑰 | 所指：<br>带刺铁丝网、爱 | 隐含义：<br>爱是暴力的反面 |
|---|---|---|
| 能指：<br>红玫瑰 | 能指：<br>红玫瑰 | 第一隐含义：<br>爱情 |
| 能指：<br>玫瑰 | 能指：<br>带刺的花 | 明示意：<br>属于"玫瑰"这个品种的花 |

多媒体图像是一种极其复杂的符号，可以通过多种方式传达意义。静态图像，如时装或广告照片，具有以下所指：

- 视角（摄像机位置：角度、距离）
- 构图
- 摄影：如曝光、粗糙纹理、彩色或黑白
- 所描绘内容的构成或"场景化"：场景、服装、化妆、模特的态度和动作等
- 文本：标题或图例

电影、电视广告、视频剪辑或时装秀等活动图像除了具备上述所有特征外，还具备更多的能指：

- 模特或演员的动作；舞蹈编排
- 镜头移动（平移、倾斜、推拉、跟踪）
- 剪辑

- 声音（对话，增加了像吱吱作响的门的拟声）
- 音乐

任何分析都要求我们简要地检查所有这些要素，因为它们都会影响含义。只有这样，你才能确定所指和内涵。特写和长镜头的效果不同。镜头移动会引导观众的视线。快镜头能唤起紧张感。音乐和灯光都能营造气氛。这种形式上的分析很快揭示出图像绝不仅仅是现实的复制或反映，即使镜头记录的是真实的。然而，如此多的技术和美学选择的问世，现实总是被塑造和构建的。分析的目的就是使这种构造透明化。

**数字图像**

C.S. 皮尔斯（C.S. Peirce）的符号学可以进一步深化形式分析。皮尔斯是美国人，他与德·索绪尔在 20 世纪初同时在瑞士提出了自己的理论，但他们彼此并不知晓。皮尔斯的符号学更多地被用于分析图像，因为他与德·索绪尔相比，更少关注文本。皮尔斯认为能指和所指之间有三种关系：象似关系、索引关系和象征关系。象似关系意味着能指和所指之间有相似之处。肖像就是一个例子：图像（能指）类似于被描绘的东西（所指）。索引关系假定了能指和所指之间的实际联系。一个经典的例子是烟作为火的能指，或者沙滩上的脚印作为一个人在一个"无人居住"的岛上的能指。象征关系对应于索绪尔所说的能指和所指之间的任意关系：红玫瑰是一种基于协议的约定。然而，这仍然是一个有争议的问题，因为玫瑰与女性性器官有着象似性的联系。正是这种相似性可能导致玫瑰成为爱情的象征。

所有这三种关系都适用于机械可复制的图像，如照片或胶片。一幅图像总是有象似性的，因为被描绘的东西显示出与能指的相似性：每一张照片都是一

7.

8.

7. 迪赛，拯救你自己系列中的睡眠，广告形象，2001 年秋冬系列。
8. Adje's Fotosoep, 凯特·摩丝人机综合体，2005 年。

个人或一个物体的肖像。被拍摄或拍摄的东西也总是具有索引性的:这是一种事实关系,因为相机记录了现实——用相机证明你去过某个地方("我曾来过",游客带回家作为战利品的视觉证据)。最后,像语言一样,图像具有象征意义,这是通过上述许多视听能指的相互作用而产生的。

数字技术给索引关系带来了压力,因为我们再也无法确定一幅图像是模拟的,因此与现实存在着事实关系,还是数字的,是在计算机中制作的,与现实不存在任何关系。因此,数字图像造成了混乱。用符号学的术语来说:它们保持着象似关系,因为它们看起来就像照片,显示出能指和所指之间的相似性。但是数字图像不再是索引。这就是迪赛的"拯救你自己"系列照片中出现的情况。我们看到看起来像人的小模特(象似关系),但所有这些看起来都不真实。他们的皮肤太光滑,姿势太僵硬,眼神太呆滞。

我们很快怀疑图像被数字处理过,扰乱了索引关系——这些不是真实人物的真实照片。象似和索引关系之间的对立将人们的注意力引向真实和虚幻之间的对立。这创造了一个象征意义。与文字一起,照片讽刺地评论了我们的文化对永葆青春的痴迷。

有时,数字处理是显而易见的,就像这张照片中凯特·莫斯作为一个电子人:一个数控有机体。因为这显然是一个不可能真实存在的半人半机器形象,我们不会对照片的索引状态感到困惑。它的象征意义让人一目了然,也表达了对人为理想美的评论。数码摄影的典型特征是创造类似电子人的图像,因为当今视觉文化中的许多艺术和时尚照片探索了人、机器和人体模型之间的流动边界。

9.

10.

9. 冰山,广告形象,2004年。
10. 大卫杜夫,"冷水"男香,广告形象。

The power of fashion

**注视和被注视 I：窥视的目光**

时尚与色情和性有着深刻的联系。要分析这一点，我们可以求助于精神分析，因为精神分析决定了我们如何塑造自己的欲望。最经典的欲望模式是俄狄浦斯情结，它调节着孩子如何将对父母的爱集中到异性父母身上，并将竞争感投射到同性父母身上。这对女孩来说更为复杂，因为她们最初体验到的是对母亲的爱，后来却要将这种爱转化为对父亲的爱，而男孩则可以不间断地爱自己的母亲。俄狄浦斯情结是文学和电影中的常客，但在时尚界，它实际上并没有起到关键作用，因此我在这里不会进一步探讨。

与时尚更相关的是"看"的情色主义。弗洛伊德认为，任何欲望或性欲都始于"看"，也就是他所说的"窥视癖"（字面意思是"爱看"）。欲望的凝视往往会导致触摸，并最终导致性行为。虽然"窥视癖"听起来相当下流，但它却是性驱动力中常见的一部分。电影理论家们很快就声称，电影媒介实际上就是基于窥视癖：在黑暗的电影院里，我们就是窥视者，被允许尽情地注视银幕。看电影总有一种情色的感觉，相比之下，电视则没有这种窥视的条件，因为客厅的灯是亮着的，银幕要小得多，而且还有各种干扰因素。

劳拉·马尔维（1975）是第一位关注性别在视觉愉悦中的重要作用的理论家。窥视癖的主动和被动方面（分别是窥淫癖和露阴癖）被归结为严格的男性和女性角色。正如约翰·伯格（John Berger）在其名著《观看之道》（*Ways of Seeing*）中所指出的"男人行动，女人出现"，或者说，男人观看，女人被看。根据穆尔维的说法，这在经典电影中是这样的：男性角色看着一个女人，摄像机拍摄这个男人所看到的（所谓的"视角镜头"）。因此，电影院中的观众是通过男性角色的眼睛来看这个女人的。此外，通过取景和剪辑，女性身体被"切割"成碎片：腿、乳房、臀部或脸部。女性身体就这样被支离破碎地描绘出来了。

因此，我们可以说，男性角色、摄影机和观众的三重凝视相互碰撞。穆尔维认为，电影观众在结构上总是采取男性立场。重要的是要认识到，电影手段，如对焦、取景、剪辑，通常还有音乐，将女性的身体物化为一种景观。用穆尔维的话说，女性被符号化为"被观看的存在"。与此同时，电影手段赋予了男性角色特权，使他可以主动观看、说话和表演。

穆尔维借助精神分析进一步进行了分析。对女性身体的窥视会激起欲望，因此会给男性角色和观众带来紧张感。此外，女性的身体之所以令人不安，是因为它与男性的身体有着本质的区别。弗洛伊德会说女性的身体是"被阉割的"，但我们可以用更中性的说法：女性的身体是"不同的"。在一个由男性主导的社会中，女性仅是性别差异的标志。在大多数文化中，女人作为他者，即作为男人之外的人，赋予了性差异以意义。

他者、陌生、差异总是会带来恐惧。女性的另类在无意识的层面上激起了男

11.

**Kolbert in India geel 249,-**

11. HIJ（今日：我们人类），广告形象，1989 年，摄像：汉斯·科恩尼坎普（Hans Kroeskamp）。
12. 戴蓝色美瞳的模特娜奥米·坎贝尔，*Elle*，1994 年 1 月。
13. 棕发的娜奥米·坎贝尔。
14. 马尔塞尔·范德卢格（Marcel van der Vlugt），"镜子"，Amica Italia，1998 年 1 月。

Fashion as a system of meaning

性的恐惧,这种恐惧需要通过文化、电影或艺术来驱除。穆尔维认为,这在电影故事中有两种方式。首先,通过施虐,女性身体被控制并被融入社会秩序。施虐主要附身于故事当中,并在叙事结构中获得形式。色情凝视常常导致暴力或强奸。在经典的好莱坞电影中,蛇蝎美人在电影的结尾被杀死也并不意外。任何情欲旺盛的女人都不会有好下场。只有到了1990年代,她们才被允许活下来。像电影《本能》(Basic Instinct)中的凯瑟琳·特拉梅尔(Catherine Trammell)或电视剧《欲望都市》(Sex and the City)中的女主角那样。

第二种消除女性身体引起的恐惧的方法是拜物教。在这种情况下,女明星被塑造成一个完美的美丽形象,从而转移了人们对她的差异、她的与众不同的关注。相机无休止地停留在女性的美上来物化女人的身体。在这样的时刻,电影叙事会暂时停顿下来。虽然穆尔维的分析是1970年代的作品,但她的见解对今天的时尚界仍有相当大的借鉴意义。时装秀几乎完全是围绕着对女性身体的迷恋而构建的。模特已经取代电影明星,成为完美女性的拜物教形象。许多时尚报道以这样或那样的方式利用了看和被看的性游戏。然而,自穆尔维的分析时代以来,一些情况发生了变化。近几十年来,女权主义批评的确抵消了女性的被动性,现在我们经常可以看到女模特扮演着更加主动和俏皮的角色。不仅女性不再那么被动,时尚和其他流行的视觉类型(如视频剪辑)也将男性身体变成了窥视的对象。现在,男性身体也被分割、物化和色情化了。这不仅发生在时尚报道中,也发生在时装秀上。对于时尚专业的学生来说,仔细研究一下男性身体是如何被视觉化的、男模特是如何被动或主动的,以及电影或其他手段是如何支持这种凝视的,可能会很有意趣。

在"看与被看"的游戏中,种族也扮演着重要角色。斯图尔特·霍尔(Stuart Hall,1997)和简·内德维恩·皮特尔斯(Jan Nederveen Pieterse,1992)对西方文化中有色人种和黑人的描述方式进行了广泛的历史分析。其中充斥着大量的刻板印象,如将具有异国情调的黑人女性描绘成维纳斯,或将黑人男性描绘成具有性威胁的形象。在时尚界,黑人模特仍然寥寥无几。同样,对于时尚专业的学生来说,分析种族是如何被形象化的,可能会对他们有所帮助,因为这种刻板印象由来已久。例如,模特的异国化是否强调了种族性?还是说它实际上否认了种族差异?例如,在娜奥米·坎贝尔(Naomi Campbell)金色直发或佩戴蓝色隐形眼镜的时尚照片中,就出现了这种情况。在这里,黑人模特必须符合白人的审美标准。

**注视和被注视 Ⅱ:自恋的凝视**

到目前为止,我一直在谈论注视他人,但是精神分析也有一些关于注视自己的内容。在婴儿期,你几乎意识不到自己,因为这个自己,或者用精神分析的术语来说,自我,还需要被构建。雅克·

拉康（Jacques Lacan）所说的"镜像阶段"是自我形成的一个重要阶段。第二个重要的时刻是前面提到的俄狄浦斯情结，语言在其中起着重要作用。然而，镜像阶段先于语言，发生在想象中，即图像领域。当你在6到18个月大的时候，还是个婴儿，你通常被妈妈抱在镜子前。在对镜像的认同过程中，孩子学会了从镜子中认识自己，并将自己与母亲区分开来。这种认同对于儿童构建自己的身份非常重要。

对拉康来说，至关重要的是，这种认同是以镜像为基础的。他认为，镜像总是一种理想化，因为儿童会投射出自己的理想形象。在镜中，儿童看到自己是一个整体，而自己的身体仍然是一个无形的整体，无法控制自己的四肢。在镜像中对自我的认知实际上是一种"错误认知"。儿童实际上认同了自己作为他者的形象，即他或她希望在未来成为的更理想的自我。看看你在家里是如何照镜子的：事实上，你总是通过他人的眼睛来审视自己。拉康认为，从某种意义上说，这是人类的悲剧：我们将自己的身份建立在一个永远无法实现的理想形象上。因此，在他看来，我们在存在层面上是注定要失败的。

我们可以从字面上理解镜子（镜子在电影、视频剪辑、广告和时尚照片中的出现频率令人惊讶），但我们也可以用更隐喻的方式来解释这个过程。例如，儿童从父母崇拜的眼神中看到了自己的理想形象，他们把他或她视为偶像：对父母来说，你永远是世界上最漂亮的孩子。这是理所当然的。当我们长大后，我们会在爱人的眼中看到自己的理想形象。我们需要这种理想形象来形成和维持自我。这是一种健康的自恋凝视，对我们的身份来说是必要的。然而，那个自我永远不会"完成"，它需要一次又一次的培养和塑造。而理想形象的内化则有助于实现这一点。

镜像阶段的分析已经被应用于视觉文化中的许多现象。电影中的男主角或女主角是我们自我认同的理想形象。在时尚界，则是模特。事实上，你可以用这种方式来定义整个视觉文化：流行明星、模特和演员都为我们提供了认同理想形象的机会。粉丝文化在很大程度上就是基于这种自恋式的认同。当然，还有另一面。在年轻、健美和颜值越来越重要的文化中，理想形象变得越来越遥不可及。许多人不再能从规定的理想形象中认识自己，对自己的外表极为不满。这就导致了挫败感，引起一些极端举措，如整容手术等，或者诱发厌食症和贪食症等疾病。在这种情况下，镜中的自恋凝视就会落空。

**注视和被注视 III：全景凝视**

到目前为止，我们主要关注的是对欲望目光的分析：对他人的窥视（"占有"他人的欲望）和对自己的自恋（"成为"他人的欲望）。我们还可以对社会中的凝视游戏进行更多的社会学分析。这让我们想到了历史学家米歇尔·福柯（Michel Foucault），他对权力如何运作进行了透彻的分析。他认为，在现代文化中，权力不是一个人拥有而另一个人缺乏，而是在不断的协商、冲突和对抗、抵制和矛盾的博弈中循环。权力的变化反映在语言中。以前你是受害者，现在你是经验专家。这样，你就赋予了自己某种力量，即经验的力量，即使这种经验是不愉快的。

在我们的现代文化中，塑造权力的一种方式是监视，即福柯所说的"全景"凝视。他从18世纪的监狱建筑中得出这个结论，在一个圆形建筑中有一个中心塔楼，里面有牢房。在塔楼外的中央机关可以观察到每个牢房中的每个囚犯，囚犯之间无法看到对方。全景凝视意味着，一大群人可以被置于持续的看守和监视之下，而他们却无法回视。福柯说，这样一来，他们的行为就会受到约束。

今天，监视和监控的角色已经被摄像机所取代。每个人都知道，在大街上、车站和超市里、公共汽车和有轨电车上以及博物馆里，都有监控摄像头"守护着人们的财产"。我们无时无刻无处不在被一种匿名技术监视着，这或许给了我们一种安全感（或安全感的错觉）。更重要的是，全景凝视将我们训练成为有秩序的公民。很大程度上，约束来自持续的观察。

正如拉康的镜像阶段一样，我们可以用更隐喻的方式来解释全景凝视。不仅是监控摄像头制造了一个全景监狱，电视和互联网等媒体也无处不在。犯罪观察节目向我们展示监控录像中的图像，以抓捕"坏人"，而"真人秀"节目则揭示我们的同胞是如何违反交通规则的。在太空中运行的卫星一直在注视着我们，移动电话通常配备有GPS（全球定位系统），并且总是知道我们在哪里。我在意大利度假时，手机会向我发送"您现在在比萨，您可以参观比萨斜塔"或"您现在在佛罗伦萨的市政广场，您知道米开朗琪罗的《大卫》吗……"等信息。有那么一瞬间，我又变成了那个知道上帝一直在守护着她的小女孩。但现在，神的无所不在已被匿名的、全景式的凝视所取代。我们在互联网上的冲浪行为和在超市里的购物行为都被以同样的方式记录在案。

我们可以将这三种凝视方式结合起来。在窥视的目光下，我们约束着他人；我们都知道，我们会用这种秘密的目光来对某人表示赞同或反对。通过自恋式凝视，我们希望实现理想形象，从而约束自己。通过内化全景凝视，我们约束了自己的社会行为，也约束了自己的身体。在这场复杂的凝视游戏中，时尚扮演着重要的角色。你只要在学校操场上转转，或者在大街上看看周围的人，就会意识到时尚是如何决定一个人是否属于这个群体的，什么是理想的形象，以及这个群体是如何互相关注、互相约束，从而"正确"地穿着的。通过服装，我可以使自己性感迷人，吸引他人窥视的目光。或者，如果我发现他人的身体和衣服很有吸引力，我可以让他们成为我偷窥的目标。我可以用服装来构建自己的身份，并表现出特定的理想形象。但是时尚不仅仅是服装。时尚也决定了一种特定的美的理想。这个美的神话决定了我们如何约束自己的身体，例如通过节食、健身、美容，如脱毛、漂白，甚至整容。简而言之，时尚最终也会影响身体。克里斯多夫·卢斯若（Christophe Luxerau）的数字摄影系列"合金体"（Electrum corpus），向我们展示了时尚是如何被镌刻在皮肤上的：商标已经成为我们的皮肤。

参考书目

后现代主义

Baudrillard, Jean. *Simulations*. New York: Semiotext(e), 1983.
Braembussche, A.A. van den. *Denken over kunst: Een inleiding in de kunstfilosofie*. 3rd, revised ed. Bussum: Coutinho, 2000.
Docherty, Thomas, ed. *Postmodernism: A reader*. New York: Columbia University Press, 1993.
Jameson, Fredric. *Postmodernism, or the cultural logic of late capitalism*. London: Verso, 1991.
Lyotard, Jacques. *The postmodern condition*. Manchester: Manchester University Press, 1984.
Sim, Stuart, ed. *The icon critical dictionary of postmodern thought*. Cambridge: Icon Books, 1998.
Smelik, Anneke. "Carrousel der seksen; gender benders in videoclips", in *Een beeld van een vrouw: De visualisering van het vrouwelijke in een postmoderne cultuur*, edited by R. Braidotti, 19-49. Kampen: Kok Agora, 1993. English version can be downloaded from www.annekesmelik.nl (>publications > articles).
Woods, Tim. *Beginning postmodernism*. Manchester: Manchester University Press, 1999.

文化与文化研究

Baetens, Jan and Ginette Verstraete, eds. *Cultural studies: Een inleiding*. Nijmegen: Vantilt, 2002.
Cavallaro, Dani. *Critical & cultural theory*. London: Athlone Press, 2001.
During, Simon, ed. *The cultural studies reader*. London: Routledge, 1993.
Grossberg, Lawrence, Cary Nelson, Paula Treichler, eds. *Cultural studies*. Routledge: New York, 1992.
Smelik, Anneke. "Met de ogen wijd dicht. De visuele wending in de cultuurwetenschap", in *Cultuurwetenschappen in Nederland en België. Een staalkaart voor de toekomst*, edited by Sophie Levie and Edwin van Meerkerk. Nijmegen: Vantilt, 2005.
Storey, John, ed. *What is cultural studies?* A reader. London: Arnold, 1996.

Williams, Raymond. *Culture and society*: 1780-1950. Harmondsworth: Penguin, 1958.

视觉文化

Benjamin, Walter. "The work of art in the age of mechanical production", reprinted in *Illuminations*, 217-251. New York: Schocken Books, 1968 (1935).
Berger, John. *Ways of seeing*. Harmondsworth: Penguin, 1972.
Foucault, Michel. "Panopticism", in *Discipline & punish: The birth of the prison*. New York: Vintage Books, 1979 (1975).
Hall, Stuart. *Representation*. London, Sage, 1997.
Mirzoeff, Nicholas. *The visual culture reader*. London: Routledge, 1999.
Mitchell, William. *Picture theory: Essays on verbal and visual representation*. Chicago: University of Chicago Press, 1994.
Mitchell, William. *The reconfigured eye: Visual truth in the post photographic era*. Cambridge: MIT Press, 2001 (1992).
Peters, Jan Marie. *Het beeld: Bouwstenen voor een algemene iconologie*. Antwerpen: Hadewijch, 1996.
Smelik, Anneke, with R. Buikema and M. Meijer. *Effectief beeldvormen: Theorie, praktijk en analyse van beeldvormingsprocessen*. Assen: van Gorcum, 1999. (out of print: the book can be downloaded from www.annekesmelik.nl (> publications > books )
Smelik, Anneke. "Zwemmen in het asfalt. Het behagen in de visuele cultuur", *Tijdschrift voor communicatiewetenschap* 32, no. 3 (2004): 292-304. The essay can be downloaded from www.annekesmelik.nl (> publications > books > oratie)
Sturken, Marita and Lisa Cartwright. *Practices of looking: An introduction to visual culture*. Oxford: Oxford University Press, 2001.

视觉文化与性别

Carson, Diane, Linda Dittmar, and Janice R. Welsch, eds. *Multiple voices in feminist film criticism*. London and Minneapolis: University of Minnesota Press, 1994.
Carson, Fiona and Claire Pajaczkowska. *Feminist visual culture*. London: Routledge, 2001.
Easthope, Anthony. *What a man"s gotta do: The masculine myth in popular culture*. London: Paladin, 1986.
Mulvey, Laura. "Visual pleasure and narrative cinema", in *Visual and other pleasures*, 14-26. London: Macmillan, 1989 (1975).
Neale, Steve. "Masculinity as spectacle", *Screen* 24, no. 6 (1983): 2-16.
Simpson, Mark. *Male impersonators: Men performing masculinity*. London: Cassell, 1993.
Smelik, Anneke. *And the mirror cracked: Feminist cinema and film theory*. London: Palgrave: 1998.
Smelik, Anneke. "Feminist film theory", in *The cinema book*, 2nd ed., edited by Pam Cook and Mieke Bernink, 353-365. London: British Film Institute Publishing, 1999. The essay can be downloaded from www.annekesmelik.nl (> publications > articles)

身份认同

Freud, Sigmund. *Three essays on the theory of sexuality*. New

York: Basic Books, 1962 (1905).
Freud, Sigmund. "Female sexuality", in *Sexuality and the psychology of love*. New York: Macmillan, 1963 (1931).
Lacan, Jacques. "The mirror stage as formative of the function of the I as revealed in psychoanalytic experience", in *Écrits*. A selection, 1-7. New York: Norton, 1977 (1949).

视觉文化与种族
Dyer, Richard. *White*. London: Routledge, 1997.
Gaines, Jane. "White privilege and looking relations: race and gender in feminist film theory", *Screen* 29, no. 4 (1988): 12-27.
hooks, bell. *Black looks: Race and representation*. Boston: South End Press, 1992.
Nederveen Pieterse, Jan. *White on black: Images of blacks and Africa in Western popular culture*. New Haven: Yale University Press, 1992.
Ross, Karen. *Black and white media: Black images in popular film and television*. Cambridge: Polity Press, 1996.
Shohat, Ella and Robert Stam. *Unthinking Eurocentrism: Multiculturalism and the media*. London: Routledge, 1994.
Williams, P. and L. Chrisman, eds. *Colonial discourse and post colonial theory*. New York: Columbia University Press, 1994.
Young, Lola. *Fear of the dark. "Race", gender and sexuality in the cinema*. London: Routledge, 1996.

新媒体
Bolter, Jay and Robert Grusin. *Remediation: Understanding new media*. Cambridge: MIT Press, 1999.
Castells, Manuel. *The rise of the network society*. Oxford: Blackwell, 1996.
Cartwright, Lisa. "Film and the digital in visual studies. Film studies in the era of convergence", *Journal of visual culture* 1, no. 1 (2002): 7-23.
Manovich, Lev. *The language of new media*. Cambridge: MIT Press, 2001.
Mul, Jos de. *Cyberspace odyssee*. Kampen: Klement, 2002.
Rodowick, David. *Reading the figural, or, philosophy after the new media*. Durham: Duke University Press, 2001.
Simons, Jan. *Interface en cyberspace: Inleiding in de nieuwe media*. Amsterdam: Amsterdam University Press, 2002.

时尚
Barthes, Roland. *Le système de la mode*. Paris: Seuil, 1967.
R. Barthes & M. Ward, *The fashion system*. Berkeley [etc.] (University of California Press) , 1990.
Bruzzi, Stella and Pamela Church Gibson. *Fashion cultures: Theories, explanations, and analysis*. London: Routledge, 2000.
Klein, Naomi. *No logo*. London: Flamingo, 2001.

15.

15. Christophe Luxereau，脚，2002 年。

Fashion as a system of meaning

德克·洛维特（Dirk Lauwaert）

# Ⅰ 服装与内在
# Ⅱ 服装是物品
# Ⅲ 服装和想象力
# Ⅳ 民主势利

（Ⅰ *Clothing and the inner being*
　Ⅱ *Clothing is a thing*
　Ⅲ *Clothing and imagination*
　Ⅳ *Democratic snobbery*）

# I 服装与内在

服装不仅仅是用纺织品制成并覆盖在皮肤上的东西，不仅仅是初次见面时的重要考验，也不仅仅是争夺注意力的利器。或许最重要的是，它与一个人的内在存在紧密相连。没有服装就没有内在的自我。衣服创造了一种可能性，让人可以退回到自己的内心，并从那里向外，成为自己，成为"我"。从语法上讲，没有不穿衣服的第一人称。"我"是在着装中被表述和证明的。同样，"你"和"他"也很难在没有衣着的情况下表述。一群赤身裸体的人在监狱中受辱，在狂欢中陶醉，他们籍籍无名、哑口无言。即使在梦境中，在回忆中，在友谊和爱情中，衣服也从未缺席。裸体是一种特殊的状态。

从这个意义上说，服装确实是人体语言。语言是一种表达方式，而服装则是身体的一种有效表达方式。衣服分割了身体，唤起了遮盖与暴露之间、左与右之间、内与外之间的对比。没有服装，就没有区分，只有群体。没有衣服，就没有口音或等级，只有均匀的赤裸。裸体是将身体作为"大群体"的研究。在绘画中，裸体通常被描绘成斜倚的姿势，这并非巧合。

穿着衣服的我们，是站立的，是直立的。与其他动物不同的是，我们不把生殖器藏在下面，而是放在前面，这使得穿衣成为一件非常性感的事情。我们公开表明我们的性别差异，并由此确定我们的立场。穿着衣服的我总是性化的。

衣着既渲染又平息了这种性暗示，通常是在一个单一的姿态中。在倾斜的裸体中，直立的人体消失了，身体折叠在一起。站直了，我们的耻辱就在眼前。羞耻是难以启齿的。穿着衣服也会感到羞耻，更何况不穿衣服。羞耻不一定是由衣服引起的。事实上，它将服装排除在外。衣着上的错误会引起羞耻。一个污点就会暴露我们。我们毫无防备地站立着，无法抵御毁灭性脸红带来的自我物化。内在的一切都流向外部，就像一个开放的城市，敌人的目光无耻地统治和扫荡。衣服触及了——看起来是——我们存在的最深处。所有本质都被外表的碎石砸得粉碎。衣服是我们战胜羞耻的法宝。如果它抛弃了我们，我们就无法摆脱羞辱和失语。害怕衣服会背叛我们，让我们无言以对，这种恐惧是永恒的。

然而，衣服不仅仅是恐惧的来源，它首先是满足感和幸福感的来源。在新的工作日穿上新衣：我们一次又一次地这样做，因为我们相信自己会穿着这身衣服度过一天。在书桌前写文章，去商店购物或外出约会："这么穿，我会成功的。"每个人在关上房门时，都会这么说。

服装是一个变化，一个开关，轻盈而不稳定，是一层敏感的薄膜，向四面八方延展开去。从情色到宗教，从最高级的艺术到最琐碎的过眼云烟，从幻想到现实主义，从民主到集权，从自我意识到对他人的控制，从皮肤到灵魂，从对母亲的回忆到对最亲爱的人的臆想——服装始终在背后扮演着不可或缺的角色。它不仅是这些独立领域中每一

1.

1. 蒂姆·沃克 (Tim Walker)，为意大利版 *Vogue* 拍摄的照片。

178. The power of fashion

个领域本身的表述，而且还巧妙地保持着这些领域之间的转换和联系，同时永远不会给我们留下这样的印象，即一个领域可以被另一个领域所取代。

思考服装很少涉及因果关系。在这里，不存在什么因果。道德主义的反射——曾经被宗教所影响，如今存在于社会学中——只想改变信仰。这似乎主要是一种否认策略，将服装变成女性的事情（从而掩盖了其同样重要的男性含义），将时尚追溯到势利（似乎这可以避免），将时尚简化为消费（否认其存在的重要性），通过轻视时尚来普及时尚（尽管它在人类学的深处无处不在）。尽管如此，人们总能在近乎节日的气氛中意识到，所有这些欺骗本身就是整个冒险不可或缺的一部分。

如果说服装是一种开关，那是因为它总是在形式、质地、颜色、风格等方面引起对比。在我们的服装上，嫁接了所有必要的社会、造型、情色和风格上的区别。采用布料对比的策略，世代、性别、阶级、宗教、语言、职业和等级制度都在其中对峙。因此，服装揭示了集体（和私人）结构不是连续性，而是不连续性。我们都渴望穿得与众不同。每个人都渴望今天穿得与昨天不同。服装不是一种约束策略。这是一种解除约束的策略（难怪"社区"不信任服装）。

此外，我们的穿着不会产生摩擦。它规定了一个适当的距离……我还是个孩子，和奶奶一起走在一条商业街上。我们在年龄、性别和抱负方面的差异，通过我们所穿的不同服装而一目了然。

我们是完美的组合，因为显然：我是男孩，她是女人，我是孩子，她是大人。这一切为我们祖孙之间的亲密关系加冕。然而，我却为此花了大价钱。我穿得和她不一样，但我们的感情却如此深厚。统一是存在的，但在不同的层面上，而且——所以我们学会——感谢差异。衣服也掩盖了我们与他人之间的肌肤之亲。但是，服装渗透着一种乡愁，是我们对直接性的思乡之情，也是我们与这种怀旧情绪所能达成的最佳妥协。

所有关于人类从服装中解放出来（伊甸园）和从时尚中解放出来（理想国）的幻想，都在现代社会中流动、变化，成为一个永恒的因素。服装逐渐失去了其作为象征和标志的潜力。就服装而言，功能假说似乎已经取代了古老的教条。如果衣服仅仅是功能性的，而不是存在性的，那么可以想象，我们可以没有自己的衣服，作为实质上的裸体主义者，象征性地穿着制服。这两者都是一种技术，可以停止隔膜，停止身体的衔接，停止两性之间的差异，停止通过衣服将所有可能的印象和冲动持续而迅速地传播到最不同的地方。不穿衣服（名牌衣服或制服），人们希望逃避对比的游戏，或者至少缓和这种对比。这两个乌托邦都表明了所有乌托邦的贫瘠，也表明了任何仅靠思想构想的人类世界的贫乏。服装是破坏乌托邦的强大机器。每一个纯粹主义者的教义迟早都要接受服装——不纯粹的服装——对实用性和生活质量的考验。服装是证明人类世界短暂性的终极物品。我们在服装中看到的秩序，永远是无序的前奏。服装的根本作用在于一次又一次地将生命的不纯粹性作为我们生命力的基础。服装是生命哲学的实践。

任何一个细心的观察者都会看到纺织品是如何像盔甲一样包裹着我们的身体。衣服是一个盾牌。巨大的织物包裹着我们，就像一座城市的围墙。我们的大部分皮肤都覆盖在层层布料之下。衣服立即在边界上设定了规则，边界上写着"请勿触摸"。赤裸的身体诱惑我们去触摸——那种凝视，那种目光，已经是触摸了。相反，衣着提供了距离法则。它规定了人与人之间的接触方式和倾向。衣服为身体创造了空间规则。裸体是对融合的邀请，而穿衣则是对非融合的确认。因此，衣着产生戏剧性。只要穿上衣服，一个人就会将自己和他人的空间戏剧化。服装是舞台的方向，是军事行动的部署，是体育比赛的裁判。

服装同时具有内敛和外倾的特点。现在，由于传播的主流意识形态，后者比前者更重要：服装是语言，服装是社会规范，服装是修辞手法。它与老式的、对作秀和装腔作势的道德评判完美地结合在一起，并在社会学中找到了完美的继承者。不过，人穿衣服首先是为了给自己赋予形式和力量。久病卧床的人，第一次下床，就会渴望穿上衣服。这是多么令人神清气爽的感觉！在黑夜中绝望的人，在清晨穿上衣服时——尽管让他绝望的事物依然存在——精神又恢复了。如果他不赋予自身形式，就会一直沉浸在绝望之中。服装给人勇气。

服装承载着丰富的记忆。我们童年的衣橱永远伴随着我们，一个令人信服的、有约束力的存在。新衣服标记着我们成长的各个阶段。在家庭中，母亲通常提供最重要的帮助，是她们给我们穿衣打扮，承认我们的改变。你可能听到过多次不同语调的"你长得太快了"，既有鼓励也有失望。母亲与孩子一起阐明了多重转变的过程。给孩子穿衣服的同时，母亲也在研究自己，研究自己的历史。给孩子穿衣服，其实也是在给自己穿衣服。穿上衣服的孩子也是她的记忆。她给孩子穿衣服，也是在触摸自己的内心。由此，她教孩子穿上衣服，成为他自己。她教孩子成为独立的个体，而不再是她的附属。在给孩子穿衣服这同一个动作中，让他更接近母亲，也让他远离母亲。通过穿衣这个过程，母亲把孩子交给了世界。

这个或多或少令人愉快的过程仍在继续发挥作用。日常服装中的惆怅或热情、不羁或奔放，给一个人的生活增添了色彩。穿上衣服就是一个分界点：之前和之后。标志着一个新篇章的开始以及前一个篇章的结束。换装不仅是时间上的突破，也是空间上的突破，它让你进入其他空间。服装允许你扮演一个病人或健康者、工作者或诱惑者的角色。日常生活的整个叙事轨迹就是这样被服装所引导的。它是一个值得信赖的朋友，告诉你是否可以做这个或那个。我们越是频繁地跨越更换服装的界限，我们就越能兴奋地意识到我们的角色和义务的多样性。因此，一天能换几次衣服实在是一种奢侈：每个角色对你的要求都不一样。

当我们观看一部电影时,我们不可避免地、潜意识地会通过主人公不断变化的衣着来观察他们。每一次,服装对我们自身的重新诠释,都会提升我们的内在气质。

## II 服装是物品

损坏了、过时了、不流行了,西装和裙子就变成了它们本来的样子,变成了用布(或皮肤、金属、人造纤维)做成的物件。和所有物件一样,它们也需要组装。我们的衣服是一种构造,一种围绕身体的结构。它们就像手推车上轻轻弯曲的把手一样方便、灵巧,末端鼓起的把手,确保它不会从我们手中滑落。

一旦我们知道了一件衣服的基本结构(我们是在做一条裤子还是一只手套?),随着创造性的工作摆在我们面前,这项工作很大程度上需要微妙和敏感的修改,让其适应那个独特的身体。如果不合身,再漂亮的衣服也会变得一文不值。"很好,但不合身,"这是服装店里人们再熟悉不过的桥段了。(还有另一个桥段,即意见分歧)"不错,但不是我的风格。"伴侣们经常以这种方式评价彼此神秘而不断变化的品位。"不是我的风格"与态度和人际关系有关。"这不是我心目中的男子气概,但我喜欢它穿在别人身上的样子。"

对"合身"的调整是在两个截然不同的层面上进行的。一个是身体层面——"我长得太胖了"。但也有性格和观点方面的因素——"我不是那样的人"。在这两种情况下,试穿衣服就像是揭示你身体的现实(例如,告别年轻的身体)和你个人的现实(在日常生活中,你不能扮演你不是的角色——除非那确实是你的角色)。

裁缝或制衣师既是物件的构造者,也是你的性格和人生观的知己(赫本从不需要分析师,因为她有纪梵希,她的服装设计师)。这就是裁缝的意义所在(就像理发师、珠宝商、马具鞋匠的意义一样)。面对身体的不安全感(谁不会永远对自己的身体失望?)和秉性(谁知道他到底是谁,想要什么?),他的任务是使身体和举止相和谐。人们习惯性地将其贬低为谄媚,但这是一个坚不可摧的角色,因为它是不可或缺的。将躯体和生活态度、身体和终生计划结合在一起,形成一种织物结构——这是多么伟大的成就!

当我们在医生的检查室里看到它的反面时,就会知道它有多么伟大。他剥去你的衣服,把你的意志和尊严降低到他自己能力范围的极限,也就是肉体的极限。他把伦理和身体分开,他的检查和诊断让你知道,你的伦理存在于一个多么微不足道的框架内。医生必须解开裁缝绑在一起的东西。

在流派表演传统中,熟悉的主题往往包括裁缝店的场景和医生手术室的场景。生命的道德循环(亚伯拉罕·博斯,威廉·霍加斯)把兴高采烈地去拜访裁缝和满怀羞耻地去看医生作为一种手段,来解释放肆的奢侈及其应有的回报。如果没有道德说教,也许我们会看到一些

Fashion as a system of meaning

索菲亚·可可萨拉齐（Sophia Kokosalaki）
1972, 雅典（希腊）

希腊设计师索菲亚·可可萨拉齐由于为2004年雅典奥运会的希腊表演者设计了数千件服装，而在国际上声名大噪。在开幕式上，参与演出的歌手也穿着一件可可萨拉齐的作品——一件层层叠叠的礼服，表演中途衣服展开成一幅巨大的世界地图，这个设计让可可萨拉齐一战成名。她1972年出生于雅典，并在雅典大学攻读希腊文学。1979年她前往伦敦，后来也曾在中央圣马丁艺术与设计学院就读。

可可萨拉齐的设计既浪漫又轻盈，并充满了希腊元素，尤其是她精致的褶皱设计，其灵感来自希腊神话，古典的长礼服变成充满现代感、非常女性化的服装，既实穿又相当优雅。她在设计当中经常运用针织布、皮革材料和素雅的色调。可可萨拉齐也非常喜爱使用传统技术，如拼补、褶饰和贴花，为了赋予设计丰富性，必须采取手工制作，整个制作过程需耗费大量人力，然而她的服装在设计和剪裁上却很简单。

1999年，她推出了自己的品牌，一年之后在伦敦时装周举行了作品发布会。作为新秀，她却被英国版 *Vogue* 杂志等权威视为重要人才。这段时间可可萨拉齐也为皮料商 Ruffo Research 工作，并担任芬迪（Fendi）的顾问，同时也为 Toy Shop 设计。近来她从伦敦转战巴黎，在2005年春季首度推出以水底世界为灵感的系列作品：珍珠、海草与沙子的质感点缀在可可萨拉齐的蓝色与淡粉色设计上，其中最重要的角色依然是她闻名全球的独有特色：褶皱。

插图：
1. 索菲亚·可可萨拉齐，2005/2006秋冬系列。
2. 索菲亚·可可萨拉齐，2005/2006秋冬系列。

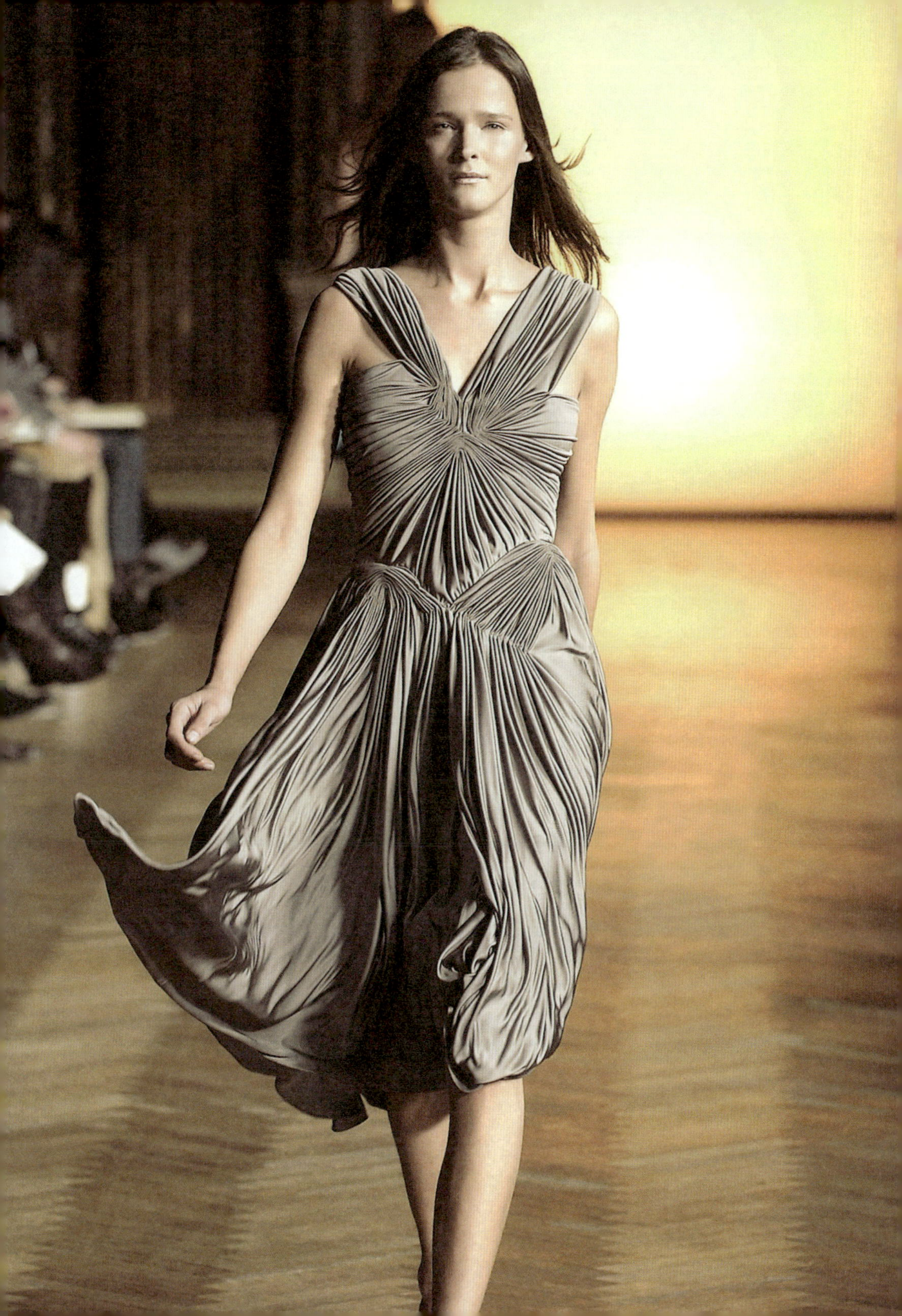

2. 山本耀司，1997 春夏系列。

不同的东西。也许我们会看到战胜身体脆弱性的勇气。

对裁缝来说，一个人必须脱下衣服才能再重新穿上衣服，每个试衣间就像医生办公室里的更衣室。同样，每个陈列室后面都有一个工作室。在展示产品的橱窗和产品生产之间，存在着一条缝隙，只有彻底蜕变，缝隙才能弥合。现在，这些工作室都在遥远的国度。但是，西方服装消费的迷人景象与远离我们购物中心的残酷生产之间的对比，并不仅仅是经济上的对比。在零售店挑选和试穿服装与在工厂或工作室实际制作服装之间，始终存在着本体论上的差异。诚然，后者是前者的先决条件，但在试穿和制作之间，在衣服和面料之间，在服装和版型之间，存在着巨大的差异。在"试穿"的欲望与"剪裁"的智慧之间，在女孩变为"名模"（奥黛丽·赫本在《甜姐儿》中饰演）与一卷布变成婚纱之间，发生了完全的转变。这是引入逻辑与使用逻辑之间的转换，是酿造逻辑与外观逻辑、表现逻辑之间的转换。它们不是彼此的自然延伸。它们并不一致。

这种奇迹般的存在变化如今变得更加难以实现和难以理解，因为制作服装不再是一项家庭劳动。快餐、药片和成衣都是对（某一类产品）基本功能的重组。吃饭、生育和穿衣曾经是女人的使命，但所有这些任务现在都可以进行管理和委派。在这种委托过程中，我们无可挽回地失去了直觉意识，不知道这一切对日常生活意味着什么。由于母亲和妻子都不再进行缝纫，不再了解针线活，也由于城市里不再有裁缝工作，我们对服装的态度不可避免地发生了变化（我觉得它变得更松散、更轻浮）。在维姆·文德斯拍摄的关于山本耀司的电影中，山本耀司说，他希望制作的服装能够承载人的一生，就像奥古斯特·桑德（August Sander）的肖像画一样。他在这部片子里表达自己的理想，作为品牌设计师的他再也无法实现的理想。

我们最大的损失是布、线和纽扣蜕变成"一套衣服"的过程。但是，从向公众展示的设计到为个人量身定做的完美西服，整个流程是清晰而又顺畅的。然而，这种创造的魔力再也看不见了——这种魔力是任何事物都无法替代的，它无疑是旧世界的基本经验之一。那里站着"匠人"，他是灯里的精灵，使变形成为可能。他是魔术师，是造物主，是创造者。创造不仅仅是构思，而是运用和揉捏材料本身，将其置于构思之手。这是一种你无法理解的技巧，即使你正站在裁缝的指尖。小时候，我总是一次又一次地怀念那一刻，那些钉在图样纸上的布片，变成了我妹妹身上那件可爱的小裙子。她的撒娇还有我年轻母亲的自豪感——为她的孩子和自己的技能感到自豪。

人是纺织品和身体的统一体。服装不是一些无关紧要的附加物，而是一种本质上的重新定义。服装不是掩盖，而是丰富。人体被迷人的帷幔或精确的接缝结构所取代，经常偶然发作的皮肤问题被同质地的纺织品纹理所取代。编织成了一种编织作品。

因此，服装将我们带入一个不同的场景，在这个场景中，我们可以扮演自己的角色，超越我们的同龄人，超越我们自己。服装之所以能赋予我们形式，是因为它给了我们一种密度、层次和深度，使我们不仅能像宇宙中的其他万物一样被人看到，而且还赋予了我们自己的意义，一种只有我们自己才能驱散的意义。

**Ⅲ 服装和想象力**

服装的形象如此突出，如此喜庆，如此显眼——以至于我们忽略了一些非常重要的东西，正是我们自己将服装变成了形象。我们自己的形象、他人的形象、未知的第三者的形象。一个人是为他或她而穿衣，为他或她那虚拟但又无法逃避的外表而穿衣。当然，我们是可见的，也就是说，我们永远与潜在的观察者联系在一起。所有可能的目光的总和也抵不过那个虚拟的凝视。（不是无所不知的上帝之眼，而是永远可见的人类之眼）。我们只能与这种虚拟的目光联系在一起，也就是说，根据它的条件来表达我们自己，标记我们的位置，在这种目光中操纵我们自己，以便在它面前为我们自己争得一席之地。

服装就是对这种原始可见性状态的回应。在这种状态下，除了把自己塑造成一个形象，我们什么也做不了。从而，我们利用棋局中唯一可供我们使用的棋子，即在我们的人体结构中，我们可以识别上半身和下半身，我们有后背和前胸，

有左侧和右侧。最后这种二分法不同于前两个：上半身和下半身、后背和前胸彼此截然不同，而左侧和右侧则是相互映照的。因此，在服装中，突出左侧或右侧的意义并不那么引人注目。风险不大，所以我们可以玩玩。投资价值较弱（因此可以转化为审美价值）。上半身和下半身，前胸和后背，差别很大。它们在人体解剖学上有着极端的差异——羞耻感也由此产生。我们直立行走，把生殖器放在前面。我们的脸，我们的表情，永远以非常脆弱的姿态高高地凌驾于我们的性欲之上。服装不是为了隐藏我们的身体，而是为了组织我们的解剖结构，使其具有可读性，使其根据既定的系统、形式和性欲的投资逻辑而通俗易懂。不同的文化发展出不同的服装形式。它们根据不同的语法规则，以不同的方式将性欲融入服装。在西方消费者的视野中，尽管多元文化并存，但这种差异却消失了。他们关于服装的逻辑已成为每个人的规则，理所当然。这种不加质疑的接受是一种贫乏。我们不再看到我们在服装方面的（任意的）选择。没有这种选择的意识，我们的参与和投入就会消失，因为服装已经变得平庸。我们不再理解承诺。披上爱情和战争的外衣意味着什么不再是一个主题。

19世纪的画家对同时代男性的乏味着装感到恼火，因为穿着这样的服装根本无法表现出令人信服的英雄事迹。用这样的原材料创作出宏伟的图像是不可能的。这种挫败感是可以理解的。男装之所以乏味，是因为它不再通过赋予男

性身体一种形式、一种有意识的审美选择而使其具有可读性。事实上，男人用审美性来换取功能性，用可读性来换取实用性，用发声来换取匿名，用形式来换取精简。其结果是男性的中性化，是能够摆脱衣帽间游戏的幻觉（而把它留给女人），是决定性的胜利——因为实用是男装的解决方案。

服装的功能性在我们的穿衣文化中蔓延。它能够将实用的、价值中立的解决方案作为一项普遍建议。它让我们有机会摆脱服装强加给我们的形象，仿佛我们可以将自己从他人的想象和臆想中解放出来。难怪有那么多人穿得如此丑陋（或者说是毫无美感）。这种形式上的缺陷令人厌恶，让人感到无比惊讶和困惑。在成功的时尚统治制度下，这种既得利益者的犬儒主义怎么会盛行呢？

正是服装的这种退化，有可能使其置身于文化之外，凌驾于文化之上，拥抱抽象的人性。这不就是运动服的最初来源吗？但是，三件套西装也是这样一个普世项目。难怪它是法国革命和工业革命后的结晶。在时尚的迷人景象背后，人们越来越缺乏打扮自己的能力。在时尚中，人们用眼睛参与，但几乎不再用身体。人们需要时尚的争奇斗艳来弥补实际服装的千篇一律。

时尚如果离开了图像，是不可想象的。时尚在图像中上演，而不是在街头。时尚与插图和展示的逻辑紧密交织在一起。激发我们想象力的是插图，很少是穿着衣服的人。我们越来越不把穿着衣服的人视为一个形象，而是越来越多地将其视为该形象的二维诠释。没有插图逻辑的共鸣，就没有时尚。

首先，这意味着身体必须适应插图的束缚。姿势是适应的核心。姿势是自我控制，可以产生权力。姿势曾经是权力的特权（这并不表现在力量的爆发上，反而表现在尽可能少地使用能量上），但它很快被民主化，与诱惑结合在一起，而不再是权力。服装与这个姿势有着密切的联系，无论是代表权力的姿势还是代表诱惑的姿势。服装使姿势成为可能。裸体也可以摆姿势，但只作为肉体，而不是人。要呈现一个人，你需要布料的垂褶，版型的剪裁。只有这样，姿势才成为一种态度，一种关系。

令人震惊的是，我们今天所知的时尚形象主要是摄影图像。摄影图像强化了姿势的逻辑性。时尚摄影（别无其他）将姿势固定下来，并将其与生动逼真的元素结合在一起。这种混合决定了时尚摄影的张力，而这种张力正是时尚摄影的精妙之处。

然而，时尚的摄影形象也产生了一种固化。时尚在照片中的呈现限制了人们的注意力和敏感度。我们所看到的主要是公式，而不是指导我们解决问题的独特方案。在某种程度上，受摄影的影响，时尚的本质已经变得越来越模糊。摄影消解了服装的实质。

姿势是一种综合体。在礼仪肖像和魅力肖像中，人们将姿势视为一种静止的、集中的力量平衡。在肖像画中，人物将自己从日常生活中抽离出来，进入一种传记本质，不是他本身的存在，而是作

Fashion as a system of meaning

1.
亚历山大·范斯洛博（Alexander van Slobbe）
1959，斯希丹（荷兰）

在当今的高价品牌（比如普拉达）当中，若论及质量、精致度与装饰，要区分成衣与高级定制并不容易。但是在20世纪80年代，这两者之间可是有天壤之别的，亚历山大·范斯洛博也就是在那个年代在成衣业开展自己的事业的。他绘制的草图邮寄到香港，然后送回来的便是成品。因为热爱这个职业，他在1980年与纳内·范德克莱恩（Nanet van der Klein）一起创立女装品牌Orson+Bodil。他们的服装以现代化、高品质为特征，以特定的女性群体为目标。他们并没有借鉴对象，那时，"荷兰设计"主要还是以桌子、灯和椅子为主。在当时人们看来，"真正的时尚"还是舶来品。不过Orson+Bodil却获得了认可，并拥有了一批忠实的顾客。然而，银行与投资者对他们并没有信心。1993年，小规模的手工商品不能满足市场需求，范斯洛博在一位投资者的支持之下成立了男装品牌SO，最终将所有心力都投注在上面。结合运动与古典风格（想想有细条纹的慢跑裤）的SO很快就得到认可，在国际上大获成功。它借由次授权的方式进入日本市场，最后完全演变成了一个日本品牌。范斯洛博一年在荷兰与亚洲之间往返14趟，维持这个庞大组织的运作。后来他开始扪心自问，自己究竟在做什么。2004年SO被卖给了一家日本公司，范斯洛博将注意力完全转移到荷兰，为Orson+Bodil注入新生命。位于阿姆斯特丹卫斯特加法布里克（Westergasfabriekterrein）的新店在开设之初便举办了他的系列作品回顾展，证明他的设计并不受时间限制。

2003年，范斯洛博荣获本哈德亲王文化基金的贡献奖，他也为运动品牌彪马（Puma）设计服装和鞋子。范斯洛博于2003年开始在安恒艺术与设计学院（现在是荷兰ArtEZ艺术学院的一部分）担任时装设计课程讲师，他自己也是该学院1979级校友。他和事业伙伴古斯·博伊默（Guus Beumer）创设了Co-ab，希望协助年轻设计师成立自己的工作室、发展事业。这么做的背后原因是，他认为荷兰的时尚依然缺乏良好的基础。

参考资料：

Ter Doest, Petra et al. 'Ontwerpers hebben geen hobby's. Je werk is je hobby'. *Elsevier Thema* Women's fashion (August 2004): 48-52.

插图：
1. Orson+Bodil，2005/2006秋冬系列，见P188-189。
2. Orson+Bodil，2006春夏系列，见P190-191。

1.

2.

2.

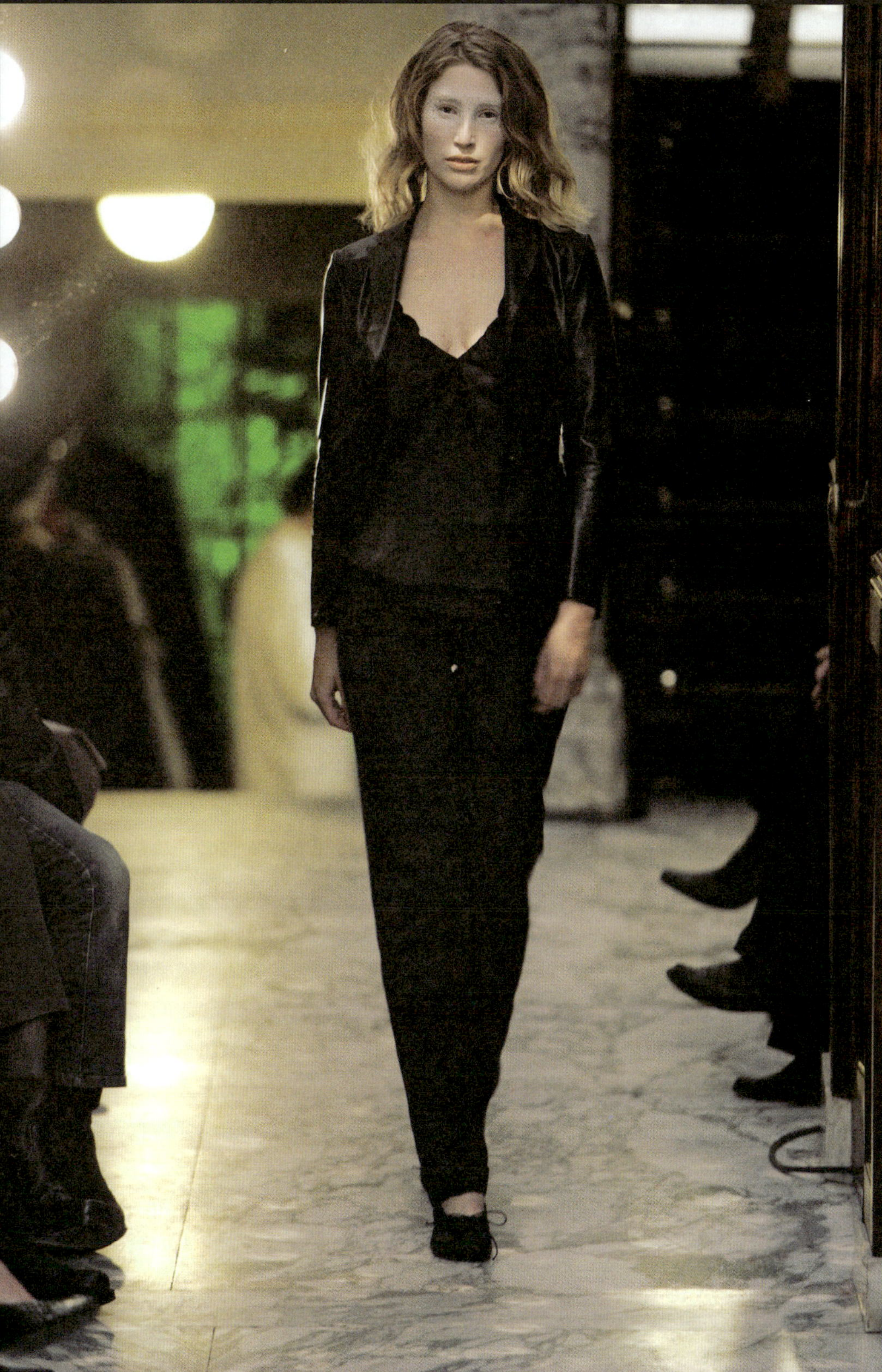

为一种理念的人存在。显然,理想化就是从这里开始的。

在商店试穿衣服时,人们也会在镜子前以各种姿势对自己的着装形象进行评价。这是穿衣的静止阶段。静止的姿势蕴含着最大的魅力。镜子里的映像会让人产生一种固定的印象,销售人员不得不以"走动一下"的方式把你吸引回来。人们立刻失去了在姿势中找到的令人满意的平衡点,在这个平衡点中,他们曾短暂地抱有一丝希望,他们可以躲藏在其中,寻求庇护。在镜像中,衣服暗示着人们对我们是什么和我们是谁的问题有了一个视觉答案(这个身体,这个生命;还有秩序,重要性的次序)。通过姿势这一关键,时尚表明,此时此地,这就是时尚本身,它与外界是隔绝的。

不过,在摆出若干姿势之后,还需要采取一些步骤。我们走路时要看衣服是如何垂下来的,向前迈一步,然后也向后迈一步,向左迈一步,向右迈一步,不仅要继续把衣服看成是遮羞布,还要把它看成是身体动作的护套。动作蒸发了幻想嫁接在衣服上的执迷。取而代之的是承诺。每一个动作都是一个潜在的新姿势的序曲,也许是通向一个新的、以前未知的形象的途径。运动让我们屏住呼吸,因为在这个走钢丝般的过程中,我们永远无法确定形象是否一直在那里。但是,玛琳·黛德丽(Marlene Dietrich)的艺术就不一样了。她让我们措手不及,因为她在表演中真实而形象地构建了镜像。她不遗余力地创造影像,并突然刹住自己的动作,打破所有的自发性,却又像脱衣舞艺术家一样,将一个幻想完美地转移到另一个幻想上。"我在这里只是为了向你传递形象。"

因此,摄影图像固定并设定了姿势,但姿势不再是权力的姿势,而是诱惑的姿势;不再是本质的姿势,而是计划的姿势。诱惑会转变,权力会变成石头。

时尚摄影锚定了我的时尚理想,但它并没有为我提供时尚理想的本质版本。恰恰相反,人们越来越无法从本质上思考自己的生活。他们越来越认为一切都只是暂时的。作为一种综合体,这种姿势已不再可行。文艺复兴和巴洛克时期的伟大肖像艺术表明,人们能够以一个连贯、永恒不变的核心来思考自己。从19世纪后半叶开始,我们越来越少地从这个核心、这个中心的角度来思考问题,而是越来越多地从可打破的动态角度来思考问题。时尚的形象也不例外。如果我们移动起来,我们就不是封闭在自己周围,而是开放的、脆弱的,容易受到来自外部的任何影响。与站立、坐着或躺着时相比,当我们行走时,我们也处于一种更脆弱的平衡状态。

时尚形象的历史被禁锢在动作与姿势之间、活力与理念之间、生命与本质之间、现实主义与风格化之间、功能与梦幻之间。一方面,人们渴望在拍摄现场以自然的姿态,让穿着衣服的模特除了摆出自我意识的姿势之外,还能做一些事情:在街上散步、做一些运动、放松一下;另一方面,人们渴望在抽象的视觉观念中呈现一个人物,正如我们的幻想所在,一个能像其他人一样吸引我们的人物，一个能抵制虚拟凝视——审视——的人物，因为被凝视的人不再被动地体验他的可见性，而是能将其转化为一种主动的控制。

## IV 民主势利

当你走出试衣间，你就跨过了一道门槛，出现在世界上。只要穿上衣服，人们就启动了相应的角色转变。意图是得到关注和认可，风险是不被关注或嘲笑。关注和认可是一种"授权"，在这里你的价值和能力被认可（或不被认可）。跨过那道门槛，你就被圣化了。打扮自己是为圣礼、加冕做准备。这种加冕预示着你需要如何回应（作为比较，不穿衣服，你是别人罪恶感的对象）。你的就职仪式就是通过衣着形式上的授职礼完成的（正如政客的就职仪式）。服装表明了你说话的位置，表明了你在社会交往中可以使用的"我"。服装让你说话时轻柔或严厉，豪放或谨慎，矜持或粗鲁。它让你在特定的场合里发言，为你提供特定的语言。只有在服装中，你的语言，包括词汇、语调和思维方式，才能占据一席之地，获得其固有的权利。关于头巾、圆裙或胸罩的冲突不是小事，而是干预行为。它们表明你希望别人以何种方式与你交谈，以及你希望别人以何种方式回答你。总之，服装让你能够出现在人的世界里。在那里，它没有唤起任何（虚假的）伪装。不，它揭示并强调了一个特定的意愿。

因此，自古以来，我们的荣誉感就体现在我们的穿着上，这绝非巧合。我们希望自己得到他人的认可，我们总是担心我们的荣誉会受到冒犯。侮辱或谩骂通常表现为对服装的中伤。值得注意的是，归根结底，我们更担心自己变得可笑，而不是丑陋。丑陋有它自己的力量，而嘲笑会夺走你的力量。它打击了你的地位和能力，束缚了你的双唇，禁锢了你的语言。服装是非常危险的前线，在这里，你的自尊要么成型，要么消亡。

当一个女人从镜子前转过身来，问："我这样看起来还好吗？"她做出了陈述，并要求得到回应。服装是一种回应现象，是一种要求反姿态的姿态。从这个角度来看，服装是一种创造行为：这就是我；我是这样的，现在轮到你了。服装将某些东西与其他东西并置。这不是共生，不是连续，而是一种分割，一种分界。你含蓄地、自然地表明了你所拒绝的所有衣服、态度和关系。作为时尚现象的基石，无处不在的拒绝通常不在讨论之列。时尚杂志不是对你不应该穿什么的总结，也不是对低级趣味的讽刺性罗列，尽管事实上买衣服在很大程度上，仍然是对商店橱窗里的、陈列品中的、品牌的和货架上的所有"不适合我"的（衣服），令人疲惫不堪的谴责。给自己穿衣服在很大程度上就是一种拒绝穿得像其他人。势利——轻蔑的判断——在服装中是必不可少的。势利将差异变成一句话：欣赏变成贬低。

《于洛先生的假期》（*Les vacances de M. Hulot*）包括了无数的势利事件。

Fashion as a system of meaning

3. 朱迪思·谢伊（Judith Shea），《伊甸园》，1986/1987 年，青铜。

在这部以一个小型度假社区为背景的影片中，人们对自我区分的痴迷达到了极致。武器就是所谓的表面现象，是那些微不足道的细枝末节，但却非常有效。在一个名副其实的着装马戏团里，人们尽情施展各种杂技，以建立代际关系和性关系，给自命不凡者一个明确的位置，从而实现度假现象和法国人的生活方式。没有势利的苦乐交织，就没有假日的乐趣。

其收获是大量华丽服饰的对比和着装规范的变化。塔蒂（影片的导演及主演）的喜剧是你能想象到的最佳着装表演之一。这种"势利"所产生的过度形式令人愉悦。电影中的每一个人和观众都体验到，在能引起强烈对比的细微差别方面，人们可以说无所不用其极。

于洛本人却远离了这条规则。他是一方净土，一个穿着毫无特色的雨衣的小丑，对周围的傲慢战争充耳不闻、视而不见。当他脱下雨衣时，他的衣服不可避免地脱节了。他是一个天真无邪的着装幻想者，一个可以从所有势利中抽身而出的人。

作为一种社会动态，服装是差异与相似之间的一种有趣的平衡行为，说着同样的语言，却表达着截然不同的意思，既独一无二，又是社会的一部分。我们玩着同样的游戏，每个人选择自己的立场。

服装是一种矛盾的差异语言，而不是令人反感的一致性系统。有差异，但没有裂痕。在过去的一个半世纪里，艺术一直在探索一条与过去的一切彻底决裂的轨迹。服装则既低调又微妙。差异是人们谈论的话题，但严重的破裂或断裂则是丑闻。"前卫"这个充满战争气息的术语表明，在艺术中令人陶醉的破坏冲动而不是对话，是如何得到青睐的。差异助长了语言和关系。而另一方面，断裂则强加了沉默。差异"行得通"——差异既能提高社会地位，又能满足性欲。分裂则冻结了它们。

服装让我们能够对两大弊端——从众和势利——进行细致入微的思考。两者都是同一运动的一部分，但它们相互修正。从众使公共语言变得安全，但是势利会激发对话，因为有话可说。这就是区别所在。

与此同时，时尚的民主化给我们的印象是，我们可以摆脱从众和势利的束缚。这一时尚成就要归功于服装的解放。服装的经济便捷性、变化的快速性、功能性、形式的梦幻性、新材料的爆炸性供应及其丰富的质地，以及思想深度和博物馆级别的雄心壮志，似乎为服装筑起了一个全新的巢穴。然而，这种解放是有代价的。"解放了的"，风险要小得多。解放了的服装不置可否，独善其身。

对于服装而言，性是差异的原始模式。男性和女性是语言和欲望、社会关系和视觉对比的二冲程发动机。此外，我们直立行走的身体也进一步对两性进行了区分。我们将自己的性特征展现在身前，不像其他哺乳动物那样隐藏起来，而是像一面带有标志的旗帜。我们身体的前胸和后背、上半身和下半身，再加上身体的左侧和右侧，构成了一个三维棋盘，男性和女性在棋盘上对弈。根据这种视觉、这种对比的逻辑来描述服装是无可反驳的。这样，我们就能破译"时尚系统"。

遗憾的是，这种形式主义的方法阻碍了服装的魅力所在，即不稳定的微妙逻辑。这种不稳定性不是缺陷，而是细微差别的先决条件。稳定性会让差异变得僵硬，失去其多样性和微妙性——细微之处。

其中最显著的特征之一就是"那个怎么样呢？"这是一种非常女性化的表达，但同时也有一些男性特征，冷漠而有魅力，现代而浪漫，等等。各种组合层出不穷。服装，似乎可以使人两极分化，但同时又能减少两极分化。它是一个不断自我审视的系统。这是它能够作为一个系统发挥作用的条件。

服装约定俗成的惯例的确不是限制，而是一种开放和自由游戏的源泉，是一种类似隐喻意象的比赛，其中关键的修辞手法是仅仅通过暗示或只言片语就可以勾勒出整体或将两种对立的价值观统一起来。从这个意义上说，服装是一个看得见的梦想成真的地方，在这里可以毫不费力地将一方和它的对立面结合起来。穿上衣服，我们不仅是文化的创造物，而且非常明确地成为"梦境的存在"。文化是法律、制度、惯例的秩序范畴。在这里，梦境是对这一体系的不断重塑，是一场热闹而诗意的狂欢，在无序中颂扬有序。

在我们衣服的褶皱、接缝和层次中，许多投资在这些组合中的密度变得有形。领子和袖子、内衣和外衣的额外复杂性，是文化和传记的集中体现。

跨出试衣间的门槛，人们有着利用自己的外表进行生活冒险的雄心壮志。门槛外是一段新的旅程。晚上，当你脱掉衣服时，关于派对的记忆就会与这些衣服联系在一起。每个人都知道，"第一次"永远只有一次，而"以后"会让人恼火，因为它们频繁到令人难堪。因此，我们的服装既承载着我们的未来，也担负着我们的记忆。服装不可避免地带有过去的味道，个体的过去以及集体的历史。服装的诱惑总是也是一种微妙的哀叹。高级定制时装的魅力最明显地体现了这一点：自信中夹杂着不确定，诱惑中掺杂着忧郁。真正的优雅是忧郁的智慧，但又在我们胜利的生存意志的掌控之中。我想这是完全可以理解的。

**Fashion as performance art**
时尚与表演艺术

何塞·特尼森（Jose Teunissen）
# 从花花公子到时装秀：
# 时尚是一种表演艺术
（From dandy to fashion show
　Fashion as performance art）

1.

1. 本哈德·威荷姆，时装发布会，2005 秋冬系列。
2. 身穿透明裙的崔姬，1996 年。
3. 凯特·摩丝为 Vogue 拍摄的第一组"邋遢"照，1993 年 6 月。
4. 园艺与时尚，Style 网页，2004 年夏季。

为什么说时尚离不开时装秀？每一个新系列的发布都会有一场时装秀，模特随着音乐自如地走来，摆着姿势，向观众展示自己。杂志上的时尚报道也以模特的动态姿势为特色。事实是，衣服穿在身上比挂在衣架上更好看。更重要的是，如果没有时装秀或照片报道，我们就不知道应该如何穿衣服，这是时尚故事的另一个重要方面。随着时间的流逝，每一种新的时尚潮流都会带来一种新的行走和站立方式，而我们甚至意识不到这种变化。崔姬全盛时期的典型跪姿与20世纪90年代"海洛因时尚"中的挑衅性懒散姿势大相径庭（Teunissen 1992：7S）。

因此，时尚不仅仅是正确的体型或正确的颜色。它是一种视觉艺术，一种以自己的身体"我"为媒介的创造，从而成为一种行为艺术（Wilson 1985：9）。氛围、姿势、手势和微妙动作的正确组合，决定了某件东西被视为优雅还是酷炫。

## 理想的动作

2004年夏天，Style网站*将目光转向了园艺世界，将其视为理想的时尚环境。这种特别的展示方式并不是让我们自己去从事园艺工作，而是通过阳光、鲜花以及木鞋和浇水壶等，让我们进入正确的情绪状态。就风格而言，这意味着青绿色和花朵图案将非常重要，但这也是对我们如何行走、戴太阳镜和拿手提包的一种示范。

第二个主题是向超现实主义致敬，接着是向设计师艾尔莎·夏帕瑞丽致敬。这一主题让人联想到20世纪30年代超现实主义盛行时期的魅力和感性的女性气质，同时还带有一丝讽刺意味。我们看到，作为帽子的天鹅绒水果篮以及其他那个世界的其他细节，再加上超女性的优雅姿态和动作，都体现了这一点。

归根结底，采用这种带有细节和姿态的整体造型，表明我们是时尚界的一

*　康泰纳仕集团旗下的时尚电商网站——译者注

2.

3.

4.

员，我们是有品位的。正如罗兰·巴特在《时尚系统》（Barthes 1967）中所说，它将时尚变成了"存在的艺术"。在研究了20世纪60年代时尚杂志上的时尚照片后，他得出结论：时尚总是暗示着某种活动和充满活力的生活，但并不意味着照片中展示的相应活动需要实际开展。环境自发地提供了一种"时尚"氛围，这种氛围可以通过一些精确的细节来获得。在Style网站的首页上，我们就看到了这样一个时尚细节的精髓。连衣裙和上衣细肩带的正确穿法是"扭转"法。仅此一点就足以成为时尚形象；变身时尚达人所需要付出的努力不会比这更多。

如果没有时装秀和时尚杂志，这种细节的微妙结合以及在身体上展示时尚的方式将不会为人所知。时尚需要一个有存在感的身体，一个移动起来不显做作的身体。合适的身体是现代时尚信息不可或缺的一部分；在流行的时尚潮流中，这些动作看起来自然而然。但是随着岁月的流逝，崔姬的磕磕碰碰的膝盖或者凯特·摩丝忧郁的下垂脸庞看起来就像20世纪70年代夸张的鬓角和喇叭裤腿一样显得矫揉造作。

每一种新造型，时装都会进行抽象的表演，展示理想的动作类型。这一切是如何产生的？为什么时装秀是汇聚时尚所有方面的关键时刻？

**作为时装秀先锋的花花公子**

1860年，高级定制时装屋已经开始使用模特向顾客展示他们的新作品，但在1910年之后，时装秀变成了一种公开展示，模特们为观众表演。然而，在男装界，人们对自我展示以及摆出正确姿势和姿态的兴趣兴起得更早。随着19世纪初花花公子和无名的现代城市中游行的出现，人们开始将时装理解为一种"公开、随意的表演"。这种公共表演与18世纪法国宫廷的戏剧性和仪式性"时尚"

5.

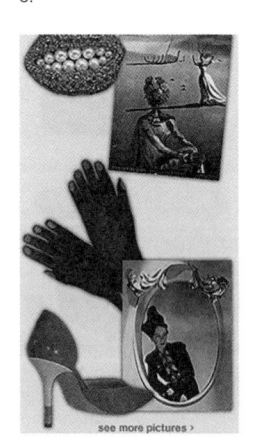

6.

5. Style网页上呈现的超现实主义与时尚，2004年夏季。
6. 20世纪70年代街头男子，摄像：Hulton Gelly Picture Collection。
7. 《玛丽的约会》，基于让-米歇尔·莫罗·勒琼（Jean-Michel Moreau le Jeune）作品的版画，约1776年。
8. 乔治·克鲁克香克（George Cruikshank），《1822年的怪物》，版画。

展示截然不同。它们体现了 19 世纪的新思想,如个性和个人品位。

在 18 世纪,男女服饰规则大致相同。那时,男性还可以用蕾丝、羽毛和装饰品来打扮自己,也可以穿着色彩艳丽的服装。女人们穿紧身胸衣、衬裙和吊带裙来勾勒出理想的轮廓,而这个时期的男人们则用高跟鞋和华丽的胯部装饰来彰显他们的男子气概。但是,启蒙运动和法国大革命的新思想给社会秩序和公共生活带来了巨大的变化。贵族失去了权力,中产阶级在工业化和民主化的浪潮中崛起。决定一个人生活成功与否的不再是出身,而是品位和风格。现在,只要你遵循正确的规则,就有可能具有时尚意识并表现出自己的艺术品位以及社会地位(Bourdieu 1979:258-260)。

花花公子是时尚界的领军人物。虽然他的背景并不特别,但他对当下时尚却格外关注,并以其内在的文化和修养吸引了人们的注意。为了突出自己和上一代人——奢侈浮夸的贵族——之间的差距,花花公子选择了更为严肃和统一的服装:西装(Hollander 1994)。这不仅强调了花花公子的不同角色,而且从那一刻起,男性的身体也被认为在审美上有所不同。当女人继续展示她的身体,以丰富的颜色和形状炫耀自己时,男人开始用深色高领西装隐藏自己的身体。女装依然是时尚界的观察对象和关注焦点,而男装则稍稍靠边站了。在时尚版画所展示的舞台场景中,从这时开始,他将站在舞台的边缘,无论在视觉上还是在体量上,他所占的空间都只有女性的三分之一。

**引入动态的身体**

乍看之下,男人穿上了永不过时的新西装,似乎已经走出了时尚体系,将时尚的奇思妙想留给了女人(Flugel

1930）。但从今天的角度来看（女性的时尚在20世纪也变得更加严肃，并开始越来越接近男性的着装风格），男性在19世纪初经历了彻底的现代化。他适应了新的、现代的、无名的城市生活，而女人则被困在贵族的旧式华服中。在《性别与西装》(Sex and Suits)（1994）中，安妮·霍兰德令人信服地展示了西装是如何领先于时代的。它具有当时尚未发明的汽车和飞机的抽象性，被视为现代设计的先驱。西服的剪裁以希腊人的身体理想为基础，成功地将男性身体转变为一种永恒的抽象形式，细节由此成了关键。它展示了一个回归理想比例和动作的身体。这种新时尚的重点在于微小的细节，以休闲和日常的方式展现理想的姿态和动作——所有这一切都在一个全新的环境中进行，包括在街上游行。

这一时期的女装完全不注重日常和短暂的现代性。在整个19世纪，女性的身体仍然是经过装饰的，由于穿着紧身胸衣和衬裙，身体几乎没有任何灵活性可言。当时尚版画中的花花公子在城里游行时，时尚杂志中的女性通常以舞会或午后沙龙为背景，静静地坐着，像一幅画一样任人欣赏（Steele 1985）。这就在男女之间拉开了巨大的距离，不仅是在服装方面，在表演方面也是如此。男人在无名城市的街道上游走，转瞬即逝。他展示了一个移动中的"自然"身体，这个身体偶然经历了短暂的身体时刻。另一方面，女性则继续在类似宫廷文化习俗的环境中展示自己，而且更加"戏剧化"。

**游行文化**

17世纪和18世纪的贵族在宫廷的招待会和乘坐马车的游行仪式中，无时无刻不在炫耀自己。就连早晨起床穿衣也是例行的礼仪活动，部分家庭成员都会到场见证（Hanken 2002）。这些仪

9.

10.

式将国王和贵族提升到绝对的关注中心，今天的王室依然如此。花花公子再也不能依靠这种有保障的关注了。作为一个平民，注定要过着平凡的日常生活。他的特别之处在于，在默默无闻的大众生活中，他能够脱颖而出，引起人们的注意。可以说，他一手创造了自己的明星地位。走在大街上，在那些身着黑色西装的人中间，他能够用独特的高领或特殊的步伐吸引大众的注意。他不是从规定的仪式或典礼中吸引关注，而是在日常生活的瞬间成功地捕获了人们的注意力。

通过这种方式，花花公子表达了一种全新的现代都市情感。在19世纪，以巴黎为首的城市文化越来越关注日常生活中瞬息万变的细节。报纸上关于每天街上发生的新奇事物和新建的林荫大道的报道成为一种新的消遣方式。一个为大众设计的公共空间出现了，在那里人们可以看到建筑和彼此。所有这一切都将无名的城市生活变成了一种大众奇观，一种具有"光环"的现实，一种可以共同体验的现实。街头的时尚游戏成了其中必不可少的一部分（Schwartz 1998）。

**身体是灵魂的镜子**

服装和身体在19世纪变得密不可分。在18世纪，诸如个性、性格或精神等因素是无关紧要的（Sennett 1977）。身体只不过是身份和地位信息的载体。在法国贵族中，身体只不过是一个不具表情的玩偶，人们可以用巨大的假发、面具、化妆品和粘贴的胎记随心所欲地装饰，几乎完全掩盖了自己的外貌特征。（插图：假发中带有船只的女人）假面舞会在这一时期能发展到这个程度，是因为当时还没有在人的内在和外在之间建立起联系。你是谁并不重要，重要的是你如何展现自己。没有人在层层装饰的礼貌外表下寻找一个人的身份和个性（Perrot 1987）。

9. 《震惊——一个穿着陀螺型长裤的男人与穿着大蓬裙女士的握手》，1856年。
10. 《调养中的病人》，尤金·拉米（Eugene Lami）作品临摹，约1845年。
11. 女性发饰，约1778年。

11.

18世纪,在让-雅克·卢梭的影响下,这种观念发生了变化,他代表"真正的人"发出了强烈的呼吁。卢梭希望回到文明的简单形式,那时的人类是原始的、真实的和透明的。瑞士神学家约翰·拉瓦特(Johann Lavater)受到这些思想的启发,开始寻找适用于全人类的原始身体符号,他声称这些符号早在语言和其他约定俗成的东西之前就已经存在了。1785年,他的著作《观相术文选》出版,这本书成为外貌受到重视的开始。对数以千计的测试对象进行测量和比较,从而提取性格特征的基本信息,如细长的脖子代表黏液质和阴柔型,短粗脖子则代表巨人型和高贵型。与这种思维方式完全一致的是随后的礼仪书籍,包括姿势和手势,以及如何表达某事的现成技巧:手指放在下巴下代表严肃,昂起的头代表良好的教养。这些书籍经常被肖像画家、早期肖像摄影师和模特杂志借鉴。为每一种情感或性格特征提供了明确的结论性态度。

随着19世纪的发展,服装和身体成为个人和个性的标志,而个性则在个人的特殊品位中表现出来。一个人的外在形象、服饰和姿态,从仅仅是挂着各种身份象征的衣架,变成了他灵魂的一面镜子。

花花公子由此引入了一种新的外观类型。在18世纪的宫廷生活中,表演仍然以展示身份为重点,现在则侧重于"个性的表现"。花花公子的英雄主义隐藏在其个人的本色中。也就是说,每推出一种新时尚,他都会重新发现自己的"身份"(Barbey D'Aurevilly 2002:79)。整洁、庄重、体面:所有这些都在花花公子和有良知的公民精心打造的外表中显露出来。正如巴比·德奥雷维利在他的论文《论纨绔主义和乔治·布鲁梅尔》(On Dandyism and George Brummell)中所写的那样,时尚变成了"存在的表现"。

这幅(花花公子)漫画给我们描绘了一幅极度夸张的现实图景。纨绔主义的现实是人道的、社会的和精神的。最关键的不是服装!恰恰相反,服装的特殊穿着方式才构成了纨绔主义。(同上)

## 举止自然

游行还体现了男性时尚中新的情色主义。巴洛克时期的服装,以其夸张的款式和配饰,如假面舞会般将身体笼罩其中。然而,剪裁完美的西装却要求优雅的姿态和从容的敏捷。现在,身体及其动作也是可以解读的。无论是僵硬还是灵活,所有这些细节都透露着穿着者的个性。

奥诺雷·巴尔扎克(Honoré Balzac)在《风雅生活论》(Traite de la Vie Elegante)一书中描述了这种新的自我展示形式:

> 纨绔主义实际上是装出来的时髦。一个人一旦成了花花公子,他就成了客厅里的一件摆设,一个玲珑剔透的木偶,可以放在马背上,可以放在沙发里,他可以灵巧地啃或嘬他的手杖头,至于说到一副会思考的脑袋嘛……压

根没有！谁要是从时髦中只看到时髦，谁就是个傻瓜。风雅生活既不排斥思想，也不排斥科学。相反，它推动思想和科学的发展。过风雅生活可不仅仅是会花时间享乐，还必须擅长在极高的思想水平上使用时间。（Balzac 1938: 177）

巴尔扎克意识到，花花公子对自我和身份的展示是一种时尚构建。他将花花公子描述为一个行为举止方式都能极其巧妙的模特。时尚为他提供了基于拉瓦特相学理论的个性和身份。他的外貌和姿态反映了他的灵魂。当我们将上述2004年Style网站的想象世界与19世纪花花公子博·布鲁梅尔的想象世界进行比较时，我们会发现两者已经完全可以相提并论了。

在某一时期，花花公子们甚至开始偏爱穿着破旧的衣服——不可思议，但却是事实。这发生在布鲁梅尔统治时期。他们已经没有了无所顾忌的想法，也不知道下一步该做什么，直到他们想出了一个时髦的（我不知道其他表达方式）主意：把他们的衣服揉搓得破碎，直到只剩下一片云彩。他们想像神一样在云端漫步。这是一项非常精细和耗时的活动，因为他们使用的是一块削尖的玻璃来达到预期的效果。这是又一个真正的时髦的例子，在这个例子中，衣服根本无足轻重；事实上，它的存在可有可无。（Barbey D'Aurevilly 2002: 79）

**做作是如何被理解为自然的**

在现代花花公子的日常生活中，首次出现了公众不能或不被允许在场的私人时刻。花花公子利用这些时间完善他的外表和举止。例如，博·布鲁梅尔会花数小时来刮胡子，这样他就可以确定每一根小毛发都被剃光了。打出巧妙而完美的领结也不是一蹴而就的，并且他咨询了至少三位专家来开发出完美的手套。一位设计拇指，一位设计其余四指，还有一位设计手掌（同上）。

所有这些努力都是刻意在私下秘密进行的。因为公众看不到，所以似乎根本不存在。完美的外观是看起来好像是"自然而然"实现的，毫不费力。因此，花花公子的时尚身份给人的感觉是可信的、现实的和不做作的，他的外表成了他"自然"的灵魂的镜子。在这一点上，他也有别于18世纪的宫廷文化。在18世纪的宫廷文化中，伪装和假面舞会在时尚界占据核心地位。

**现代女性追随男性**

1863年，夏尔·波德莱尔在《费加罗报》上发表了文章《现代生活的画家》。波德莱尔是继巴尔扎克之后第二个定义现代性的花花公子，因为他在城市生活中遭遇了现代性。他不仅关注男性时尚，也关注女性时尚，尤其将女性时尚视为现代性的表现。在他看来，绘画最好效仿时尚，时尚在每一季、每一年都重塑、定义和重新定义了美的概念。他惊讶于时尚如何巧妙地从历史中提取元素并将

12.　　　　　　　　　　　　　13.

其融入当下。在时尚界，历史和永恒与转瞬即逝的美自然地融合在一起。波德莱尔在时尚中看到了一种激进的现代性，可以作为艺术的典范。他欣赏插画家康斯坦丁·盖伊的作品，他善于捕捉街景的瞬间，比如街上的时尚女性提起衬裙，露出下面的一只脚。波德莱尔写道，就在那一刻，身体、服装和面部表情的结合创造了现代女性。

> 哪个诗人，在描述他因为看到一个美丽的女人而感到快乐时，会冒险把那个女人和她的服装分开？在街上、在剧院里、在树林里，哪个男人没有忘我地欣赏过一套精致的服装？他的脑海中形成一幅完整的画面，展示穿着它的女人的美丽，由此女人和礼服就构成了一个不可分割的整体。
> （Baudelaire 1992：59）

因此，通过波德莱尔，女人进入了现代时尚世界的话语体系，它之前一直由花花公子主导。波德莱尔称都市女性为女神、明星。和花花公子一样，她的成功甚至她的存在都取决于她的外表，换言之，取决于她穿的衣服。她的服装就是她的个性。内外融合。由此我们可知，波德莱尔意识到这样一个事实，即时尚的创造力和现代性在于她的外表，在于其结构的人工性和戏剧性，因为其取自于日常，所以看起来也是自然而率真的。

她们的存在更多是为了悦人而不是悦己。她把自己打扮得富有挑战性和野蛮的优雅，或者她（或多或少成功地）

12. 康斯坦丁·盖斯（Constantin Guys），《欢迎》，1865年，纸上水彩。
13. 沃斯时尚屋，长裙摆晚礼服，Mrs Walter H. Page 收藏，美国。
14. 乔治·修拉（Georges Seurat），《大碗岛的星期天下午》，1884—1886年，油画，芝加哥艺术中心收藏。
15. 《时尚沙龙》，1887年。

模仿在一个更美好的世界里常见的质朴。她缓步而来或翩翩起舞，体量巨大的刺绣衬裙随之翻滚，它们既是基座又是平衡杆。她从帽檐下面往外看去，就像一幅肖像向相框外探望。（同上：72）

波德莱尔也指出了花花公子和时尚女性之间的区别。两者都依赖于他人的关注。但女人处于舞台的中心，而花花公子选择了一个更随意的位置。

有趣的是，女性身体的活力和灵活性只能在一些细节里体现，不像男性身体已经可以自如行动。那些细节也仅限于起伏的裙摆和露出的一点足尖。她身体的其余部分藏在衬裙和紧身胸衣下面，一动也不动。但是第一次出现了一种探索，

探寻类似于运动中的身体的美感。女性时装仍然需要经历一个完整的过程，才能达到与男性时装相同的抽象水平。

**查尔斯·弗雷德里克·沃斯**

时装设计师。沃斯于1858年从英国搬到巴黎，开设了第一家高级时装屋，他将这种对女性身体的新探索向前推进了一步。在此之前，女人们都是请裁缝来为她们量身定制，并且对她们的新衣服应该是什么样子有着明确的想法。现在，与波德莱尔的时代精神完全一致的是，一种创造性正在发挥作用，它不仅通过绘画，还通过时装，成功地将普通女人变成了梦幻女人。沃斯制作了样衣，

16. 斯特芳·马拉美，《最新时尚》，1874 年。
17. 身穿保罗·波烈设计的霍步裙及长裤装的模特。《画报》，1911 年 2 月 18 日。

请职业模特进行展示，从那时起，女人们开始把自己交给他，让他制作自己的梦幻形象。这位艺术家和时装设计师还让这些女性离自由活动的身体更近一步。在他的传记中，沃斯描述了他陪同妻子玛丽·韦尔内前往布洛涅森林的经历，在那里他发现如果将衬裙的背部打褶，会使裙子本身更具活力和动感（O'Hara 1986：265）。

画家乔治·修拉在画作《大碗岛的星期天下午》（La Grande Jatte）中展示了这种动感的影响，当时裙摆已经第三次进入时尚潮流了。修拉设想了一种新的人体美学，其目的是在运动中观察人体。这幅画是时间中凝固的一个瞬间，但画中的一切都表明这一时刻是设想好的。我们看到服装在精心构建的场景中刻意呈现出侧面轮廓，就像城市中不经意的路人看到的那样。它明确地传达出现代世界的身份将由人们在公共场合的表现方式来构建（Steele 1985）。这件衣服是为侧面观看而设计的。而侧面，就是路人行走时看到的场景。

## 对短暂美学的探索

在此期间，我们看到时尚插图发生了同样的变化。时尚女性不再坐在沙龙里，腿上放着她们的刺绣作品。现在她们是巴黎风景的一部分。她们漫步在花园和街道上，或者坐在露台上（Kinney 1994：270-314）。新的时尚理念不仅需

17.

Fashion as performance art

## 保罗·波烈（Paul Poiret）

1879，巴黎（法国）— 1944，巴黎（法国）

参考资料：

Deslandres, Yvonne. *Poiret: Paul Poiret, 1879-1944*. New York: Rizzoli, 1987.

Mackrell, Alice. *Paul Poiret*. New York: Holmes & Meier, 1990.

Thornton, N. *Poiret*. New York: Rizzoli, 1979.

插图：

1. 模特穿着保罗·波烈设计的裙裤，背景是波烈的时装公司，《画报》1911 年 2 月 18 日。
2. 保罗·波烈时装屋的一位模特留影，1910/1911 年。

法国时装设计师保罗·波烈不但创造了一种美的新理念，也开创了一种新风格。他的设计并不使用束腰，他推出了一种简单、显瘦的高腰长袍。波烈舍弃传统的衬裙，选用有皱褶的柔软布料，突显一直以来被隐藏起来的身体。由此女性的身体第一次能够活动自如。波烈还推出了裙裤和连身裤装，他也是第一位推出自己的香水的设计师。

保罗·波烈于 1879 年出生在巴黎，年轻时担任女装设计师雅克·杜塞的助理。1901 年，他开始在著名的沃斯服装公司工作，一年之后遇见了 16 岁的丹妮丝·博莱（Denise Boulet），两人从小就认识，后来结为夫妻。1903 年，波烈开设了自己的时装沙龙，不到一年他的设计就赢得了不错的风评，而每一件作品都是由丹妮丝制作的。波烈将活泼机敏的丹妮丝作为自己的缪斯，以她如男生般的纤细体形为参照，改变了广受欢迎的丰满成熟女性形象。

他的作品色彩亮丽，充满异国风情，以和服、土耳其式长袍以及土耳其长裤为设计基础，多采用如真丝、天鹅绒、珍珠和罕见的羽毛等材料。

此外，他呈现设计作品的方式也开创了新的气象。波烈请艺术家保罗·伊里巴（Paul iribe）与乔治·勒帕（George Lepape）为他绘制时装插画，也找来爱德华·史泰钦（Edward Steichen）拍摄他的服装。波烈在 1910 年举办了最早的时装发布会，拍摄了最早的时装影片。直到第一次世界大战为止，他的地位都无人可以撼动，但是战争期间波烈却不得不关闭他的沙龙，上前线打仗。当波烈重返法国的时候，巴黎已经是香奈儿等新秀设计师的天下，他的光芒也开始消退。他试图筹办奢华的宴会以吸引老顾客，但最后却因为毫无节制的花费而宣告破产。丹妮丝离开后，他更成为一个失魂落魄的人。波烈晚年隐居乡间，在 1944 年与世长辞。

1.

Henri Manuel

18. 乔治·雷巴伯（Georges Lepape），《保罗·波烈的选择》中的《明日风情》，1911年。
19. 爱德华·史泰钦在保罗·波烈时装屋试衣间拍摄的照片，《艺术与装饰》，1911年4月。

要不同的、更有活力的时尚印刷品，还促使时尚杂志以不同的方式报道时尚。《最新时尚》（*La Derniere Mode*）扮演了一个关键的角色，该杂志由马拉美于1874年出版了一年，几乎完全由他自己撰写（Mallarme 1978）。马拉美有意识地试图开发一种语言来描述这一新的时尚时刻。他跟随波德莱尔，在现代生活中寻找美，但与波德莱尔不同的是，他在描述时尚和美时开始谈论真理。他认为时尚是自发之美的载体，是对自然的抽象。当我们将黑色西装和西装剪裁视为真实的时候，西装和剪裁都被赋予了特殊的光环并成为时尚。

也就是说，我们将时尚的人为性和时尚时刻本身的姿势，体验为"自然和不受影响的，因而是真实的"。对于马拉美而言，现实主义和日常的短暂性也发挥着重要作用。我们从哪里了解时尚？

马拉美认为，"在现场"，握手的正确方式是我们必须向别人学习的东西，也就是从我们在公共场所看到的人那里（同上）。

**走向时装秀**

1908年至1910年间，游行文化之后是时装秀"现场"（Feunissen 1992）。1905年，设计师保罗·波烈开始带着他的模特们参加朗尚的赛马比赛，她们的裙子上的长开衩震惊了公众，透过裂口可以看到腿和彩色丝袜。

19.

想象一下，我们可以观察她们的身体。在巴黎，出租车司机和屠夫已经习惯于看到女士们手握长裙走在街上，露出从臀部到脚踝的腿部线条。衬裙已经成为历史。腿成了时尚。（French Vogue 1908；White 1973：3）

波烈后来将这些随意的展示转变成真正的时尚游行，并在自己的沙龙或后花园举行。波烈不是唯一一个设计时装秀的设计师，但他是第一个将时装秀记录在电影中，并与他的模特一起前往美国进行宣传的人。这位设计师的特别之处在于他清楚地知道为什么选择这种新的展示形式。不仅公开的时装秀对他的女装时尚很重要，一种新的时尚印刷品和一种新的摄影方式也很重要。在他看来，经典的时尚印刷品不再令人满意，所以他邀请了保罗·伊里巴（Paul Iribe）和乔治·莱帕普（Georges Lepape）等艺术家来绘制现代草图，更加强调线条和轮廓。他还请来了摄影师爱德华·史泰钦，他特别擅长展现服装的质感、透明度、流动性和半透明性。这是因为他想要展示的理想身体需要一种不同的媒介，一种能够记录身体的"动作""瞬间"和"流动性"的媒介。正如他在自传中写道：

> 我喜欢简单的连衣裙，由轻盈柔软的面料剪裁而成，从肩部到脚部呈长而直的褶皱，就像缓慢流动的液体，刚好触及身材的轮廓，并在移动的形体上投下阴影。柔软的丝缎——公主式连衣裙——展现了现代女性苗条的线条和优雅。（同上）

波烈的灵感来源于古希腊，透过薄薄的褶皱，身体的美丽隐约可见。为了最大限度地展示自然的身体，他取消了紧身胸衣，这给时尚和身体带来了一场革命。虽然19世纪的服装完全遮盖和隐藏了身体，但波烈的服装旨在支撑和强调身体艺术本身。他的设计之所以如此特别，是因为它们第一次将女性身体和服装生动地结合在一起，就像男性和西装之间已经存在的相互作用一样。为了充分展示这种生动的效果，波烈去掉了多余的装饰。大量的蕾丝和缎带吸引了太多的注意力。现在女性服装变得更加素净，这需要一种不同的表现形式。

波烈的设计标志着在女性时装中寻找身体美学的开始——一个随着身体移

Fashion as performance art

动而出现的短暂形象。这意味着像在森林里撑着阳伞这样的经典姿势已经过时了。从 1910 年开始，时尚女性必须能够展示优雅的身体动作，一个真正漫步和游走在林荫大道上的身体。时装秀和时尚杂志成为新的灵感来源。

**作为灵活身份表达的时尚**

因此，1910 年前后时装秀的出现与当时女性时尚审美发生的彻底变化相吻合。人体运动的新美学在时装秀中获得了完美和明确的形式。你可能会说时装表演是一种被搬上舞台的游行形式。行动中的"自然"身体出现在舞台上，态度、姿势和服装之间的相互作用可以被无缝地解读。突然之间，时尚可以通过时尚杂志和杂志摄影的"现实渠道"来传播，因为照片现在可以印在杂志上。在 20 世纪，这些杂志发展成为时尚的传播渠道。

为什么花花公子统治的 19 世纪，时装表演没有成为他们的工具？可能是因为在 19 世纪，男人越来越被推到时尚的边缘，大部分的注意力都集中到了女人身上。在 20 世纪，"女人"，无论是歌妓还是体面的女人（Baudelaire 1992），在艺术和时尚界都演变成了不折不扣的女神，无论她出现在哪里，都会受到诗人、画家和一般男性的仰慕和赞美。时尚界开始区分男性和女性关注自己身体的方式，这种区分在 18 世纪甚至还不存在。

当女性时装开始简化，时尚女性看到自己必须以积极而生动的姿态度过一生时，最直接的反应就是创造一个特殊

20. 保罗·波烈在自家花园举办的时装发布会影像截图。《插图》，1970 年 7 月 9 日。

Fashion as performance art

的平台：时装秀。时装表演将女性推向了万众瞩目的中心，公众无法忽视她，可以直接欣赏她。她可以表明自己采用了现代行为方式，并成功地将走秀简化为一种抽象、纯粹的形式：一个运动中的身体，表达了一种理想性。20世纪20年代，格丽塔·嘉宝（Greta Garbo）和玛琳·黛德丽（Marlene Dietrich）等好莱坞电影明星发展、完善了时尚界推出的新运动语言，并赋予其更多的内涵。可以说，这是另一种行之有效的传播媒介。即使是20世纪90年代的麦当娜，也以同样的方式发挥着时尚理想的作用。但这位流行巨星的特别之处在于，她开始以一种游戏的姿态对待我们从时尚和电影史中了解到的身份和典范。正是在90年代的后现代语境中，我们第一次意识到，所有这些身份都是建构出来的，由外界强加的，根本不是自然形成的（Garelick 1998）。

时装秀因此成为我们文化的重要组成部分，因为它是理想身份的体现。时装表演、好莱坞明星崇拜和流行明星现象都表明，在当今的视觉文化中，我们已经开始从审美角度看待个人身份。哲学家吉勒·利波维茨基认为，现代时尚产生了一种新的个人：时尚人。这种人灵活多变，总能根据新的情况和环境调整自己的生活，不再一辈子与自己成长的地方和成长的家庭捆绑在一起，总是搬家，在不同的环境中度过，或通过互联网结交朋友。在此过程中，他不断调整自己的个性，适应新的环境。

总之，时尚人是现代性的化身，他所做的一切都体现了现代性：一个个性和品位多变的流动个体。时尚是他的理想教科书。在时装中，他可以以游戏的方式学习如何灵活、机动、心理适应能力强，这在当今的现代交流社会中是必不可少的（Lipovetsky 1994：149）。

参考书目

Balzac, Honore de. "Traité de la vie élégante", in *Oeuvres Complètes*. Vol. 2. Paris: Louis Conard, 1938 (1830, 1835).

Barbey D'Aurevilly, Jules. *Het dandyisme en George Brummell*. Translated by Mechteld Claessens. Amsterdam: Voetnoot, 2002.

Barthes, Roland. *Système de la Mode*. Paris: Seuil, 1967.

Baudelaire, Charles. *De schilder van het moderne leven*. Translated by Maarten van Buren. Amsterdam: Voetnoot, 1992.

Bourdieu, Pierre. *La Distinction*. Paris: Minuit, 1979.

Flugel, J.C. *The psychology of clothes*. London, 1930.

Barelick, Rhonda. *Rising star: Dandyism, gender and performance in the fin the siecle*. New York: Princeton University Press, 1998.

Hanken, Elizabeth. *Gekust door de koning. Over het leven van konklijke maitresses*. Amsterdam: Meulenhoff, 2002.

Hollander, Anne. *Sex and suits. The evolution of modern dress*. New York: Random House, 1994.

Kinney, Leila. "Fashion and figuration in modern life painting", in: *Architecture and Fashion*, edited by Fausch et al. New York: Princeton University Press, 1994.

Lipovetsky, Gilles. *The empire of Fashion: Dressing modern democracy*. New York: Princeton University Press, 1994.

Mallarmé, Stéphane. *La derniere mode*. Paris: Editions Ramsay, 1978.

O'Hara, Georgina. *The encyclopedia of fashion*. London: Thames & Hudson, 1986.

Perrot, Philippe. *Werken aan de schijn*. Nijmegen: Sun, 1987. Dutch translation of *Le travail des apparences*. Paris: Seuil, 1984.

Schwartz, Vanessa. *Spectacular realities. Early mass culture in fin-de-siecle Paris*. London: University of California Press, 1998.

Sennett, Richard. *The fall of public man*. New York: Knopf, 1977.

Steele, Valerie. *Paris fashion*. Oxford: Oxford University Press, 1985.

Teunissen, José. *Mode in beweging. Van modeprent to modejournaal*. Amsterdam: NFM,1992.

White, Palmer. *Poiret*. London: Studio Vista, 1973.

Wilson, Elizabeth. *Adorned in dreams*. London: Virago Press, 1985.

21. 麦当娜的《宛如处女》，1984年巡回演唱会画面。
22. 玛琳·黛德丽在电影《摩洛哥》中的造型，1930年。
23. 许利·贝特，2005春夏系列发布会。

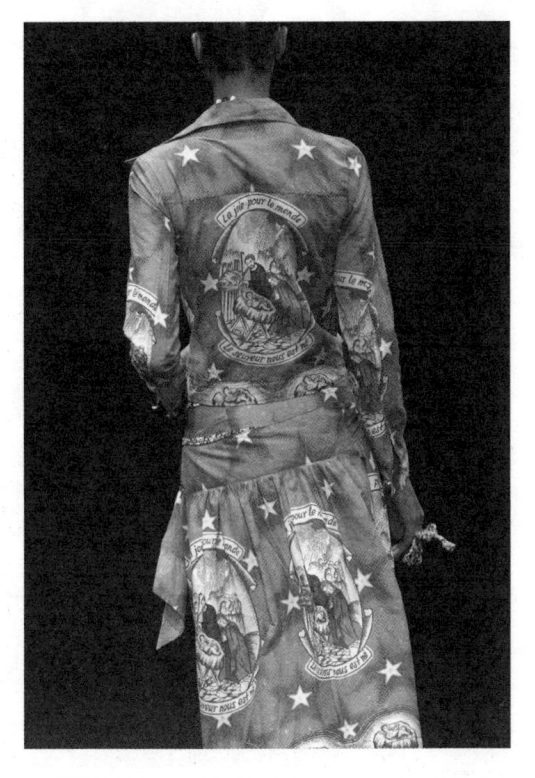

Fashion as performance art

## 维果罗夫（Viktor & Rolf）

维克多·霍斯汀(Viktor Horsting), 1969, 海尔德罗普(荷兰)
罗尔夫·斯诺伦（Rolf Snoeren）, 1969, 多姆根（荷兰）

时尚，首先是一个童话，它与服装的联系还是次要的。维克多和罗尔夫的成功故事正是基于这一原则。在人们对服装的要求主要是休闲而不是过于正式的时代，他们推出的时装具有巨大的魔力和想象力，展示的思想或概念成了视觉指导原则。以2005年夏季系列为例，在这场时装秀中，模特们身着越来越大的丝带出现在T台上。一切都是柔和的黑色，如果不是深色的摩托车头盔将模特变成咄咄逼人的外星人幽灵，那将非常别致。走下T台后，她们沿着后墙站在梯子上。这或许是欧文·潘（Irving Penn）照片中人吧？当场景完全被填满时，一声巨响传来，场景开始转换。同样的场面再次出现在眼前，但色彩迷人，头盔也不见了。现在，我们又看到了整个表演过程，不过这次用的丝带是五颜六色的。然后作为压轴大戏的是一场巨大的爆炸：期待已久的香水花弹，一种用丝带包裹的甜蜜香味，但瓶子是原子弹造型。这是维克多与罗尔夫的精彩游戏，视觉主题与香水汇聚在一起。从某种角度来看，它是令人难以抗拒的，侵略性和甜蜜性的结合所产生的张力以及丝带无尽的视觉变化也使它成为一个有趣的实验。维克多与罗尔夫能够唤起现代、概念和视觉上的童话故事，这使他们跻身当今世界最具影响力的设计师之列。维克多·霍斯汀和罗尔夫·斯诺伦在阿姆赫姆艺术学院完成学业后来到了巴黎。1993年，他们赢得了一项重要的时尚大奖，这立即使他们在国际上崭露头角。在接下来的几年里，这对组合主要在艺术圈活动，他们创作的装置主要是对时尚界的批评。1998年，当他们开始在巴黎高级定制时装周上展示他们的实验作品时，很快被一位日本金融家发现。随后有了公司的资金支持，使他们得以在2000年推出自己的高级成衣系列，之后很快又推出了男装系列。2004年，两人与欧莱雅合作开发了第一款香水。目前，他们位列世界十大最重要的设计师。

参考资料：
*Viktor & Rolf*. Amsterdam: Artimo, 1999.
'Viktor & Rolf par Viktor & Rolf'. *A, B, C, D, E Magazine*. Amsterdam: Artimo, October 2003.

插图：
1. 维果罗夫，花弹发布会，2005春夏系列，巴黎。
2. 维果罗夫，花弹发布会，2005春夏系列，巴黎。
3. 维果罗夫，外衣上下反穿系列，2006春夏系列。

1.

2.

3.

约翰·加利亚诺（John Galliano）
1960，直布罗陀（英国）

约翰·加利亚诺是当代最受关注和最有影响力的设计师之一。他的设计富有想象力且兼收并蓄，涉猎广泛——年代、文化、地点和人物，从苏格兰高地到非洲马赛人，从俄罗斯大草原到殖民时代。他自由地利用这些灵感来源，从而创造出新的风尚。加利亚诺的秀极具戏剧性，地点也非常壮观：在歌剧院举行的舞会和在奥斯特里茨火车站举行的摩洛哥露天剧场，模特们完全沉浸在自己的角色中。

约翰·加利亚诺雄心勃勃，具有强烈的审美意识，并以浪漫和情色著称。他的系列总是围绕一个主题设计，然后贯穿他投放市场的所有产品线。加利亚诺以他的"斜裁法"而闻名，这是一种从时装设计师玛德琳·维奥内特（Madeleine Vionnet）那里学来的剪裁方式，以其非常女性化的风格和精湛的工艺著称。

加利亚诺于 1966 年移居英国，1984 年毕业于中央圣马丁艺术与设计学院，毕业作品为"难以置信"（Les Incroyables）系列。该系列以法国大革命时期的巴黎为背景，显露出他对大型舞台时装秀的热爱。虽然加利亚诺奔放的设计与当时流行的内敛的日本设计截然相反，但这个系列还是获得了巨大的成功。英国品牌 BROWNS 甚至在作品发布刚结束就将所有服装买下并在其店铺橱窗内展示。

1988 年，加利亚诺凭借"布兰奇·杜波依斯"（Blanche Dubois）系列赢得了他的第一个年度设计师奖。尽管他取得了成功，但在此期间这位设计师的财务状况依旧紧张，所以他决定去巴黎碰碰运气。在那里，他受到了时尚界最具影响力的人物之一——美国版 Vogue 杂志主编安娜·温图尔（Anna Wintour）的关注。在她的支持下，他于 1993 年推出了以俄罗斯公主为灵感的"卢克丽霞公主"（Princess Lucretia）系列。LVMH 集团的掌门人伯纳德·阿诺特（Bernard Arnault）被加利亚诺的能力所折服，于 1995 年任命他为纪梵希的首席设计师。一年之后，加利亚诺被提拔到实力雄厚的迪奥时装屋，亚历山大·麦昆则接替了他在纪梵希的职位。1997 年，在迪奥 50 周年庆典上，加利亚诺在巴黎展示了他为迪奥设计的第一个高级定制时装系列。

现在，他每年为迪奥和自己的品牌设计十多个高级定制时装和成衣系列。这些年来，他的基本原则从未改变：我的理念始终如一，重要的是现代感、女性气质和浪漫。

参考资料：
Knight, N. John Galliano: *The Dior years*. New York: ssouline Publishers, 2000.
McDowell, C. *Galliano*. New York: Rizzoli, 1998.

插图：
1. 约翰·加利亚诺，"难以置信"系列，中央圣马丁艺术与设计学院毕业作品，1984 年。
2. 约翰·加利亚诺，迪奥，1996 春夏系列。
3. 约翰·加利亚诺，以 20 世纪 20 年代的剧场及歌舞表演为灵感的系列，由各行各业的人进行展示。2006 春夏系列。摄影：Peter Stigter。
4. 约翰·加利亚诺，纪梵希系列，1996 春夏。

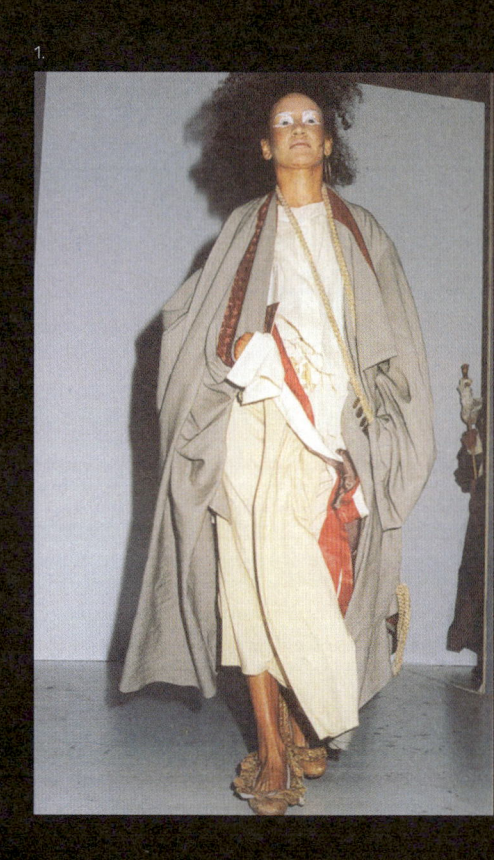

1.

2.

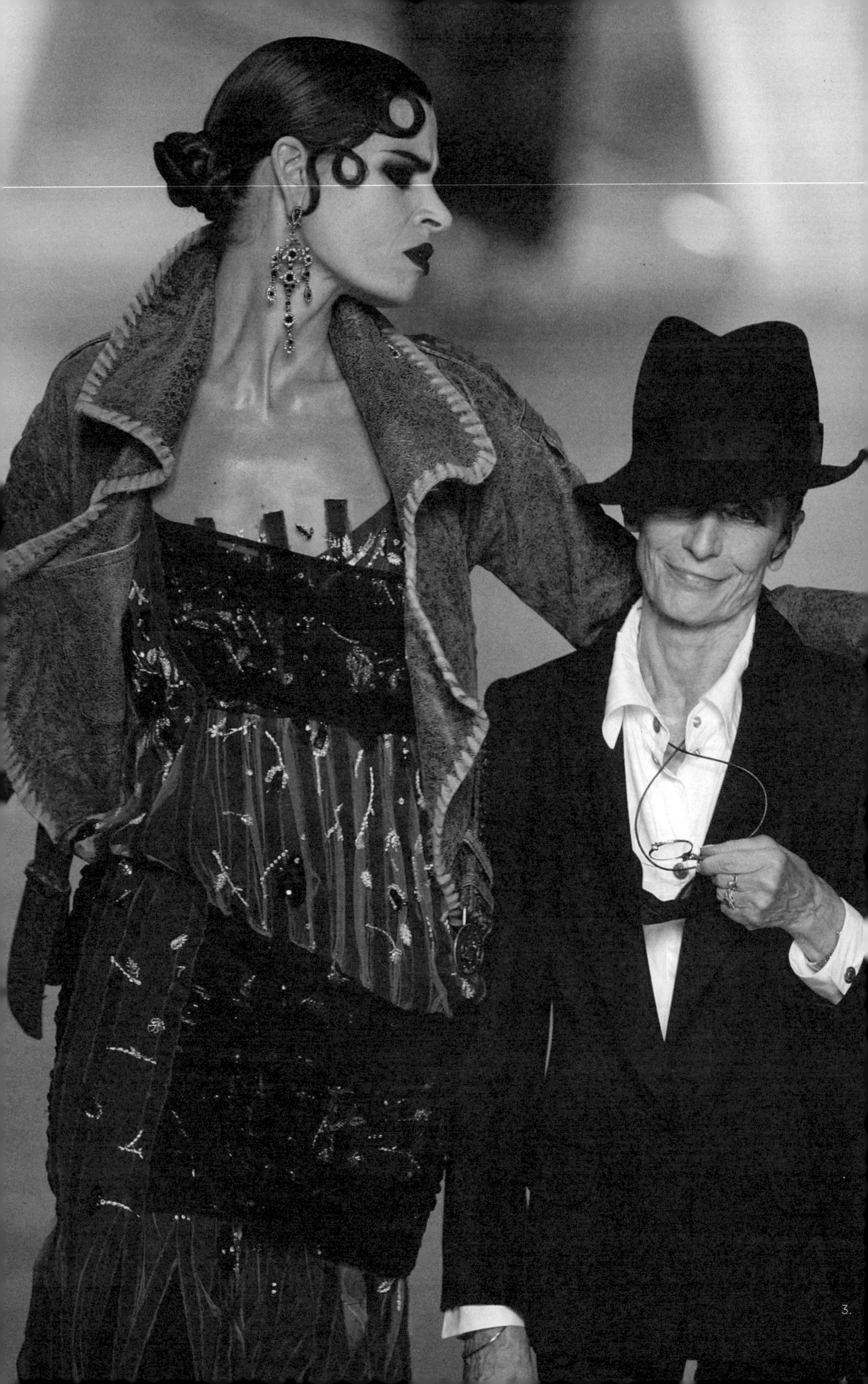

3.

4.

金吉·格雷格·达根（Ginger Gregg Duggan）
# 地球上最伟大的表演：当代时装秀及其与表演艺术的关系

（*The greatest show on earth*
  *A look at contemporary fashion shows and their relationship to performance art*）

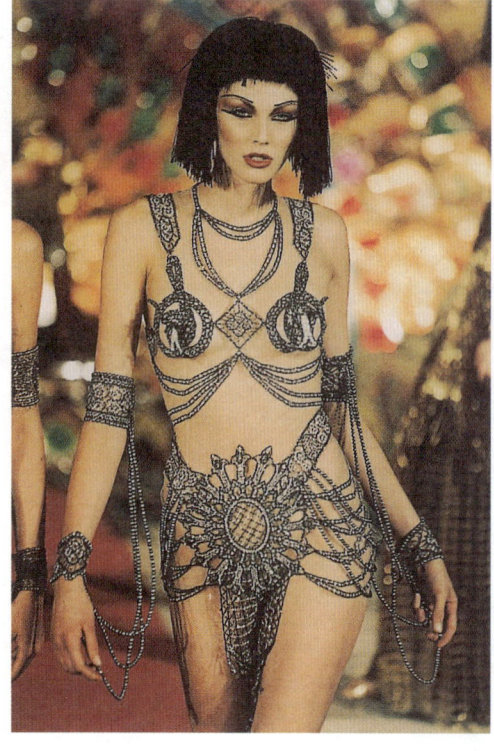

1.

1. 约翰·加利亚诺，1997 秋冬系列发布会。

# 引言

在历史上，很多时候艺术和时尚都有一种共生关系，彼此相互启发、激励和竞争。早在20世纪的第一个10年，艺术家和时装设计师之间的合作加强了这种关系，艺术和时尚两个世界之间的界限被创造性地模糊了（Duggan，2000：1）。这种合作的结果是一件服装的生产，作为这种不同寻常的合作关系的见证而存在。最近，其中的关系已不再局限于某件特定的产品，而是发展为受艺术家启发的整个系列。

20世纪90年代末是艺术／时尚现象发展的一个重要节点，并产生了更加深远的影响，以行为艺术媒介进行交流的时装秀应运而生。许多当代时装公司利用各种灵感来源，如政治激进主义、20世纪60年代和70年代的行为艺术、激浪派和达达主义、戏剧和流行文化，彻底改变了时装秀。其结果是一种新的混合行为艺术，几乎完全脱离了服装行业的传统商业层面。

自20世纪90年代中期以来，像亚历山大·麦昆和约翰·加利亚诺这样的设计师因时装秀而声名鹊起，他们的时装秀看起来像一系列梦境或狂想。当代设计师们在火车站、医院病房和飞机库等场所举办活动，精心策划的活动可与戏剧作品相媲美。

埃琳娜·巴约（Elena Bajo）和马丁·马吉拉（Martin Margiela）等前卫设计师通过举办小型的、神秘的秀来反叛时尚的肤浅，让人想起丽贝卡·霍恩（Rebecca Horn）和安·汉密尔顿（Ann Hamilton）等艺术家的活动，以及苏珊娜·莱西（Suzanne Lacy）和莱斯利·拉博维茨（Leslie Labowitz）充满政治色彩的作品。这些非传统的时装秀往往采用对抗性或令人不适的布景，设计师冒着可能疏远他们职业上的贵人的风险，在艺术和商业中选择了前者。

当代艺术家也在时尚和其营销中寻找灵感。凡妮莎·比克罗夫特（Vanessa Beecroft）1998年在古根海姆博物馆的艺术表演就是一个例子。

身穿古驰内衣和高跟鞋的模特们参加了古驰赞助的一场演出。

由于许多艺术赞助人碰巧也是高级时装的爱好者，因此这两个行业理应相互促进。随着普拉达和古驰等大型时装公司赞助当代艺术中心、双年展和艺术表演，以及知名博物馆承办让当代设计师封神的时装展，20世纪90年代新的表演艺术——时装秀——的舞台已经搭建完毕。

本文将从五个方面，即表演、实质、科学、结构和声明，讨论时装／表演混合体的最新发展。本文将对每个方面进行探讨，以揭示时尚与行为艺术各种表现形式的具体关联。此外，还将对教育和媒体的作用进行探讨，以及它们在消解艺术与时尚之间界限方面的作用。这种混合的结果就是人们无法再轻易将艺术和时尚分开。这是一场时装秀还是一场艺术盛事？是裙子还是雕塑？是服装精品店还是美术馆？

2. 亚历山大·麦昆，1999 秋冬系列发布会。

## 表演

属于表演范畴的设计师时装秀与戏剧、歌剧、电影和音乐视频等表演艺术密切相关。与舞台表演一样，时尚设计师创作的时装秀不仅限于服装。在大多数情况下，它们就像一部微型戏剧，有人物、特定的地点、相关的配乐和可识别的主题。通常，时装秀区别于戏剧表演的唯一因素是它们的根本目的——作为一种营销策略。

让模特穿上服装、走上T台并向媒体展示新的设计系列的想法源于20世纪初的芝加哥服装市场。到了20世纪30年代中期，时装秀的规模开始扩大，到了20世纪60年代，声光电要素也被融入其中（Diehl, 1976：1）。从那时起，大多数时装秀以精心制作的服装、灯光、道具、音乐和布景为特色，并被称为"没有情节的戏剧"。设计师可以利用表演的四个主要组成部分来达到最佳效果。分别是模特的类型、地点、主题和终场。

詹尼·范思哲是推动20世纪80年代末和90年代初超级模特成名崛起的主要人物。1991年3月，他让四位顶级模特一起走上T台，假唱流行音乐巨星乔治·迈克的《自由》。这一流行文化的引入，使其成为明星们心目中领先的"摇滚"设计师，并在时尚界和演艺界之间建立了新的联系，从而为新一代的模特明星打开了大门。

为标新立异，亚历山大·麦昆选择在纪梵希1999年秋季时装秀上取消真人模特，改用透明的树脂玻璃人体模型。这些模型在平台周围间隔排列，通过地板上的开口周期性地上升和下降。

每次出现，人体模型都会换一套新的服装。在无生命的模型上展示服装的想法可以追溯到14世纪（Diehl 1976）；但在超模时代，这个想法显得别出心裁。

麦昆在他同名品牌的1999年春季时装秀中继续尝试不同的模特类型。表演的主角是23岁的截肢者艾米·穆林斯，麦昆特意为她安装了假肢。麦昆的这一举动可能会引起争议并被指剥削，但他成功地吸引了媒体的眼球。

除了通过非传统的模特来寻求新鲜感之外，设计师们还在时装秀的地点上进行了尝试。麦昆1999年秋季时装秀在一个运输仓库里举行。秀场上有一个巨大的有机玻璃容器，再现了斯蒂芬·金的《闪灵》中的一个场景，这也是设计师本季的灵感来源。在这个冬日的荒原上有树木、由数吨冰块雕刻而成的冰冻池塘，以及播放着刺耳风声和狼叫声的音响。

麦昆2001年春季时装秀再次在室内展示了这个场景。然而，这次布景的墙壁由双向镜子构成。这种简单的改变在演出前和演出中呈现出一种特别的效果。演出开始前，编辑、记者和其他嘉宾在座位上坐立不安，因为他们被迫面对自己的镜像。当节目开始时，随着光线的调整，观众看到的是类似于精神病院的古怪荒芜的景观，模特们像笼子里的动物一样踱来踱去。

表演的各个组成部分——模特的选择和地点——通过主题的引入得到了进

一步的加强。主题通常为本季的灵感来源（如麦昆对金的《闪灵》的引用），可以具体也可以非常抽象。

因为这些主题应用于多种场景，包括时装秀的邀请函、制作过程和服装系列本身，因此必须易于识别和记忆。主题还能激发主要出版物上的时尚传播：独特而离奇的概念可以很好地转化为主流时尚杂志的版面，如 Vogue 和 Bazaar。

对主题的强调可以追溯到艾尔莎·夏帕瑞丽，她从 1935 年开始为每个系列设定一个主题。她举办了十场这样的秀，包括一个马戏团系列和一个受专业戏剧启发的系列（Evans，1999：27）。这些活动通常被认为是化妆舞会的一种形式，为精心设计的当代时装秀奠定了基础，例如麦昆为纪梵希举办的 1998 年秋季时装秀。受沙皇尼古拉斯逃跑的女儿阿纳斯塔西娅的启发，他创造了一个梦幻场景，在其中她和戈黛瓦夫人一起骑着利皮扎纳种马置身于丛林瀑布前的亚马孙河中。

在约翰·加利亚诺为克里斯汀·迪奥精心设计的 1998 年秋季时装秀中，也可以看到主题性的作品。这场名为"迪奥里安特快"的时装秀开场，一列火车轰鸣着驶入奥斯特利茨车站，身着奇装异服的模特走下火车。这场秀被形容为"波卡洪塔斯*与亨利八世的正面碰撞"（fashionlive 网站，2000），秀场变成了柏柏尔露天市场，棕榈树、橙色沙滩、椰枣和橘子应有尽有。

---

\* Pocahontas，波瓦坦之女，波瓦坦是住在维吉尼亚州的亚尔冈京印第安酋长。——译者注

最后，如果不讨论终场戏，就无法完全理解这种表演。爆炸性的、夸张的结尾在将时尚与戏剧联系起来方面发挥了重要作用。许多终场旨在给观众留下深刻的印象，突出表演中最令人难忘的视觉元素。

强调终场演出的"观赏"性有时会将时装的商业性置于次要地位。在许多情况下，整个表演中甚至根本没有出现一件可销售的服装。例如，在麦昆 1999 年春季时装秀的最后一幕中，模特身着白色连衣裙，裙带束在胸部以上，在 T 台地板上的圆形圆盘上缓缓旋转。随着她的不断旋转，两个大型机器人喷枪猛烈地向她喷射黄色和黑色颜料。

这些奢华制作背后的主要原因是吸引时尚媒体的注意力，而不是娱乐大众。四个要素（模型、地点、主题和终场）提供了可以很好地转化为时尚期刊的素材。时尚理论家和历史学家安吉拉·麦克罗比（Angela McRobbie）解释说，通过满足读者的幻想和愿望，设计师的作品就能得到报道（McRobbie，1998：171）。设计师们利用主题秀来迎合读者的幻想。

为了获得主要杂志的报道，设计师和时装公司会花费大量的精力和金钱来满足读者猎奇的需求，这就促使设计师每一季都制作出规模更大、规格更高的时装秀（McRobbie，1998：169）。

与大型剧场演出一样，时装秀也是极其昂贵的，通常利润微薄甚至没有利润（Davis，1992：142）。如今，像克里斯汀·迪奥或香奈儿这样的大型设计公司

3.

3. 侯赛因·卡拉扬，"过去减去现在"系列中的遥控装，2000年春夏。

Fashion as performance art

花费 500 万美元来举办一场可能只有 20 分钟的时装秀也不是什么新鲜事。

除了费用和利润之间的差距之外，设计师还经常因举办的时装秀过于接近预先安排的媒体活动而受到批评，这些媒体活动旨在"鼓励"正面评论（Davis，1992：141-142）。这些活动与戏剧和娱乐活动的接近，加剧了对时尚轻浮的批评，转移了人们对服装的关注。然而，即使来自时尚媒体的负面关注也能确保系列的成功。约翰·加利亚诺为迪奥设计的 2000 秋季系列让西方世界为之哗然，因为他设计和展示的整个系列的灵感来自社会弃儿，包括无家可归者和精神病患者。加利亚诺用撕破的垃圾袋和紧身衣结构制成的长袍受到了许多主要出版物的关注。

尽管存在道德和金钱方面的担忧，但时装秀在市场营销领域却极为有效。除了产品许可之外，由此带来的标签和品牌知名度远远超过了花费和偶尔的负面评论的影响（Davis，1992:142）。时装秀极大地帮助塑造了设计师的个人形象，从而促进了其名称和品牌概念的塑造。

例如，亚历山大·麦昆每季都要制作出奢华得令人发指的作品，再加上他的"时尚界的坏小子"（enfant terrible）的名声，使他成为过去十年中最热门的人物之一，尽管他的作品不在最畅销的品牌之列。

这些设计师的作品吸引了众多名人的关注。他们时装秀的前几排挤满了好莱坞明星和社会名流。他们与演艺界的广泛联系促进了媒体对时装秀的报道，从而加强了这种循环。因此，约翰·加利亚诺和亚历山大·麦昆的礼服都曾在奥斯卡颁奖典礼和许多电影首映式上亮相。

这一过程既将设计师定位为古怪的艺术家，也将其定位为流行文化名人世界的一部分。这种双重身份凸显了媒体炒作对品牌发展的重要意义（McRobbie，1998：169），这种类型的秀将时尚界与流行音乐、演艺界和名人文化联系在一起。所有这些联系都提高了公众对时尚的兴趣（McRobbie，1998：169）。

尽管时装秀设计师的动机主要是营销，但他们创造的表演却与戏剧有千丝万缕的联系。他们与当代名人流行文化的联系也进一步模糊了时尚、艺术、戏剧和表演之间的界限，从而产生了跨界表演。

## 实质

通过强调过程而非产品，设计师们的时装秀更多是表演性质的。对设计师来说，每季设计背后的概念才是理解每件服装和时装秀的核心。在评论他 2001 年的秋季秀时，侯赛因·卡拉扬解释说，他知道他想要一个空的客厅，"衣服是根据这个想法设计的"（Singer，2000：143）。产品从属于概念的事实导致了类似于仪式或事件的时装秀，并与表演设计师采用的过程形成鲜明对比。尽管物质设计师注重理念，但他们的时装秀往往是精心设计的现实。与表演设计师一样，侯赛因·卡拉扬和维克多与罗尔夫以创意独特的作品著称。表演设计师和实质设计师的区别在于他们采用的主题类型。

表演设计师围绕特定主题创作表演,这些主题可以通过布景设计、道具、灯光和音乐表现出来。相反,实质设计师围绕抽象概念设计时装秀。这必然导致编排的表演视觉效果令人惊叹,但缺乏与特定时间或地点相关的叙事。

例如,卡拉扬1999年的秋季时装秀是对机械时代的赞美,却没有任何具体的历史参照。为了致敬,他通过复杂的液压系统和滑轮网络吊起两台平底船,形成了一条隧道。这就是他的遥控裙和其他机械作品的布景。在他的2000春季系列中,终场也采用了类似的舞台布景,使一排模特缓缓降落到管弦乐池中。舞美设计进一步加强了对舞台环境的关注。模特们不再是一个接一个地在T台上行走,而是以现代芭蕾舞的方式移动,取自飞行模式等天马行空、彼此风马牛不相及的灵感来源。

在卡拉扬和维克多与罗尔夫等实质设计师的作品中,仪式感也扮演着重要角色。维克多与罗尔夫1999年秋季高级定制时装秀就是一个强调仪式感的例子。表演开始时,模特只穿着麻布衬衣和内衣。随着表演的进行,设计师以俄罗斯套娃的形式为她穿上一层又一层的麻布和施华洛世奇水晶制成的服饰,直到几乎看不到她的头。

这一行为的亲密性,以及设计师在这一过程中的参与,聚焦于为身体穿衣的动作,让产品成为过程的配角。

另一强调仪式感的时装秀的例子是卡拉扬1994年的主题秀——"埋藏系列"。顾名思义,服装被埋藏、出土并配以文字阐释这一过程(McRobbie,1998:109)。埋葬和复活这一仪式性过程给服装——否则就是简单的商品——注入了不可否认的神话色彩:短暂性、进化和物质性的抽象影响。

设计师直接参与的过程将物品从时尚世界带入了艺术世界,让观众想起安·汉密尔顿或约瑟夫·博伊斯(Joseph Beuys)仪式般的表演。

实质设计师的另一个标志是对创新的兴趣寥寥,这也是吸引时尚媒体的一个特点。有些设计师的做法甚至是创新的反面。例如,侯赛因·卡拉扬曾多次使用相差无几的激进设计和概念。这位设计师经常使用的主题是塑料模具制作的机械连衣裙,它可以像拼图一样打开,也可以通过遥控器分段控制。他对这种方法的重复使用,反映了他不惜牺牲创新性和媒体报道来充分探索概念的愿望。

除了对每季推陈出新的漠视,实质设计师还对时尚界和艺术界的主流传统进行嘲讽。排他性、产品品牌、许可和时尚的肤浅性也是他们讽刺的对象。维克多与罗尔夫对时尚营销的力量和消费的欺骗性的嘲讽,赢得了"高级时装界的创造不可能的大师"**的绰号。他们挖苦讽刺的策略与他们的前辈激浪派、达达主义者和超现实主义艺术家不谋而合。

---

** 齐格弗里德和罗伊(Siegfried and Roy),两位魔术师所创出的与狮虎猛兽同台的奇幻魔术表演曾经是拉斯维加斯最热门、票房收入最高的表演,两人也因此赢得"创造不可能的大师"称号,成为世界娱乐之都的传奇和标志性的人物。——译者注

4. 侯赛因·卡拉扬，"过去减去现在"系列中的遥控装，2000 春夏。

维克多与罗尔夫拒绝接受时尚的肤浅性，他们提供给世人的产品带有"消费和享受、概念和沉思"的特质（Martin，1999：115）。例如，二人创造了一款招牌香水，在市场上大肆宣传，但实际上并没有任何香味。另一个作品是一个有编号的限量版塑料购物袋（Martin，1999：111），它参考了马塞尔·杜尚（Marcel Duchamp）的现成品。

实质内容的设计师并不像表演设计师那样受时尚媒体需求的驱使，他们的设计并不是为了营销。

具有讽刺意味的是，他们对媒体明显缺乏兴趣，反而导致媒体大肆报道，助长了"设计师即艺术家"的现象，进一步模糊了艺术和时尚之间本已不明确的界限。这些行为不仅吸引了前卫时尚媒体，也吸引了艺术媒体，从而使报道范围超出了大众市场的范畴。早在维克多与罗尔夫成为高级时装界家喻户晓的名字之前，艺术评论家奥利维尔·扎姆（Olivier Zahm）就在 1995 年 12 月的《艺术论坛》（*Artforum*）上称他们是"时尚界的佼佼者"（Martin，1999：115）。

与 20 世纪六七十年代的行为艺术家们一样，实质设计师们也在寻求另一种途径，来取代通常的、约定俗成的方式来制作和展示他们的作品。与他们的行为艺术家前辈一样，这些解决方案往往无法促进市场推广或销售。维克多与罗尔夫就曾使用过这样的手段，比如让他们的高级定制时装系列沐浴在炫目的黑光中，以此来表达一种理念。这显然不是讨喜的展示方式，商品为概念做出了让步。

The power of fashion

维克多与罗尔夫将其2001年春季时装系列刻录在光盘上分发给参观者和记者，这是对传统展示方式的另一种挑战。这种数码方式完全脱离了传统时装表演的现场娱乐性。虽然时装表演主要是由媒体推动的，但实质设计师的秀更多的是时尚教育体系的结果。

近年来，学术机构的服装系更倾向于理论研究，而不是实践经验和制作服装的工艺（McRobbie, 1998: 39）。这种对概念的强调对实质设计师产生了重要影响，使他们对概念和抽象领域产生了更大的兴趣。

当今时尚界与教育之间的联系通过设计师所扮演的教学角色得到了进一步放大。维克多与罗尔夫在维也纳应用艺术大学服装系担任教授。他们致力于理论和抽象的一个例子就是，他们的课程通常分为两个部分：一个小组在红色灯光下用红色材料、器皿和图案进行创作，另一个小组则全部使用蓝色物品和效果进行创作。特定的配乐进一步增强了气氛。这项任务的成果包括材料的破坏和实际服装的制作（metroactive.com, 2000）。

维克多与罗尔夫将他们对概念设计的兴趣传递给学生，进一步推动了理论设计运动的发展。

概念时装很容易进入当代博物馆和画廊的领域。在许多情况下，实质设计师的最佳客户就是服装策展人。1998年，当维克多与罗尔夫刚开始高级定制时装生涯时，荷兰格罗宁根博物馆馆长马克·威尔逊（Mark Wilson）就与他们进行了接洽。他提出向设计师提供津贴，并提出购买他们的作品作为永久收藏。2000年，格罗宁根博物馆举办了一场展览，展出了维克多与罗尔夫的五季28件作品（Socha, 2000: 15）。

时尚教育对概念的强调，往往会忽视时尚的商业性。卡拉扬的作品被称为"理念时尚"，即强调实验和创新重要性的设计（McRobbie, 1998: 48）。因为只有当设计师不受市场需求的左右时，才有可能真正实现完全的创作和实验自由，所以这一类别的设计师相对脱离时尚行业是有道理的。

因此，这些设计师将自己与美术和表演艺术联系在一起，声称自己在引领时尚领域（McRobbie, 1998: 48）。卡拉扬最大的遗憾是，由于资金限制，他无法充分发挥其复杂创意的商业潜力（Singer, 2000: 143）。尽管他的作品广受好评，但这位设计师还是被迫清算了自己的公司。无法成功地协调艺术和商业之间的界限，强化了设计师作为艺术家而非商人的地位。甚至有人建议，像卡拉扬这样的设计师应该有权获得艺术委员会的资助，以行为艺术的形式在T型台上展示他们的设计系列（McRobbie, 1999: 14）。

实质设计师注重概念、工艺和仪式，并为他们的服装赋予了更深层次的意义，其方式与博伊斯的毡制西装与个人神话的联系并无二致。安妮·霍兰德在她的开创性著作《透过服装看世界》（*Seeing Through Clothes*）中写道："客观严肃地看待服装通常意味着解释服装所表达的其他东西"（Hollander, 1975: xv）。卡拉扬和维克多与罗尔夫的职业生涯正是致力于此。

**科学**

渡边淳弥和三宅一生以其对织物和服装构造技术的高度关注而闻名。这些科学设计师通过材料科学不断拓展时尚的边界，强调织物和服装的功能。这种兴趣在他们的时装秀中显而易见——通常是穿着未来时尚服装的模特的朴素游行。

在精神上具有革命性，织物的构造决定了性能。

布鲁斯·瑙曼（Bruce Nauman）和白南准（Nam June Paik）等艺术家早期的视频表演对科学设计师产生了重大影响。这些艺术家以及科学设计师利用技术打破传统艺术制作的局限，并且都将物理过程转变为实际作品（Rush，1999：48）。这种对工艺和技术的兴趣通过时装秀得以实现，时装秀将改造过程作为展示作品背后实验的一种方式。

在1999年的春季和秋季时装秀中，三宅一生展示了一组身着黑色服装的助手，他们参与服装制作，要么在模特身上重塑服装，要么在舞台裁剪出新的形状。

这些小型表演加强了三宅一生对操作和改造的兴趣，使服装设计和制作过程成为整场秀的焦点。对制作过程的窥视也受到瑙曼和维托·阿康奇（Vito Acconci）的个人工作室表演的影响（Rush，1999：47）。无论是艺术还是时装秀，人们都会感觉到，不管有没有观众这个过程都会存在。

变形是渡边早期系列的一个重要特征，裙子和手袋拉开拉链或展开后变成夹克或披肩。在这些作品中，功能非常重要，设计师让客户可以一件服装两用，将客户的参与延伸到购买之外。对操作、转换和变形的关注也渗透到科学设计者的其他业务中。三宅一生的网站"Pleats Please!"向访问者介绍了打褶过程的步骤以及他的其他创新，如"凸起"、"涡卷"和"泡芙"。

此外，这位设计师还开发了APOC（一块布），一个销售他直接从布料卷上剪下的褶皱布料的商店系列。该产品线是对过程的另一种展示，允许消费者将三宅一生的褶皱面料制成服装。

改造也适用于服装的实际制作，将过程扩展到另一个领域。除了与东丽（Ultrasuede的制造商）等面料制造商合作开发新技术外，渡边还利用计算机技术，通过对形状和形态的处理，将现有面料变成新的面料。在2001年的春季系列中，渡边用手工缝制了数百片层层叠叠的透明尼龙欧根纱，然后在电脑的帮助下将其剪裁成拓扑结构。这些裙装被称为"剪刀手爱德华与保罗·波烈的结合"，既体现了洛可可式的奢华，又体现了网络文化（Singer，2000：146）。同样的意境也体现在随之而来的一场表演中，维也纳华尔兹音乐为这场根植于过去的未来主义表演定下了基调。

科学设计师将过程融入表演和技术，体现了实验的重要性。互联网上的海量信息，加上创建虚拟模型和三维原型的新技术，为建筑技术、织物设计和虚拟着装带来了丰富的选择。渡边和三宅一生等设计师正通过面料和图案实验来利用这些快速的发展的新技术。

在渡边2000年春季系列时装秀上，模特们从充满水的跑道上嬉水，大雨从天而降，从而检验了他在防水面料技术上的进步，凸显了人们对面料科学的兴趣。正如白南准让显示器成为表演者一样（Rush, 1999: 53）。

渡边让织物"表演"。他希望开发出一种像聚酯一样具有革命性的物质，这激发了他对面料研究和技术的兴趣。渡边将他的设计主题设定为"科技时装"。他举例说，在聚酯纤维问世后的四年里，视听技术以惊人的速度发展，而时尚界却没有任何本质上的新东西问世。

同样，三宅一生于1970年成立了三宅设计工作室，作为研究面料技术和设计技巧的实验室。三宅一生以其褶皱技术而闻名，但他的兴趣更多在于操作和变形，而非创造。

他将丝绸这种已知最古老的面料之一进行了全新的诠释，彻底改变了面料的用途，却没有开发出一种全新的物质。这些创新为三宅一生在艺术界赢得了声誉。

大型展览在世界各地巡回展出，展示了其可穿戴艺术的雕塑之美。虽然三宅一生的作品以美学著称，但他对织物的全新诠释才是其独特设计的源泉。

三宅一生在1998年秋季时装秀上展示了他著名的箔片作品，这些作品同时具有未来感和复古感，反映了他对变革的兴趣。在那场秀上，一群模特在T台上有条不紊、严肃认真地走着，让人不禁联想到《太空英雄》中的宇航员。然而，布料的手工拼接质量使表演中的太空时代或未来主义内涵大打折扣。金属箔将日常生活转变成一种全新的、不可归类的事物。

如前所述，科学设计师寻求利用技术来摆脱传统的面料和服装设计。早期的视频表演艺术家也喜欢新技术的可能性，反过来，技术成了主要事件（Rush, 1999: 38）。对于时尚来说，技术可以被解释为一种新奇事物，提供了一种"内置"的营销策略。科学设计师可以满足媒体对新奇事物的喜爱，因为他们的灵感本质就是新奇。每一次织物技术、构造或软件程序的发展，媒体都有可报道的内容。

此外，网络文化在各行各业普遍存在，为时尚媒体提供了更多可利用的素材。然而，问题是"网络空间"是一种概念而非物理现象，与身体的关系是精神性而非功能性的。例如，缪西娅·普拉达经常将面料的进步融入她的普拉达和普拉达运动系列中，体现出一种实用主义的愿景。然而，她的永久性褶皱设计除了让穿着者免于熨烫之外，毫无用处。

时装具有未来主义/实用主义特征的理念是通过市场营销和产品品牌塑造形成的。特别是普拉达，其形象建立在城市实用性和功能性之上。从广告到时尚的高科技面料，功能性在产品上市前就已丧失。防水裙和符合人体工程学的腰包搭配高跟鞋，总是让穿着者传达出混杂的信息。选择防水技术是因为它的实用性还是它的标签？如果穿的鞋不符

Fashion as performance art

### 亚历山大·麦昆（Alexander Mcqueen）
1969 年，伦敦（英国）

英国设计师亚历山大·麦昆的风格经常被形容为惊世骇俗的，因为他对战争、宗教及性等主题的大胆涉猎，采用乙烯、PVC 等特殊材质，还举办奢华的发布会。例如，他在"俯瞰"（The Overlook）系列（1999 秋冬）的发布会舞台上创造出一个冰封飘雪的荒原，而其灵感来自斯坦利·库布里克（Stanley Kubrick）的电影《闪灵》（The Shining）。

麦昆以情欲色彩浓烈的设计著称，如超低腰裤"包屁者"（bumster）。他的服装同时体现着创新、完美的剪裁和精湛的做工。他的系列通常围绕着一个主题，并大量参考过去，在"但丁"（Dante）系列（1996 秋冬）及许多参考他最喜爱的维多利亚时期的作品上，我们都可以看到这一点。不过，电影史也是他的一个出发点。除了"俯瞰"系列之外，他的"千年血后"（The Hunger）系列（1996 春夏）也是奠基于一部经典电影；这部同名电影由凯瑟琳·德纳芙（Catherine Deneuve）与大卫·鲍伊（David Bowie）主演。他懂得从过去吸取灵感，然后大胆地加以"破坏"和"否定"，从而创造出一个全新意念，一个具有时代气息的意念，例如在 2002 年推出的流浪朋克系列"扫描仪"（Scanners）。

1992 年，麦昆毕业于中央圣马丁艺术与设计学院，他曾在萨维尔街（Savile Row）的"安德森与谢泼德"（Anderson & Shepherd）裁缝店当学徒，积累了不少经验，其中包括使他备受赞誉的剪裁技巧。此外，为罗密欧·吉利（Romeo Gigli）与立野浩二（Koji Tatsuno）工作时他也获益良多。麦昆在 1993 年推出自己的品牌，并在伦敦成立了工作室。1996 年推出首个正式系列，大胆创新的设计为他赢得了英国年度最佳设计师的头衔。同年，麦昆接替约翰·加利亚诺，成为拥有四十年历史的法国高级定制时装屋纪梵希的设计总监。纪梵希之所以向麦昆抛来橄榄枝，不只是因为他勇于创新的特质，也因为他的完美裁缝技巧。不过，高端优雅、受人尊敬且独具风格的纪梵希，与叛逆、冲动的麦昆之间，存在着巨大的理念差异。麦昆在 2000 年离开纪梵希，朱利安·麦克唐纳德（Julien MacDonald）接替了他的职位。他随即在古驰集团的资助下发展自己的品牌。两年后，他在纽约开店，接着又在米兰、伦敦及洛杉矶开了分店。他的系列作品调性变得较为内敛，戏剧化而梦幻般的秀场元素减少，其重点越来越多地放在设计本身。

参考资料：
Quinn, B. *Techno fashion*. Oxford: Berg Publishers, 2003.
Wilcox, C. *Radical fashion*. London: Victoria & Albert Museum, 2001.

插图：
1. 亚历山大·麦昆，包屁者，1995 年。
2. 亚历山大·麦昆，1999/2000 秋冬秀场。

2.

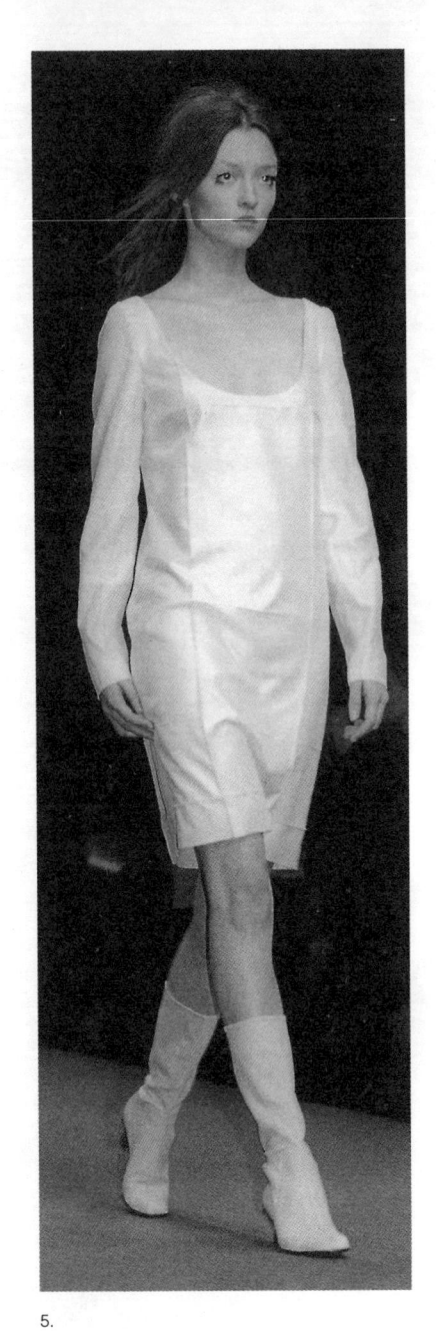

合人体工程学,为什么还要将精力和金钱集中在人体工程学呢?

随着近年来大众对设计的兴趣日益浓厚,功能已不再像功能的外观那样重要。

塔吉特百货的迈克尔·格雷夫斯牙刷清洁效果是否和欧乐 b 牙刷一样好并不重要,重要的是它的外观看起来不错。同样,设计精良、令人喜爱的时髦实用产品,与其说是因为它的功能,不如说是因为它的外观。

时尚正以多种方式成为社会痴迷于虚拟技术的载体,其中包括最近开发的配饰、珠宝和贴身衣物实现的,这些产品被零售公司用作互联网、手机通信和软件的门户,以确保更个性化的搭配。虽然许多设计师回避这些先进技术,转而采用传统方法和剪裁结构,但科学设计师却认为这些技术打破了人们对服装的固有看法。

作为终极营销举措,维多利亚的秘密通过直播推出了 2001 春季系列。维多利亚的秘密向全球数以百万计的观众进行了现场直播,利用了人们对网络空间的痴迷,吸引了前所未有的媒体关注,扩大了客户群。通过向公众开放一个原本私密的事件,确保了大量的"全球"受众。没有历史先例,我们很难预测网络空间将如何改变设计师向世界展示其作品的方式。毋庸置疑,网络空间的革命性作用将超越时装秀的展示载体。三宅一生和渡边等设计师的每一次进步,都有助于通过全球互联进一步模糊艺术、时尚、建筑和设计领域边界。

5. 普拉达,1998 秋冬系列发布会。

## 结构

川久保玲和马丁·马吉拉长期以来因其独特的服装结构和致力于形式重于功能的设计而长期受到赞誉。这两位设计师都依靠简单的时装秀向业界展示自己的设计，往往把其视为无可避免之弊。

他们关注的是服装的外形和设计，因此，他们的时装秀从丽贝卡·霍恩和雅娜·斯特巴克（Jana Sterbak）的表演中汲取灵感。霍恩和斯特巴克表演的物理性——通过身体装饰和服装元素实现——是理解所述概念的核心。

结构设计师的创作通常可以被解读为雕塑，尽管服装本应是不断变化的，这使得表演成为设计和展示的重要组成部分。虽然结构设计师主要关心的是形式，但概念的影响也很重要。他们的系列总是围绕概念构思，但以物理形式而非抽象形式实现。

实质设计师通过符号系统和深奥的方法传达概念，而结构设计师发现三维形式是最能表达理念的形式。

例如，马吉拉设计了一系列与平面和超大号廓形等结构理念相关的编号系列。在他1998年的平面系列中，改置了领口和袖子的位置，并在不穿的时候完全展平（bozzi网站，2000）。在某些情况下，衣架甚至被整合到其中，这样衣服就会以相同的展平方式悬挂。在许多情况下，衣服在不穿时更有意义，从而强调了形式重于功能的重要性。

马吉拉2000年春季时装秀的概念是超大号廓形。这是通过为婚礼或晚宴布置的巨型圆形宴会桌实现的。观众围坐在桌子周围，穿着超大号廓形服装的模特在桌面上表演。低层的位置、超大的服装和大型家具挑战了人们对自我重要性的认知。

在另一个系列中，马吉拉采用了芭比娃娃的服装，如芭比时装，并按比例复刻放大到成人尺寸。这种转变导致了超大的线脚、巨大的接缝和比普通纽扣更大的纽扣（bozzi网站，2000）。每一项改动都没有增加这件作品的实穿性，因为它们纯粹是形式上的实验。

同样，川久保玲为1997春季系列设计了一系列作品，完全扭曲了常规图案。

虽然传统的设计目标是剪裁得体，但这些设计实际上将穿着者的身材扭曲到了荒谬的程度。这些裙子有衬垫和充气衣片，只有最具冒险精神的消费者才会穿。它们也被用作梅尔塞·坎宁安（Merce Cunningham）舞蹈团的服装。

行为艺术和结构时装秀之间的另一种联系是通过摄影文献实现的。传统上，行为艺术越来越依赖摄影来"定格"动作的图像（Stiles and Selz, 1996: 693）。这可以从辛迪·舍曼（Cindy Sherman）20世纪70年代末的摄影作品中看出，她在这些作品中记录了自我转变的表演，来反映广泛的社会问题（Stiles and Selz, 1996: 63）。

摄影成为结构设计师用来强调形式的多种表现的混合表演形式的基础。在时装领域，马吉拉也利用摄影媒介来达到类似的效果，在他的时装秀中，模特被说教式的幻灯片取代，服装被复印片或印在夹板广告牌的服装图像所取代。

从实物中抽离的理念参考了约瑟夫·科苏斯（Joseph Kosuth）的概念作品。观众面临的挑战是面对相互竞争的形式定义，他们会问：哪一种才是真正的时尚——是服装、服装的概念，还是服装的图像？

在地点的选择和处理上，结构时装秀与普通时装表演明显不同，后者利用了场景设计、道具和特效来分散注意力。结构时装表演通常在废弃的地铁站、空置的停车场和不起眼的小工作室举行，那里几乎没有表面上的干扰因素。从这点来看，由于缺乏叙事或情节，结构设计师与实质设计师的表演更为接近。

"桀骜不驯的艺术家"或"名人人格"等传说通常指的是像马吉拉这样的结构设计师。这位设计师多年来拒绝拍照，只通过传真接受采访。此外，他的名字没有出现在他的衣服上，而是以一个空白的标签——反标签——作为神秘的象征，由四条可见的缝线组成（fashionlive.com，2000）。这些行为更增添了这些设计师及其前卫追随者的神秘。马吉拉的顾客认为他们的购买行为更像是艺术品收藏，而不是疯狂购物。

马吉拉另一个展示其反叛风格的时装秀1998年的系列，用真人大小的木偶代替模特，每个木偶都由一个木偶师控制。这种傲慢引出了一个问题：在时尚界，是谁在操纵着设计师的形象，最终又是谁在操纵着他们的品牌？

这些不墨守成规的人大多使用艺术界的语言：马吉拉和川久保玲经常试图将艺术风格——极简主义、抽象主义、后现代主义、解构主义——转化为可穿戴的形式。其中一个例子是马吉拉的1997年春季系列，成品设计中融入了缝纫虚拟标记。

这种对成品服装背后结构的一瞥，将对形式的兴趣带到了一个新的水平。川久保玲还经常完全无视功能性地解构一件不能敞开、必须当围裙穿的裙子。

马吉拉和川久保玲受到了艺术界的极大关注。尤其是川久保玲，她在切尔西——一个并不以购物著称的当代画廊区——开设了自己的纽约专卖店，吸引了大批追随者。这一大胆举动进一步增强了她与艺术赞助人的认同感，因此有人认为她的目标消费者是"渴望穿上艺术品的人"（Alàez，2000：18）。将结构设计师的服装诠释为"可穿戴艺术"的结果是，她的时装秀可以被解读为时尚、艺术和表演。

## 声明

苏珊·西安奇奥罗（Susan Cianciolo）、米格尔·阿德罗弗（Miguel Adrover）和埃琳娜·巴约等设计师借鉴了19世纪70年代充满政治色彩的表演，上演了一场场引起广泛社会评论的时装秀。这些时装秀比同时代的时装秀更深奥，更类似于一种公众抗议，对皮草、身体形象和整个时装业等影响深远的主题进行评论。声明设计师们创造的环境和展示方式反映了对抗性的理念和信息。

在五个类别中，声明时装秀最接近20世纪70年代的事件和行为艺术。与

早期的行为艺术家一样，声明设计师专注于传达信息，从而使他们的作品远离纯粹的形式关注和消费主义（Stiles and Selz，1996：679）。到了 20 世纪 60 年代中期，许多活动的理论目标被淡化为大众娱乐，导致像艾伦·卡普罗（Allan Kaprow）这样的艺术家开始举办无观众的私密活动（Stiles and Selz，1996：682）。同样，为了避免与肤浅的娱乐活动联系在一起，设计师们在设计自己的时装秀时，不需要精心制作的舞台布景和效果，而且只邀请特定的群体。

服装的外观在很大程度上并不取决于它们是如何设计或构造的，而是取决于人们是如何看待它们的（Hollander，1975：31）。服装设计、时装表演的"风格"或两者的结合都会影响人们对设计师及其服装系列的看法。一些表演设计师选择通过服装来传达他们的信息，另一些则依靠表演。米格尔·阿德罗弗、模仿基督（Imitation of Christ—Matt Damhave and Tara Subkoff）和苏珊·西安乔洛（Susan Cianciolo）属于第一阵营，他们注重通过服装来传递信息。他们采用挪用、回收、再生和"自己动手"等不拘一格的方式，对时尚界奉为圭臬的东西做出反应。

阿德罗弗使用与既定品牌有明显联系的服装或配饰，用自己的设计将其重新诠释。例如，他将一个用过的路易威登标志包剪开，重新缝制成一件连衣裙的上半身。在另一种诠释中，他将一件博柏利风衣翻转过来进行反穿，引起了博柏利官方的效仿。与雪莉·莱文（Sherry

6. 川久保玲，肿块系列，1997 春夏。

Levine）臭名昭著的挪用行为一样，这些行为代表着拒绝尊重原创，这与设计师品牌背后的理念背道而驰。不过，值得注意的是，尽管有这种反时尚的动机，阿德罗弗对城市身份着装的诙谐诠释还是为他赢得了 Vogue/VHi 时尚大奖的"年度前卫设计师"的荣誉称号，并获得了全球媒体的广泛报道。

另一个备受关注的品牌是由马特·达姆哈和塔拉·苏博科夫设计的"模仿基督"。像阿德罗弗一样，他们选择通过回收服装传达信息，并经常将手写宣言融入其中。两人的使命是"颠覆整个肤浅的时尚行业及其现状"（Wilson，2000：7）。其他消息包括："没有品牌是神圣的""不要崇拜虚假的偶像！""重复是致命的！""古驰是贪婪的！""没有正义，没有褶皱"（Wilson，2000：7）。作为这些信念的物证，设计师们在一件伊夫·圣洛朗的古董衬衫上写到"把汤姆·福特的头带给我"，汤姆·福特曾是古驰的首席设计师，最近又成为伊夫·圣洛朗的首席设计师。这类行为是有争议的，但时尚媒体却乐此不疲。

虽然模仿基督表演不是为了传达上述煽动性信息，但他们的表演以同样激进的方式表现出反叛态度。对于 2001 春季系列，该团队采取了一个巧妙的公关噱头，只邀请了 60 位嘉宾。受邀者被要求到达纽约的一家殡仪馆，在那里表演模仿了守灵的场景，哀恸的模特们手腕上缠着绷带，鲜血淋漓。后台指示模特"带着悲伤慢慢走。不要摆时尚姿势。请带着伤感停顿！"（Kerwin，2000：196）。

7.

7. 米格尔·阿德罗弗，博柏利裙装，2000 年秋冬。

设计师苏珊·西安乔洛依靠同样非常规的表演来展示她的"抢救时尚"设计。

她用睡觉的模特展示了一个系列，并经常把设计过程的一部分留给买家，让他们来完成作品。

例如，她为拒绝主流时尚的前卫都市人设计了一套"自己动手做的牛仔裙套装"。

钱西奥洛（Cianciolo）还在纽约的安德烈·罗森（Andrea Rosen）和据称（Alleged）等画廊以及在巴黎的蓬皮杜中心举办过展览，但她与艺术界的联系并不仅限于展览地点。此外，她还执导了一部名为《支持堕胎/反对粉红》的电影。最近，钱西奥洛宣布计划离开时装业，以便专注于艺术（2000）。

在他们的作品中，阿德罗弗、模仿基督和钱西奥洛抵制了时尚的压力，始终在创造"新意"。

他们的做法是循环利用过去，培养一批追随者，抵制将新奇和大牌作为追求。

另一些设计师主要通过时装秀而不是服装来表达他们的想法，他们面对的是统一性与个性的问题。他们设计的时装秀挑战并缓解了时尚的刻板印象。第二类声明设计师选择通过时装秀而非服装来传达他们的理念，主要是面对千篇一律与个性张扬的问题。总部位于伦敦的品牌"红色或死亡"（Red or Dead）在他们的时装秀中一再挑战理想体型。1999秋季系列的主角是一位肥胖的男模，他掀起衬衫露出胸前的"独特"二字。该品牌还启用白化病患者和侏儒等非典型模特，以强化其表达的信息。

与"红色或死亡"一样，埃莱娜·巴约的表演在地下时尚界引起了广泛关注。与时装表演相比，她的表演更接近于"事件"，是其表达观点的一种手段。在一次表演中，她让模特和演员扮演精神崩溃的人，背诵精神病诗歌，甚至问观众："这让你不舒服吗？"并且对此，表演者回应道，"好"（Belverio，2000）。冒犯甚至恐吓时尚编辑和买家并不是商业成功的可靠方法，但它却凸显了声明设计师为其信息和艺术做出牺牲的意愿。

借鉴"游击队女孩"(Guerrilla Girls) 的幽默侵略性、阿德里安·派珀（Adrian Piper）表演的对抗性以及克里斯·伯登（Chris Burden）视频作品的焦虑暴力，巴约和她同时代的设计师们努力使他们的表演成为非常个人化的表达。这种兴趣使这群声明设计师与其艺术同行紧密联系在一起。

如上所述，声明设计师们或使用服装，或使用秀场，或将两者结合起来，以此来表达他们的信息。在许多情况下，只有媒体对这些神秘表演的炒作才能引起买家和其他业内人士对他们作品的关注，因为他们的表演主要在偏僻的地方举行。

此外，随着前卫时尚变得有利可图，前卫期刊（*Self Service*，*Purple*，*Big*，*Flaunts*）的如此盛行，对"下一个大事件"的追寻导致记者和买家也跟上了非主流表演的步伐。因此，表演越有争议或越离奇，它就会获得越多的关注，而关注就等同于成功。

由于大多数发表声明的设计师都被归类为"新兴"人才，他们的品牌都很年轻，因此他们的信息是否会受到关注也是一个值得考虑的因素。当他们获得时尚主流的认可时，就会面临将自己的品牌出售给大型集团或支持者的压力，从而冒着失去创作控制权的风险。阿德罗弗被株式会社飞马服饰集团收购，仅运营了几季。至于他的工作重心是否会因此而改变，现在下结论还为时尚早。

## 结论

表演艺术实际上从未从艺术中消失，但在20世纪80年代，当以时间为基础的表演艺术和录像艺术不再受到青睐时，行为艺术就退居二线，成为高价物品的替代品（Rush，2000：31）。评论家和行为艺术史学者罗斯利·戈德堡（RoseLee Goldberg）提到了"全新一代"（Rush，2000：31）渴望在媒体中工作的艺术家。这种对表演的新兴趣对当代时装设计师产生了强烈的影响。

蓬勃发展的经济将20世纪90年代中期沉闷的零售场景转变为时尚史上"由设计师主导的小型收藏馆、精心策划的精品店、淘气又傲慢的小众出版物和最精明的顾客组成的绚丽景观"（Singer 2000：135）。新的消费者不再认为前卫或概念性设计是后天习得的品位，这就形成了一位艺术家所说的"快乐的全球栖息地"（Alàez，2000：18）包括时尚、建筑、设计和艺术。

作为这个栖息地的一部分，侯赛因·卡拉扬的一件衣服可以被视为雕塑，时装秀可以与瓦妮莎·比克罗夫特的表演媲美。每一个例子都说明，当代艺术家和设计师们都乐于通过跨媒体工作来发表持久的个人声明。通过表演，时装设计师扮演了一个"设计师即艺术家"的角色。

五个范畴——表演、实质、科学、结构和声明——反映了行为艺术对时装秀的各种影响。从戏剧、电影和政治抗议，到激浪派、达达主义和超现实主义技巧，一切都被融入时装制作中。

无论影响或动机如何，每个部分都展示了同一现象的独特症状——近来时尚与艺术的界限越来越模糊。无论设计师采用的是演艺界、流行文化还是历史元素，每一个作品都代表着时尚与表演的融合。

注释

1. 虽然表演艺术并没有真正的定义，但罗斯莉·戈德堡（RoseLee Goldberg）在1999年出版了一本名为《表演：1960以来的现场艺术》一书中提供了一些适用的描述。以下是直接引自该出版物的三段陈述："行为艺术是一种行动的艺术——在创作作品时，观众实时面对艺术家的身体存在——而这种艺术形式在表演结束的那一刻就不复存在了"（第15页）；"这种媒介要求一种'在场性'——观众实时在场，而内容则要敏锐地反映当下"（第30页）；"从历史上看，行为艺术一直是一种挑战和违反学科与性别之间、私人与公共之间、日常生活与艺术之间界限的媒介，它不遵循任何规则"（第30页）。

2. 值得注意的是，这些划分并不意味着涵盖全部。与任何分类尝试一样，定义中可以出现重叠和例外。本文中提出的名称旨在为灵感和影响提供一个总体轮廓。

参考书目

Aláez, Ana Laura. "Shopping heads", *Art Nexus* (Bogotá) 36 (April 2000).

Belverio, Glenn. "Hair and now". Dutch (Baarn) 25 (January-February 2000).

Davis, Fred. *Fashion, culture and identity*. Chicago: University of Chicago Press, 1992.

Diehl, Mary Ellen. *How to produce a fashion show*. New York: Fairchild, 1976.

Duggan, Ginger Gregg. "From Elsa Schiaparelli's shoe hat to Torn Sachs' Chanel guillotine: Surrealism's fashionable comeback". CIHA (September 2000).

Evans, Caroline. "Masks, mirrors and mannequins: Elsa Schiaparelli and the decentered subject", *Fashion theory: The journal of dress, body and culture* 3, no.1 (1999).

Goldberg, RoseLee. *Performance: Live art since 1960*. New York: Harry N. Abrams, 1998.

Hollander, Anne. *Seeing through clothes*. New York: Viking Press, 1975.

Kerwin, Jessica. "Taking cues", W (New York) (October 2000).

McRobbie, Angela. *British fashion design: Rag trade or image industry?* London: Routledge 1998.

— *In the culture society: Art, fashion and popular music*. London: Routledge, 1999.

Martin, Richard. "A note: Art & fashion, Viktor & Rolf". *Fashion theory: The journal of dress, body and culture* 3, no.1 (1999).

Rush, Michael. *New media in late 20th-century art*. New York: Thames & Hudson, 1999.

— "Performance hops back into the scene". *The New York Times*, section A, 2 (2 July 2000).

Singer, Sally. "The new guard". *Vogue* (New York) 190, no. 5 (July 2000).

Socha, Miles. "Christmas comes early at Viktor & Rolf exhibit". *WWD* (New York) 180 no.9 (November 2000).

Stiles, Kristine and Peter Selz. *Theories and documents of contemporary art*. Berkeley, CA: University of California Press, 1996.

Wilson, Eric. "Miguel's dual reality". *W* (New York) (May 2000).

www.bozzi.it/ilsito/margf/marging.html. "Martin Margiela" (2000).

www.fashionlive.com/fashion/catWalk/bio/MMAhome.html. "Martin Margiela" (2000).

www.metroactive.com/papers/sfmetro/O1.24.00/g1obal-0002 html. "Amsterdammer Anarchy" (2000).

www.mu.nl/Proiects/present/eng/e susan1.html. "Susan Cianciolo" (2000).

盖·伯丁（Guy Bourdin）

1928，巴黎（法国）— 1991，巴黎（法国）

人们知道盖·伯丁主要是通过他刊登于1957—1987年法国版 Vogue 杂志的时尚摄影作品，以及为法国品牌查尔斯·卓丹（Charles Jourdan）的鞋子与其他商品所拍摄的广告。他的作品的特色是经常出现超现实的场景，并融合了魅惑、情色与死亡。他的照片如同截取自阴郁的电影或梦魇。盖·伯丁经常运用垂直线，并缺少水平线，因而营造出幽闭恐惧的气氛。他的作品常常被拿来与同时期的赫尔穆特·牛顿（Helmut Newton）做比较，但是独有伯丁的照片带着死亡色调。他对色彩的运用也独树一帜——甜美华丽，以及大量带有暗示性的红色，隐喻着鲜血、危险或觉醒。他偏好与皮肤苍白的红发模特合作，同时再搭配她们浓妆后的娃娃面孔。

伯丁阴郁的画面构图与他悲惨的人生和复杂的个性不无关系。他还在襁褓中时，父母就分开了，祖父母将他抚养长大。他的母亲是一位优雅的红发巴黎女郎，只来看过他一次，后来伯丁再也没有见过她。伯丁在1961年结婚，妻子索兰格（Solange）在十年之后因为心脏骤停（或用药过度）而死亡。他的第二任妻子希碧尔（Sybille）则经过多年囚禁般的生活后，自缢而亡。伯丁不允许她过独立自主的生活。

伯丁在巴黎马莱区（Marais）的工作室仿佛是一座地牢，整个房间刷成黑色，连窗户也不例外，完全隔绝了与外界的联系，甚至一部电话都没有。去洗手间的时候需要走过摇摇晃晃、老鼠乱窜的木地板。然而，这对模特们来说，并非最严酷的考验，他将暴力施加到模特身上的事例数不胜数。有一次，他让两个女孩全身涂满一层黏胶，并镶上珍珠。这两个女孩昏厥后，必须迅速去除黏胶才能免于让她们窒息而死。对此，伯丁叹息道如果她们死在床上，不知道会多么美妙。

不过，还是有众多模特排着队等着为伯丁工作。在20世纪70年代伯丁事业高峰时期，Vogue 杂志一个月提供给他20页篇幅，对此他拥有完全的自主权。到了20世纪80年代中期，他的要求变得越来越多，也越来越难以驾驭。此时，Vogue 杂志的编辑部成员与时代精神一道都有所改变，时尚摄影

开始呈现自然的趋势，伯丁的照片开始遭到冷遇。

伯丁晚年受抑郁症折磨，逐渐退隐。他在1991年过世，死因应该是癌症。伯丁大部分的作品都已经遗失，他既没有卖给收藏家，也不热衷于将之出版，他想做的只是拍摄。他曾获颁法国国家摄影大奖，结果却拒绝领奖。

参考资料：

Gingeras, Alison. *Guy Bourdin*. Boston/London: Phaidon Press, 2005.

Sante, Luc et al. *Exhibit A: Guy Bourdin*. Boston: Bulfinch Press, 2001.

Verthime, Shelley and Charlotte Cotton, eds. *Guy Bourdin*. London: Victoria & Albert Museum, 2003.

插图：

1. 盖·伯丁，罗兰·皮尔广告摄影，1983夏季系列，见 P248-249。
2. 盖·伯丁，摄影作品，1978年。
3. 盖·伯丁，查尔斯·卓丹广告摄影，1975春季系列。
4. 盖·伯丁，查尔斯·卓丹广告摄影，1975夏季系列。

Apollinaire

Poèmes à Lou

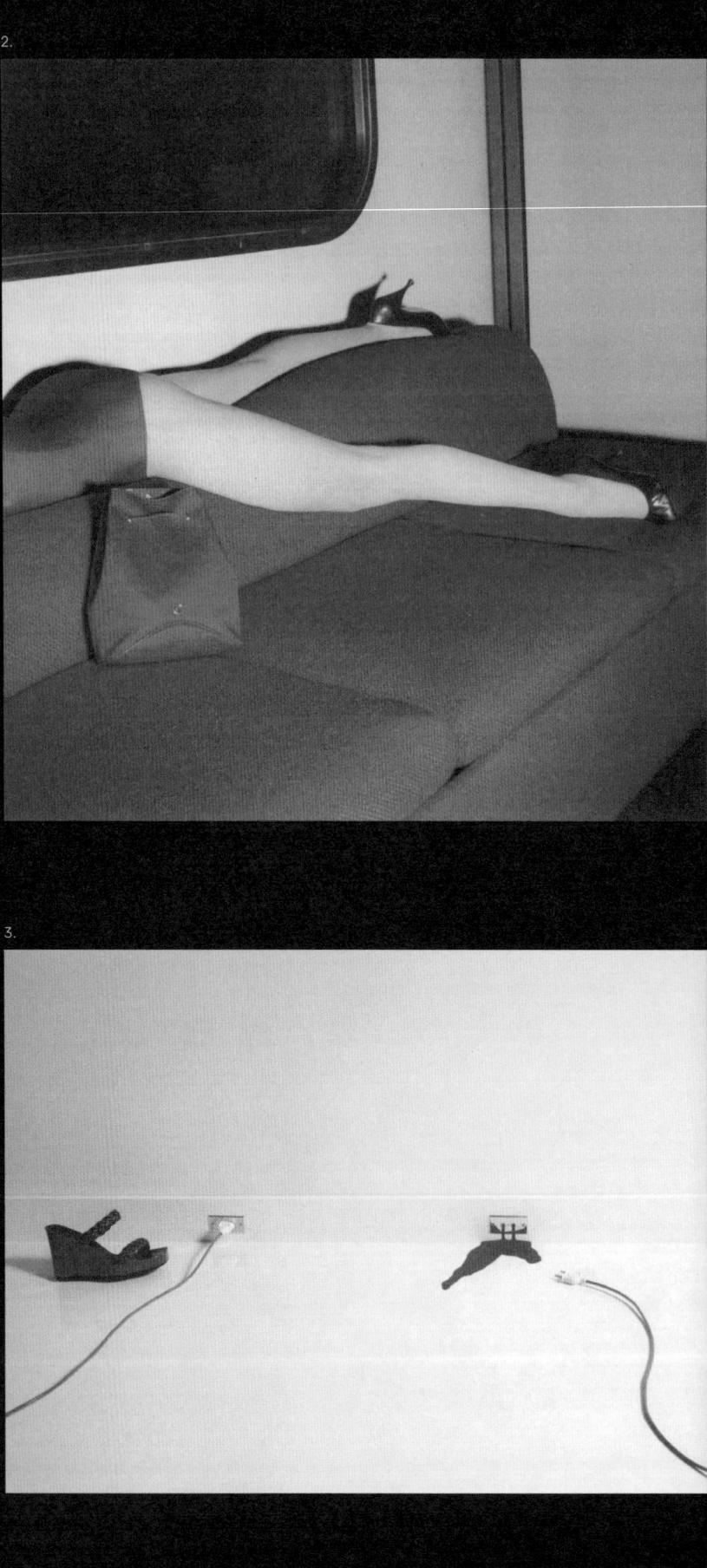

2.

3.

4.

罗塞特·布鲁克斯（Rosette Brooks）

# 布鲁明戴尔的叹息和低语：对布鲁明戴尔内衣部邮购目录的评论

*(Sighs and whispers in Bloomingdale's*
*A review of a Bloomingdale's mail-order catalogue for*
*their lingerie department )*

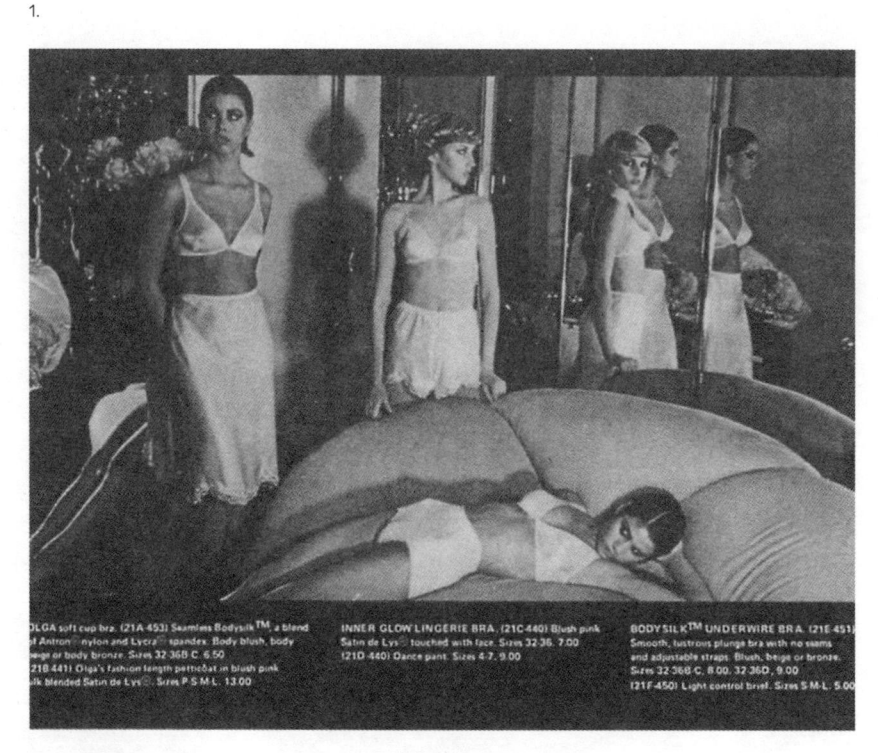

1. 盖·伯丁，《叹息和低语，镜子》，布鲁明戴尔百货公司的目录，1976 年。

20世纪70年代末，当布鲁明戴尔百货公司委托盖·伯丁为他们的内衣邮购目录拍摄照片时，他们一定意识到这将在一夜之间成为收藏家的藏品。其他主要的时尚摄影师赫尔穆特·牛顿（Helmut Newton）和黛博拉·特贝维尔（Deborah Turbeville）都有自己的选集；但是《布鲁明戴尔目录：叹息和低语》是盖·伯丁唯一的一本书。它实际上更像是一本小册子，只有18页，包含18张照片，包括封面和封底，盖·伯丁的名字只出现在封底的竖排照片上。尽管如此，《叹息和低语》既是伯丁的系列摄影作品，也是记录消费者选择的专辑，这一双重角色对伯丁和布鲁明戴尔都颇具讽刺意味。

它表明了消费者态度和消费品形象的分裂，虽然这种分裂是现在一系列广告和消费品趋势的特征，但在70年代中期的时尚摄影中就已初见端倪。此时，作为广告的核心，产品形象和产品（形式和内容）之间的关系发生了变化。

1975年，盖·伯丁为查尔斯·卓丹（Charles Jourdan）的鞋子拍摄了一组广告，在这组广告中，鞋子被丢弃在路边，似乎是一起致命车祸的现场（从粉笔画出的人物轮廓来看，似乎是卓丹鞋子的穿着者）。在双页照片中，鞋子的特定属性或多或少难以察觉。产品和产品形象之间的差距达到最大程度。到了70年代末，人们更经常看到伯丁的

2.

2. 盖·伯丁，为查尔斯·卓丹鞋履拍摄的广告照片，1975春季系列。

Fashion as performance art

3. 盖·伯丁，为法国版 *Vogue* 拍摄的照片，1972 年 3 月。

255. Fashion as performance art

名字醒目地出现在广告开头，而产品名字则出现在结尾处，缩减到卡片的大小，几乎就像广告商不过是时尚摄影大师的赞助人。

由于广告图像的作用不再是简单的肯定，因此广告摄影师与广告商的关系也变得更加复杂。盖·伯丁的自由度达到了新的高度。他可以向布鲁明戴尔百货公司提出要求，反之亦然。像赫尔穆特·牛顿一样，伯丁的作品篇幅很长，有时长达十页。但是牛顿的摄影系列往往通过叙事来统一，而伯丁的摄影则暗示了叙事性，但很少讲述一个故事。他的跨页作品往往以一种形式趣味、主题或图案来统一，并在一系列双页的序列中进行探讨。在《叹息和低语》中，这是空间分割。由于内衣的缘故，背景往往是卧室。几乎所有的照片都是以墙、门、窗和镜子为中心垂直分割的。中间的分割线用于探索双页图片内部和图片之间的空间和时间连续性和非连续性。图片的分散部分是为了方便下面各栏列出服装细节，但也反映了扫描行为本身。

图像成为从空间到空间——从图片到图片——移动的隐喻。在扫描过程中，我们从一个房间移动到另一个房间（由墙和门隔开），从室内移动到室外（通过窗户），从现实移动到表象（通过镜子）。双页通常看起来是彼此的镜像。门成了书页的转折点。这种画面对称性的运用

4.

4. 盖·伯丁，《叹息和低语，门》，布鲁明戴尔百货公司的目录，1976年。

既是对将两套服装放在一张照片中的要求的回应，也是对这种要求的根源的戏剧化表达。其他内衣摄影作品会使用不对称手法（前景和背景），让一对女性（一个穿着睡衣和裹胸，另一个只穿着长袍）在邮购目录的特殊环境中显得从容不迫，而伯丁则使用对称手法来渲染环境的不真实感，并用女同性恋和自恋的色彩来强调女性消费者自身形象的奇特视角所蕴含的性暗示。

伯丁没有将背景自然化，而是让图像变得奇特，他利用时尚照片的特殊性，强加了一些装置，让消费者与图像（产品）的显性内容保持距离。

在翻页中，从单衣到睡衣，从现实到表象，从女性替身到镜中倒影，预期不断被颠覆；对进入图像空间的简单关系不断被否定。一幅画中央的窗框分隔，在翻过一页后，就变成了房间之间的墙壁分隔。在双页之间，形成了一个中间帧，就像电影放映中不同步的画面。扫描过程停止了。从中心、产品的现实或女性的身体出发，消费者的依恋点变成了中间帧、变成了页面，即在照片的透明图像中穿越的消费现实。魅力不是中性的性指标，而是被视为一种不真实。光泽和魅力似乎在图像中融合为不透明的属性和闭合点，而不是理想对象上的透明入口。（他对女性二重身的关注反映了理想对象——商品和女性——之间的分裂）

70年代的时尚摄影以其露骨的性描写而闻名，伯丁的作品和牛顿的作品一样，都为这一声誉做出了贡献。但伯丁使用相似模特的目的是拉开与模特直接性反应之间的距离。也许，这种性反应的中间地带反映了为女性消费而设计的女性形象所隐含的模糊性。

他没有将时装模特作为真实的人展示，而是将其个性体现在对时装的采用上，从而强化了时装照片中通常被压抑的时装形象消费的一面，即通过风格将女性简化为类型（身份的戏剧化）。这些图像无疑是情色的，但无处不在的死亡感（在伯丁的照片中，魅力是古老的）使情色成为魅力和光泽的附属。这与以男性为中心的时尚摄影形成了鲜明对比，在时尚摄影中，身体是男性占有的中心，而所有撩人的幻觉都是以男性为中心的。

伯丁找到了一个新的情色依附点，更接近他自己的关注点——照片本身。对于时尚摄影来说，照片迷恋并非新鲜事。许多摄影师声称，这份工作的危害之一是在工作期间失去"真正"性接触中的性冲动。这种对时尚/性图像的看法并不新鲜，但大多数时尚摄影师都将其放在直接的、以男性为中心的情色图像中，而在伯丁的作品中，情色图像从身体/商品中侵入并成为关注的对象。在伯丁的作品中，快照本身也是一种特色。在《叹息和低语》的其中一张图片中，三张宝丽来（他自己的？），卡在占据大部分画面的镜子的角落里，记录了幻觉的表面和模特所占据的空间的虚幻。她们既没有意识到我们的存在，也没有意识到我们的不存在。没有任何伪装：它们记录着摄影师的存在。正是他的凝视标志着本质上的情色关系。模特们所占据的空间（床）并不是真正的情色空间，而

Fashion as performance art

5.

5. 盖·伯丁，为卓丹鞋履拍摄的广告照片，1978春季系列。

是图像之间的空间——墙纸图案及其空间反转之间的空间，以及时间镜头之间的空间。图像成为图像生产和控制过程本身的映像。

广告开始反思自己。在艺术中，形式主义装置通过中止图像内容的直接性来主张更高的感知秩序，而在审美感知中，形式主义装置则被纳入图像文化的经济中心，试图摆脱其主宰视野的束缚。

这种趋势反映了消费者态度的转变，其中包括消费审美化、将时尚视为约束、将魅力视为虚假的表象、将风格视为重复。与表现风格相反，布鲁明戴尔目录中宣传的服装非常过时。在经济衰退和工业崩溃的背景下，媒体大量涌现，时尚摄影也随着其所依附的行业的衰落和分崩离析而蓬勃发展，这或许是70年代的特征。在60年代，新奇是富足的代名词。

在70年代，一种能够合理化消费者对旧物的依恋修辞似乎成为必要：旧产品换新形象。风格不再是穿什么的问题，更多的是你穿衣的方式和你对形象的态度——与自我展示保持距离。不可否认，时尚的重点已经从产品转向产品形象。对比60年代和70年代 Vogue 杂志的厚度，可以发现70年代广告新的重要性。它已成为时尚产业中一个独立、半自主的方面，本身就是一种娱乐形式，或许还是一门艺术。正是在这种媒体的繁荣之下，伯丁不仅能够被容纳，而且是必要的。那时，广告的角色发生了变化。伯丁对消费者期望的颠覆，可以说是在繁荣的媒体中

258. The power of fashion

捕捉短暂性的一种方式。

没有必要通过其他方面的肯定来肯定产品，更重要的是让整个消费模式短路。在70年代，停止躁动不安的消费比保持消费更重要。伯丁的空间装置起到了"凝视陷阱"的作用。拉康在谈到霍尔拜因（Holbein）的画作《大使》（*The Ambassadors*）时使用了这个词。他观察到，正面看起来像是一个半抽象的阴茎形状盘旋在画面的前景中，在路人的侧视中却像一个变形扭曲的人类头骨。阴茎中出现的死亡之头是伯丁作品的恰当隐喻。他将摄影行为戏剧化为一个令人震惊的过程，他的照片是一个个"小死亡"，是消费欲望（图像）流的中断。

赫尔穆特·牛顿（Helmut Newton）
1920，柏林（德国）— 2004，洛杉矶（美国）

赫尔穆特·牛顿本名赫尔穆特·诺伊施塔特（Helmut Neustädter），是 20 世纪顶尖的时尚与人物摄影师之一。他在柏林长大，12 岁那年买了人生第一台相机。他因为疏于课业，只对游泳、女生和摄影有兴趣，16 岁被学校开除。

之后，他成为时尚与剧场摄影师伊娃（Yva，又名 Else Simon）的学徒。1938 年，牛顿为了躲避纳粹而前往新加坡，在当地一家报社担任摄影记者。然而，他只做了两个星期就被开除了，因为他不适合新闻报道所要求的快速摄影。牛顿的专长正好相反：细心风格化、光鲜华丽的布景。

20 世纪 40 年代，牛顿住在澳大利亚，并取得澳大利亚公民资格。他开设了一间简约的摄影工作室，成为自由摄影师，客户包括 *Jardin des Modes*、*Queen*，以及《花花公子》（*Playboy*）等刊物。后来他和妻子茱恩（June，别名爱丽丝·斯宾斯）迁居巴黎。1960 年左右，他开始为 *Vogue*（主要是法国版，不过也包含意大利、美国与德国版）、*Linea Italiana*、*Elle*、*Marie-Claire* 等杂志拍摄时尚照片，还为《明星周刊》（*Stem*）与《生活》（*Life*）杂志进行采访。20 世纪 60 至 80 年代，牛顿的创新风格可说是深具权威性。

牛顿喜欢挑衅、进行操纵。例如，他的《大裸》（*Big Nudes*）就是以 RAF 恐怖分子站在纯白背景前的照片为基础而发展出来的；在人物摄影中，他喜欢对镜头前人物的某个黑暗特征做出暗示。不过，主要令他着迷的是各种层面的权力——金融、政治或性。他的时尚摄影作品通常也有露骨的情色主题，而且往往隐含挑衅的意味。女性主义者指控他厌恶女人，但牛顿对此不置可否。他将他镜头下的女人视为胜利者。他最喜爱的模特类型是看起来高傲、性解放，甚至有点堕落，也就是看起来似乎睥睨一切的冰山美女。时尚与随意的性联结在一起，没有情绪，也无关财富。

牛顿的冷酷风格呈现在普通的场景中，有几个快乐的人来来去去：游泳池、高档饭店的大厅与房间、海滩或城堡，并搭配豪华房车、古董与珠宝等道具。

牛顿为最新的大众甲壳虫汽车的广告设计了《情色汽车》（*Autoerotic*）系列摄影作品，甲壳虫车成为以时髦年轻人为对象、充满性爱动力：迷你版汽车从一条缎布下驶出，驶向裸体美女双腿间的"车库"。

牛顿不把自己看作艺术家，而是一个商业摄影师——或者，他自称的"火枪手"。2004 年，他在洛杉矶的一起车祸中丧生。

参考资料：

Newton, June, ed. *A gun for hire*. Cologne: Taschen Verlag, 2005.
Heiting, Manfred, ed. *Helmut Newton: Work*. Cologne: Taschen Verlag, 2000.
*Helmut Newton - Portraits* (exhibition catalogue). Paris: Musée d'art Moderne de la Ville de Paris, 1984 (Amsterdam, 1986).
Newton, Helmut. *White woman*. Munich: Schirmer und Mosel, 1976.
Newton, Helmut. *Big nudes* (with text by Karl Lagerfeld). New York, Paris, Munich, London: Xavier Moreau, 1982.
Newton, Helmut. *World without men*. New York, Paris, Munich, London: Xavier Moreau, 1984.

插图：

1. 赫尔穆特·牛顿，蓝色情人（Blumarine），1994 年。
2. 赫尔穆特·牛顿，蒂埃里·穆勒，1988/1999 年。
3. 赫尔穆特·牛顿，伊夫·圣洛朗，1992 春夏系列。

1.

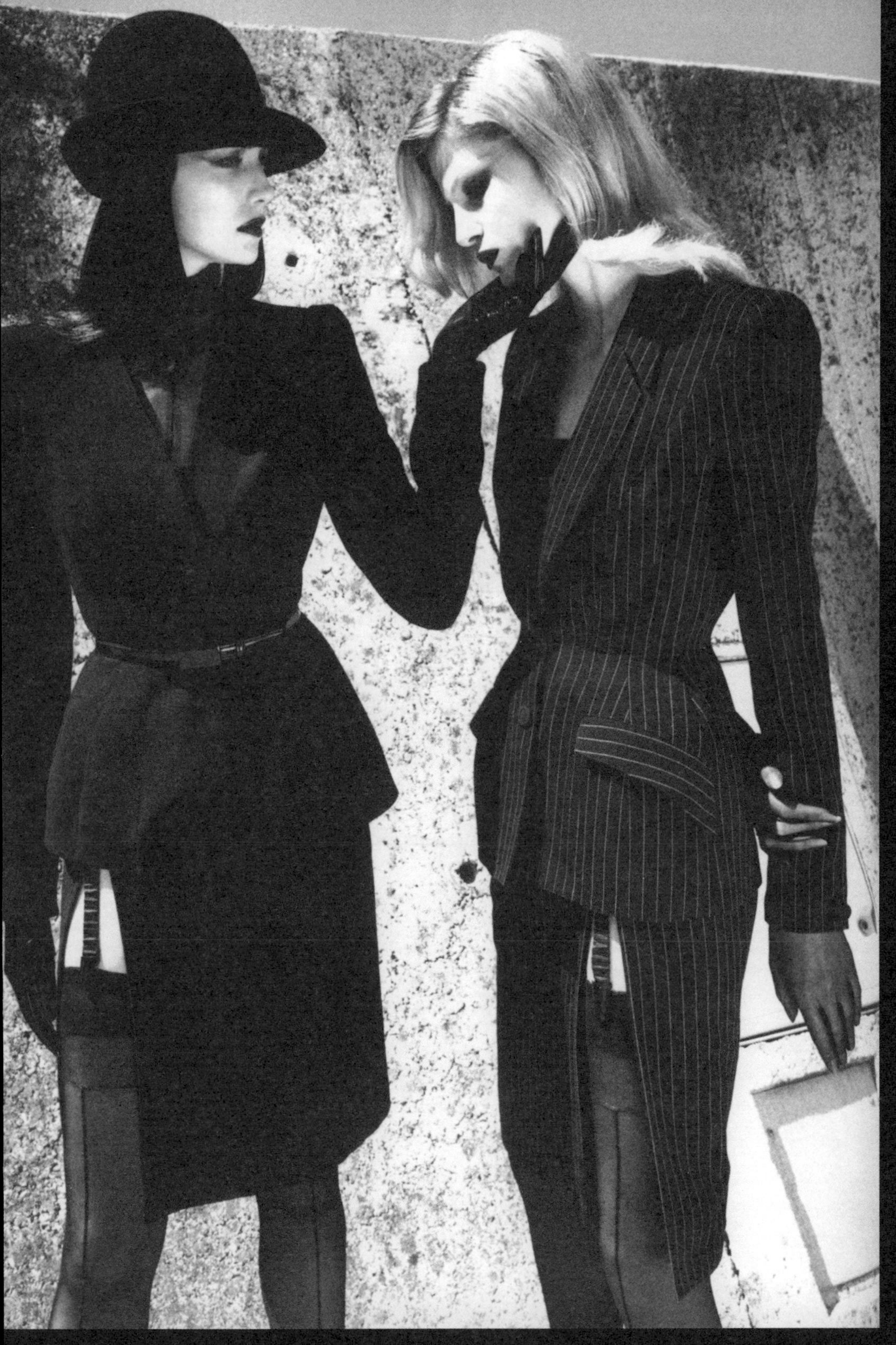

3.

**Fashion and globalisation**
时尚与全球化

## 托马斯·博柏利（Thomas Burberry）
1835，多尔金（英国）— 1926，胡克（英国）

充满英式风情的品牌博柏利已经成为英国最大的奢侈品公司，这要归功于 1997 年上任的管理团队以及 2001 年出任设计总监的克里斯托弗·贝利（Christophe Baily，1971），他开创了一个全新的设计风格，新产品、新系列及新广告纷纷登场。贝利曾就读于伦敦的皇家艺术设计学院，后前往纽约，在唐娜·凯伦（Donna Karen）手下工作。他后来在古驰工作了几年，负责女性产品线。他亲力亲为，大量参与设计过程，注重细节。博柏利的经典格纹是该品牌数十年的特色，贝利却从 2001 年开始舍弃格纹，为博柏利注入了新生命。尽管做了这些创新的举动，贝利依然忠于博柏利的传统，维持博柏利经典的设计风格，并将质量与功能性摆在第一位。

托马斯·博柏利创立这个品牌的初衷是制作高质量、实穿的服装。他在 19 世纪 80 年代开发出革命性的防水、防风布料，名为华达呢（gabardine）并于 1888 年申请了专利。博柏利运用这种布料设计出适合户外活动穿着的产品。三年后他在伦敦开设第一家店，地点就在目前博柏利总部的所在位置。到了 20 世纪初，他在纽约等地陆续开店，扩大他的连锁店版图。就在此时，博柏利为英国陆军设计了新的军装。第一次世界大战期间，他的雨衣被军人穿到战场上的壕沟里，因此赢得了"战壕大衣"（trench coat）的传奇别名。

第一次世界大战过后，博柏利战壕大衣成为一种时尚又实穿的服装。1924 年，战壕大衣加上了早已风靡世界各地的博柏利格纹——红、黑、白和驼色交错而成的格纹，也符合英国乡村风格。一直到第二次世界大战之前，博柏利都将重点放在风衣外套上，不过接下来的几十年，经典格纹也开始运用在雨伞、行李箱和围巾上。20 世纪 70 年代，博柏利在美国站稳了脚跟，20 世纪 80 年代在日本大受欢迎。此后，博柏利成为国际时尚帝国，在服装产品线之外也推出了一系列香水。

插图：
1. 博柏利，广告形象，2005 年。

1.

# BURBERRY
FOR INFORMATION +(49) 211 439390

泰德·波汉姆斯（Ted Polhemus）
# 地球村里穿什么
（What to wear in the global village）

1.

当然，即使是最有远见的麦克卢汉元帅也不可能预见到他在 1962 年对"地球村"的预测会成为现实。互联网甚至比世界大众传媒的合并和互动（麦克卢汉在世时就观察到了这一现象的雏形）更进一步地瓦解和抹杀了地理本身。要证明这一点，只需打开网络搜索引擎，输入"全球＋村"就能得出 2910000 个结果。最有说服力的一点是，你可以在地球上的任何地方进行搜索，而且，无论你在哪里进行搜索，你都会得到源于地球上任何地方的搜索结果。事实上，在互联网上漫游时，我们经常会忘记所处的位置。正如麦克卢汉所预测的那样，自然地理已经在不知不觉中变得无关紧要。

与此同时，随着电子大众媒体和互联网将地球连接成一个单一的通信网络，全球化的无情推进将西方这一套制度、文化、态度、思想和品牌产品植入了地球的每个角落和缝隙。今天，有人在莫斯科，有人在布宜诺斯艾利斯，有人在悉尼，有人在班加罗尔，他们都可以在同一家快餐店吃同样的饭，开同样的车，看同样的电影，用同样的计算机软件工作，喝同样的啤酒，追同样的星，穿同样的衣服、鞋子，戴同样的手表。从这个意义上说，世界不仅是相互联系的，而且在文化上是连续的、融合的、统一的。

然而，令人惊讶的是，尽管如此，世界仍然保持着多样性和特殊性——事实上，从一个非常现实的意义上说，地方的重要性变得更大了。在无数老科幻电影中，每当宇宙飞船上的船员通过视频电话与地球联系时，地球（以及其他任何星球）都不可避免地被描绘成一个文化同质的整体，由一个明智的"联邦"管理，在这个联邦中，每个人都是世界公民，其含义是，在遥远的未来，我们将有意识地抛开陈旧的地方差异，完美地融入一个统一的、无差别的全球实体。正是这种地球村的感觉——全球化是一种最小公分母的同一性，是地方／国家

2.

3.

1. 迪赛，"热爱自然"系列广告，2004 年。
2. 爪哇北海岸色彩丰富的蜡染风格，摄影：Collection S. Niessen。
3. 秘鲁的传统仪式。

Fashion and globalisation

差异的消亡所带来的国际一致性（再加上未来每个人都会穿着相同的衣服这一观点）——让科幻小说作家完全错了。

也许是对全球化冲击的反应，地区和民族特性现在比以往任何时候都更受重视。这一点在"西方"尤为明显，[1]我们渴望日本的寿司、爪哇的蜡染印花、香港的功夫电影、阿根廷的探戈、东非的串珠首饰等。正是因为它们的文化异质性，因为它们没有被似乎势不可当的全球化冰川碾碎和湮没。因此，就像新一代朝圣者一样，越来越多的人去越来越远的地方旅行，追求不同于自身的生活方式。就在我们希望世界其他地方继续购买"我们"的产品，以促进"我们"的经济和"我们"的就业时，我们也迫切希望这些其他地方能以某种方式（当然是排除万难）保留其异域文化的独特性。

这种地方性的存续也不仅仅是"我们"与"他们"的问题，是西方长期以来对异国情调喜爱的延续。即使在西方内部，我们也没有看到民族或地区差异的消亡，形成一种单一的文化，而这曾经似乎是不可避免的。

事实恰恰相反。例如，无论欧盟在政治和经济融合方面走得多远，欧洲内部的民族特性甚至微小的地区特性不仅在欧洲内部继续存在，而且还在蓬勃发展——哪怕只是在大众的想象中。

这种民族特性很少是客观的社会事实。它们是神话，是虚构的，一经表述就会立刻显得荒谬可笑（这一点在本文中将会非常明显），但它们仍然具有巨大的力量，甚至对我们这些自认为过于理性和/或政治上过于正确而不愿意接受粗暴刻板印象的人来说也是如此。试想：一个荷兰女人去意大利度假，在度假期间她遇到了一个意大利男人。也许这位荷兰女人（可能是因为她看过很多以马塞洛·马斯特罗亚尼为主角的电影）认为，所有意大利男人都是浪漫的好情人。也许意大利男人（听说荷兰是一个极其

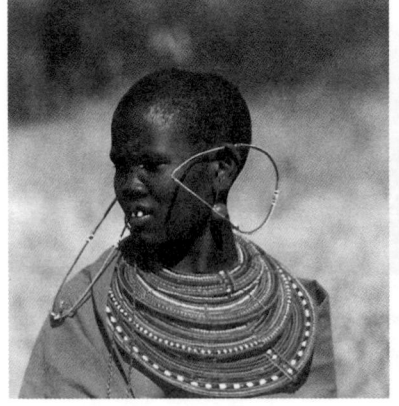

4.
5.

4. 非洲马赛的穿环时尚。
5. 里约热内卢的巴西狂欢节，摄影：盖·莫伯利（Guy Moberly）。
6. 夏威夷女舞者。
7. 身穿苏格兰短裙的男人。

自由的国家）认为所有荷兰女人都很"随便"，而且（来自一个过于冷静理性的国家，就像整个北欧一样）极易受到拉丁激情的影响。

也许他们即将发现民族刻板印象有多离谱。

或者这可能是一个自我实现的预言？

无论我们多么相信自己不会受到这种明显无法证实且往往十分荒谬的国家或地区刻板印象的影响，事实是，我们几乎不可能不受其影响。虽然这些荒谬的成见被我们大多数人有意识地、明确地摒弃，但它们却在生活中潜移默化地影响着我们。打开世界地图，闭上眼睛，让手指停留在世界上任何一个国家。无论是哪个国家，它都会立即引发一些未经证实却很有说服力的形容词：无聊、性感、危险、高效、混乱、懒惰、肮脏[2]、热情、外向、严肃、奇怪、拘谨、随意、酷、时髦、粗鄙，等等。虽然我们大多数人在表达这种荒谬的成见时会三思而行，但实事求是地说，我们必须承认它们隐藏在表面之下，它们对我们行为的影响比我们愿意承认的更大。换句话说，世界并没有成为一个连续的、无差别的、同质的整体。

地点继续传递着意义，而这些意义——无论多么陈旧过时、富于成见和荒诞无稽——继续驱使着我们，影响着我们的消费选择（正如我们将看到的，这与时尚设计尤其相关）。

即使我们不会真的与来自另一个国家的人发生浪漫的假日恋情，但我们选择度假目的地的动机往往是对那个国家或地区的看法，而这种看法在客观审视下是站不住脚的。旅游业现在是世界上最大的产业之一，它正是建立在文化多样性仍然存在的信念之上。而且更多的时候，它是为了寻求差异性，来弥补我们自己以及我们的生活方式中的缺失。我们去一个特定的国家旅行，对我们会发现什么抱有特定的神话般的期望。当然，就像上面假设的那个女人和男人一

6.

7.

Fashion and globalisation

## 汤米·希尔费格（Tommy Hilfiger）

1951，埃尔迈拉（美国）

美国设计师汤米·希尔费格1951年出生于位于纽约市外的埃尔迈拉，是一位自学成才的设计师。他一开始是一名销售员，不过很快就开设了自己的店铺"人民之家"（People's Place）。到了1975年，希尔费格的名下至少有七家服装店。四年之后他迁居纽约，1984年就在纽约创立了个人品牌汤米·希尔费格。它旋即成为美国最大且最知名的品牌之一，足以与卡文·克莱（Calvin Klein）及拉尔夫·劳伦（Ralph Lauren）相提并论。

在20世纪80年代后半期，他立足纽约，以富有的美国白人（即大众市场）为目标客群大量生产设计师服饰。他真正的突破出现在20世纪90年代初期，当时史努比·狗狗（Snoop Doggy Dog）等著名的饶舌歌手纷纷穿上这个品牌的产品，来自布鲁克林的年轻黑人争相模仿使他的服装顺势崛起。希尔费格逐渐将重点放在这个特定的目标群体上，服装风格更加休闲，更加贴近纽约街头文化。很快，全美各地的非裔青少年都开始穿希尔费格的垮裤和上衣。于是，汤米·希尔费格的销售点遍布美国，销量也一飞冲天。

希尔费格自20世纪90年代开始走学院风路线。在对学院风格的现代诠释中，他重新打造传统的"常春藤联盟"（Ivy League）造型，将橄榄球、冰上曲棍球和航海的元素加以结合，融入他的服装里，兼具古典、现代与运动风。他的目标客户涵盖了美国社会的各个阶层：中小学生、大学生、商业人士及运动达人。希尔费格的设计符合市场上普遍对于高品质、基础款服装的需求，因此大受欢迎。在这期间，希尔费格形成了自己的经典特色——经常运用美国国旗及红、白、蓝三色。几年之后，受到纽约世贸中心攻击事件的影响，这个品牌特色给其带来了可观的业绩。

大规模广告宣传攻势及持续扩大系列产品线使汤米·希尔费格帝国目前的成长速度依旧非常快速。汤米·希尔费格公司就像拉尔夫·劳伦一样，不只设计服装，也开创了象征美国"生活方式"的整套生活风格。除了男装、女装及童装之外，该公司也推出配饰、太阳眼镜、手提包、鞋子、香水、游泳产品和家居饰品。

参考资料：

Hilfiger, Tommy. *All American: A style book*. New York: Universe Publishing, 1997.

插图：
1. 汤米·希尔费格，广告形象，2005年。
2. 汤米·希尔费格，广告形象，2003年。

1.

# TOMMY HILFIGER

样，我们的亲身经历可能会迅速摧毁任何这种毫无根据的期望，但是——鉴于任何一个明智的国家都希望维持其旅游业，都会尽最大努力把自己变成某种被神化了的主题公园，也鉴于游客也有可能找到他/她希望找到的东西——实际的旅行可能会具有讽刺意味地进一步加强那些最荒诞无稽的刻板印象。

国家也是品牌，因此，它们的形象和知名度也会发生变化：它们会流行，也会过时。詹姆斯·邦德电影就是过去42年地理时尚史的一个简明例证。每年我们的主角——这位终极游客——都会前往某个国家旅行（日本、巴西、俄罗斯、意大利、泰国等），而这个国家在最前卫的雷达仪器上已经开始显示出其"流行"的特征，即将成为全世界每个有思想、成熟的男人/女人都想要去的地方。无论多么不切实际、带有成见和不可思议（巴西的女人可能不穿丁字裤，阿根廷的男人可能不是大男子主义的牛仔、足球运动员或探戈舞者，荷兰人可能不吸大麻，俄罗斯人可能不喝大量伏特加，澳大利亚人可能不冲浪，意大利人可能不是情场高手，等等），这些国家品牌在当今世界具有巨大的影响力，具有深远的政治和经济影响。显然，人们对每个国家品牌的看法都会极大地影响该国的旅游业，但这只是这些国家品牌（显然是当今世界上最具影响力的营销结构）影响消费者选择的因素之一。例如，德国品牌（缺乏幽默，但严肃认真，技术严谨）有利于宝马汽车的发展，而爱尔兰品牌（热情、友好、传统、博学）则有利于健力士啤酒的发展。然而，除旅游业外，没有哪个行业比时尚业与国家品牌的联系更加紧密。

纵观历史，时尚界一直在审视世界各地的时尚理念，将传统设计和纺织品转化为最新的风格。然而，吸引我们的不再是传统服装、纺织品或配饰的美感，而越来越吸引我们的是其意义和背后的深层含义（即使这个意义也是我们自己发明的）。我们看重的是"非全球化"这一通用符号，它自然而然地附着在这些物品上。

源自某一特定地区或民族的服装或配饰，是该地区品牌的一部分。从本质上讲，地区/国家品牌讲述的是另一种生活方式，在当代时尚界尤其受欢迎，因为时尚界越来越注重"生活方式"的叙事方法。

简而言之，地区/国家品牌和时尚都是人种学的速写，是对另类的、假设的生活方式的投射，由此它们具有逻辑学上的亲密关系。地理品牌通过民族服装（印度的纱丽、巴西的坦噶）象征性地显现出来，而时尚界经常将地区/国家品牌叙事融入其乌托邦式愿景的符号结构中。

为了正确理解"他处"与服装、配饰和美容业之间日益密切（和热情）的关系，我们需要简要探讨当今时尚的一些相关特征——这些特征以前所未有的方式促进和推动了这种关系。在过去的二十年里，时尚发生了深刻的、天翻地覆的变化——这些变化不仅体现在服装的外观上，更重要的是体现在时尚系统本身。³ 我们将在本文的后半部分探讨这一转变的其他方面，但现在，要理解时尚为何特别受地区/国家品牌的吸引，就必须注意到外观在多大程度上已成为一种"声明"——一种符号学现象，而不仅仅是一种美学现象——以及这种功能转变的根本原因。⁴ 按照惯例，我们展示自我的方式的转变揭示了社会结构同样深刻的变化。⁵

我们这个时代的一个关键问题（事实上，可以说是界定我们后现代时代的一个问题）是社会文化身份以及这种身份的表达。直到不久前，人们还可以根据阶级、宗教、种族、民族背景等既定的社会文化标准对"像我们这样的人"进行简单的口头分类。然而，今天，尽管这些传统的社会文化分类标准依然存在，但它们已不足以描述和分类身份。我们不再受这些出身条件的束缚，我们今天的真实身份植根于态度、愿景、哲学、欲望和梦想这些不太容易表达的差异——营销界人士称之为"生活方式"。

生活方式的核心是风格——当今至关重要、不可或缺的身份语言。我们从不断扩大的风格超市中（从厨房到手表，从晚餐到裤子，从汽车到手机，每一件物品都有以前无法想象的设计）选择那些最能体现我们"所处"位置的物品。（或者，鉴于这种个人广告并不比任何其他形式的广告更准确和诚实，我们选择那些最能准确表明我们希望他人相信我们"所处"位置的物品。）在这个用视觉探索和解释自己的过程中，过去可能仅仅因为"看起来不错"而购买的物品，现在却因为它们"说"出了恰当的信息，或最有效地诠释了我们所珍视并认为是我们身份核心组成部分的价值观、信仰、梦想、愿望等而被选中。虽然所有类型的消费物品都是如此（这也在很大程度上解释了我们这个时代对各种形式的设计的痴迷），但那些构成我们自我展示的物品在这方面尤为重要，因为它们便于携带（你不可能带着你的新厨房去夜总会）和个人化（自我与外观之间的联系被视为独特的、直接的、亲密的和特别的）。

时尚宣言可以采用两种独立而独特的符号系统。首先是风格本身的符号学（颜色、剪裁、图案、材料、地理或历史典故等）。其次，还有品牌符号学，即某一品牌/设计师的生活方式愿景通过该品牌/设计师的标识和整体营销活动得到压缩和释放。在第一种情况下，如果我戴一顶黑色贝雷帽，那么这个"形容词"中就会包含某些含义（艺术、不拘一格、垮掉派、巴黎、20世纪早期、波希米亚等）。在第二种情况下，如果我穿上一件印有贝纳通标志的毛衣，那么贝纳通在过去和现在的广告宣传中培养起来的生活方式理念（粗略地说：反种族主义、社会和环境责任，但也越来越多地暗示这些社会关切与在团结的全球文化背景下追求快乐和美好生活是一致的）就会成为我个人风格宣言的潜台词。

任何有效、成功的品牌都投射出自己神话般的地点/地理感——一个虚拟的乌托邦主题公园，在这里可以完美实现其特定的欲望、信仰和梦想（可能

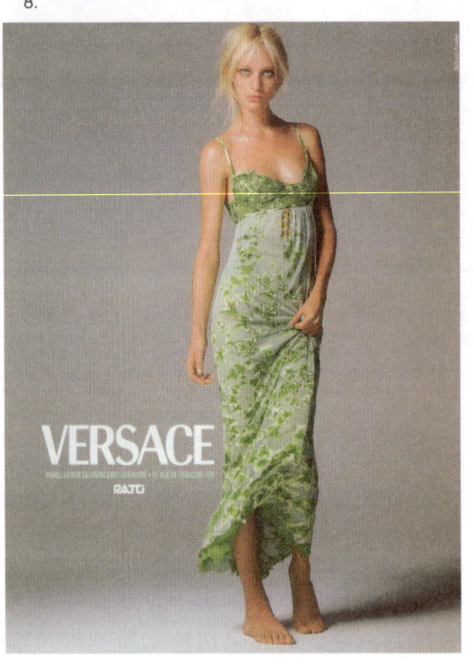

8.  范思哲，广告形象，1996 年。
9.  维维安·韦斯特伍德，"大酒店"系列，1993 春夏系列。
10. 博柏利，广告形象，2004 年。

/应该过的生活）。范思哲乐园（VersaceLand）、迪赛乐园（DieselLand）、迪奥乐园（DiorLand）、高缇耶乐园（GaultierLand）、拉尔夫·劳伦乐园（RalphLaurenLand）、汤米乐园（TommyLand）等都是奇妙的度假胜地（在许多方面，与游客体验到的神话般的"巴黎""威尼斯""伦敦""阿姆斯特丹"或"巴厘岛"一样"真实"）。这些"创意品牌"的附加值（因此也是其成功之处）在于，它们能提供大量的生活方式信息，而这些信息往往是复杂的，难以用语言表达的，投射到虚拟空间中的关于生活应该/可能是怎样的特定愿景，能够刺激足够多的消费者的信念和欲望，使他们有足够的能力购买/"前往"这个梦想之地。

因此，有趣的是，成功的设计师品牌和成功的地区/国家品牌在所有意图和目的上都是一样的：象征着某种神话般的、乌托邦式的地方，在那里我们可以追求特定的生活方式，而不必过多地考虑日常生活中令人不快的现实；在那个主题公园里我们可以远离一切。（或者，在 20 世纪 80 年代贝纳通的非典型案例中，在那里——就像天堂一样——可以通过善行和正确的思想来直接解决世界的弊端，从而实现美好生活）。就像游客/旅行者通过从正确的品牌地理位置寄明信片或发送电子邮件回家来表明自己的生活方式一样，时尚消费者通过穿戴正确的品牌，可以在自己的风格宣言中融

9.

10.

入其所选品牌假设的主题公园中固有的生活方式内涵。

　　当然也有例外（我们稍后将讨论迪塞尔），但对于大多数品牌来说，其地理和本地品牌塑造的起点——从逻辑上讲——是品牌或设计师出生和成长的"实际"地区或产品原产国。当然，"实际"一词必须加上引号，因为（正如我们之前的讨论）这些地方总是被符号化地重新组合，以至于它们与现实几乎没有任何客观联系——这一点在对比同一国家的品牌时得到了生动的证明，如阿玛尼和范思哲、维维安·韦斯特伍德和博柏利、汤米·希尔费格和拉尔夫·劳伦。这是因为地理／文化位置只是一个背景，一个投射价值观、信仰、梦想和欲望的

屏幕——其形态总是被投射其上的内容所决定。

　　例如，维维安·韦斯特伍德的设计的一个重要标志是它的英国特色。然而，这并不是博柏利所描绘的更传统、更直白的英国上层社会的景象，而是（德里克·贾曼在电影《禧年》中将英国的未来和过去并置，令人印象深刻）将英国朋克和英国贵族联系在一起的景象。（正如伦敦这一地域品牌最受游客欢迎的明信片一方面描绘了伦敦塔或白金汉宫，另一方面描绘了职业朋克一样，称之为职业朋克是因为这一风格群体在英国已经不复存在，所以他们只是模特。）就像贾曼的电影一样，"韦斯特伍德乐园"设想了一个既古老又崭新（后现代）的

11.

12.

11. 汤米·希尔费格，广告形象，2004年。
12. 拉尔夫·劳伦，手编针织上衣搭配超短牛仔裤，照片：拉尔夫·劳伦提供。
13. 安·德穆拉米斯特，2003年，摄影：丹·莱卡（Dan Lecca）。
14. 安·德穆拉米斯特，2002年。

英国，在这里，女王既高贵典雅，又能在街头穿梭，鼻子上还插着安全别针。

汤米·希尔费格作品中的美国则是另一种阶级与街头的并置，在这里，常春藤名校的学生可以找到街头的真实感，而来自贫民窟的黑人说唱艺术家则可以发现阶级的魅力。这是美国梦的现代诠释：每个人都能得到自己想要/需要的东西，追求幸福。拉尔夫·劳伦的美国则以另一种方式重写历史，赋予这个相对较新的国家一个古老的过去，带有明显的欧洲贵族色彩。这样一来，美国的新贵们就可以神奇地获得老钱、老欧洲的体面——而这一切的背景是一片生机勃勃的新天地，在那里你在夕阳下纵马驰骋。然而，尽管李维斯曾经（逻辑上也是如

此）是与狂野西部联系最紧密的外观品牌，但它最近决定关闭这个特定的美国主题公园，在某个嘻哈城市街头开店。

正如西蒙·安霍尔特（Simon Anholt）在《美国品牌》（2004）一书中所指出的，这可能预示着这一国家品牌对美国以外消费者的吸引力正在逐渐减弱。

韦斯特伍德、博柏利、希尔费格、劳伦和李维斯等服饰品牌通常会利用现有的地理品牌并根据自己的需求进行调整，而安·迪穆拉米斯特等比利时设计师则完全解构了他们现有的国家品牌身份（有点像乡村笑话；无害，但缺乏酷、性感或时髦等元素。）[6]与音乐、艺术和电影一样，设计通常在塑造地区/

13.

14.

国家品牌形象方面发挥重要作用（这一角色在未来似乎将变得更加重要）。然而，比利时的情况确实令人瞩目，因为来自安特卫普的几位设计师（可以说得到了一些技术音乐家和DJ的帮助）成功有效地重塑了他们国家的品牌形象——在短短几年内，就把比利时（一个以前只与青口贝、啤酒、芽菜、乏味的官僚和《丁丁历险记》有关的地方）准确地定位在设计界的最前沿，成为酷、性感、前卫精致的缩影。

第二次世界大战后，意大利发生了类似的品牌重塑，意大利设计师从此受益匪浅。这使得意大利品牌迪赛不遗余力地营造一种它绝不是意大利品牌的印象变得非常有趣。与贝纳通对"统一"全球社区的愿景不同，迪赛精心制作的宣传从一个刻板印象的地方跳到另一个地方，直到几乎每个地理品牌（美国南部、日本、瑞士、西印度群岛、印度、非洲——除了意大利以外的所有地方）都被塞进迪赛的"世界是你的牡蛎"主题公园，在这个过程中，整个地球都被迪赛化了，充满了令人愉悦的俗气和黏稠的后现代讽刺。作为一个曾经出版过《旅行者和旅游者必备词汇和短语》的服饰品牌，其中包含了诸如"请把腥臭的尸体从卧室里移走"和"她的皮肤呈青紫色"等短语的翻译，迪赛似乎有意把自己塑造成一个居无定所的品牌，一个永远穿行于世界上所有地区和国家品牌之间，却坚定地拒绝定居下来的品牌。

Fashion and globalisation

## 迪赛（Diesel）

伦佐·罗索（Renzo Rosso），1955，帕多瓦（意大利）

迪赛背后的灵魂人物是 1955 年出生于帕多瓦的伦佐·罗索。罗索读的是工业纺织品设计，毕业后在 1978 年与几个人共同创立吉尼尔斯集团（Genius Group）。这家公司推出了许多品牌，其中包括 Replay 和迪赛。

罗索在迪赛这个品牌下推出创意十足的休闲服饰及牛仔裤，目标客群为精神独立、希望以服装来展现独特自我的年轻人。迪赛充满活力与个性，同时又面向大众，注重细节而色彩明亮，赋予了牛仔布新生命。由于变化多样，迪赛广受年轻人喜爱，很快就成为全世界青年文化的一部分。这个品牌不只代表全球化，同时也散播一种普遍的"生活方式"，使用类似的语言："迪赛也是一种态度，它意味着拥抱新事物，跟随自己的内心，对自己诚实。我们想为顾客提供能够忠实反映这种态度的整套风格。"迪赛的创意团队是一群来自全球各地的设计师，他们无视任何规则，将自己视为流行创造者，而非潮流跟随者。在这个过程当中，他们以质量为中心，以最终产品为导向。从 1985 年起担任公司负责人的罗索同样将迪赛哲学作为自己的生活理念："迪赛不是我的公司，它是我的生活。"

自 20 世纪 90 年代初开始，迪赛以遍布全球五大洲的销售门店为基础，着手展开一项国际营销策略。从那时候开始，该公司的规模便大幅增长，在全世界各地的名声也越来越大。这主要归功于迪赛开创性的广告，它的广告不是向消费者强迫推销产品，而是表现这个品牌认同目标消费群体的生活方式。1996 年在纽约开设一家大型店之后，这个意大利品牌也进军了美国，迪赛这个品牌正式确定了它的地位。迪赛在继续扩张之际，也成立了一些独立的副线品牌，如迪赛儿童（Diesel Kids）、运动系列 55DSL、迪赛风格实验室（Diesel Style Lab），还有一家位于迈阿密的迪赛酒店。罗索后来成为马丁·马吉拉、维维安·韦斯特伍德的授权商，并在 2002 年与卡尔·拉格斐合作，推出他的牛仔系列。近年来，迪赛已经成为国际性的时尚帝国，除了牛仔与休闲服饰之外，同时也推出鞋子、配件、香水，以及化妆品。

参考资料：
Polhemus. T. *Diesel: World wide wear*. London: Thames & Hudson, 1998..

插图：
1. 迪赛，"成功的梦想"，形象广告，2004 年。
2. 迪赛，"未来"，形象广告，2005 年。
3. 迪赛，"采取行动"，形象广告，2002 年。
4. 迪赛，"努力奋斗"，形象广告，2003 年。
5. 迪赛，"成功的梦想"，形象广告，2004 年。

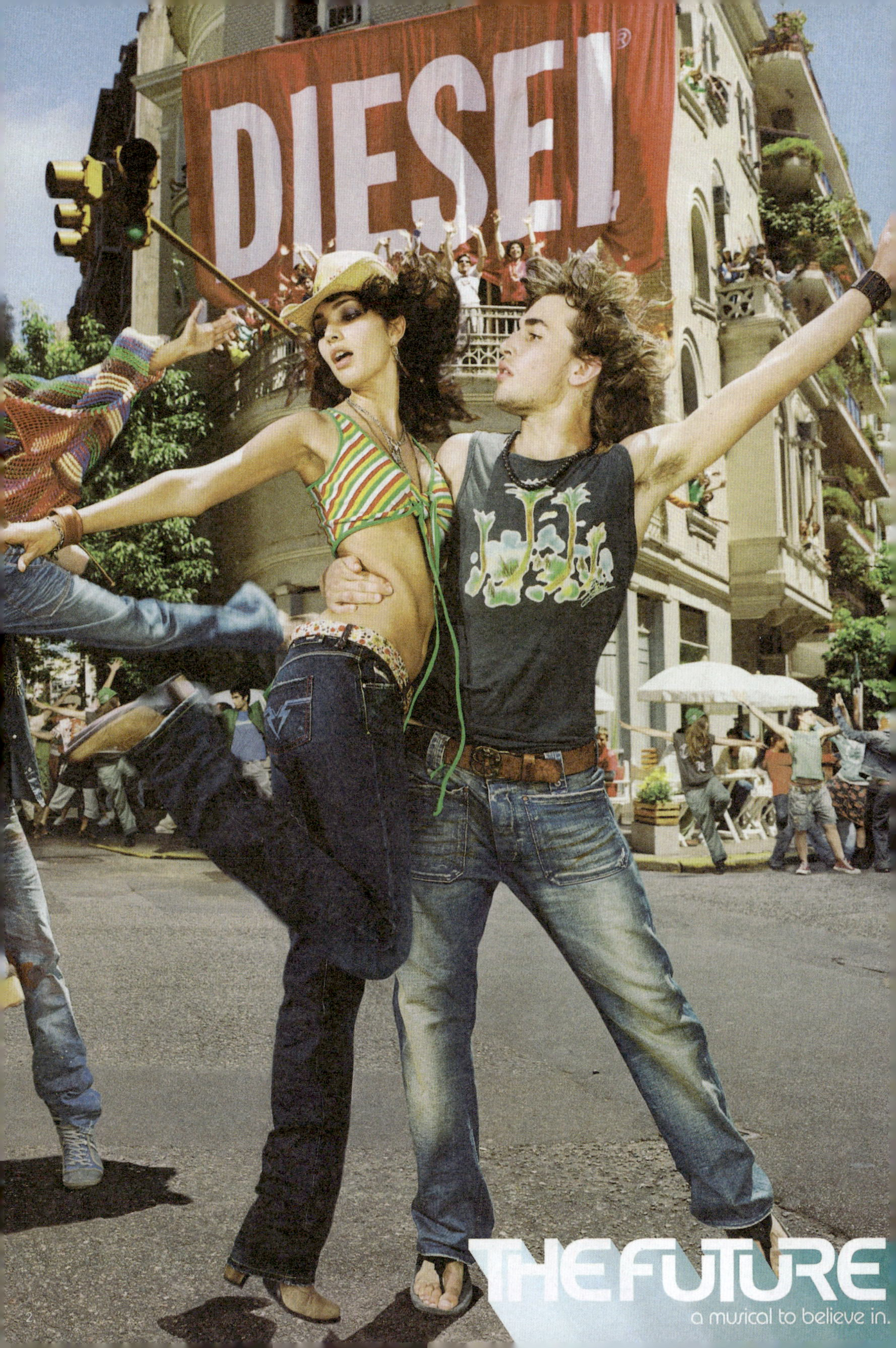
DIESEL
THE FUTURE
a musical to believe in.

3.

**ACTION!**
FOR SUCCESSFUL LIVING

KISS YOUR NEIGHBOUR

protest, support and act at www.diesel.com

4.

**DIESEL**
FOR SUCCESSFUL LIVING

Today we **WORK HARD** to get dinner

ANGEL'S WINGS ARE BROKEN AT
DIESEL.COM

尤其有趣的是，这个非凡的品牌的"实际"原籍国竟然是意大利——世界上几乎任何地方的时装公司都会不惜倾其所有来争取进入的国家品牌。

当然，地区品牌不仅以设计师品牌的名义影响着世界的服饰。在时尚的历史长河中，当地——通常是"异国情调"和传统的——纺织品和设计一直备受瞩目，这是向遥远国度致敬的一种方式，同时也最终凸显了西方时尚的力量、荣耀和影响力——这一季赞美秘鲁农民的刺绣，下一季又任性地将其弃之如敝屣。对我们来说，最重要的一点是：如果时尚界突然热衷于格子呢、尼赫鲁夹克、蜡染或夏威夷印花，这并不意味着苏格兰高地、印度、爪哇或夏威夷突然成为时尚世界的一部分。作为一个终极帝国，时尚吸纳了来自世界各地的风格创意，但它总是以一种嗤之以鼻的方式，蔑视世界上任何其他地区能与之抗衡的说法。来自全球各地的传统设计、纺织品、图案或色调偶尔也会被当作"新风尚"来展示，这一事实本身就无可争辩地表明了时尚帝国主义的势力范围。

数百年来，时尚始终与一个且只有一个国家品牌联系在一起：法国。被称为"潘多拉"（大概是因为它们被装在盒子里）的娃娃每年都穿着最新设计的服装，从巴黎发往远在澳大利亚和美国的时尚消费者手中。虽然这些玩偶逐渐被插图和照片所取代，但同样的地域/文化单一性依然盛行。直到20世纪下半叶，米兰、伦敦和纽约才成功地（但只是在一定程度上）挑战了这种国家品牌垄断。

从墨尔本到布宜诺斯艾利斯，各地时装展/周的兴起表明，向巴黎、米兰、伦敦和纽约以外的地区扩展是不可避免的，但让已经在时区之间疲于奔命的记者和买家到更远的地方去冒险，仍然困难重重。然而，如果对时尚界进行更仔细的观察，就会发现一场实质性的革命已经发生。也就是说，尤其是巴黎已经变成了来自世界各地的设计师的集散地，而法国设计师自己则日益受到冷落（或者，有人怀疑，就高缇耶而言，他之所以受欢迎，是因为他善意地戏仿了一个迷人而有趣的法国人角色）。

新一代国际设计师没人试图冒充法国人，而是明确强调和颂扬他们自己特定的民族血统：三宅一生、里法特·奥兹贝克（Rifat Ozbek）和许利·贝特（仅举几例）毫无顾忌地将日本、土耳其塞浦路斯和马里的风情带入了这个曾经是一家独大的俱乐部。这种从本土到全球的突破有三个原因。首先，正如本文前面所提到的，人们对文化异质性的需求日益增长，这可能是对全球化本身的一种反应。其次，在西方傲慢自大了几个世纪之后，我们终于首次被迫面对自己文化中的不足，并开始了解其他古老生活方式不可否认的复杂性。最后，回到我们之前关于时尚系统内部最近发生的巨大变化的讨论，这种地理/文化范围的扩大可以被看作时尚中心崩溃的结果之一，也是其强制推行单一、统一风格方向的独裁力量衰落的结果之一。20世纪40年代末，时尚界对迪奥的"新风貌"或60年代初玛丽·官的迷你风格达成

15. 穿和服的女人，日本。
16. 三宅一生 Pleats Please，1988 年。
17. 许利·贝特，1999 春夏系列。
18. 身穿非洲传统服饰的妇女。

Fashion and globalisation

了共识，但今天却没有这样的共识。在这种多元化中，不同的国家品牌以及不同的风格都有很大的发展空间。

当然这只是开始。从长远来看，这种对本土化的渴求（再加上时尚系统在努力适应后现代生活时所承受的压力）似乎必将引发一场根本性的结构重组，甚至会使之前的一切黯然失色。

例如，尽管时尚记者和买手们每年两次的行程中能有多少国家成为固定站点显然是有限制的，但在地球村，所有这些黑衣马甲的身影必须在时装秀之间来回奔波（时装秀本身对于新秀来说昂贵得令人望而却步），这难道不是一种不合时宜的错误吗？想象一下未来的时尚记者坐在自己的家里下载来自世界各地的图片和视频，并且从此一直这样做。当然，时尚界会嘲笑这种想法，但在一个消费者知道自己想要什么并越来越能发号施令的时代，时尚界的专业人士别无选择，只能打破过去，融入电子地球村，将来自地球每个角落的设计和设计师提供给顾客。

与此同时，以前被视为时尚圈以外国家的设计师如何才能获得海外曝光呢？显而易见，很难。一些针对新设计师的国际比赛为他们提供了宝贵的曝光机会。例如，夏娃组织每年举办的IT'S（1/2/3，第4届IT'S在2005年举办）为来自中国、印度、古巴和俄罗斯等国家的设计师提供了到意大利北部的里雅斯特展示作品、与国际媒体见面的机会，如果获奖，他们还能获得资助。[7]但人们迫切需要更多的机会。

全世界许多国家都在为时尚教育投入资金，但如果设计师毕业后得不到支持，无法在国际舞台上展示自己和作品，那么这些资金就会被浪费，出口的可能性也会微乎其微。

鉴于世界各地的独立设计师在与国际品牌的经济影响力进行斗争时面临越来越多的困难，来自时尚行业主要根据地以外的设计师聚集在全国性"伞式品牌"的保护下似乎是可取和划算的，这些品牌不会在风格上限制他们，同时可以提供后勤支持，并获得国际品牌认可——这在当今世界至关重要。从概念和经济的角度来看（我们不要忘记，如前所述，时尚业现在主要是一个以创意/概念为基础的行业），实现这一目标的最有效手段是将负责促进设计的机构与负责促进旅游业的机构联系起来。

对大多数国家来说，设计是国家品牌形象的重要组成部分，而国家品牌形象又是决定世界其他国家对其设计出口产品接受程度的关键因素。通常情况下，这并不是一个简单的好或坏、是或否的问题，每个国家品牌的特点都决定了人们的期望。

例如，巴西目前可能是一个在全球非常受欢迎的国家品牌，但一个专门为职场设计严肃、高品质服装的巴西设计师将面临一场艰难的斗争（比如一位巴西设计师要像阿玛尼那样做设计是非常困难的），因为他/她将与一个享受海滩嬉戏和狂欢节乐趣的国家品牌形象背道而驰。然而，如果世界其他国家能看到（就像我所看到的那样），巴西设计

19. Joline Jolink, ITS Two 系列, 2003。

Fashion and globalisation

拉尔夫·劳伦（Ralph Lauren）

1939，纽约（美国）

拉尔夫·劳伦本名拉尔夫·李普希兹（Ralph Lipschitz），1939年出生于纽约，曾担任手套销售员多年，然后去修读了企业管理。1967年，他成立了自己的公司，名为 Polo Designs。在20世纪70年代初期，他推出"拉尔夫·劳伦"品牌，设计男装、女装。九年之后，他成为第一位在欧洲开店的美国设计师。拉尔夫·劳伦的设计针对富有的美国中产阶级及他们的生活风格，是美国梦的象征。

1978年，拉尔夫·劳伦推出他以"蛮荒西部"（Wild West）为灵感来源的著名风格，在牛仔裙、皮夹克和宽松上衣里加入了大量的皮革、白色棉布与牛仔元素。他借此创造出一种美国女英侠的形象，兼具率性与优雅气质，而这部分要归功于高质量布料的运用。1978年的大草原风格（prairie look）不是他唯一从美国历史中大量汲取灵感的作品，后续的系列作品中依旧借鉴了过去，从美国原住民到20世纪50年代的好莱坞都有。1980年，拉尔夫·劳伦的披风、长裙、亚麻上衣和衬衫明显参考了美国拓荒时代的风格。他接下来的系列作品中推出了休闲与运动服装产品线，其中的马球衫、休闲西装外套及百慕大短裤是以美国大学的服装与生活风格（也称为"常春藤"）作为创意的出发点。在美国备受尊崇的英国贵族也是拉尔夫·劳伦的一大灵感来源，褶裥裤和斜纹软呢外套在他的男装与女装系列中都能看到。在他古典且充满怀旧感的设计里，独特的美国风格的特征随处可见，拉尔夫·劳伦也因此塑造出大受欢迎的典型美国风格，尤其更是受到热爱运动的成功的美国中产阶级的青睐。

20世纪90年代，也就是极简主义在时尚界大行其道的十年，美国风格及由美国设计师大举推广的基础款、百搭服装，受欢迎的程度大幅提高。在成功的营销广告的推动下，汤米·希尔费格、唐娜·凯伦、卡文·克莱及拉尔夫·劳伦等美国设计师很快就跻身国际时尚界的顶端。拉尔夫·劳伦和他的美国同伴一样，将时尚视为一种全面性的概念。他的马球品牌标志已经是世界最知名的商标之一，公司也变成了为消费者提供服装与一种全面性生活风格的时尚帝国。在推出拥有毛巾、窗帘、银器、家具及油漆等商品的"居家系列"之后，拉尔夫·劳伦为他的顾客打造了一种完整的生活风格。

参考资料：

Gross, Michael. *Genuine authentic: The real life of Ralph Lauren*. New York: Harper Collins, 2003.

McDowell, Colin. *Ralph Lauren: The man, the vision, the style*. New York: Rizzoli, 2003.

Trachtenberg, Jeffrey A. *Ralph Lauren: The man behind the mystique*, Boston: Little Brown, 1988.

插图：
1. 拉尔夫·劳伦，2022春夏系列。
2. 拉尔夫·劳伦，广告形象，2003年。

1.

# POLO
### RALPH LAUREN BLUE

NEW FRAGRANCE. NEW CLASSIC.

师的作品既能有效地跳出当前国家品牌的陈规，也能有效地在其内部运作，这能扩大和丰富人们对整个国家的看法，并促进巴西的旅游业。同样，巴西的邻国阿根廷虽然目前也是一个热门品牌，但人们认为它停留在探戈黄金时代的时空扭曲之中——而去过布宜诺斯艾利斯的人都知道，阿根廷的文化，尤其是设计，具有惊人的现代性。

也许最重要的是，"发展中国家"（我指的是那些其设计才能尚未在国际上获得广泛认可的国家）的时装设计师和其他设计师需要对自己文化的独特品质充满信心，并将其反映出来。也就是说，他们需要本土化。欧美以外的时装设计师和品牌往往认为成功的秘诀是"国际化"——这表明他们对自己本土审美情感的复杂性和吸引力缺乏信心。在全球化浪潮下，人们似乎对本土化的渴求永不满足，在这样一个时代，这种缺乏自信的态度是对宝贵的资源的极大浪费（同时也是灾难的根源）。在当地被视为缺乏先进性的东西，在国外却很可能被认为是新鲜、丰富和讨喜的，是全球化最低共同标准的宝贵替代品。这并不是说"发展中国家"的设计师应该模仿他们的民族服饰进行设计。不，我们需要的是对本土设计和文化进行提炼——将其抽离为基本语汇——从而使其精神能够在不丧失连贯性和完整性的情况下，被转化到21世纪的世界语境中。在整个地球上复制这个过程，其结果将是一个由惊人的多样性支撑并充满活力的地球村，而平淡无奇的全球化将不再有什么吸引力。

注释

1. 人们多么希望能够避免这个愚蠢的、在地理上毫无意义的术语啊！但不幸的是，现在依然没有什么词汇可以代替"西方化"或"西化"的主导地位。"第三世界""发展中国家"等表述甚至更成问题，因为这种地理划分本身就不准确，而他们更是带有偏见和优越感。这种术语上的混乱远不是一个简单的语言学问题，而是一个关键的范式错误。我们（不管"我们"是谁）在21世纪对"我们"和"他们"进行任何形式的区分时，有足够正当的理由吗？

2. 作为一个长期居住在英国的美国人，我对英国那些"严肃"的大报刊也时常乐于报道诸如称法国人用的肥皂比英国人少的调查，感到十分惊讶。人类学家玛丽·道格拉斯（Mary Douglas）的《纯洁与危险：污染与禁忌的分析》（Purity and Danger: An Analysis of Plutation and Taboo）一书探讨了所有清洁概念的文化基础。

3. 看过我其他作品的读者会知道，我认为这些变化系统且极端，因此将"时尚"转换为"风格"是比较恰当的做法。但是，也可能会造成混乱。

4. 事实上，在整个人类历史中，外表一直是一个重要的交流系统，它一直是一个"声明"。现在的变化是：（1）这些"时尚声明"现在更多的是由个人消费者创造的个人化结构；（2）而过去这些视觉信息相对简单明了（"我是一个贵族""我是这个部落的首领""我受人尊敬"）。它们现在往往是个人态度、信仰、哲学、伦理和梦想的复杂象征。还应该指出的是，对声明的强调并没有消除对审美的关注：对的事物必须"好看"。

5. "自我呈现"一词来自社会学家欧文·戈夫曼。就目而言，一个人的自我呈现是由一系列独立的组成部分组成的：服装、配饰、发型和化妆品风格、眼镜/大阳镜、文身或穿孔、珠宝、瓶装饮料、狗、车等。随着外表越来越明确地关注于"声明"——它要说什么，也就是传递信息，而不是媒介——将服装作为一个独立行业的逻辑似乎越来越令人怀疑。

6. 就像这里展示的大多数国家刻板印象一样。这种对比利时的看法在英国和美国很流行。我不知道这是否与其他国家普遍存在的关于比利时的刻板印象相一致。但不用说，同这里所包括的许多地理神话一样，它远远不是对比利时的客观描绘，比利时有着悠久的设计创意传统。

7. 迪赛是IT'S的赞助商之一。

8. Wallpaper Navigator 杂志春夏刊第4期也对巴西设计持这一观点。根据我到访阿根廷和巴西的经历，（两段经历都对这篇文章的形成做出了巨大贡献），必须感谢位于布宜诺斯艾利斯的都会设计中心的维姬·萨利阿斯（Vicky Salias）和圣保罗国家商业学习服务中心的克里斯蒂安·梅斯奎塔（Cristiane Mesquita）。

参考书目

Anholt, Simon. *Brand America*. London: Cyan Books, 2004.
Baudot, Francois. *A century of fashion*. London: Thames & Hudson, 1999.
Douglas, Mary. *Purity and danger: An analysis of pollution and taboo*. Harmondsworth: Penguin Books, 1970.
Goffman, Erving. *The presentation of self in everyday life*. New York: Doubleday, 1956.
McLuhan, Marshall. *The Gutenberg galaxy: The making of typographic man*. Toronto: University of Toronto Press, 1962.
Polhemus, Ted. *Diesel: World wide wear*. Lakewood, New Jersey: Watson-Guptill Publications, 1998.
Polhemus, Ted. *Style surfing: What to wear in the 3rd millennium*. London: Thames & Hudson, 1996.
Sillitoe, Alan. *Leading the blind: A century of guide book travel 1815-1914*. Basingstoke: Macmillan, 1995.
Urry, John. *Consuming places*. Oxford: Routledge, 1995.
Urry, John. *The tourist gaze: Leisure and travel in contemporary societies*. London: Sage Publications, 1990.

**詹尼·范思哲（Gianni Versace）**

1946，卡拉布里亚（意大利）— 1997，迈阿密（美国）

范思哲的时尚与他的生活风格如出一辙——昂贵、豪华、奢侈。他的服装品质上乘、色彩亮丽，并率先采用各种创新面料，例如他在20世纪80年代就将名为Oroton的金属丝布料运用在许多晚礼服上。他也在设计当中进行材质混搭，创造出独特的效果，如蕾丝加上皮革、真丝配上牛仔布。范思哲的作品变化多样，充满挑衅与感官刺激的创作和永恒经典的黑色晚礼服交替出现。他的作品具备古典贵族风格的奢华，加之未来主义和波普艺术的直露与大胆、激情与热烈，创造出闪烁于粗俗、奔放与高雅、华丽之间的无限魅力。他的设计充满丰富的装饰，大多借鉴自他的祖国意大利——巴洛克时期、文艺复兴时期风格，特别是古罗马时期的风格。

詹尼·范思哲1946年出生于卡拉布里亚，母亲开了一间服装工作室，他小时候就在那里帮工，也很快就学会了这个行业所需的技巧。20世纪70年代初期，范思哲来到米兰，接连为Callaghan、Genny及Complice等公司设计服装。1978年，他成立"Gianni Versace SpA"公司，并推出Gianni Versace Donna女装系列。时尚界一开始对范思哲革命性的设计抱持着又爱又恨的矛盾态度，他的奢华风格有时候被贬为庸俗。但是不到几年的时间，他反而成为国际时尚界最顶尖的设计师之一。1989年，范思哲在巴黎推出第一个高级定制服系列，他的名声在20世纪90年代达到巅峰。有部分原因是令人目眩的发布会及充满挑逗意味的广告。同时这些发布会和广告也让辛蒂·克劳（Cindy Crawiord）、琳达·伊万丽斯塔（Linda Evangelista）、克莉丝蒂 特灵顿（Christy Turlington）及娜奥米·坎贝尔（Naomi Campbel）等模特一举成为超级巨星。大批名人穿上他的服装也让他的声望大为加分，如麦当娜、黛安娜王妃、艾尔顿·约翰（Elton John）与伊丽莎白·赫利（Elizabeth Hurley），而且每个人都欣赏并认同他的华丽风格。

范思哲的设计带有高度的戏剧效果，这一点和他对戏剧与芭蕾舞的喜爱有直接的关系。范思哲在职业生涯中经常与杰出的摄影师、音乐家、剧场工作者和舞蹈家合作，并善于利用时尚的娱乐价值。他的设计令人联想到20世纪80年代和那时的波普文化，还有20世纪90年代的流金岁月。

范思哲与哥哥山图（Sano）及妹妹多娜泰拉（Donatella）联手打造了一个庞大的时尚帝国，产品线包括男装、女装、童装、内衣、眼镜、牛仔裤、化妆品、手提包、珠宝、香水及居家饰品。詹尼·范思哲于1997年去世之后，他的妹妹多娜泰拉接下公司的艺术总监一职。范思哲不再像以往那么强调过往历史，而是注重时尚的当下与现代性。

参考资料：

Alessi, Roberto. *Versace, eleganza di vita*. Milan: Rusconi, 1990.

Avedon, Richard and Gianni Versace. *The naked and the dressed: 20 years of Versace*. New York: Random House, 1998.

Martin, Richard. *Gianni Versace*. New York:Metropolitan Museum of Art, 1997.

Wilcox, Claire, Valerie Mendes and Chiara Buss. *The art and craft of Gianni Versace*. London: Victoria & Albert Museum, 2002.

插图：
1. 范思哲礼服，1991年系列。
2. 克里斯蒂·特灵顿身穿范思哲的塑料直筒裙，1994年系列。
3. 范思哲安全别针礼服，1994年。

3.

深开明子(Akiko Fukai)
# 日本与时尚
(Japan and fashion)

1. 三宅一生,"一块布",1976年系列。

20世纪80年代，日本经济的迅猛发展吸引了全世界的注目。在艺术方面，人们对日本各行各业设计师的作品（尤其是建筑和平面艺术，当然还有时尚）以及他们的作品所揭示的特定文化特征也产生了极大兴趣。

转眼之间，现在讨论时尚几乎不可能不提到"日本力量"。日本只是"一个跟在别人后面模仿的国家"的日子已经一去不复返了——不仅是在时尚领域。在20世纪80年代，相反的趋势开始出现：其他国家开始模仿日本时尚。

在这篇文章中，我想回顾一下近几十年来的情况，并探讨为什么三宅一生、川久保玲、山本耀司，以及渡边淳弥等下一代设计师能够在时尚界起步相对较晚的国家获得世界的认可和推崇。这是否归功于其独创性的后发优势——如果是的话，这种独创性又体现在哪里呢？我将在下文中尝试回答这些问题。

## 第一步

从19世纪中叶开始，日本放弃了奉行了两百年的闭关锁国政策，日本男子逐渐开始穿上西服。然而，直到第二次世界大战结束，日本女性（她们一直坚持传统服装）才开始穿上西服，尽管这个转变过程要快得多。

从那时起，关于巴黎时装的消息在日本受到热烈欢迎，尽管时间略有滞后。20世纪60年代，一个全新的行业——服装业——迅速发展。

与此同时，越来越多的日本年轻人被吸引到时尚设计领域。

## *20世纪80年代：川久保玲和山本耀司，或"日本力量"*

"巴黎的日本风貌"只是众多类似报纸标题中的一个，川久保玲和山本耀司这两个设计师在一年前首次亮相巴黎时还默默无闻。那场时装秀拉开了震惊世界的日本新时尚的序幕。

继高田贤三、三宅一生之后，川久保玲和山本耀司在1981年4月决定在巴黎推出秋冬系列时就已经在日本崭露头角。一年后，欧洲和北美的所有主要报纸都为这对日本恋人进行了多次报道。他们毫不掩饰地让面色灰暗、不施唇膏的模特穿着与身体线条不符的黑色服装走上秀台——这些谜一样的服装看起来就像"在炸弹袭击中被撕成的碎片"。

《费加罗报》是一家保守派报纸，因此是高级时装的忠实粉丝。该报毫不掩饰对"黄祸"渗透到时尚界的不满，并傲慢地宣称穿着这些"破衣烂衫"的模特看起来像"核灾难的幸存者"。[1] 另一方面，《华盛顿邮报》用"瑞士奶酪"一词来形容山本耀司白色破洞衣服，并用整版照片展示了这些衣服，并配有美国版 *Vogue* 编辑波莉·梅伦（Polly Mellen）的评论：它既现代又自由。它给我带来了新的感受，让我对第一天的工作感到不可思议。山本耀司和川久保玲为全新的美指明了方向。[2] 同样，《解放报》写道："川久保玲是时尚和文化领域稳定价值观的不懈创造者。"[3] 对两位设计师的

2. 川久保玲，单色黑色打结服装，1983年系列，照片：*Vogue*，1983年。

评论呈两极分化，但无论如何，他们的作品在巴黎已无人可以忽视。他们之所以如此轰动，是因为他们的设计与西方服装完全相反。

## 日本人的审美观

当然，在某些方面，这些衣服看起来确实像破布。然而，衣服上的破洞也可以被视为故意的"遗漏"，从外观上看，这种软绵绵的悬挂破布也可能暗示着一种全新的服装方式，与西方人在衣服上堆积越来越多装饰的习惯形成鲜明对比——这种"俭省"的愿景可能会取代普遍存在的过度奢侈。此外，放弃丰富的色彩而采用单色的禁欲主义，反映了日本黑色水墨画中的色调感。

这对日本恋人似乎对西方服装一直追求的美的理想嗤之以鼻，他们很快就被视为极简服装的倡导者，与西方的时尚观念大相径庭。如今，这种"极简"是时尚界的日常特征，但当时在巴黎很少有人愿意接受这种表达方式。

困惑的西方人无法掩饰他们的震惊——然而在这种愤怒的背后，人们可以感受到他们对设计师大胆行为的惊讶，以及对不同文化以不同方式对待服装的突然意识。在西方，衣服是量体定做的。因此，问题在于如何裁剪和安排布料，使其平面与人体的三维空间相匹配。而日本设计师制作的服装则会掩盖女性身体的比例、乳房的圆润和腰部的曲线。无论好坏，日本人的审美观念深深植根于"和服文化"。和服是用一块平面的布料覆盖身体。然后交叠，创造剩余空间或袂，这绝不是不合理的。由此产生的服装通常是宽松的，没有西方意义上的真正"形状"，也是不对称的，这是日本美的具体标准之一。

正如和服一样，日本时装设计致力于创造一种普遍的服装，这种服装无视年龄和体形的差异，同时也消除了男女之间的界限。

无论看起来多么难以理解，日本设计——在时尚界体现出的基于侘寂[4]的美感——让西方人看到了新的"美学观"。日本设计师提供给他们的是一种不同于他们自己的感受认识。

当西方服装传统被普遍接受时，来自日本文化这一截然不同环境的思维和表达方式清楚地表明，从非西方灵感来源设计服装是可能的，并且震惊世界。这绝非偶然现象，它将时尚带向了新的方向，使时尚迈出了一步，最终导致 XXIémeCIEL[5] 的诞生。

20 世纪 80 年代中期，人们在巴黎、伦敦和纽约的时尚精品店购物时，可能会以为自己身处东京。四周都是石灰色的货架，上面摆满了折叠整齐、宽松合体的黑色衣服。衣架过时了。毫无疑问，日本时装已经占据了舞台中央。很快，马丁·马吉拉和其他来自比利时（被巴黎人一直所忽视的国家）的年轻设计师开始化用"不合身服装"的概念，而没有违背其精神：破烂、撕裂、黑色、不对称的服装，通过他们的努力这些服装被更广泛的国际受众所接受。

川久保玲把她的设计速度调整为每

## 三宅一生（Issey Miyake）

1938，广岛（日本）

早在山本耀司和川久保玲横扫西方时装秀之前，日本设计师三宅一生就已经在巴黎发布了他的设计作品。1938年出生于广岛的三宅一生曾在多摩美术大学（Tama Art University）修读平面设计，接着到姬龙雪和纪梵希担任学徒。这使得他很快就接触到西方的时尚传统及其时髦的女性化设计。从那时候开始，这些西方的影响便持续出现在他的设计中，即便他同时也融合了日本的服装传统、材质及技巧。

三宅一生在1970年成立了自己的工作室——三宅一生设计工作室，1973年在巴黎发布第一个系列作品。他设计中的简约、他的服装所提供的行动自由，以及结合传统与现代、东方与西方影响的方式，都被视为深具革命性。三宅一生在实穿、功能性及时尚感上体现了日本的价值观。以一块布料制作衣服，并且运用"民主"、一体适用的衣服尺寸，就像和服一样不分性别与年龄，同样也是典型的日本风格，也与由身材主导的西方传统恰好相反。然而，身材却在他的作品中扮演主要的角色，因为尽管三宅一生采用基本设计作为出发点，且形式上通常呈现方形，但是布料经由他做打褶处理后，却让衣服能够贴合穿衣者的身体。这使得他的设计出现一种强有力的雕塑特质，例如在1982年的"液态缟玛瑙"（Liquid Onyx）系列中，就能很清楚地看到这项特色。除了日本传统以外，现代科技也是三宅一生的重要灵感来源之一。在他手中，传统的样式与剪裁技巧完美地与创新的编织技术及富有弹性的聚酯材质结合在一起。在这种情况下，打褶的技巧相当普遍，也是日本传统的一部分，但是三宅一生却将它们转变成未来的"牛仔裤"。他在1993年推出Pleats Please产品线，设计出一种超现代的永恒性产品，丢进洗衣机或行李箱之后，依然可以毫无损伤。根据三宅一生的说法，现代的设计应该深植于传统中，但是同时也应该迎合今日世界的需求。传统只有在适应现在的情况下才能够生存。这些带有结构性的设计有时候就等同于艺术品，在与三宅一生密切合作的欧文·潘的摄影作品中可以看到这一事实。

1993年，三宅一生推出Pleats Please系列，以轻盈而富有弹性的聚酯纤维制成。这些打褶的设计都是基础款，仅有的变化来自不同的颜色，或是受三宅一生之邀的艺术家为设计作品所加的装饰。不过，三宅一生本人仍不断进步，这点从"一块布"（APOC）系列上可见一斑，这是他与藤原太（Dai Fijiwara）于1999年合作推出的产品。三宅一生在这个过程中突破了服装的生产过程。在这块布编织出来的同时，服装也同时生产完成，可以准备上市。顾客能够以自己需要的尺寸与长度，从布匹上剪裁自己的裤子、裙子或毛衣。在"一块布"的产品上，三宅一生也融入了对材质、颜色和创新的编织技巧的兴趣，但一块布剪裁始终是他的创作原则。

参考资料：

Bénaïm, L. *Issey Miyake*. Paris: Assouline Publishers, 1997.

Holborn, M. *Issey Miyake*. Cologne: Taschen, 1995.

插图：

1. 三宅一生，以和服为基础，运用传统条纹布的设计，1975年系列作品，摄影：操上和美。
2. 三宅一生，"液态缟玛瑙"，1982年春夏系列。
3. 三宅一生，"一块布"，2001年。
4. 三宅一生，丸龟市猪熊弦一郎现代美术馆展出作品，日本，1997年。
5. 三宅一生，Pleats Please，合作艺术家：森村泰昌，1996年。

1.

2.

3.

4.

5.

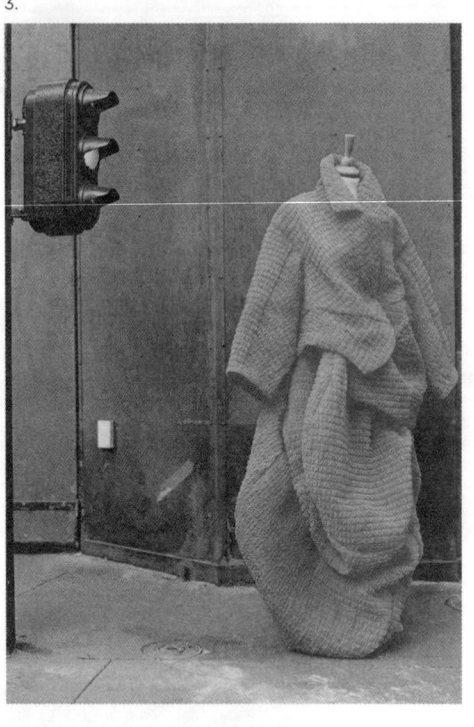

3. 川久保玲，受和服启发的服装，1997年春夏系列。
4. 川久保玲，肿块系列，1997年春夏系列。
5. 山本耀司，带有红色薄纱裙撑的黑色裙装，1986/1987年春夏系列。

季推出一个新的设计，现在，她以一个死刑犯的急迫感急切地追求时尚的真谛。她似乎害怕失去自己的灵感，一季接一季地推出新创意。20世纪80年代末，她刚把自己变成一名色彩大师，尝试新朋克街头时尚，就迈出了大胆的新步伐，塑造了类似艺术的造型。这位设计师从不刻意追求"美丽服装"或西方意义上的"女性气质"等陈腐的刻板印象——这些刻板印象一直困扰着时尚界。

在她的作品中，1997年推出的系列以"卡西莫多造型"而闻名，无疑是她最具代表性的作品。它由双层弹力尼龙服装组成，在背部、肩部、腹部或臀部周围填充羽绒，形成奇怪的弧形突起。就像第二层皮肤一样，这件衣服起到了"融合"的作用，模糊了身体和衣服之间的界限。此外，运动赋予身体和服装神秘的、完全不可预测的形态。因此，这个系列有很多地方可以激发公众的想象力。美国舞蹈家和编舞家梅尔塞·坎宁安以川久保玲的服装为灵感，创作了一部名为《情景》(Scenario)[6]的迷人新作。当这部作品上演时，人们很快就会发现，当男女舞者穿着这些服装在舞台上走动时，他们的性别很难区分——虽然看似不连贯，但各种场景都基于一种坚定的现代品位，而这正是川久保玲的标志。一天，当我问荷兰设计组合维克多与罗尔夫对哪位时装设计师感兴趣时，他们毫不犹豫地说出了川久保玲，"因为她对新奇事物的挑战"。川久保玲

4.

5.

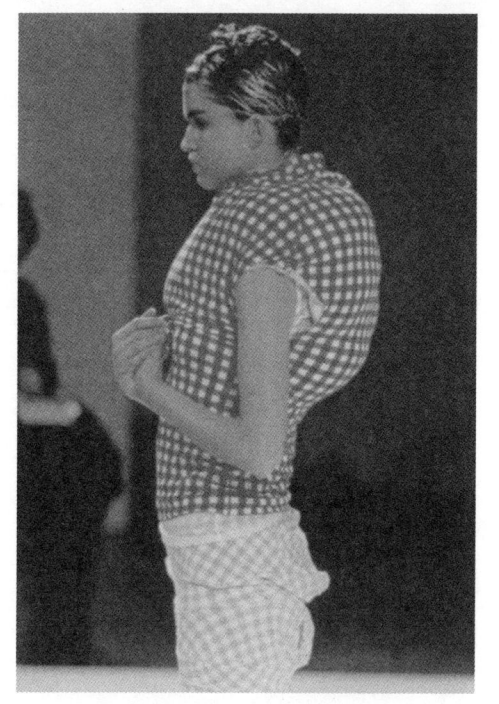

这种敢于挑战的态度并不是每个人都具有的,让这两位年轻的设计师至今难忘。

在设计出"毁灭"服装后,山本耀司在接受培训期间熟悉了西方的生产工艺,他用自己的方式延续了伟大服装设计师的传统,用精湛的技术制作出华丽的服装。

与此同时,他的设计仍以不对称和其他日式美学特征为基础。然而,最重要的是黑色——"我们大脑时代"的颜色,他把它变成了"20世纪80年代的颜色"——被无数设计师模仿,在接近20世纪90年代末被确立为我们这个时代的固有色调,不仅仅是在时尚界,其被视为奢华时期禁欲主义的标志。作为当代

社会的忠实观察者,山本耀司与西方语境并不遥远,这也是他成为欧洲和北美最容易理解的日本时装设计师的原因。

自 2001 年起,山本耀司与以生产大众产品而闻名于世的阿迪达斯公司合作,设计运动鞋,后来又设计了 3 款运动服装,旨在打造有吸引力的城市运动风。2002 年,他以在西方国家已久负盛名的 Yohji Yamamoto 为商标,在高级时装公司中站稳了脚跟,并保留了 Y's 品牌作为自己的成衣系列。这可以被视为建立小型企业结构的一种尝试。毫无疑问,这一切都要归功于巴黎时装界的力量,因为巴黎时装界是一个分层的环境,最顶层是奢华的高级定制时装业。山本耀司的这一战略将为在这一领域起步相对较晚的

1.

## 渡边淳弥（Junya Watanabe）

1961，东京（日本）

　　山本耀司、川久保玲与三宅一生是于20世纪七八十年代在巴黎引入了日本美学的代表人物，而渡边淳弥便属于其中的年轻一代。渡边淳弥在1961年出生于东京，1984年毕业于东京文化服装学院。毕业之后，他受聘于川久保玲，担任样本师，并在1987年负责设计川久保玲旗下的针织产品线tricot COMME des GARÇONS。1992年，渡边淳弥依靠川久保玲的财务与渠道支持，在该品牌之下推出了自己的系列作品，柔和、朴素，但品质一流。两年后他拥有了自己的品牌，并于1995年首度在巴黎举行发布会。

　　这一季他的创作灵感来源可能是"二战"后的斜纹呢西装，下一季却又将色彩亮丽的玻璃纸变成剪裁前卫的长裤与裙子。他的第二个系列作品大量运用黑色与皮革，满满朋克风。总而言之，渡边淳弥并没有将自己限制于某种特定风格，作品也不以特定主题为基础。他最早期的系列作品产生了巨大的影响力，并以前卫、叛逆的风格迅速跻身日本时尚大师之列。

　　由于实验性的剪裁技巧，以及热爱聚酯纤维与玻璃纸等高科技功能性材料，渡边淳弥充满未来主义色彩的设计经常被称为科技时装（technocouture）或数字时装（cybercouture）。除了出色的创新能力之外，他还具有惊人的技术能力，这体现在剪裁完美的样本上。在设计过程中，渡边淳弥并不关心最后是谁穿上他的服装。就像他的师父川久保玲一样，他并不是以一个具体的女性形象作为工作的出发点。他的创作方法着重于寻找新的表现方式，以及创作的过程。渡边淳弥的设计虽然复杂，但穿起来却很利落，这有部分原因是他通常都采用朴素的单色调。

　　在他近期的系列作品当中，技术性元素的角色退居二线，重点转为强调色彩运用，色彩运用更为显眼而强烈。

参考资料：

Frankel, S. *Visionaries. Interviews with fashion designers.* London: Victoria & Albert Museum, 2001.

Teunissen, J. *Made in Japan.* Utrecht: Centraal Museum, 2001.

插图：

1. 渡边淳弥，2003年春夏系列。
2. 渡边淳弥，2000年秋冬系列。
3. 渡边淳弥，1998年秋冬系列，摄影：让-弗朗索瓦（Jean Francois）。

6. 川久保玲，破洞针织衫，"邋遢风格"，1982年系列。

日本时装界带来怎样的机遇，我们拭目以待。

## 褶皱、破洞、磨损——
## 对"破布"的重新诠释

在这里，我想再谈谈20世纪80年代川久保玲和山本耀司服装设计的主要部分，那些褶皱、破洞、磨损的服装。在西方的审美观中，正如黑格尔所说，服装是用来掩饰皮肤的，"一种掩盖自然缺陷的外衣"。因此，衣服——旨在掩盖身体缺陷的"帷幔"——必须"包括一些小褶皱，有时是交叠的，有时是压褶的"[7]。因此，不仅是画家，以西方美学为基础的时装设计师也一直在努力突出"帷幔"这一华丽的肌肤。

然而，有些设计师却完全反其道而行之。例如，卢齐欧·封塔纳（Lucio Fontana）曾用刀子割破一些画布，而事实上，在十五、十六世纪，割破服装面料也是一种时尚。到了19世纪70年代末，伦敦的年轻朋克挑战西方的正统审美观，他们穿着破烂的牛仔裤，用几十个安全别针在布料上穿孔，甚至在布料上打上铆钉，这是一种非常明确地表达意图的方式。

从20世纪80年代开始，川久保玲和山本耀司的作品反映了一种原始的美学，即对布料进行粗暴处理，因为正如我们所看到的那样，服装上布满了洞，不成型地悬挂着、褶皱着、撕裂着、扭曲着。这些破破烂烂的布料拼凑在一起，完全违背了某些陈旧观念——服装是强调身体美丽轮廓的一种方式，而优雅的衣服则是为了掩盖身体上的缺陷——这也是为什么许多人将它们视为世界末日的原因。但到了20世纪90年代初，皱巴巴、破烂不堪的布料，以及在衣服上打洞、剪裁并反穿的习惯——一种后来被称为"邋遢"的美学表达形式——逐渐成为街头时尚和高级时装的一部分。

这些服装打破了迄今为止主导时尚界的一些约定俗成的观念（认为时尚的目的是通过伪装和修饰来掩盖皮肤的缺陷和不足），这无疑让大多数穿着它们的人感到焕然一新，以全新的视角看待自己。其结果是对"服装"这一概念本身的挑战，它为新的设计形式打开了大门，使时尚进入了超乎想象的领域。

20世纪80年代从东京输出的设计对这一发展的重要性不言而喻，无须再赘述。

## *20世纪90年代或三宅一生的挑战*

20世纪90年代，无数年轻的日本服装设计师开始征服世界。渡边淳弥于1992年在巴黎首次亮相，很快在欧洲和北美得到认可。2002年，高桥盾（Jun Takahashi）推出了他的品牌Under Cover。

三宅一生是20世纪下半叶最受欢迎的日本设计师之一，从20世纪80年代末开始，他的一系列设计让褶皱焕发出新的活力，也使他更加声名鹊起。当然，褶皱本身早已成为一种标准的制衣技术，但三宅一生却利用其特有的饱满感，将其与当代感性相融合。通常情况下，面料在打褶后才进行裁剪和缝制，但这

## 山本耀司（Yohji Yamamoto）

1943，东京（日本）

日本设计师在 20 世纪七八十年代征服了西方时尚界，首先是高田贤三与三宅一生以他们早期的设计为开端，接着则由山本耀司和川久保玲的作品接棒。日本时尚成为家喻户晓的名词，人们逐渐意识到高品质时尚也可能来自非西方国家。日本美学渗透了欧洲与美国，让人们对身体与服装的关系的理解产生了重大的变化。女性的身材不再被凸显出来，而是被遮蔽了起来，塑造出一种更为无性（asexual）的女性形象。受传统和服启发的几何设计赋予了穿衣者更大的行动自由、繁复的服饰包含了前卫的剪裁技巧，但是由于高级材质和单色调色彩的运用，却又显得永恒而经典。无定形的设计、由眼神严肃的苍白模特展示、通常采用黑色调，与绚丽缤纷的 20 世纪 80 年代时尚形成强烈对比。

山本耀司于 1943 年出生于东京，刚开始就读于庆应义塾大学，但不久便转学到东京的文化服装学院，在那里完成了时装设计的课程。1972 年，山本耀司推出自己的品牌 Y's，在日本反响热烈。受到这次成功的鼓舞，他在 1981 年决定与川久保玲同赴巴黎举办作品发布会。他不对称、雕塑般的设计也被人形容为"皮肤的建筑"，部分原因是他采用了复杂的日本和服穿着技巧。山本耀司解构了裙子与外套等现有服饰，加以改变，赋予它们新的形式。他的设计包含了碎布块、宽松的襟片与口袋，严谨而实穿。他的设计过程和川久保玲一样，强调服装的形式与构造。他的造型正好与西方眼中的时尚相反：毫不性感、简陋至极，被惊掉下巴的欧洲媒体称之为"时尚的末日"。

山本耀司的设计一开始并不受巴黎精英人士的青睐，但是受到了前卫的知识分子与艺术家们的欢迎。20 世纪 80 年代中期，他的服装变得更加柔软、色彩更加丰富，也更加强调女性身材。虽然不对称的特点仍然保留，他却在呈现十足女性魅力的巴黎剪裁与传统日本美学之间找到了完美的平衡。这让他的作品好评如潮，公司也因此大幅扩张。山本耀司在 2001 年与阿迪达斯（Adidas）签订的合约，更巩固了这股惊人的成长动力。如今，Y's 已经成为全世界热销的成衣品牌，山本耀司目前则以自己的名字推出他的高级定制系列。

参考资料：

Baudot, F. *Yohji Yamamoto*. Paris: Assouline Publishers, 1997.

插图：

1. 山本耀司，阿迪达斯 Y-3 广告形象，2005 年。
2. 山本耀司，玩味时尚史系列——部分尺寸夸大或不合比例，2006 年春夏系列，摄影：彼得·斯蒂格特（Peter Stigter）。

2.

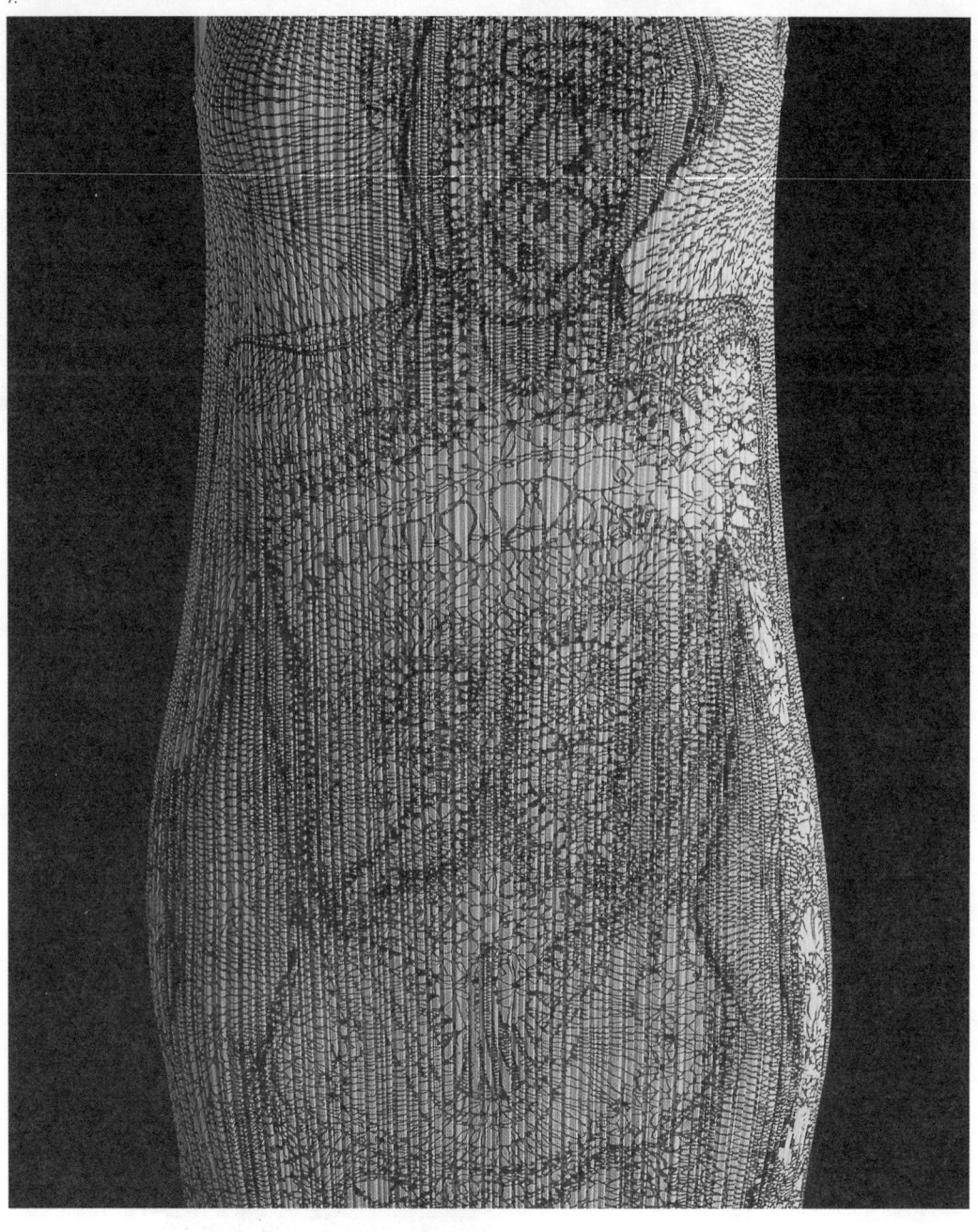

7. 三宅一生，Pleats Please，客座艺术家系列，摄影：蒂姆·霍金森（Tim Hawkinson），1998 年。

位日本设计师颠倒了这一过程，先裁剪面料。利用这种简单而新颖的技术制作出的衣服几乎是材料、形式和功能的有机结合。顺便提一下，这个过程不同于20世纪初马里亚诺·福图尼（Mariano Fortuny）在这一领域所做的精细工作，因为三宅一生创造了一个极具吸引力的系列，在植根于突出原材料的日本服装传统的同时，最大限度地利用了日本领先纺织工业所提供的机遇。这些服装非常理性，符合当代生活的要求（重量轻、抗皱、价格实惠），而且正如三宅一生所愿，从首次出现直到今天，它们已经成为世界各地城市服装不可或缺的一部分。

1999年，三宅一生在卡地亚当代艺术基金会举办的"制作物品"展览上给人留下了深刻的印象。当时，他在展示自己的褶皱服装的同时，还展示了一个名为"一块布"（A-POC）[8]的新概念，这个概念是他在当年（1999年）开始开发的。该工艺是在弹性尼龙织物的针织管中植入图案，然后按照图案的形状进行裁剪，制作出连衣裙、衬衫、裤子、半裙等。尽管它涉及计算机辅助生产工艺，但成品非常简单，与传统针织品几乎没有区别，但却能将人体的"完整性"从手臂、腿部或躯干的"碎片"中分解出来。罗兰·巴特写道："就好像，这件衣服以其亵渎的方式反映了古代神话中无缝的梦想：它包裹着身体，而且神奇的是，衣服随后又不会留下任何痕迹。"[9] 同样，就像一件尚未穿过的全新皮肤一样，"一块布"一旦穿上就会显示出身体的曲线，从而凸显布料的新表现力。

因此，如果说作为"帷幔"的衣服堪比皮肤，人们可以随意穿脱。正如我们所见，直到19世纪，服装——将身体封装在统一视觉空间中——都是为了掩盖身体的缺陷。当然，即使在那个时候，这些服装/帷幔不仅通过各种可能的形式技巧来创造视觉刺激，而且还对人们的触觉产生了吸引力。然而，从20世纪初开始，人们似乎开始重新审视复杂的身体，并对长期以来赋予皮肤的"内外界限"的模糊角色提出了挑战。

与此同时，皮肤作为真正的"我们内心的表皮"，被重新赋予了一系列直到19世纪才出现的潜在形象。特别是，人们开始意识到触觉的重要性，这是皮肤的一项关键功能。时尚界也开始对触觉产生兴趣。这导致人们发现了布料提供的设计能力，并对服装的意义提出了新的问题，从而使时尚界——尤其是通过对服装造型方法的研究——能够探索迄今为止尚未开发的领域。

日本时装设计在这一发展中扮演的角色无须多言。

**"可爱"（卡哇伊）：*21世纪日式形象***

我们已经看到，以茶道为代表的日式美学和侘寂理念，与20世纪80年代的日本时尚不无关系。日本时尚的口号是单色、不对称、极简主义，以及最重要的是，其灵感来源具有深刻的前卫性。然而，日本审美观的另一个极端蕴含着另一种品位，这既可以在浮世绘版画中看到——这是江户时代（1603—1867）

流行感性的插图，也可以在我们今天的漫画和卡通电影中看到——漫画和卡通电影是浮世绘版画的直接后裔。所有这些作品都通俗易懂，面向大众，融合了幼稚、低级趣味甚至淫秽——这是一个如此容易接近的世界，以至于全世界许多人都觉得自己与它处于一种渗透状态，而且自21世纪初以来，漫画的影响力不断扩大。事实上，在东京涩谷或原宿的街头，人们可以发现漫画与日本年轻人特有的街头时尚之间的密切联系。

这一切都没有被约翰·加利亚诺错过，他在迪奥——巴黎优雅的堡垒——负责设计，为传统的高级定制时装注入了年轻人喜欢的低级趣味，为迪奥注入了新的活力。同样，路易威登2003年春夏系列也引起了极大的震动，其设计主要围绕艺术家村上隆（Takashi Murakami）非常喜爱的"卡哇伊"概念展开。如今，"卡哇伊"（与漫画中的多彩色调和典型的日式表达方式有关，包括对幼化价值观的喜爱）的风潮正席卷全球。字典对该术语的定义如下：任何能让人产生以最大可能的关怀来对待少年和儿童般的生物，甚至是"小"事物的愿望。现在，"卡哇伊"一词几乎已成为国际词汇的一部分。

的日本风格，曾令莫奈、马奈和凡·高等西方艺术家惊叹不已。在这一过程中，他用更适合"液晶一代"的色彩对其进行了强化。然而，无论看上去多么现代，他的作品却有着明确无误的传统渊源。

日本时装设计师成功地将"侘寂"与20世纪80年代的极简主义潮流相结合，在国际上产生了重大影响。进入21世纪后，日本时尚界开始关注受漫画世界启发的"卡哇伊造型"。毫无疑问，这是一个过渡时期，我们正摸索着走向那些仍然看不见但真正适合我们时代的风格和设计，走向一个随意追求新社会模式的颠倒世界。现在，我们必须在这半黑暗中寻找第一缕曙光。

## 结论

我们应该注意到，村上隆可以说是当代浮世绘大师，他（以"超级平面"为标签）恢复了传统日本的美学概念，这种概念通过19世纪末在欧洲出现

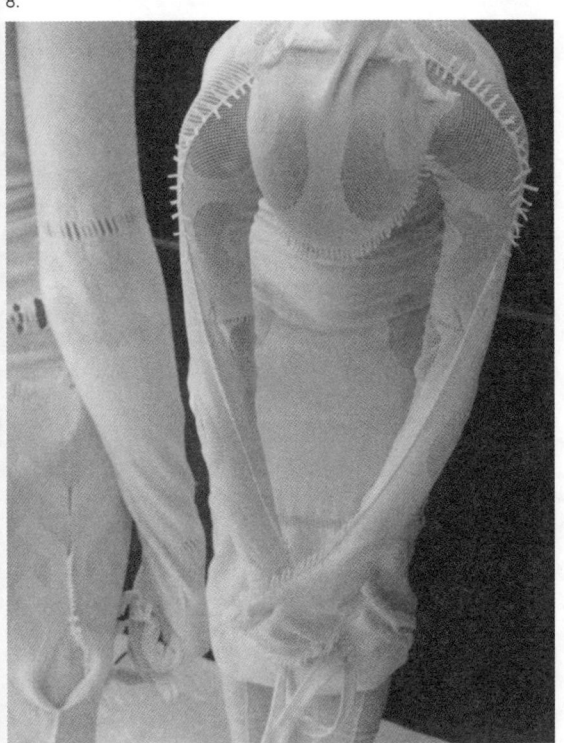

注释

1. 川久保玲：它对服装的世界末日的看法——破洞、磨损、破烂，仿佛是为核灾难的幸存者创造的。山本耀司的"世界末日"时尚被撕破的衣服看起来像是炸弹袭击后的残留物。《费加罗报》，詹妮·萨梅特（Janie Samet），1982年10月21日。
2. 《华盛顿邮报》，1982年10月16日。
3. [法语译者注]：解放，1982年秋冬系列增刊，第442号，1982年10月。事实上这篇关于川久保玲的文章说了一些完全不同的东西"去年3月，像一把全球性的大火粉碎了时尚和文化的确定性后，川久保玲爆发了离职潮。"
4. [法文译者注]：日本古典美学的基本概念，来自俳句、插花和茶道艺术。它们涵盖了多重含义，很难找到对应的准确翻译。"侘寂"是比较近的翻译，指质朴中体现的优雅和高贵。
5. XXIémeCIEL——日本时尚。尼斯展览会亚洲艺术博物馆（2003年10月16日至2004年3月1日）和目录的标题（米兰，大陆版五版，2003年）。
6. 这段舞蹈由梅尔塞·坎宁安舞蹈团于1997年首次演出。音乐是小杉武久所作，布景和服装是川久保玲设计的。
7. [法语译者注]：《美学讲座》（1832），作者给出的参考文献是长谷川的日文译本，1996年由作品社出版。因为很难在黑格尔的法文译本中找到相同的参照文本，所以这里是日语译文的转译。——法语译者注；英文版本遇到了同样的问题。我的翻译是基于本书的法语译本转译的。——英文译者注
8. A-POC 是 A Piece of Cloth 的缩写。
9. 见《时尚系统》（最初于1967年在法国出版）。

8. 三宅一生，"一生之火"，"一块布"时装秀，1999 春夏系列。

Fashion and globalisation

9. 三宅一生，国王与王后，"一块布"发布会，1999 春夏系列。

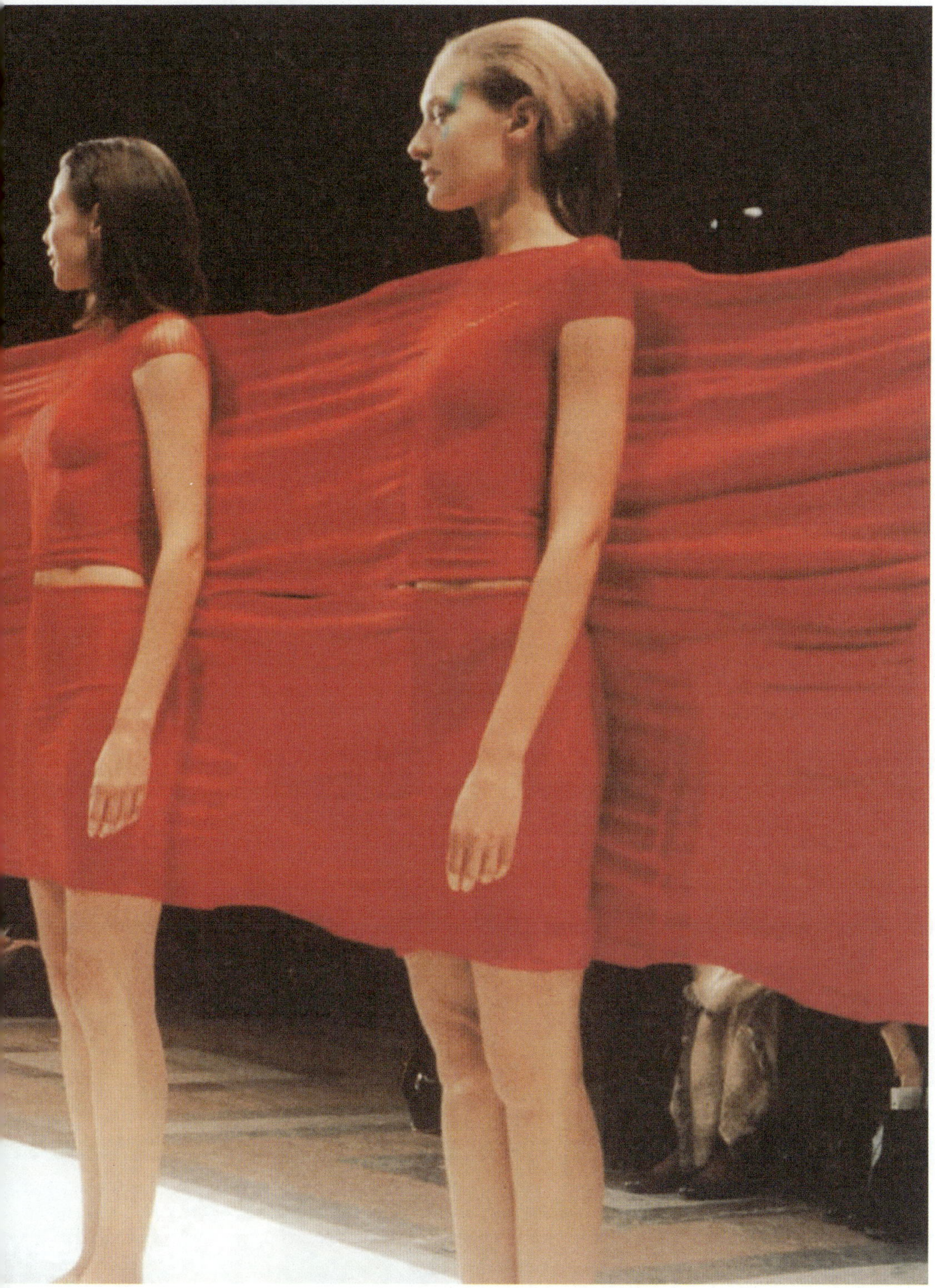

## 让-保罗·高缇耶（Jean Paul Gaultier）

1952，阿尔克伊（法国）

让-保罗·高缇耶大概是20世纪80年代个人特色最为鲜明的时尚设计师。他与时尚界兴起的后现代主义息息相关。后现代主义包括打破传统审美陈规、杂糅种族与历史元素，以及戏谑。高缇耶在处理这些元素上才华横溢，他在大量的性元素上面添加些许陈词滥调，再点缀一点庸俗与做作。法国人一开始对他的颠覆性玩笑似乎十分敏感，因为他讽刺传统上属于巴黎高雅范畴的一切；他因此获得了"巴黎坏孩子"的绰号，而这个绰号却更加巩固了他流行教主的地位。

他年轻的时候便深深着迷于流行事物，并在后来的作品中留下了痕迹，例如，一方面喜欢富丽秀（Folies-Bergere），另一方面又欣赏圣洛朗与迪奥的系列作品，此外，还有流行音乐、电影、伦敦街头生活，以及舞厅酒吧。总而言之，只要与疯狂、耀眼、精美有关，他都爱。高缇耶从未接受过正式的时装设计训练，而是在工作当中学到制作高级定制服的传统技能。18岁的时候，他开始为皮尔·卡丹及其他著名的服装公司工作。1976年，他以自己的名义推出第一个系列作品，结果铩羽而归。经过几年惨淡经营，并几经濒临破产后，媒体（尤其是法国媒体）开始赞赏他的作品，并给予他越来越热烈的掌声。当他在巴黎维维安街开设第一家店的时候，他已经是世界知名的设计师了。

与此同时，他也开始推出男装系列。男裙和其他同性恋图腾：如穿着闪亮西装的轻浮水手与牛仔等，后来都成为不断出现的主题，但是从来不会脱离这个逻辑——男人依旧是男人。高缇耶绝对不会让变装皇后或是穿着胸罩的男人走上秀场。然而，女人又是另外一回事！早在1983年，他就设计出可以外穿的硬挺胸罩和缎面束腹，此后这种类似恋物癖的元素就一再出现。最著名的例子就是麦当娜，她在1990年的"金发野心"（Blond Ambition）巡回演唱会中就穿着高缇耶设计的束腹，并搭配锥形胸罩。这个鲜明的标志也确立了他第一款女性香水（1993）的瓶子形状。

高缇耶牛仔（Gaultier Jeans）系列在1992年推出，年轻、运动风格、价位较低的产品线 JPG by Gaultier 则于1994年上市，接着又增添了两款香水（男性香水 Le Male，1995；女性香水 Fragile，1999），以及一个皮草系列（1998）。他于1997年推出的高级定制系列 Gaultier Paris，则是全巴黎最突破传统的高级定制。新千年伊始，这位时尚顽童也在著名的乔治五世大道上立足，传统上巴黎最知名的服装公司都位于这条路上。高缇耶不仅仅是一个后现代主义玩家，拿掉那些古怪的装饰之后，他的作品是做工精美、穿着宜人、令人赞叹的男装和女装。

参考资料：

Gaultier, Jean Paul. . Paris: Flammarion, 1990.
Frankel, Susanna. 'Jean Paul Gaultier', in: *Visionaries*. London: V&A Publications, 2001.
McDowell, Colin. *Jean Paul Gaultier*. London: Cassell & Co, 2000.

插图：

1. 让-保罗·高缇耶穿着一条金发制成的裙子和水手服上衣。
2. 让·保罗·高缇耶，以乡村生活为灵感的作品，2006春夏系列，摄影：彼得·斯蒂格特。
3. 让-保罗·高缇耶，"La Mariee"，2002/2003冬季系列。

1.

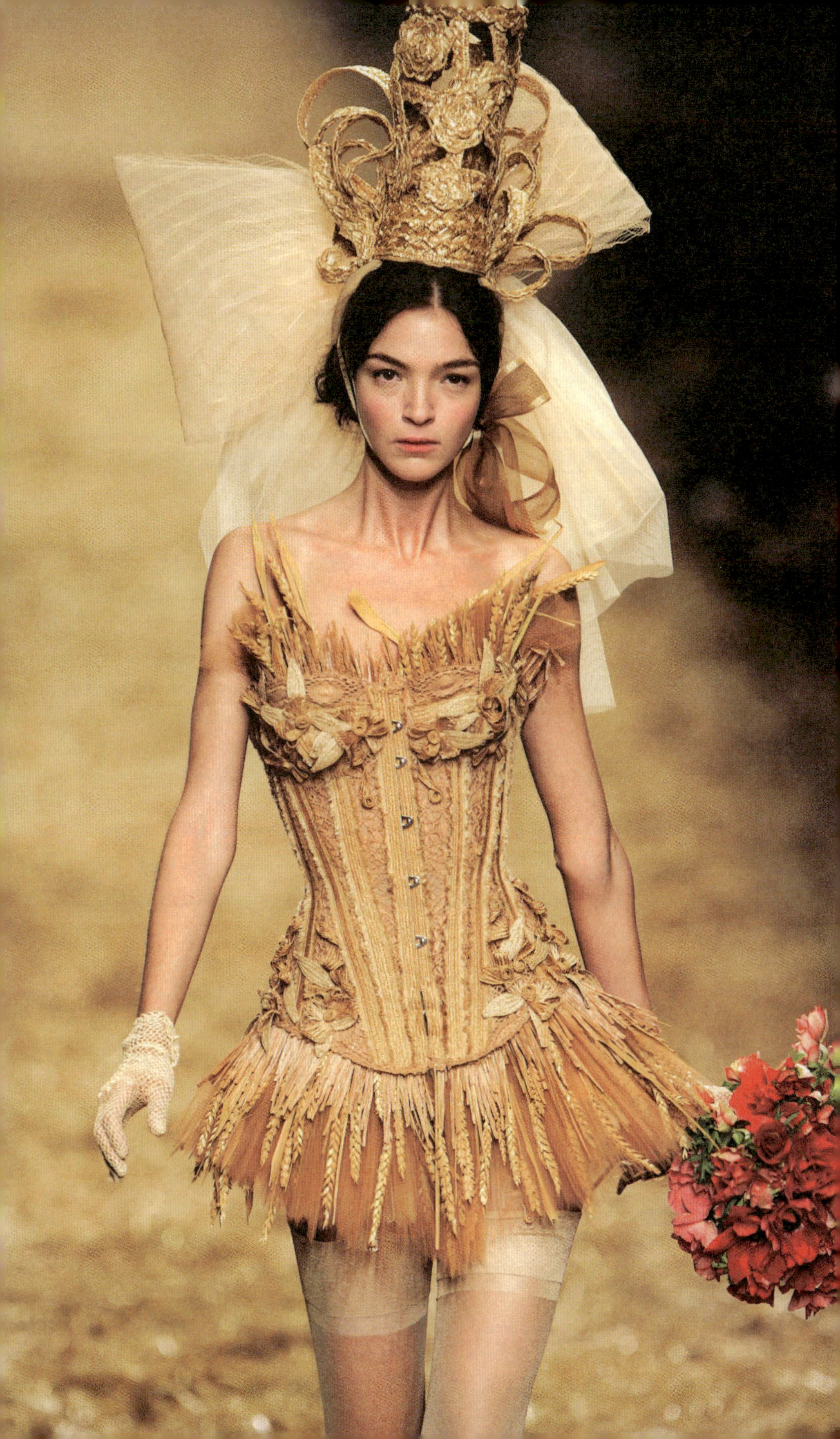

3.

**Fashion and art**
时尚与艺术

卡琳·沙克纳特（*Karin Schacknat*）
# 混搭的艺术
（*The art of mixing*）

大自然憎恨千篇一律，钟爱丰富多彩。在这一点上，大自然展示了它的天赋。
——伯纳德·韦伯，生物学家

1.

1. 理查德·伯布里奇（Richard Burbridge），为《另一种杂志》（*Another Magazine*）拍摄的照片，2001/2002 秋冬系列。

20世纪80年代末，让-保罗·高缇耶将闪光连衣裙与挪威毛衣进行混搭。这不是第一次，也不是最后一次，这位大师以折中的形象嘲弄着他的受众，嘲弄着人们公认的"好品位"。高缇耶的后现代时尚"鸡尾酒"总是大胆地混合各种成分：异国风情与西方大都会时尚、阳刚与阴柔、羊毛与蕾丝、内衣与外衣、严肃与幽默，等等。他是始于80年代方兴未艾的时尚界混搭浪潮的最重要的引领者之一。

与此同时，川久保玲、三宅一生和山本耀司也开始将日式和西式风格融为一体；而在风格方面，一些小众设计师则在设计"柬埔寨修道院中的芭比娃娃与海蒂相遇，但又向60年代致敬"的时装秀。简而言之，时尚界开始了史无前例的创新。

英国人类学家泰德·波汉姆斯分析了时尚进程中的这种转变，并将其与创造着装规范的社会类型联系起来。他将西方服装史划分传统、现代和后现代三个特征阶段——具有不同的意义创造系统和改变个人外貌的动机（Polhemus,1998）。总的来说，首先是从史前到中世纪的传统部落以及后来的农村农业社区。当时，服装的作用是确立群体身份及其文化的稳定性，并将其与其他群体区分开来。因此服装有统一的规范。在这种情况下，我们不应谈论时尚，而应谈论服饰。

文艺复兴时期出现了一种具有反传统倾向的时尚体系。文艺复兴的根源是对进步的信仰，这种现代性体系将创新等同于改进，并植入了一种线性、渐进的时间观念，在这种观念中，时尚产生了一系列无穷无尽的创新，每一种创新都会取代现有的形象。

波汉姆斯认为，这两种制度的区别在于，传统风格将生活在相关社区内的人与生活在社区外的人区分开来；评价与空间原则有关。而现代主义风格则与时间原则有关，因为分界线不再是"这里"和"那里"，而是"新式"和"老式"。

然而，随着20世纪80年代后现代主义的出现，群体归属感开始瓦解，结果是个性概念变得比不假思索地遵守时尚指令更为重要。波汉姆斯指出，"过去—现在—未来"的概念已经变得同步，而且还有一种地缘时空性，即"这里"可以无限地与"其他任何地方"相结合。其结果是一种自我特定的声明，从高度个性化的元素中进行混合和提取，共同产生一种独一无二的综合体。

因此，时尚不再以线性和历史性的方式进行演进，每个时期只有一种有效的风格；相反，它形成了一个无限扩展的宇宙，由快速增殖的复合风格组成。这涉及意义的产生及相互综合。

因此，波汉姆斯认为，时尚设计师的角色也发生了转变。他/她提供的不再是整体形象，而是符号学的元素。消费者可根据自己的喜好，将这些元素与其他元素组合在一起，形成一个提供有关身份、性感和其他想要透露的信息的组合体，但主要目的还是展示自己的个性。因此，可以说今天的时尚追随者比以前更加活跃，正因为他们的参与，产品才得以完整。而且，这一时尚过程比以往任何时候都更加民主。要让这样一个系统发挥作用，让每个人都参与到自己的时尚风格中来，你不仅需要丰富的含义库，还需要一个共同的术语库来理解这些信息。服装本身就提供了可诠释的基本内涵。白色薄纱适合新娘，白色皮革适合花花公子，白色工装裤适合装修工。但更细微的区别和搭配艺术主要是来自媒体的介绍。

例如，几季前，派对万岁（Vive La Fete）乐队主唱艾乐·比努（Els Pynoo）的肖像登上了比利时时尚杂志 Weekend Knack 的封面。在同一期名为"可可摇滚"（Coco-rock）的时尚大片中，她身着香奈儿经典小黑裙，搭配乐队T恤和其他设计师单品亮相。据 Weekend Knack 报道，"时尚教皇卡尔·拉格斐的新宠比努是新的摇滚偶像之一。从那之后，小黑裙再也不会是原来的样子了。"

在这一点上，我们也可以谈谈民主化。以前，只有中心地带才是最重要的，它们是全能的时尚设计师的必争之地；现在，边缘地区同样重要。时尚与流行音乐之间的交叉一直是创新的沃土。

如今，时尚、艺术和摄影有许多共同之处，尤其是如何在创意和商业之间找到平衡方面。

数百年来，时尚与艺术总是相互联系在一起，以这样或那样的方式。古希腊雕像从人文主义理想的角度展现人类。人是万物的尺度。此时，服装的任务就是强调身体的美丽和优雅。这些雕像拥有一种轻而易举而无与伦比的优雅，尽管专家们说，在现实生活中衣服不可能那么飘逸，因为当时的面料从未像大理石雕像表现出的那样柔软。据推测，模特是穿着湿衣服摆造型的。艺术家和他的模特通常都是匿名的。

在中世纪时期的西方，身体被视为有罪的而被隐藏起来。以前看起来自然的褶皱和身体被抽象化，色彩现在扮演

2. 《背靠柱子的阿芙罗狄蒂》，希腊，约前420 - 前410年。
3. 让·奥古斯特·多米尼克·安格尔，对罗斯柴尔德夫人画像所作的研究，1848年。

着重要的象征角色。圣母玛利亚的斗篷通常是蓝色的，这是一种具有积极意义的颜色。有时，我们还能在圣母玛利亚和其他尊贵人物的斗篷上看到新娘的装饰图案。这也是具有正面价值的标志。而斑点或条纹衣服则表示社会的弃儿：妓女、瘟疫患者、罪犯、精神病患者或音乐家。

随着文艺复兴时期对人文主义价值观的重新审视，肖像画中出现了更多个人特征。昂贵面料和珠宝的世俗奢华被精心地呈现出来，通常还刻意修饰出时髦的深V领。一些艺术家，如阿尔布雷特·丢勒（Albrecht Dürer）或皮萨内洛（Pisanello），显然对服装和时尚非常着迷。后来的艺术家，如19世纪上半叶的让·奥古斯特·多米尼克·安格尔（Jean Auguste Dominique Ingres）和路易·利奥波德·博伊利（Louis-Leopold Boilly），也对时尚有着明确的迷恋。但问题是"时尚是艺术吗？"，这个今天大家熟悉的问题，当时没人会这么问。从文艺复兴的宏伟到毕德麦雅的简约，艺术和时尚之间的关系显然是单向的：艺术家将时尚作为描绘人物的一种表达方式。很难搞清楚艺术对时尚的影响有多大，因为观看绘画仍然仅限于相对较小的公众。然而，正如卡洛琳·德·拉·莫特·富格（Caroline de la Motte Fougue）在1988年评论的那样，"艺术家越倾向于复古，时尚也越倾向于复古，流行的趋势保持一致。我们不习惯于自己发明东西，就形式和服装而言，我们仍然是希腊人，而内心深处我们一直认为我们属于一个不同的时代"（De la Motte Fouque 1988）。

这种情况在19世纪中叶发生了变化，首先是摄影的发明，其次是第一位高级时装设计师查尔斯·F. 沃斯的出现。

受当时浪漫主义精神的影响，艺术家作为个人天才被赋予了明星的角色，沃斯喜欢为展示而展示。与拥有纯粹传统技艺的裁缝不同，高级时装设计师根据自己极富个性的灵感创造产品。沃斯将自己打扮成艺术家的形象，收集艺术品和应用艺术品，正如杜塞和后来其他高级时装设计师后来所做的那样。

20世纪初，保罗·波烈更进一步，与艺术家为伍，收集同时代著名艺术家的作品，并委托艺术家和平面设计师为他制作宣传材料。亨利·马蒂斯（Henri Matisse）为他的面料设计图案。波烈还喜欢为自己的作品取名，就像艺术品一样［20世纪50年代，克里斯汀·迪奥（Christian Dior）延续了这一习惯］。

艺术家的地位似乎很高。如果一个时装设计师不能成功地被视为艺术家，他仍然只是一个裁缝。没有中间地段。

艺术家和时装设计师都鄙视商业作品。在很长一段时间里，艺术与商业的结合是不可想象的。同时，两者都需要大众的支持才能成名，现在依然如此；有谁还记得贝娅特丽克丝女王的私人服装设计师特蕾西娅·弗鲁格登希尔（Theresia Vreugdenhil）？南希·J. 特洛伊（Nancy J. Troy）在她的《高级定制文化》（*Couture Culture*）一书中描述了个性与群体身份、精英文化与大众

4.

4. 亨利·凡·德·威尔德，新艺术风格服饰，1902 年。
5. 范思哲，印有玛丽莲·梦露的安迪·沃霍尔服装，1991 年。
6. 艾尔莎·夏帕瑞丽，以达利的风格创作的鞋型帽，1937-1938 年。
7. 马克·奎恩（Marc Quinn），《美》习作，以不锈钢、玻璃与冰水制作的雕塑，2000 年。
8. 查普曼兄弟（Jake & Dinos Chapman），凯特，2000 年。
9. 马丁·马吉拉时装屋，20 世纪 60 年代的鸡尾酒裙，尺寸扩大两倍，2000 年。
10. 侯赛因·卡拉扬，木质锤头，1998 年。

文化之间的对立，这种对立在 1900 年左右形成了艺术与时尚文化建设的基础（Troy, 2003）。

为应对这一困境，人们制定了复杂的策略。1916—1917 年，波烈设计了一系列主要面向美国女性的服装。

他推出了一种特殊的标签，将这些服装标识为授权复制品——实际上是一种新的物品。特洛伊认为这与马塞尔·杜尚的现成作品类似，如《泉》（1917）。在这两个案例中，既有大师签名或贴标签的真品，也有大批量的产品（同上）。大众与阶级的结合是成功的关键。

时装设计师的出现将裁缝行业提升到了艺术的高度，使其与艺术产生了联系。20 世纪初出现了各种支持艺术与时尚融合的理念。维也纳先锋派试图将所有生活美学纳入一个统一的视野。整体艺术的理念意味着包括服装在内的整个视觉世界都应由艺术家设计。最著名的例子是古斯塔夫·克里姆特，他摒弃了当时的流行时尚，寻找一种原生态的服装，一种幻想中的原创服装（Stern, 1992）。

维也纳建筑师兼设计师约瑟夫·霍夫曼（Josef Hoffman）早在 1898 年就开始抗议时尚的暴政，要求服装应符合穿着者的个性。另外，他并不认为女性应该自己制作服装。"霍夫曼也不认为服装应该由服装设计师或女性来设计。他认为服装是我们视觉环境的一个元素，因此理应属于艺术家，而艺术家是唯一有能力构建形式世界的人。"（同上）

5.

6.

亨利·凡·德·维尔德以类似的方式倡导"改革派"和"艺术家"服装。俄罗斯的建构主义者也反对当前的流行时尚，因为他们认为这具有拉平效应。服装既要具有艺术性，又要舒适实用。为了实现这一目标，他们研究了传统服装，并利用现代技术对其进行了一些改良和制作，以满足大城市中劳动大众的需求。

未来主义艺术家美化了战争，并在他们的一份宣言（Milan，1914）中呼吁设计合适的服装。色彩和印花应具有暴力感，"像战场上的突击队员一样引人注目"，可以在射击时穿着舒适，而且在许多方面都适合作战。他们认为"绝对有必要（……）宣布艺术天才对女性时尚的独裁统治。（……）一位伟大的诗人或画家应该对所有主要的女装品牌拥有至高无上的权威。时尚是一门艺术，就像建筑或音乐一样。一件创意出众、穿着得体的女装与米开朗琪罗的壁画或提香的圣母像具有同样的价值。"（Balla，1992）

但时尚和艺术都无法在意识形态的束缚下蓬勃发展。拓扑概念现在只具有好奇价值，而早期服装设计师对其职业的思考方式本质上与今天的设计师更为接近。除此之外，艺术一次又一次地直接激发了时尚设计的灵感。20世纪30年代，艾尔莎·夏帕瑞丽的许多设计都带有超现实主义的印记。从她的鞋帽到詹尼·范思哲（Gianni Versace）在1991设计的安迪·沃霍尔（玛丽莲）礼服之间，有许多受特定艺术家启发的时尚例子。1993年，

7.

8.

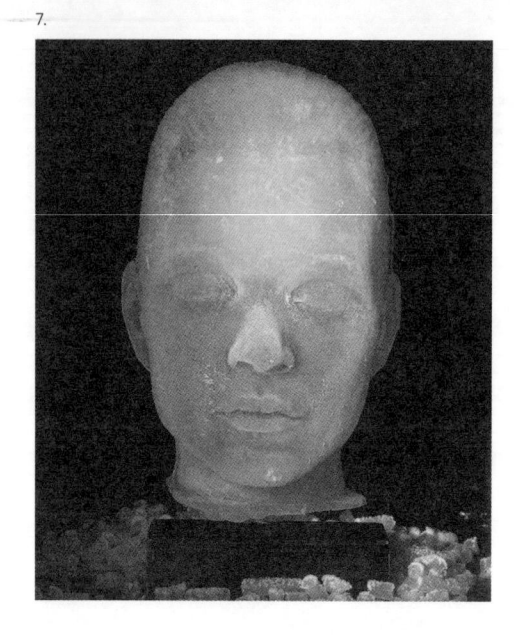

《新鹿特丹商业报》（NRC Handelsblad）甚至观察到"时尚界的艺术浪潮"。然而，当时流行的说法是"艺术家不应涉足时尚界"（Enthoven, 1990）。

现在，情况正在发生变化，从克里斯·汤森的著作《狂喜：艺术的时尚诱惑》（Rapture: Art's Seduction by Fashion）（2002）一书中可以看出。汤森根据新发展介绍了艺术与时尚的各种融合。举几个例子："创造凯特"（Creating Kate）是 Vogue 英文版（2000 年 5 月）中的一个项目，专门讨论时尚与艺术之间的重叠，许多艺术家受托对凯特·摩丝的形象做出自己的诠释。

接下来是《斯蒂芬·滕南特·霍姆格》（Stephen Tennant Hommage），

这是一部由 T. J. 威尔科克斯（T. J. Wilcox）执导的当代电影，讲述了时尚与艺术之间的历史关系，以及通过夸张的时尚行为来构建"自我"。还有莫琳·康纳（Maureen Connor）的芦苇紧身胸衣与三宅一生类似的一件金属丝制品的对比。而马丁·马吉拉或侯赛因·卡拉扬等一些时装设计师则反其道而行之：他们根据一种更接近艺术而非潮流的概念来生产产品。

艺术与应用艺术、大众与精英之间的传统界限正在消解。毕竟，有许多艺术品既是功能性的，也是视觉性的。这两个类别所处的市场机制是相似的。就像时尚设计或工业设计一样，艺术也有特定的目标群体，尽管这些群体并不明

9.

10.

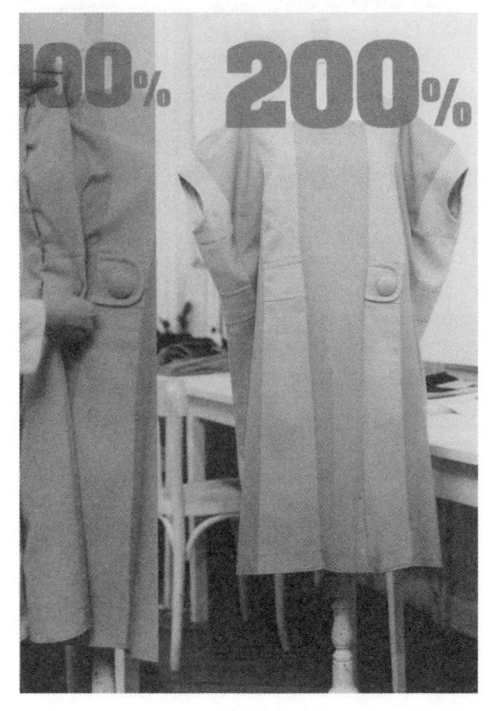

确。艺术评论家安娜·蒂尔罗（Anna Tilroe）认为，艺术家签名的地位现在正在与品牌影响力相竞争。"更有甚者，品牌塑造的整个过程，即在精心设计的环境中将服装、手表和汽车作为拥有神秘信息的物品来展示，都是直接从艺术中复制而来的。"（Tilroe，2003）

新近杂志，如 Purple 或 read, BABY., Source of Inspiration 将艺术、摄影、电影和时尚以及它们的混合体并列在一起，其中的界限越来越不明显。

时尚摄影在其中扮演着有趣的角色。许多博物馆的展览都以时尚摄影和时尚本身为主题。跟时尚的情况一样，人们开始问摄影是否是艺术的问题。（如果是，那艺术还是艺术吗？）

有时有人会说，时尚摄影只是完成一项卑微的任务，即记录和传播最新的时尚风格，而如今的摄影师已经远远偏离了这条道路。但事实并非如此。除了纯粹的纪实摄影作品（例如对时装秀的匿名报道），艺术世界总是有一个"作者"讲述着个人故事，而这不一定与实际描绘的服装有关。作者提出的价值观能唤起观众的某种欲望，并与服装或标签以及相关杂志产生关联。时尚摄影把我们变成了恋物癖者。早期的情况也是如此。

巴隆·阿道夫·德·迈耶（Baron Adolf de Meyer）在 1920 年前后拍摄的照片虽然无法展现服装的所有细节，但他对柔焦和逆光的运用却让人联想到神奇的"他处"（Elsewhere）。埃尔温·

## 露西·奥塔（Lucy Orta）

1966，伯明翰（英国）

艺术家露西·奥塔的作品主题是社会问题与冲突。奥塔探索的是，在激发对社会弊病的讨论中艺术能够扮演什么角色，以及艺术对适合居住的人类环境能做出什么贡献。社区之内的社会联结如何创造，以及个人与周遭环境的关系，都是她作品中反复出现的主题。

露西·奥塔1966年出生于英国伯明翰，后来在诺丁汉特伦特大学修读纺织专业。奥塔坚称自己不是时尚设计师，只是运用时装及建筑作为表达其社会行为主义的方式："现在似乎是个不错的时机，将时尚运用在社会与环境议题中，并利用它数不清的形式对这些议题表达批判性的看法。我虽然不是时尚设计师，但我的确运用某些时尚文化的语言和系统，以及其形式、符号和条件来阐述这类议题。"她在20世纪90年代以"避难衣着"（Refuge Wear）而闻名，这一系列作品是对海湾战争及随之而来的广泛经济危机所做出的一种回应。这些作品含有动态的建筑元素，能转化成供游牧民族使用的服装、睡袋，以及急救站。其中一个例子是"可穿式帐篷"（Habitent），一种可穿戴在身上的单人帐篷，同时也可轻松地转变成一件防风又防雨的斗篷。奥塔以"避难衣着"来指涉在海湾战争与随之而来的难民危机，以及之后所出现的社会冲突。

利用这种"介入"方式，露西·奥塔试图创造宗教与性之外的文化之间的联结，进入参与者与大众的对话。这位艺术家同时也通过这样的方式鼓励社群主动参与她的计划。她的作品的名称言明了她的主题——避难衣着、自治团体沟通、公民平台、集体衣着、连接建筑。她既为博物馆创作，也帮公共空间创作，她的作品出现在建筑、身体艺术、行为艺术及时尚的边界。奥塔也经常善用现代社会常见的创新高科技材料。

露西·奥塔目前在伦敦时尚学院担任教授，该学院隶属于伦敦艺术大学。她同时也是安荷芬设计学院新推出的硕士项目"人与人性"的主任。

参考资料：

Orta, Lucy, Pierre Restany and Mark Sanders. *Lucy Orta: Process of Transformation*. Paris: Editions Jean-Michel Place, 2001.

Pinto, Roberto. *Lucy Orta*. London: Phaidon Press, 2003.

插图：

1. 露西·奥塔，身份 + 避难者装备，1995年。
2. 露西·奥塔，都市生活防备：移动式寝具，2001年。
3. 露西·奥塔，身体建筑——索委托集体衣着，1997年。
4. 露西·奥塔，连接建筑×110，2002年。
5. 露西·奥塔，避难衣着——干预伦敦东区，1998年。

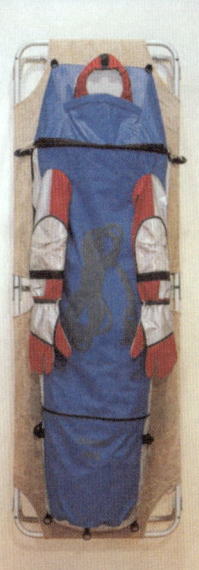

2.

3.

4.

5.

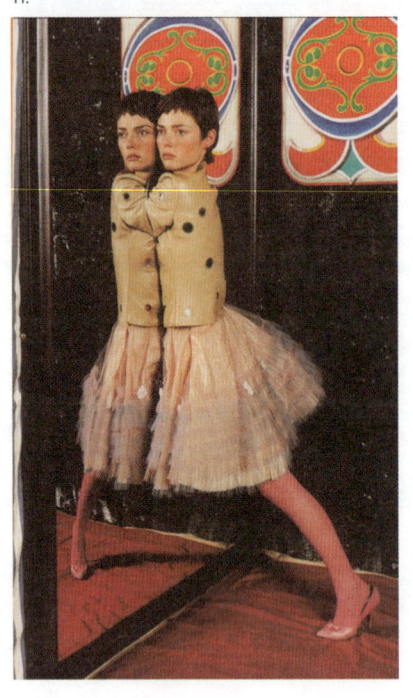

11. 麦克·托马斯（Mike Thomas），"差异是明显、茫然且迷乱的"，1998年。
12. 威廉·韦格曼（William Wegman），"躯干"，1999年。
13. 奥利维尔·泰斯金斯（Olivier Theyskens）1998/1999秋冬系列。

布卢门菲尔德在20世纪40年代拍摄的一些超现实主义时装照片，则更加远离服装的物质现实。盖·伯丁或黛博拉·特伯维尔（Deborah Turbeville）令人不安的氛围，以及赫尔穆特·牛顿从20世纪70年代开始的色情幻想，都预示了当代时尚摄影中异化、性和死亡。与此同时，在艺术和道德意义上，这些领域的各种边界也发生了变化。例如，《面孔》杂志对墨西哥著名交通事故摄影师恩里克·蒂尼德斯（Enrique Metinides）作品的评论就表明了这一点。"他的作品之所以动人心弦，是因为它让你联想到时尚照片。时尚与死亡——这给新黑色赋予了全新的意义。"（The Face, 2003）

意义——是当今时尚和时尚摄影的重要概念。吉勒·利波维茨基称，"高雅的布景已经被意义的戏剧性所取代"（Gilles Lipovetsky, 2002）。在他看来，时尚一致性的终结损害了时尚的声望价值。

对时尚大肆鼓吹的时代已经烟消云散。摄影师反映了人们对个性的追求。利波维茨基说，时装的价值越是下降，就越需要醒目的图像。"时尚设计师不再震撼人心，但时尚摄影师却能。"（同上）

曾几何时，"高雅的布景"令人一目了然。与此同时，时尚摄影师从艺术界和广告界的同人们那里学到了一些东西，从而产生了分层的、模糊的图像，在这些图像中，诱惑是通过迂回的方式产生的。例如，由Cyclopes拍摄的奥利维尔·泰斯金斯1999年秋冬系列。模

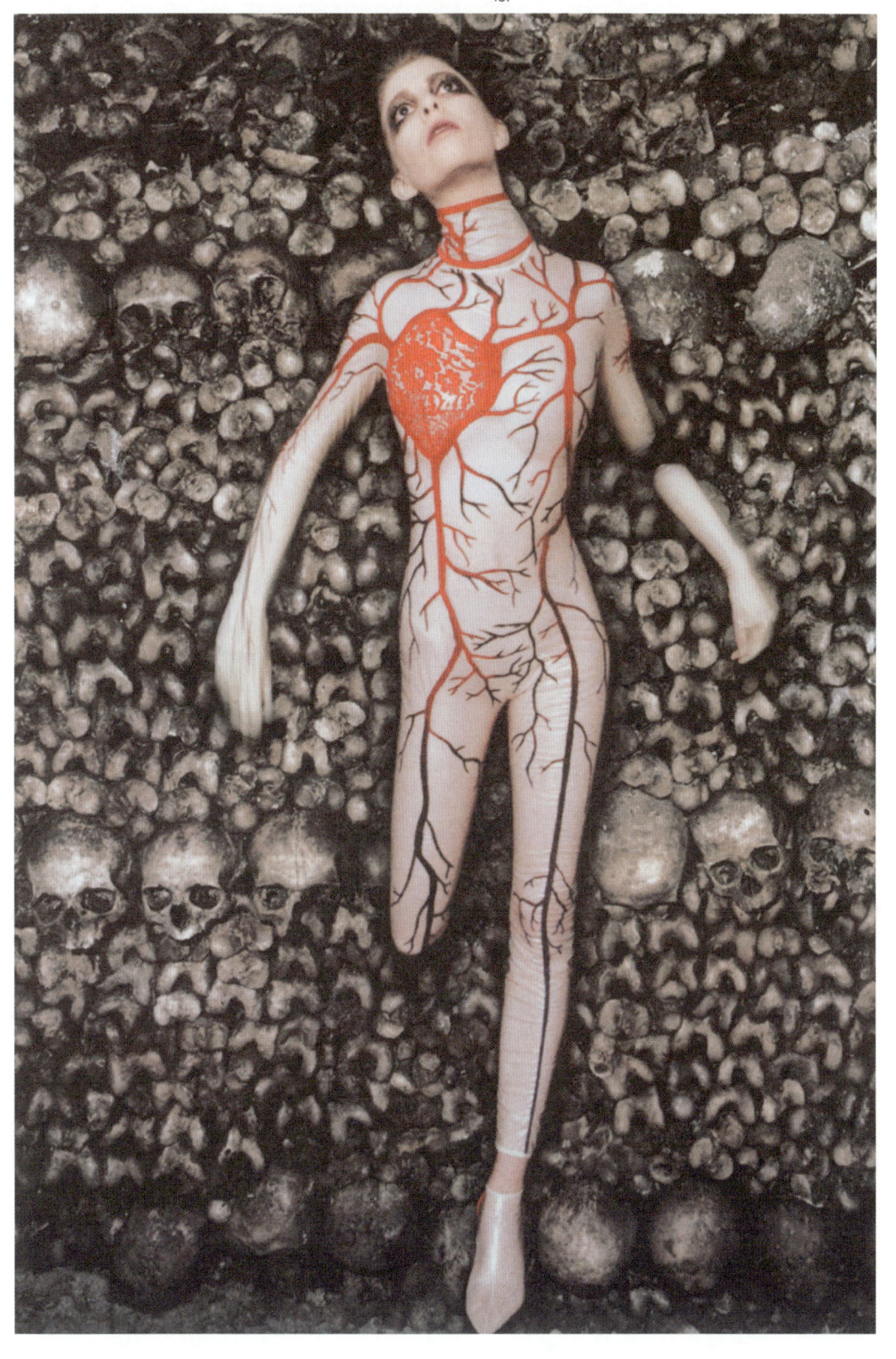

331. Fashion and art

14. 农妇，鸟取县，1985 年，服装：川久保玲。
15. 和尚，埼玉县，1985 年，服装：三宅一生。

特被化妆成尸体，以骷髅为背景摆姿势。这张照片不太可能是为了迎合购买者的病态欲望，但照片确实展示了勇气。

人们由此得出结论，泰斯金斯设计的服装适合有勇气的人，换句话说，适合年轻、前卫的人。你只需买一件他的衣服，就可以归属其中。

色情照片也是如此。隐含着幻想的满足感突然在时尚照片中显现出来，召唤着人们在现实生活中通过购买相关产品来实现。时尚照片中包含各种含义的独特化学反应带来了无数虚幻的暗示。图片为服装或相关标签构建了一种想象中的剩余价值。我们知道，这不过是一场秀，尽管如此……

每个人都被自己的欲望所定义，人们承认、压抑或试图为其寻找替代品。欲望本身并没有不可动摇的形式。

无法得到满足的欲望（对认可、性、自由、孩子或其他）或多或少可以转化为另一种欲望，或许实现的概率更大（审美商品、食物等）。广告和时尚摄影都利用了这一现象。对于过饱和的公众而言，消费品本身并不具有足够的诱惑力，但为了刺激购买，这些消费品就会被附加上令人信服的"奖励"。但是，欲望本身只能通过这种方式得到短暂的安抚，之后，只要没有得到根本的满足，它就会再次抬头。一个好的时尚摄影师可以引导公众的欲望，每次都会带来新的变化，并许诺救赎。从这个意义上说，时尚摄影师的任务就像牧师。

即使是日常场景的图像也会产生神奇的效果。20 世纪 80 年代，广川泰史走遍日本乡村，拍摄店主、渔民、农民和周围的其他普通人。

他们穿着著名设计师的作品，包括三宅一生和川久保玲（Hirokawa，1998）。事实上，广川的作品是对魅力摄影的反对。它展示了穿着真实服装的真实人物。著名设计师的衣服能经受住这样的考验吗？诱惑是由什么组成的？它还存在吗？

该系列是艺术、时尚和摄影融合的有趣例子。概念不错，照片不错，衣服也不错。这些时尚照片以及其他许多时尚照片中的服装所具有的吸引力和剩余价值在于照片的品质。当然，还有许多其他高质量的"署名照片"在流传，但它们与时尚或品牌无关。这就是关键的区别。一张普通的照片，艺术与否，展示了一个密闭取景框内的世界。

任何其他东西都不能进出。就时尚照片而言，链接是品牌名称或服装。这些衣服是出售的。不管是不是暗示，它们承诺会让购买者进入照片中的世界；他或她将获得照片中与这些衣服密切相关的东西：品质。艺术天才。

也许这才是终极愿望。艺术家曾经令人难以企及的地位，及其高度个人主义的表达方式，现在都被出售了！个性是西方社会的最高价值观之一。但如果只为精英阶层保留，那就不符合民主的概念。政治舞台上常见的去中心化概念是否也适用于文化舞台？"每个人都是艺术家"，约瑟夫·博伊斯 30 年前如是说，尽管他的意思并不是说一个人的个人潜力可以通过简单的商业交易实现。

"一致的个性"似乎不太可能成为现实，但也许这并不重要。就目前而言，仅仅是渴望做到这一点就产生了丰富多样的图像和意义，这些图像和意义本身就已经代表了一笔巨大的财富。

参考书目

Balla, Giacomo. "Die antineutrale Kleidung-Futuristisches Manifest", in *Radu Stern, Gegen den Strich. Kleider von Künstlern 1900-1940*. Bern: Benteli Verlag; Zürich: Museum Bellerive; Lausanne: Musée des arts décoratifs, 1992.

De la Motte Fouqué, Caroline. *Geschichte der Moden 1785-1829*. Hanau: Verlag Werner Dausien, 1988 (1829-30).

Enthoven, Wies and Margreeth Soeting. "Kunst op het mantelpak maakt van mode nog geen museumstuk", *NRC Handelsblad*, 4 Oct. 1990.

Hirokawa, Taishi. *sonomama, sonomama. High fashion in the Japanese countryside*. San Francisco: Chronicle Books, 1988.

"Hype", *The Face* 78 (July 2003).

Lipovetsky, Gilles. "More than fashion", in *Chic clicks. Creativity and commerce in contemporary fashion photography*. Boston: Hatje Cantz Publishers, The Institute of Contemporary Art, 2002.

Polhemus, Ted. "Beyond fashion", in *Style Engine*. New York: Monacelli Press Inc., 1998.

Stern, Radu. "Gegen den Strich: Künstlerund Kleider 1900-1940, in *Radu Stern, Gegen den Strich. Kleider von Künstlern 1900-1940*. Bern: Benteli Verlag; Zürich: Museum Bellerive; Lausanne: Musée des arts décoratifs, 1992.

Tilroe, Anna. "Kunstenaar, u hebt een taak", *NRC Handelsblad*, 28 Feb. 2003.

Townsend, Chris. *Rapture: Art's seduction by fashion*. London: Thames & Hudson, London, 2002.

Troy, Nancy J. *Couture culture: A study in modern art and fashion*. Cambridge, MA: The IT Press, 2003.

## 沃特·凡·贝伦东克（Walter van Beirendonck）
1957，布雷赫特（比利时）

在1987年的伦敦英国设计师大展上，比利时设计师沃特·凡·贝伦东克以他不寻常的古怪设计一举成名。他与德利斯·凡·诺登、德克·范塞恩、玛丽娜·易（Marina Yee）、德克·比肯博格斯与安·迪穆拉米斯特一起作为"安特卫普六君子"出场，向一群国际时尚观众展出他的作品。凡·贝伦东克1982年毕业于安特卫普皇家美术学院，在求学期间，他就是"安特卫普六君子"当中最不加节制、最直言不讳的设计师，而且这个形象一直维持到今天，他依然采取一种非常个人的不凡时尚观点。他色彩亮丽的设计通常都装饰有各种图案，灵感源自音乐、艺术、连环漫画、科幻小说与多媒体等。

此外，他还会从部落传统和图腾，以及大自然当中汲取灵感。凡·贝伦东克的作品属于折中主义，他独立于所有时尚潮流之外，跨越各领域的界限。性、时尚体系与当代社会是他的作品中不断出现的主题，而且他常以戏谑的手法来处理。他的设计横跨高级定制与街头服饰，也时常采用尼龙与橡胶等合成高科技材料。他的时装秀总是突破传统，在巴黎丽都夜总会举行的一次发布会上，模特不是走在T台上，而是一个接着一个从T台上跌落下来。

他于1983年创立自己的同名品牌，并发布了一系列产品。从1993年到1999年，他也与德国Mustang公司合作，设计生产平价品牌W.&L.T.（Wild & Lethal Trash，意为狂野与致命的垃圾）。在壮观的巴黎发布会上，凡·贝伦东克呈现了采用超现代布料且用色极为大胆的街头服饰。1999年，他在全世界推出"美学恐怖分子"（Aesthetic terrorists）产品线，基本上是对过度商业化的时尚界的一种攻击。凡·贝伦东克利用醒目的字体和批判性的标语表达他对时尚系统的观点，如"严禁时尚独裁"和"我痛恨时尚奴隶"。从那一刻开始，他就将同名品牌的商品限定在安特卫普的旗舰店"瓦尔特"（Walter）销售。这家旗舰店开设于1998年，由凡·贝伦东克与马克·纽森（Marc Newson）及安特卫普的建筑事务所B-Architecten共同合作设计。他在这家店陈列了自己的作品，另外还包括德克·凡·塞恩、啵丽斯（Bless）、狂暴世代（Vexed Generation）、永泽阳一（Yoichi Nagasawa），以及本哈德·威荷姆等的设计。"瓦尔特"同时也是一间画廊。自1985年以来，凡·贝伦东克便一直任教于安特卫普皇家艺术学院的时装系。他也设计剧场、芭蕾和电影服装，不将自己限定在时尚领域。此外，他还出版《惊奇》（Wonder）杂志、设计物品、绘制书籍插画，并定期担任策展人，策划过"残缺"（Mutilate）等展览。

参考资料：
Derycke, L. et al. *Belgian fashion design*. Ghent-Amsterdam: Ludion, 1999.
Derycke, L. and W. Van Beirendonck, eds. *Fashion 2001 Landed #1 and #2*. Antwerp: Exhibitions International, 2001.
Te Duits, T. and W. Van Beirendonck, eds. *Believe: Walter van Beirendonck and Wild and Lethal Trash*. Rotterdam: NAI Publishers / Museum Boymans van Beuningen, 1999.

插图：
1. 瓦尔特·凡·贝伦东克，W.&L.T.，1996春夏系列。
2. 瓦尔特·凡·贝伦东克，"美学恐怖分子"，1999春夏系列。
3. 瓦尔特·凡·贝伦东克，W.&L.T，1995/1996秋冬系列。
4. 瓦尔特·凡·贝伦东克，W.&L.T.，1995/1996秋冬系列。

1.

2.

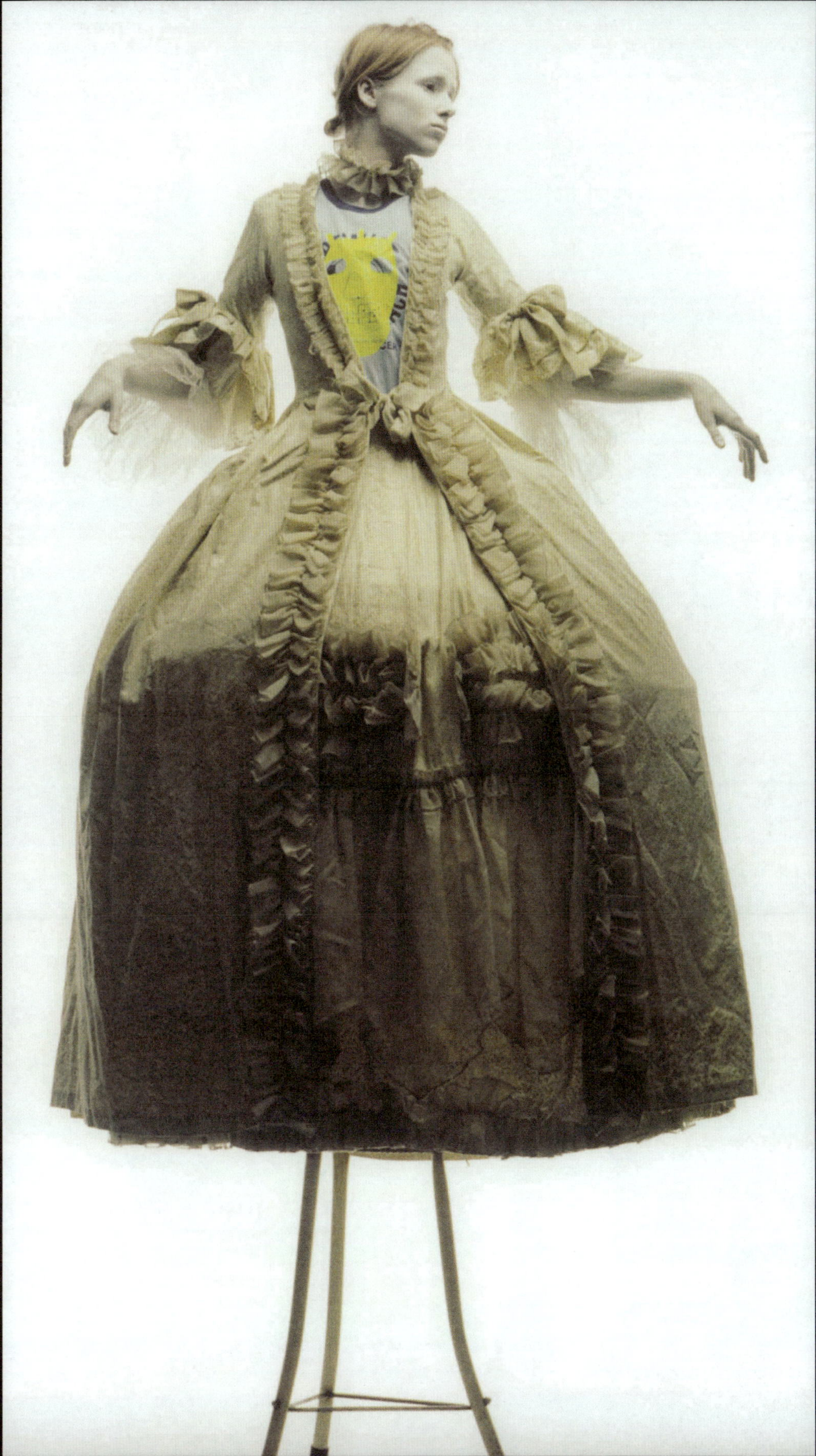

3.

4.

亚历山大·向曹域兹（Alexandre Herchcovitch）
1971，圣保罗（巴西）

在巴西设计师亚历山大·向曹域兹看来，时尚是传达个人观念的一种手段："人们穿上我设计的服装，就是在向别人诉说他或她看待这个世界的方式。我感兴趣的是在我自己的世界和客户的世界之间展开对话，而不是服装的形式、长度或颜色。"

向曹域兹的事业起步已有十余年，他设计的各项作品都以具有实验性的剪裁技巧及运用创新材质为特色，范围涵盖了他的毕业作品到最新的时装发布会。向曹域兹通过设置形式、色彩与布料层面的对比，研究服装制作的实践过程。乳胶的使用尤其是贯穿他所有作品的一项特色，并且在几个系列作品中扮演着重要的角色，如1998年春夏系列，以及1999年秋冬系列。向曹域兹的典型创作方法是喜欢把各种各样的风格、形式和颜色组合起来，并融入自己的系列，例如，在2004年秋冬系列里，他就以一种极为创新的方式，将西班牙斗牛士风格与广受欢迎的凯蒂猫（Hello Kitty）视觉语言结合了起来。

亚历山大·向曹域兹1971年出生于圣保罗，母亲开了一家小型的女性内衣公司，他也因此从小就与时尚有所接触。很快，他学会了制作自己的服装，而且还替母亲打点特殊场合的穿着。向曹域兹后来到圣保罗的圣马塞琳娜艺术学院就读；20世纪90年代初期，他在圣保罗为妓女和变装者设计奢华服装而打响名号。他在1993年设计的第一个成衣系列具有实验性，接下来几年的系列作品也是如此。1996年，向曹域兹设计了所谓的"长裤裙"（skouser），一种结合长裤与裙子的中性服装。亚历山大·向曹域兹在20世纪90年代末期开始将注意力逐渐转向大众。他推出了一个牛仔系列，开始与几家大公司合作，其中包括珠宝品牌Dryzun，以及运动品牌Everlast与匡威（Converse）。近年来，他的祖国巴西也在他的作品中扮演了举足轻重的角色，他设计当中选用的布料与主题往往取自巴西传统与民间风俗。1999年，向曹域兹在欧洲伦敦时装周发布作品，这也是他首次在欧洲办秀，不过很快他就来到了时尚之都巴黎。当时他是唯一一位走上巴黎时装周的巴西设计师。此后他将目标锁定在纽约，并在那里发布最新作品。

参考资料：
Herchcovitch, A. et al. *Alexandre Herchcovitch*. São Paulo: Cosa & Naify, 2002.

插图：
1. 亚历山大·向曹域兹，1994年特别作品。
2. 亚历山大·向曹域兹，2005年秋冬系列。
3. 亚历山大·向曹域兹，2002年春夏系列。
4. 亚历山大·向曹域兹，1999年秋冬系列。

1.

2.

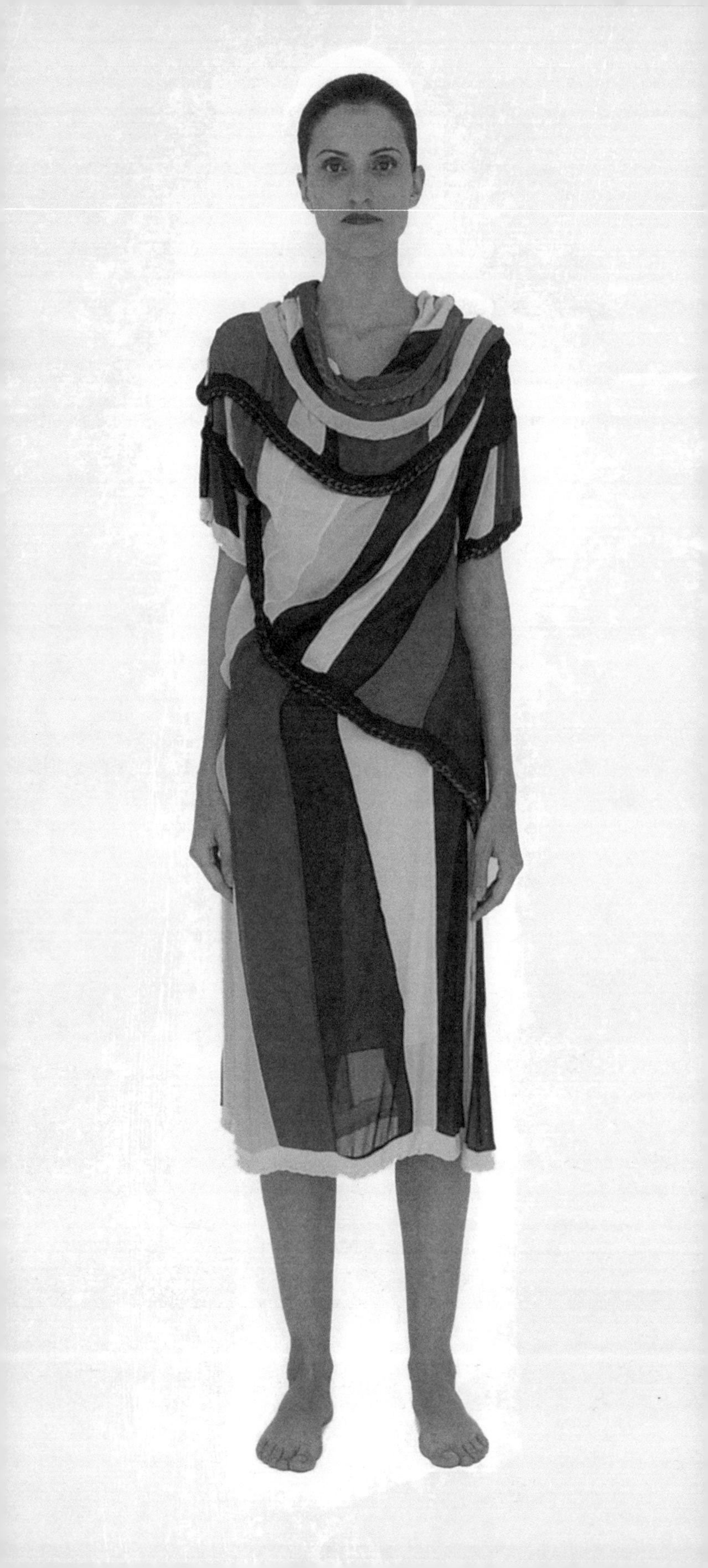

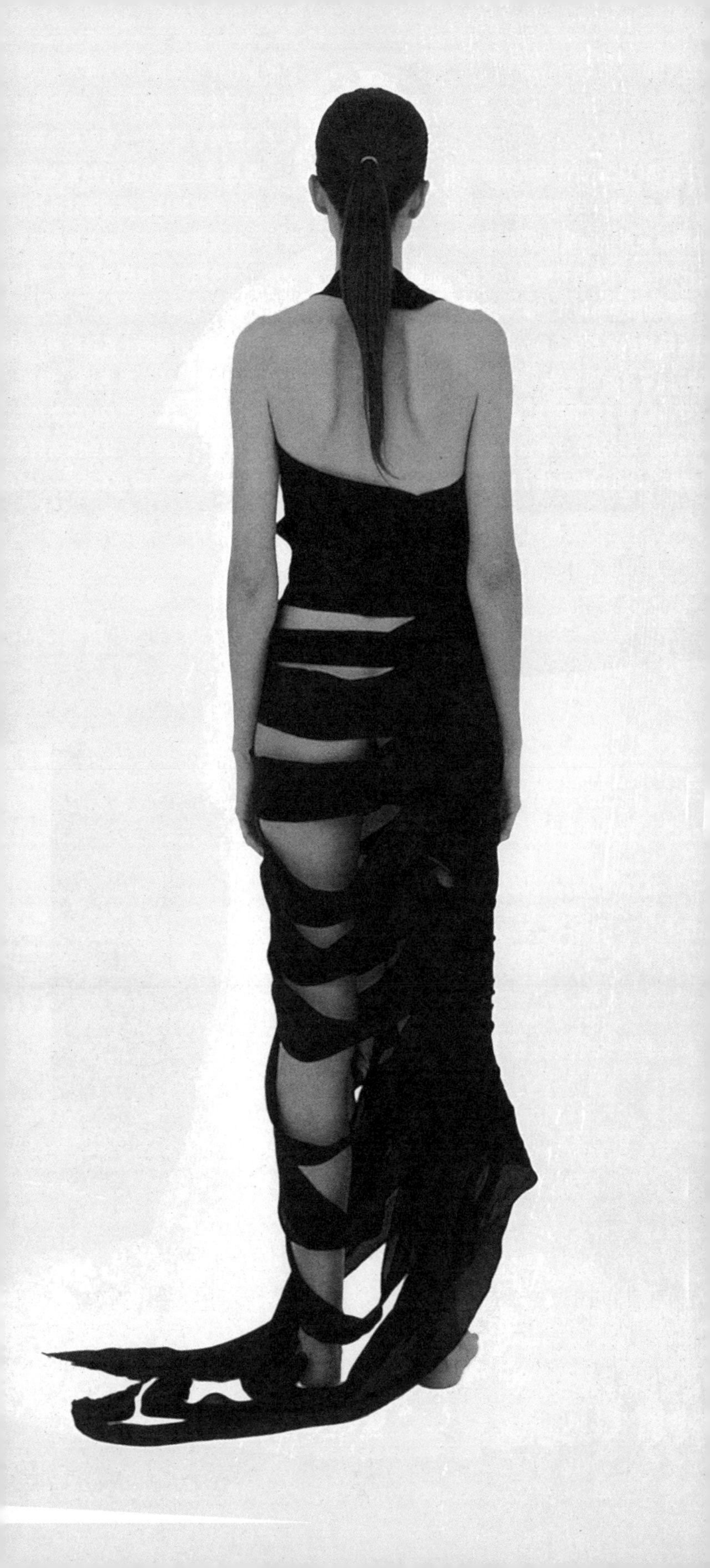

## 侯赛因·卡拉扬（Hussein Chalayan）
1970，尼科西亚（塞浦路斯）

　　侯赛因·卡拉扬的时尚设计手法不同寻常，跨越艺术、剧场、建筑、设计与时尚领域的边界。时尚从来不是他的出发点，只是他艺术过程的一个面向。他所设计的作品可能具有雕塑、家具、设备、建筑、表演、电影和影像等形式，实际的例子包括卡拉扬的短片《短暂的冥想》（Temporal Meditations）（2003），以及影像作品《旅程》（Place to Passage）（2004）和《麻醉剂》（Anaesthetics）（2004）。侯赛因·卡拉扬毕业于伦敦的中央圣马丁艺术与设计学院。他在伦敦工作了数年，并以自己的设计作品赢得1999年及2000年英国年度最佳设计师大奖。2001年，他前往巴黎，在那里发布了女性成衣系列，一年以后又推出男装系列。

　　虽然卡拉扬的设计总是基于某个概念或想法，但他的实验性做法却往往催生出易于亲近的服装——仔细审视之下，这些服装采取创新且奢华的材质、巧妙的剪裁技巧并应用了新科技，因此显得别出心裁。

　　卡拉扬的时装秀一直是时尚界期盼的表演，它们往往比较像是艺术表演。例如，在"后语"（Afterwords）（2001/2002年秋冬）当中，他制作了一系列可以摇身一变当成衣服来穿的桌椅。卡拉扬利用这种"可穿式住宅"，试图让大家关注

难民问题：如果被迫离家，你会随身携带什么？这个问题来自他年轻时候的亲身经历，当时塞浦路斯国土分裂，被纳入土耳其与希腊领土。"双向变形"（Ambimorphous）正是对这一社会事件的回应这件作品着眼于文化转变的问题，里面的民俗服装一一转变成当代服饰。卡拉扬自2004年起也开始拍摄独立电影及创作装置艺术，如《旅程》（2004）在艺术界的画廊和博物馆展出。2005年他正式代表土耳其参加威尼斯双年展。

侯赛因·卡拉扬的第一家店于2004年在东京开张，2005年他在荷兰格罗宁根博物馆及德国沃尔夫斯堡（Wolfsburg）举办个人作品展，并同时出版了一本相关专著。

参考资料：

Evans, C. *Fashion at the edge: Spectacle, modernity and deathliness*. New Haven: Yale University Press, 2003.

Evans, C. et al. *Hussein Chalayan*. Rotterdam: NAI Publishers, 2005.

Quinn, B. *The fashion of architecture*. New York: Berg Publishers, 2003..

插图：
1. 《旅程》，侯赛因·卡拉扬执导的影片，2003年。
2. 侯赛因·卡拉扬，亲属关系之旅，2003/2004年秋冬系列。
3. 同上。

1.

2.

3.

克里斯·汤森德（*Chris Townsend*）

# "如此差异"：
# 就如艺术和商品之间的差异，
# 就如生活和生活方式之间的差异——
# 西尔维娅·科尔博斯基和彼得·艾森曼 *1995* 年与川久保玲的合作案

('Like the Difference'
Like the Différance between art and the commodity;
Like the Différance between a life and a lifestyle.
Silvia Kolbowski and Peter Eisenman's 1995 project
with Comme des Garçons）

1. 西尔维娅·科尔博斯基和彼得·艾森曼，"就如1994/1995秋冬系列与1995春夏系列之间的差异"，川久保玲门店的装置作品，纽约苏荷区，1995年。
2. 同上。

1.

2.

347. Fashion and art

1995年5月，艺术家西尔维娅·科尔博斯基和建筑师彼得·艾森曼合作，在纽约苏荷区伍斯特街的川久保玲商店装置了一件艺术品。该装置名为"就如1994/1995秋冬系列与1995春夏系列之间的差异"，由一个木质骨架结构——该结构部分阻挡了从街道观看商店内部的视野，并作为一种新的、限制性的入口形式——和一段在该框架内的显示器上播放的视频以及商店橱窗中展示的一张海报组成。该海报也作为一份小的双色传单分发。《如此差异》通过时间和空间上的置换和不确定的主题对其地点的选择进行了回答。到1995年，地点特定性和置换主题都被认为是艺术的一个方面，其根源在于20世纪60年代末和70年代初苏荷区艺术家的实践。虽然这些关注点（通常主要是形式上和理论上的）在20世纪80年代的大部分时间里处于休眠状态，但在20世纪90年代，包括科尔博斯基在内的少数艺术家逐渐激活了这些关注点。对他们来说，特异性和置换都能够促成和影响历史评论。《如此差异》之所以特别具有煽动性和原创性，是因为科尔博斯基和艾森曼使用了场所特异性的语境来评论历史中的置换和不确定性主题，尤其是评论苏荷区的历史。川久保玲商店在"休斯敦南部"地区实现了转喻化和重大的历史变革，该地区自20世纪60年代中期以来一直是纽约先锋派的大本营。

到20世纪80年代末，越来越明显的是，艺术品地位的变化——尤其是其作为时尚商品的声望——正在改变苏荷区的社会和经济结构。

苏荷区最初是轻工业的发源地，后来与艺术家及其工作室共享，画廊数量也越来越多，现在它对高端时装零售商来说是一个有吸引力的地方，房地产成本也在飙升。尽管时尚界展示了其对前卫艺术的迷恋（例如海尔姆特·朗在他的旗舰店展示了他收藏的最新的珍妮·霍尔泽作品），但它选择苏荷区作为主要零售区加速了"中产阶级化"进程，最终将摧毁该地区作为艺术创作中心的地位，《如此差异》既是对这一过程的反思，也与这一过程息息相关：它似乎是对时尚运作和零售能见度的一种有意识的抵制，但与此同时，它也是川久保玲支持的一项计划的一部分，因为它公开表示对艺术感兴趣。

《如此差异》是在"展示建筑"项目的赞助下委托制作的，该项目由纽约建筑联盟与更具地方性的非营利艺术组织Minetta Brook联合组织。在这个项目中，一系列装置从当代和历史的角度探讨了建筑结构和公共景观的关系。

所有这些装置的定义参数都是由评论家兼项目策展人莱因霍尔德·马丁（Reinhold Martin）确定的：

展示的条款和惯例在多大程度上影响了"公共空间"的定义？

在展示的实例中建立了何种主体间关系？

其效果如何？（Martin, 1995）

科尔博斯基和艾森曼的装置作品通过对川久保玲商店中"公共空间"（街

道）和展示空间之间的问题区域进行干预，回答了委员会的一般条款。

艺术家们搭建的结构不仅改变了顾客、商店内部和商店空间之间的物理关系，还故意阻碍了街道上观众的视线。该装置挑战了零售空间与街道之间的界限，提供了一个"建筑"的反景观，正如我们将看到的那样，体现了时装作为商品的概念中的时间性。《如此差异》从根本上改变了川久保玲试图在展示中建立的主体间关系。以前，人们可以方便地观看和进入，而现在，人们在观看时的别扭，在进入零售空间时的约束感和身体限制感，必然会让他们更多地意识到身体和主观性，而展示的服装则预示着身体和主观性的转变。

科尔博斯基和艾森曼为《如此差异》设计列出的"场所条件"包括：

1. 位于"高级"艺术街区的"高级"时装店。
2. 钟罩式街区的季节性时尚的上"新"。（苏荷区）
3. 玻璃是变化与保守之间的分隔。
4. 20世纪末期从浅层店面展示到透明和非叙事性的转变。
5. 从横向场景到景深场景的历史性转变。
6. 美术作品介入商业场所。
7. 供出售的陈列品（橱窗装饰）和陈列品（仅供观赏）。（同上）

此外，在20世纪80年代和90年代，艺术与时尚的关系日益密切，川久保玲也置身其中。该公司不仅支持展览和艺术家的项目，还在艺术杂志上做广告，其内部杂志 Six 也对艺术和时尚的界限提出了质疑。正如格伦·奥布莱恩（Glenn O'Brien）对该公司的评论："该公司生产和销售的服装与艺术品无异，除了它本身不是艺术品。现在，它创造了我们这个时代最伟大的艺术杂志之一，只不过它不是真正的艺术杂志，而是一本服装目录。"（O'Brien 1988：18）

但是，作为一家"高级"时装店，川久保玲也体现了科尔博斯基和艾森曼提出的第二个条件：季节性时装是这个地区的一种新现象，尽管事实上它的特点是在工业、艺术和零售业的文化和经济之间不断转换，但对其艺术家来说，它似乎是密封的。[1] 后面三个条件都与展示相关，《如此差异》的地点特定性就是为了解决这些问题。如果说川久保玲的内部代表着永恒的变化，其商品的季节性轮转不断，那么该结构作为一个可见的屏障，将人们的注意力吸引到了街道和商店之间被忽视的透明分隔上。《如此差异》也占据了橱窗展示及其叙事的传统"戏剧"空间；尽管川久保玲并没有利用这个空间，而是倾向于利用一个深层次的展示领域来邀请顾客进店，并拒绝围绕在售的服装构建故事。从这个意义上说，《如此差异》遵循前卫传统，明显拒绝叙事，清楚地表明"高级"时装在多大程度上追随了"高级"艺术，自20世纪60年代以来，"高级"艺术放弃了故事，转而关注约束对象的形式条件。从20世纪30年代到60年代及以后，艺术家们受商店之邀，以橱窗陈列的形式构建独特的奇观叙事，并证实零售商的

啵丽斯（Bless）

爱内斯·卡格（Ines Kaag），1970，纽伦堡（德国）

黛丝瑞·海斯（Desiree Heiss），1971，布京根（德国）

参考资料：

Jones, Terry and Avril Mair, eds. *Fashion now: i-D selects the world's 150 most important designers.* Cologne: Taschen, 2003.

http://www.bless-service.de

插图：

1. 啵丽斯，发型，no.20 o.kayers. 2003 年；发梳，啵丽斯美妆产品，1999 年。
2. 啵丽斯，档案椅，no.20 o.kayers. 2003 年。
3. 啵丽斯，Mobil＃1B，永久家庭运转机，2004 年。

设计师爱内斯·卡格与黛丝瑞·海斯在 1995 年开始创立啵丽斯品牌，共同开展她们的事业。海斯 1994 年毕业于维也纳应用艺术学院，卡格则 1995 年毕业于汉诺威艺术设计学院，两人相识于巴黎的一项设计大赛。虽然这两人一起创立了品牌并开始了密切合作，不过卡格的工作地点在柏林，海斯则在巴黎。自 1995 年起，她们已经为啵丽斯设计了 22 个系列作品或产品。啵丽斯的产品没有进行分类。两位设计师偏好运用不同的媒介来设计每个系列。

啵丽斯产品的特色是实验性，挑战与嘲弄传统的时尚观念。她们在时尚、美术及应用艺术的交叉领域进行创作。她们大胆创新，试图打破这些领域内部的既有传统。卡格与海斯会将物品循环利用，她们赋予现有物品以新的意义与新的目标。两人以顾客需求为导向，预先考虑人类的日常需求。她们坚信所有东西都能循环利用，产品也必须具有实用性，由此产生了如下设计：由两个鞋底、布料，加上运动鞋的制作指南所组成的套组件，另外还有一条项链，它是由旧首饰整合而成，比如一些珍珠和一只腕表。她们为阿迪达斯设计以各式各样的碎布制成的鞋子，也为马丁·马吉拉做了一组假发，材料则是取自马吉拉在 1997 年秋冬系列中用过的毛皮。她们的"靴袜"是靴子与袜子的组合，"发梳美容产品"的梳齿部分则是一撮人发。这一些都显示出她们将每种现有的产品转变成全新的东西的超凡能力。

虽然啵丽斯的设计实用又穿实，却也具有浓烈的艺术品味道。在讨论到她们的作品时，时尚与艺术、商业与非商业之间的界线并不清晰。她们往往破坏了所有的规则。卡格与海斯通过杂志、产品名录与明信片，将她们的产品在世界各地销售，不过这些产品同时也在顶尖的博物馆与画廊展出，如巴黎的蓬皮杜中心、东京的 Speak For 画廊，以及阿姆斯特丹市立现代艺术馆。这种对比更突出了这个双人组合的不同凡响。

1.

2.

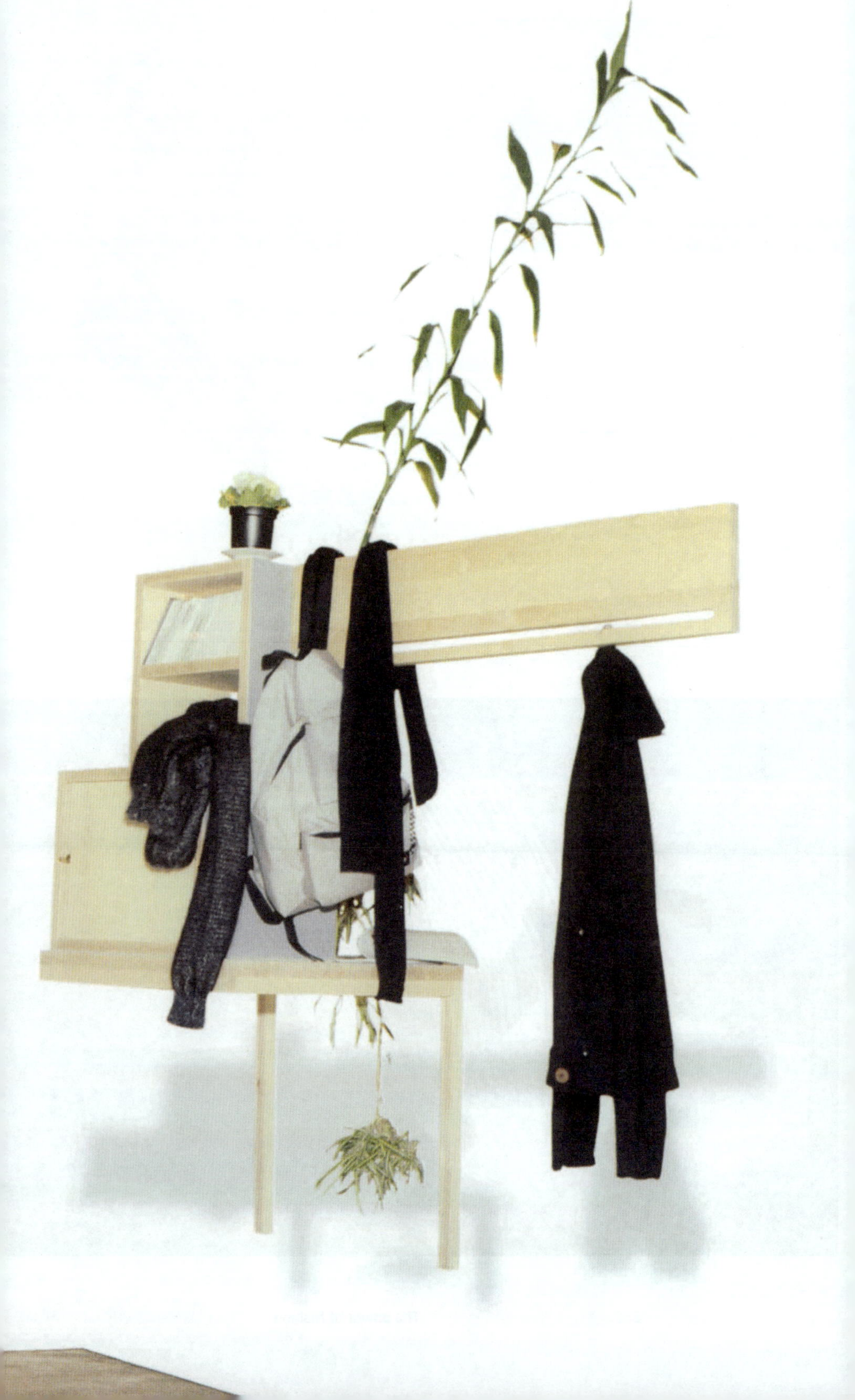

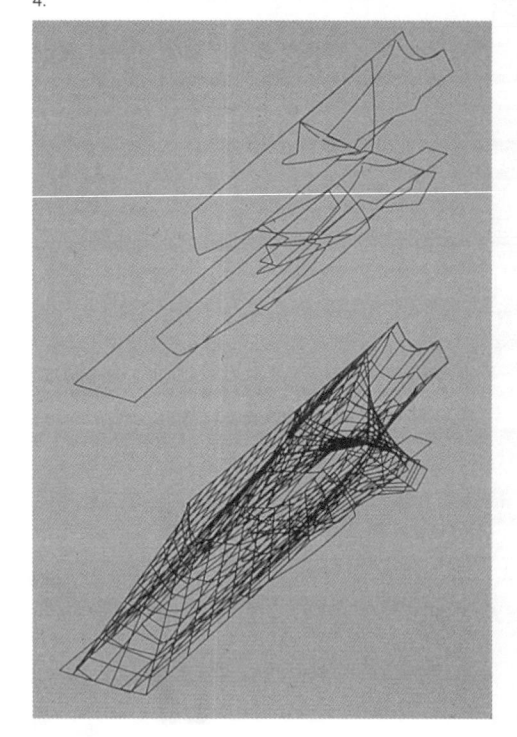

3. 西尔维娅·科尔博斯基和彼得·艾森曼,川久保玲 1994/1995 年秋冬系列与 1995 年春夏系列草图的电脑变形。
4. 同上。
5. 同上。

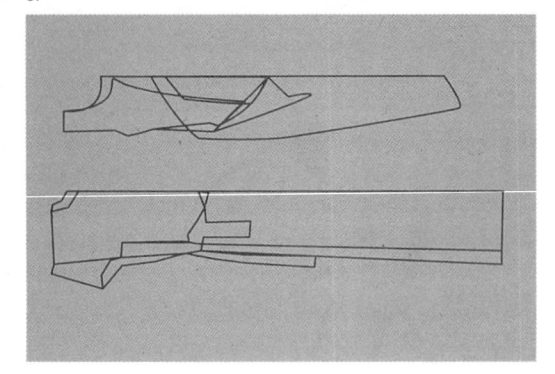

352.  The power of fashion

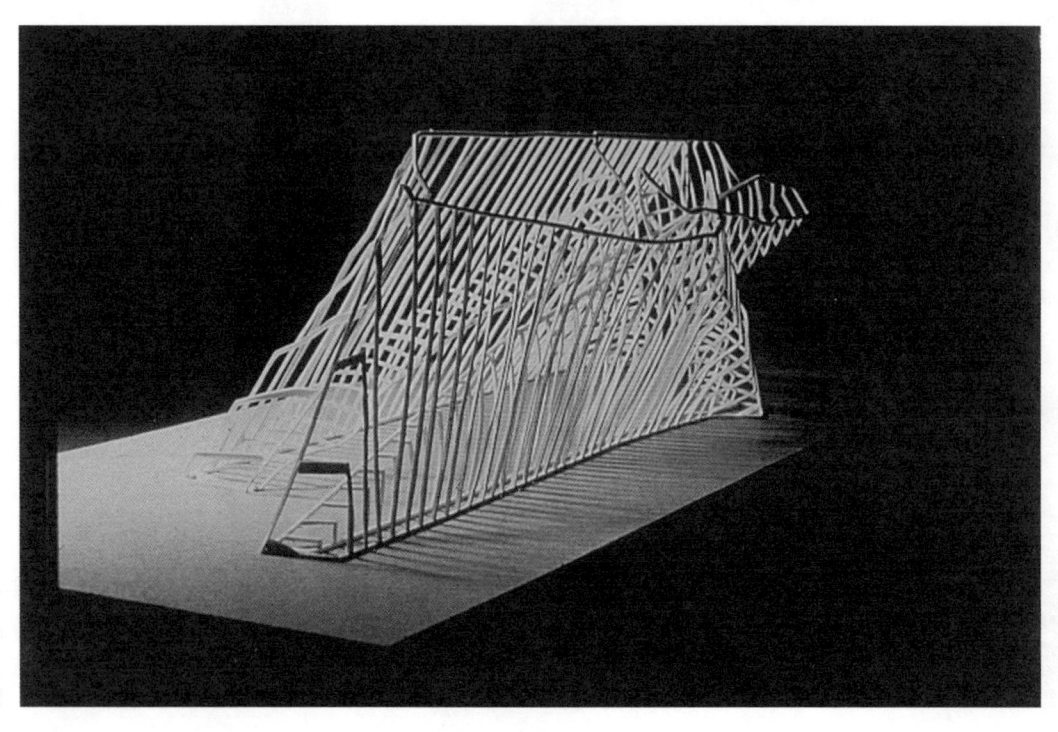

时尚资质，而科尔博斯基和艾森曼则从对景观的抵制中创造了一种景观——这可能已经被视为川久保玲的陈列模式以及当时川久保玲的服装本身的一种条件。

《如此差异》本身既是展出服装的产物，也是对展出服装的回应。实际上，它部分是对不再展出的服装的回应。构成进入川久保玲的新通道的"屏障"是木制的，但它所呈现的是两个系列之间的时间"差距"，一个是 1994/1995 秋冬季系列，现在已经过时；另一个是 1995 春夏季系列，它改变了后者的陈列方式。科尔博斯基和艾森曼为这个项目设计了一个概念，其中结构的形状来自设计师为两个系列设计的草图。[2] 然后，这些服装在电脑上进行变形，生成一个偶然的形式，其结构元素诠释了两套服装之间的物理差异和设计主题。因此，《如此差异》带有一个符号（过时的系列）在另一个符号中的痕迹，是由两者之间的关系——不存在与存在之间、被忽略与被强调之间、过时与即将过时之间——产生的。

构成《如此差异》最显眼部分的结构同时具有开放性和封闭性：它可能会阻挡来自街道的视线，但它又是可渗透的——你可以透过它看到外面的世界；它可能会让人感到乏味和拘束，但它又是可以穿行的。它的开放性，即它既是屏障又是通道，强调了该结构对其所占空间的抵制。更传统的白墙会符合现有空间的需求，即使它形成了一个更明显的屏障。事实上，它可能会引起人们的注意，在现代主义展览的白色立方体中，艺术和时尚零售的建筑要求在多大程度上趋于一致。

在装置一端的视频中，你可以穿行于其中的时间性和不可避免地带有前者痕迹的标志的主题重复出现。科尔博斯基和艾森曼共同剪辑了两季时装秀的片段，这些片段也体现在装置的结构中。这样做的效果是，一季的模特穿插在另一季的时装秀中：实际上是两个时空的交错，无法分辨孰先孰后，两者同等存在，每个"幽灵"的痕迹都萦绕着另一个。录像带中的两个音轨交错在一起，创造出一种混乱而奇怪的现代主义伴奏。两盘时装秀录像带代表了过去不同的时刻，因此每盘都被赋予了同等的地位。当然，鉴于其重新呈现的"摄影"地位，我们可以将 T 台上的人物理解为符合罗兰·巴特提出的"不在场"和"在场"的概念，以解释照片（以及电影图像）在不同时间范围内的同时功能。

如果说化学机械照片通过其化学痕迹来证明物体或人体的现象学确定性，（即巴特所说的"曾经存在的东西"，Barthes, 1993：99-100），那么视频图像也可以理解为同样依赖于对痕迹的诠释，在本例中就是对电磁痕迹的诠释。因此，科尔博斯基和艾森曼提出了一种对包含在过去时间中的现在时间和包含在现在时间中的过去时间的沉思，这也是对包含在过去符号中的现在符号和作为现在痕迹的过去符号的沉思。《如此差异》的两个元素不仅记录了符号之间的置换，作为建筑和图像中的一种固定方式，而且还展示了它们之间的运动和

6.

差异。

就像科尔博斯基和艾森曼的大型项目中的"差异"一样，尽管他们各自从不同的方向切入。20世纪80年代初，科尔博斯基在她的摄影系列"模特的乐趣"中使用了时尚广告、标志之间的流动性以及它们相互之间的嵌入性。

1990年，她还与一家零售商的橱窗合作，探索橱窗在限定时间内的意义转变。近期的一个作品是哈利·温斯顿公司的橱窗，《大约从下午5: 17到5: 34》（1990）是与这家自称"世界上最独特的珠宝商"的零售商合作完成的，这家零售商的顾客只有事先预约才能进入。科尔博斯基的干预包括在商店工作日结束时，在橱窗里展示价值数百万美元的珠宝，然后由工作人员将其取下，再用背光照片取而代之。这个活动并不是科尔博斯基发起的：在作品中所述的时间，商店通常都会这样做。科尔博斯基的贡献在于，通过在艺术杂志上做广告，让人们注意到参照物与索引之间的转换行为，并最终让零售商参与到这一过程中，以避免"盗用姓名"可能带来的法律问题。正如科尔博斯基所描述的那样，该项目被视为"对货币和生产价值、观赏和展览惯例、公共和私人的定义以及珠宝和女性身体之间的历史联系的重叠评论的浓缩"（Kolbowski, 1993: 92）。

在《如此差异》中我们可以看到类似的利益诉求，不仅体现在格式层面，如符号的浓缩和移位，还体现在对

6. 西尔维娅·科尔博斯基和彼得·艾森曼，川久保玲 1994/1995 秋冬系列与 1995 春夏系列发布会影像蒙太奇，1995 年。
7. 西尔维娅·科尔博斯基，《过时服装肖像》，(2000/2002)。
8. 同上。

公共和私人界限的关注、时尚与女性身体的关联以及"价值"。这个作品最后一个关注点在压缩古代和现代之间的差异中得到了暂时的表达，这是科尔博斯基在她的系列作品《过时服装肖像》（2000/2002）中再次提出的主题。

这位艺术家 1995 年的第二件作品《这些商品在》取材于伦敦的零售点，而 1997 年的项目"闭合电路"则延续了她对零售和物品置换的兴趣。后一件作品"试图追踪艺术品在上城区的流动"（即从苏荷到切尔西）（Kolbowski, 1997: 5）。科尔博斯基发起了一个项目，将体现苏荷地区转型的三类商品——家具、时装和食品——转移到苏荷区邮局画廊的一个小展厅，而切尔西画廊街景的录像带将在捐赠商店展出。

后一件作品的核心是符号的错位，即权美媛（Miwon Kwon）所说的"物品在'错误'的展示位置给人的'不恰当'的感觉"（Kwon, 1997: 7），这也是川久保玲装置的两个元素的特征，过时的时尚物品作为一个幽灵般萦绕不去的、错位的标志回归。

彼得·艾森曼的建筑实践被描述为"对（建筑）实体存在的抗争"（Somol, 1999: 19）。艾森曼对形式的关注表现在形式的置换或变形。我们可以说，艾森曼的建筑（或设计）的形式总是处于变成其他东西的边缘。就建筑的坚固、稳定的几何形状而言（毕竟，建筑需要屹立不倒），它们是不确定的、临时的结构。

9. 西尔维娅·科尔博斯基，闭合电路，店铺装置，1997年。
10. 同上。

　　建筑是一种"语言"，是一种符号，是由其他事物的符号构成的，而不是由事物本身构成的。由此，建筑是意识形态，而不是自然存在。20世纪70年代，这种兴趣促使艾森曼将诺姆·乔姆斯基的结构语言学术语融入自己的建筑理论中。此外，到了70年代中期，艾森曼不再将建筑学视为经典的形式参数。正如R.E.索莫尔（R.E.Somol）指出，"科林·罗（Colin Rowe）关于形式作为空间和结构关系的风格主义—现代概念现在被理解为时间和运动的更临时的结果"（同上：18）。艾森曼开始将建筑结构视为时间和图像的"电影"流中的凝固瞬间。这对我们理解《如此差异》非常重要，这不仅体现在艾森曼对装置视频作品中明

显的时间性贡献上，还体现在作品的"建筑"结构体现和演绎川久保玲最近两个系列的两个时刻之间的运动的方式上。

　　这种结构最准确的作用是将被压抑的记忆凸显出来，尤其是让人看到过时的1994/1995秋冬系列如何在现在——即新的春夏系列——的表象中得以显现。科尔博斯基和艾森曼的作品理念根植于法国哲学家雅克·德里达的不确定性概念和被掩盖的符号对他所谓的"在场的形而上学"的被压抑的威胁。德里达的思想在20世纪80年代对艾森曼产生了重要影响，1987年，建筑师和哲学家合作完成了"拉维莱特"项目。

　　德里达思想的核心，以及现在被滥用的"解构"一词，就是他所说的"延

异"——在他的思想中，存在与不存在、积极与消极的二元安排被重新思考为一种同时发生、相互依存的活动，一个词离开另一个词就无法理解。

科尔博斯基对被压抑和被移置的痕迹很感兴趣，我们可以看到她在艺术中也一直在使用德里达的概念，尽管她没有像20世纪80年代和90年代那些认为自己受惠于"解构"或通过"解构"进行创作的各种实践者那样提出公开的理论主张。艾森曼将德里达的文章"虚位"（Chora）中的"印记"思想作为"拉维莱特"项目的基础，而科尔博斯基的作品则探索了一种极性（空间或符号的极性）必然与另一种极性发生关系的方式，这也是同一文本的核心所在。[3] 在回到《如此差异》中来讨论"延异"的重要性之前，让我们先来看看这件作品的历史背景。首先，德里达思想至关重要的符号的置换和延缓行为是如何在苏荷区的空间背景下历史性地上演的，以及苏荷区艺术家本身是如何在他们的作品中建立起置换和特定地点的实践传统的。

苏荷区是曼哈顿的一部分，西至第六大道，南至运河街，东至拉斐特街，北至东休斯敦。苏荷区的四个字母SoHo是"南休斯敦""休斯敦南部"（South Houston, South of Houston）以及在此之前的20世纪40年代末和50年代"南休斯敦工业区"（South Houston Industrial Area）的缩写——那时工业已经衰落，但还没有任何艺术家或时装店以另一种方式来定义这几个街区。这种名称上的变化本身就像一种游戏，或许就是该地区不稳定的象征。因为"游戏"，作为从一种状态到另一种状态的运动，也是一种历史性的运动："南休斯敦工业区"——位于市中心的废弃工厂荒地，曾在20世纪中叶是纽约的城市规划者们的心头好——在20世纪70年代初被置换成"SoHo"——成为美国前卫艺术的中心（如果说，到了20世纪70年代，前卫艺术的概念除了是对风格和市场地位的诉求，还有其他意义的话）。[4]

随着艺术活动的转移和分化，置换的历史一直在继续，苏荷区成为艺术活动的代名词：画廊迁往曼哈顿最后的工业区（先是切尔西，现在是肉类加工区）；年轻艺术家为了寻找廉价的工作室空间，在威廉斯堡、绿点、长岛城和纽瓦克等地安家落户。如果说在20世纪90年代初，苏荷区已经成为高端时尚设计师开店的地方，那么到了新世纪初，他们就像画廊老板一样，开始寻找其他地方。雷姆·库哈斯在百老汇和普林斯大街开设的普拉达专卖店，与其说是建筑上的失误，不如说是选址上的失误。今天，苏荷区看上去不过是一个露天购物中心，汇集了人们期望在郊区找到的所有大众市场零售专营店。然而，这个购物中心的存在同时依赖于前卫艺术家的存在（为该地区树立声誉并"保护"其免于衰败），也依赖于他们的最终消失［让杰克鲁（J. Crew）和丝芙兰的到来成为可能］。即使到了2004年，苏荷区仍然保留着先锋艺术的痕迹。《如此差异》正是在这一置换过程中诞生的：它既是对苏荷区历史上某一特定时刻以及时尚产业在其中所扮演角色的评论，也是对过去 30 年苏荷区艺术界特有的艺术策略——置换和特定场所——的运用。

自 20 世纪 60 年代末以来，置换成为许多在苏荷区生活和工作的艺术家的核心主题。这一主题在以下的典型例子中都有所体现，如理查德·塞拉（Richard Serra）的《飞溅》（*Splashing*，1969），它在雕塑制作过程中交替出现和消失；在作曲家史蒂夫·莱奇（Steve Reich）的《小提琴阶段》（*Violin Phase*，1967）中，乐曲的推进取决于节拍与休止符的逐步替换；在肖恩·斯库利（Sean Scully）的绘画中，以及在荷利斯·法朗普顿（Hollis Frampton）的电影《佐恩斯·莱马》（*Zorns Lemma*，1970）中，伴随着文本系统中意象的逐步替换（法朗普顿的朋友和合作者、雕塑家卡尔·安德烈将其熵主题描述为"穷尽的字母表"）。[5] 所有这些作品在形式上都依赖于符号的不稳定性，即意义从一件事到另一件事的转移，同时将这种不稳定性作为其主题。这就是说，它们通过符号的不稳定性来践行延异原理，即意义的不确定性，德里达将其理解为交流的构成要素，尽管它受到西方思想形而上学传统的严格压制。

也许苏荷区的置换艺术中最杰出的实践是戈登·马塔-克拉克（Gordon Matta-Clark）的实践，他的建筑切割作品往往是在他所居住的地区进行的，这也为地方带来了一种特殊性。正如帕梅拉·M. 李（Pamela M. Lee）所写：

他的切割作品将该地区的建筑视为一种新的媒介类型，他将从中提取并展示完全不连续的历史片段。虽然马塔-克拉克是特定场地艺术谱系中的先驱人物，但他早期在苏荷区的作品——探索工业化后留下的空间——并不是独一无二的。事实上，他在该街区的活动与他的许多朋友和同事的活动是同时进行的，这些朋友和同事在 20 世纪 70 年代初同样在该地区进行现场创作，他们居住在该街区，价格实惠且兼具功能性。一方面，他受到极简主义现象学的影响；另一方面，他又受到概念艺术中基于土地和系统的现场工作的影响，他的作品在概念上和文字上都与现场紧密相连。（Lee，2004）

尽管他肯定不是唯一一个采用这种方法的人（尤其是在 20 世纪 70 年代初与无政府建筑组织的其他成员分享了这种方法），马塔-克拉克的实践强调了在苏荷区工作的一个条件，即形式和主题经常伴随着置换：场地的特定性。不确定性（无论是空间上的还是时间上的）被引入到那些符号被视为最稳定、最"自然"、最体现其应有之义的语境中。

因此，如果说苏荷区——在社会和经济进程的层面上——已经不稳定的话，那么在 20 世纪 60 年代和 70 年代，通过这些进程居住在该地区的前卫艺术作品本身就将置换的历史主题化了。正是这些前卫艺术作品，通过特定的地点，最终在社会和经济生活经验的背景下，描述了"南休斯敦工业区"和"苏荷区"之间的差异。苏荷区，作为一个历史进程，作为一个前卫活动的想象空间，作为一个拥有非常昂贵的房地产的现实空间，是由其自身的模糊痕迹构成的，就像它的存在一样。它既是一系列稳定的历史和想象现象的产物，也是它坚持其内在临时性和置换性的产物。

德里达对他的延异观念的解释（或故意复杂化）占据了他职业生涯的大部分时间，促进了大量的解释和批判；因此，在总结其与科尔博斯基和艾森曼的"川久保玲"项目的相关性时，我必然会对概念和批判进行批判，在此我提前道歉。延异的概念在符号系统中运用了起源的差异（或具体地说，如德里达所说的"错误差异"，在这里，起源的概念虽然受到提出的概念所质疑，但在战略上又是必要的），符号系统中的延迟和分歧，它不仅将任何对象或符号与非该对象或符号东西分开，而且同时"差异"的条件又构成了其自身。简单地说，我们只有通过对立面的延缓和消解才能理解概念或条件，而这些概念和条件却带有对立面的痕迹。

也许最明显的例子就是"夜／昼"二元对立。如果没有另一方的持续存在（通过其缺席来表达），我们对其中一方会有什么样的理解呢？因此，符号本身并不是同质的，而是由差异和差异之间的博弈构建而成的。同样，符号链也不是同源和静态的，而是由差异之间的差异所构建的游戏。德里达将符号本身的这种差异元素称为"痕迹"。正如斯皮瓦克（Spivak）所说："德里达的'痕迹'是一种不存在的标记，一种已经不存在的存在，一种作为思想和经验条件的缺乏起源的标记"（Spivak, 1976: xvii）。

我已经从实际意义上说明了《如此差异》如何体现了一个系列在另一个系列中的痕迹：但我们需要理解的是，每一个系列都存在于一条无限的差异链中，在这条差异链中，一组符号被追溯到另一组符号之上，而且，在这条差异链中，还存在着预期和追溯的功能。我们对川久保玲过季系列的欣赏会受到它之后的产品的影响，这在时尚界是不可避免的。我们知道将会有另一个系列出现，就像春夏紧随秋冬，时尚通过季节的变化而"自然化"。我认为，科尔博斯基和艾森曼的录像尤其体现了这种关系的幽灵特质，因为除非我们对时装秀上所穿的服装有专业的了解，否则我们对作品中的时间流逝没有清晰的概念。两个时间平面（由表演空间的平面条件渲染的物理平面）实际上平等交叉。与其说这里有起源的痕迹和后来的痕迹，不如说同时有两个痕迹，每个痕迹都烙印在另一个痕迹上，同时进行着延迟和预期的动作。虽然德里达讨论了支配胡塞尔"活着的当下"概念的"在场主题"如何减少或取消了痕迹，但我认为电影和视频作为媒体（在某种意义上是超验的，通过对活着的当下的不断重新呈现）存在着一些特定条件，使我们能够看到痕迹如何在这样的时刻继续发挥作用。与德里达所分析的语言情景不同，基于时间的媒体（这里也包括摄影，尽管它没有实际的运动）都依赖于巴特在《明室》（*Camera Lucida*）中所发现的双重时间功能。具有讽刺意味的是，所有这些媒体都依赖于索引痕迹，无论是化学痕迹还是电磁痕迹。通过这种方式，在媒介中制造符号的行为本身就实现了延异过程或德里达所说的"形式的形成"（Derrida，1976：63）。

如果说《如此差异》是一部有意识地体现并强调构成任何交流的延异的作品，即德里达所说的这个概念"破坏了它的名字"（同上：61），对于作品而言，还有什么地方能比这个空间——在置换的历史中，实实在在地破坏了它的名字——更具历史意义呢？或者说，在苏荷这个新名字——一个由艺术界赋予并通过艺术界赋予的名字——留下痕迹的空间里，在赋予它意义的、它所代表的东西被移到别处之后？就像 1994/1995 年秋冬和 1995 年春夏之间的差异一样，在一个置换的空间中，通过一个置换的主题对置换的历史进行了评论，置换的历史已经作为空间概念进行了演绎和主题化。《如此差异》中的"差异"既是时间性的，也是空间性的，同时还是概念性的；该作品同时表达了符号的理论结构，并阐明了该理论在历史中的意义。（苏荷区艺术家早期对置换的主题化并不总是如此，许多对解构理论的批评都认为，这种联系往好里说是薄弱的，往坏里说是完全不存在的。）

在高雅艺术社区中的高雅时尚背景下，这件作品指出了艺术和时尚之间的根本（如果不是根源）差异。正如川久保玲自己的历史所表明的那样，高端时装零售商在光顾艺术品的同时，也在想象自己融入了艺术社区和话语体系。在对时间痕迹的批判中，《如此差异》揭露了时尚无情的遗忘——无休止地展示新商品，而这种商品必须被消费，以改变（取代）主体性。《如此差异》中符号之间的差异就是对象之间的时间差：它是艺术对象的持续时间与时尚对象的消逝时间之间的分裂——在艺术对象中，置换被记录为连续性，而在现代主义历史中，置换则被宣布为断裂——而时尚对象无休止地被视为商品。这种差异也是一个世界对另一个世界的痕迹。我们可以把《如此差异》看作苏荷区艺术界对自身毁灭的某种程度的共谋，也就是后极简先锋派最终解构自身的方式。《如此差异》作为一个整体，既重申苏荷区将特定场地作为美术实践的传统，又以空间的形式说明了两种传统之间的概念差距：一种是艺术家被置换的生活、工作室和咖啡馆的世界、创造自己世界的世界；另一种是模仿所有艺术美学和社会准则的生活方式，但在商品的无休止循环中，在对已创造世界的无休止展示中，吞噬了自己的主观意识。

注释

1. 罗宾·布伦塔诺评论说，早在 1973 年至 1974 年，苏荷区就已经出现了"中产阶级化"的最初迹象。苏荷区本身也在发生变化——精品店和昂贵的餐馆吸引了人们对该地区的关注，因为该地区被视为待开发的房地产市场，租金开始攀升，迫使艺术家们搬出去。尽管如此，或者可能正是因为这些变化，越来越多的艺术家继续涌入苏荷区，希望打破当时似乎已经搬到市中心的"体系"。Bretano，1981）。
2. 虽然科尔博斯基和艾森曼作为艺术家和建筑师的

实践各不相同，但在这一时期，科尔博夫斯基还担任了艾森曼在图尔"地区音乐学院和当代艺术中心"（1993-1994）和"1938-1945年奥地利纳粹政权犹太受害者纪念碑和纪念地"（1995）提案的设计顾问。

3. 特别是德里达的框架性言论"人们如何去思考这种必然性，而这种必然性在给予[逻各斯与神话的]对立以位置的同时，本身似乎有时不再受制于它所定位的事物本身"（Derrida and Eiscuman, 1990: 15）。在我看来，对这种"让位法则"的批判，是科尔博斯基从《模型快乐》（至少）到《封闭》的作品的基础。

4. 又见 Bürger 1984、Buchloh 2000 and Foster 1996。

5. 与作者的对话，伦敦国际当代艺术中心，2004年2月。

参考书目

Barthes, R. *Camera Lucida*. London: Vintage Books, 1993.

Brentano, R., ed. Introduction to *112 Workshop / 112 Greene Street: History, artists and artworks*. New York: New York University Press, 1981.

Buchloh, B. *Neo-avantgarde and Culture Industry: Essays on European and American art from 1955 to 1975*. Cambridge, Mass.: M.I.T. Press, 2000.

Bürger, P. *Theory of the Avant-Garde*. Ann Arbor: University of Minnesota Press, 1984.

Derrida, J. *Of grammatology*. Baltimore: Johns Hopkins University Press, 1976.

— "Chora". Translated by I. McLoud. In *Chora L Works*, by J. Derrida and P. Eisenman. New York: Monacelli Press, 1990.

Foster, H. *The Return of the Real*. Cambridge, Mass.: M.I.T. Press, 1996.

Kolbowski, Silvia. *XI projects*. New York: Border Editions, 1993.

— E-mail to Miwon Kwon, 19 March 1997. *Closed Circuit*, 5. New York: Postmasters Gallery, 1997.

Kwon, Miwon. E-mail to Silvia Kolbowski, 3 April 1997. *Closed circuit*, 5. New York: Postmasters Gallery, 1997.

Lee, P.M. "As the weather", in *The Art of Rachel Whiteread*, edited by C. Townsend. London: Thames & Hudson, 2004.

Martin, R. Martin. *Architectures of display*. New York: Architectural League of New York, 1995.

O'Brien G. "Like Art". *Artforum* XLVI, no. 9 (May 1988): 18. Somol, R.E. "Dummy text, or the diagrammatic basis of contemporary architecture", in *Peter Eisenman: Diagram Diaries*. London: Thames & Hudson, 1999.

Spivak, G. Chakravorty. "Translator's preface", in *Of Grammatology*, by J. Derrida. Baltimore: Johns Hopkins University Press, 1976.

# 索尼娅·德劳内（Sonia Delaunay）

1885，格拉迪兹克（乌克兰）— 1979，巴黎（法国）

艺术家索尼娅·德劳内 1885 年出生于乌克兰，本名索菲亚·伊林尼纳·特尔克（Sofia linitchna Terk）。她的青看期在俄国圣彼得堡度过，1905 年前往巴黎，德劳内在这个时期的画作受野兽派的影响甚深。1910 年，她嫁给艺术家罗伯特·德劳内（Robert Delaunay），两人都是抽象艺术领域的先驱，也是巴黎前卫艺术的重要人物。他们的创作风格后来被称为俄耳甫斯主义（orphism）或同存主义（simultaneism），在 20 世纪头十年发展成立体主义。这种风格的基础是纯色几何形区块的组合，创造出充满动感的图像。我们在俄耳甫斯主义当中看到立体主义的写实部分，不过立体主义运用单色调，而色彩在俄耳甫斯主义中则是主要的表达手段。此外，俄耳甫斯派画家与立体派画家不同，他们倾向于完全抽象的境界。

索尼娅·德劳内除了在绘画上采用俄耳甫斯主义的原则外，在布料、陶瓷马赛克、玻璃、平面与室内装潢等的设计上也是如此。她的主要灵感来源之一是俄罗斯民间艺术。纺织品设计让她名声在外，如 1913 年的同步服装就是其代表作。德劳内图案的形式、色彩与质感，使她的设计在视觉上显得相当复杂。从她的第一件抽象作品即可看出这一点。那是她在 1911 年用不同布料与材质缝合起来的被褥；不过，同步服装体现得更为充分。1911 年的那条被子，她运用的主要是正方形与长方形，但是在同步服装中，她更进一步采用了剪裁成曲线形与三角形的布料，形成一种强烈的节奏感。德劳内的创作方法深受未来派思想以及现代工业社会的影响。在德劳内的眼中，时尚是一种相当现代的媒介，而她的动态设计便与现代的都市景象密切相关。

德劳内的抽象色彩和谐互补对当代时尚产生了重大的影响。例如，我们在雅克·海姆的外套上看到颜色互补的几何形印花，在让·巴杜与艾尔莎·夏帕瑞丽的设计中也能见到。德劳内的服装主要供应他们的艺术家圈子，但到了 20 世纪 20 年代，她的作品开始受到外界欢迎。然而，在第二次世界大战前几年，德劳内重拾画笔，进行抽象画创作。她和丈夫罗伯特·德劳内共同创作了大量公共画作，直到 1941 年罗伯特去世为止。此后，德劳内继续扮演艺术家与画家的双重角色，1979 年在巴黎逝世。

参考资料：

Baron, Stanley and Jacques Damase. *Sonia Delaunay: The life of an artist*. London: Thames & Hudson, 1995.

Buckberrough, Sherry A. *Sonia Delaunay: A retrospective*. New York: Albright-Knox Art Gallery, 1980.

Damase, Jacques. *Sonia Delaunay: Fashion and fabrics*. New York: H. N. Abrams, 1991.

Vreeland, Diana. *Sonia Delaunay: Art in fashion*. New York: George Braziller, 1994.

插图：
1. 索尼娅·德劳内．毯子，1911 年。

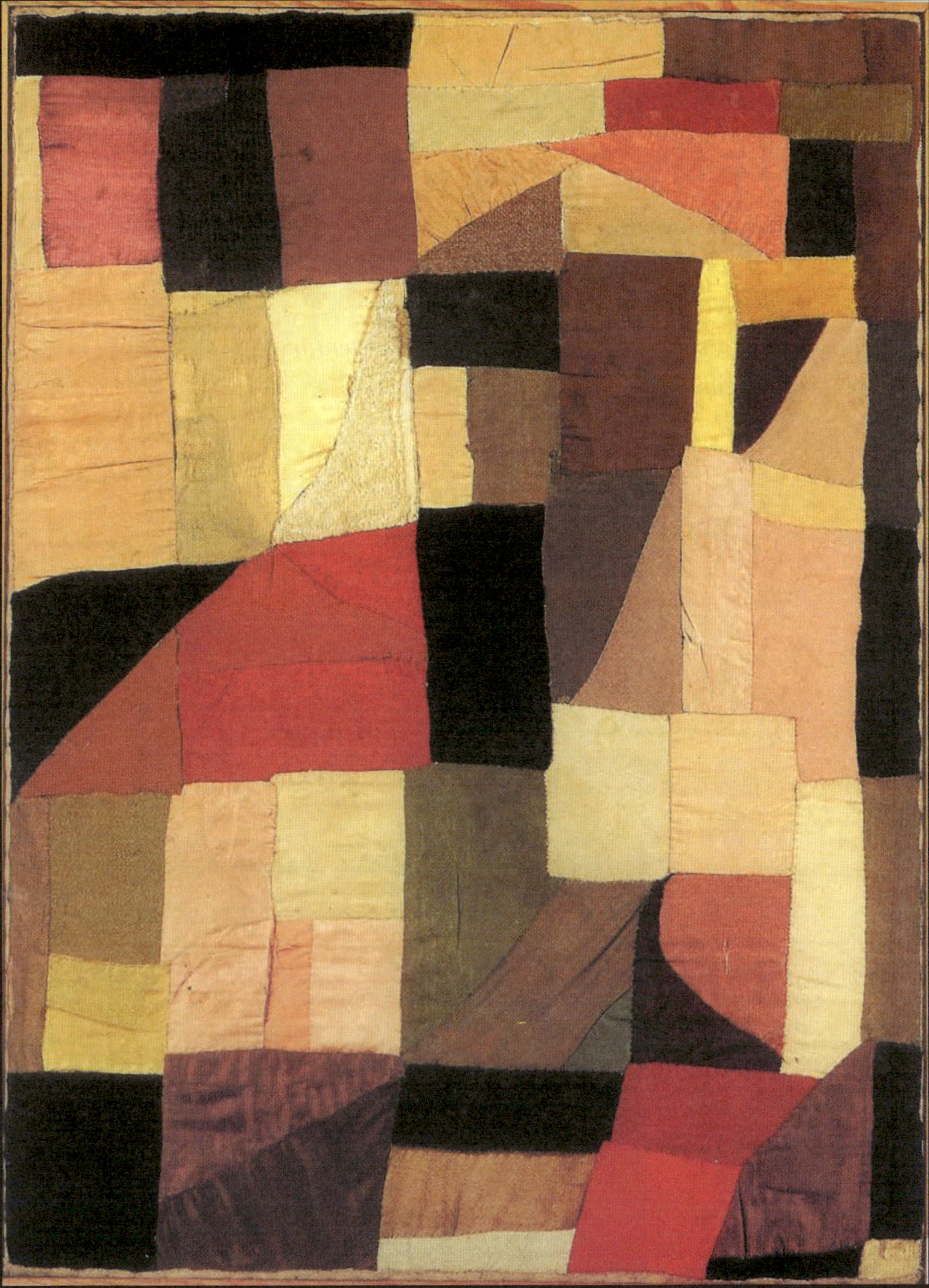

克里斯·汤森（Chris Townsend）

# 节奏的奴隶：
# 索尼娅·德劳内的时尚项目
# 和碎片化、流动的
# 现代主义身体

（*Slave to the rhythm*
　*Sonia Delaunay's fashion project and the fragmentary,*
　*mobile modernist body*）

1. 索尼娅·德劳内，
　 银线刺绣黑色薄纱
　 晚礼服，1926年。

现代主义作为一种运动，在对其所处的现代性进行批判的过程中，从未完全适应过自己时代的媒介。那些实验性的文本，那些对历史条件的抨击或对乌托邦技术的幻想，如今都已成为经典，但它们往往是在最近被它们所抗议或赞美的环境所淘汰的媒介中实现的。比如普鲁斯特和乔伊斯的小说，艾略特、卡明斯或庞德的诗歌，波丘尼或修拉的绘画。

当然，现代主义艺术家确实也利用当代媒介进行了创作：我们可以举出摄影界的查尔斯·希勒（Charles Sheeler）和拉斯洛·莫霍利-纳吉（Lásló Moholy-Nagy），电影界的汉斯·里希特（Hans Richter）、费尔南·莱热（Fernand Léger）或弗朗西斯·皮卡比亚（Francis Picabia）。然而，这些往往是边缘化的作品，或者说与传统媒介的大量作品相比被认为是边缘化。（毕竟，除了《机械芭蕾》，莱热没有拍摄过其他电影，而皮卡比亚在《幕间节目》之后也只计划了一部电影）。虽然索尼娅·德劳内（1885—1979）的时尚创作只有在对她的作品进行综述的时候才会被提及，但我想在这篇文章中指出，德劳内将时尚作为一种特殊的"现代性媒介"，在这种媒介中，现代主义的身体既作为在空间和时间中移动的实体，又作为表面，得以呈现。因此，我将对德劳内时装事业的关注从社会史，尤其是先锋派的当地史，转移到该事业——作为艺术——试图通过将现代主义美学（最初建立在一种过时的媒介中）移植到当代媒介的身体上来记录现代性对主体性的影响。从这个角度理解，时装和电影在让现代主义艺术家重新思考身体的主观能力和与时间和空间的关系方面有很多共同之处。[1]

特别是，时装使德劳内得以将身体想象为同时处于碎片化和运动之中，并同样将其理解为身体运动时所经历的环境条件。罗伯特·德劳内和索尼娅·德劳内提出的"同存主义"（simultanéité）是对米歇尔-尤金·舍弗勒（Michel-Eugene Chevreul）的色值感知理论的发展，因此，它不仅关注色彩冲突的平面的并置，以界定一个实体与另一个实体。同时，它更关注一个平面在另一个平面之上或之下的移动，即一个实体（即人类主体）在另一个实体（即其"景观"）中的穿插。德劳内的时装是为蒙马特的巴尔布里耶舞厅设计的，并首次在那里亮相。此时，这件时装仅成为现代性中的一种现象——一种时尚单品，而且还成为现代主义身体在空间中的一种表现形式，表达了在舞厅中作为一个运动的、碎片化的主体的意义，同时它本身与周围的环境完美融合在一起。这种作为"艺术"和"日常生活对象"的双重作用，在另一件作品中得到了特别的认可，矛盾的是，这件作品是一种被现代经验所淘汰的媒介——布莱斯·桑德拉尔（Blaise Cendrars）1913年的诗作《在她的裙子上有一个身体》（*Sur la robe elle a un corps*）。

因此，德劳内的时尚创作承接了现代主义表达现代生活动态条件的要义，例如未来主义绘画和雕塑的典型代表，但它是在生活经验当中被唤起，而不是保持一种疏离的关系。1914年前的现代主义艺术家通过表现过时的媒介——无论是工厂中机器的摆动、交通工具还是流行文化的脉搏——来不断唤起节奏的概念。

总体而言，他们并没有制作出参与到这种文化中的、表现这种效果的物品。

索尼娅·德劳内的时装明确体现了罗莎琳德·克劳斯（Rosalind Krauss）所说的将时间映射到具象上，建立一种节奏，通过这种节奏来分解视觉空间的稳定性（Krauss, 1988: 51-75）。对德劳内来说，作为表面的身体不仅仅是另一种形式的静态画布，尽管它借自大众文化。相反，画布变得具象，而德劳内将画布置换出来，通过时间性来强调大众文化的生活体验。与其说穿着时尚的身体是画布，不如说它是一个屏幕：一个可以运动的表面。我想说的是，德劳内将身体作为一个承载者和生产者，通过相互交错和相互作用的色彩平面来实现抽象的视觉节奏，她所进行的创作与法国艺术家莱奥波德·苏瓦奇（Léopold Survage）在第一次世界大战前几年提出的抽象电影类似。这两个作品都立足于对被现代主义艺术家诋毁的"现代性媒介"——时尚和电影——的批判性重新阐述；这两个作品都以一种与大多数现代主义艺术家截然不同的方式来处理他们所借用的媒介（因为他们并不认为这些媒介会在一种优越的、合法的、高雅的文化中得到恢复）；这两个作品都有意将节奏作为一种消解视觉和主观稳定性的手段，以便更准确地传达现代性的主观状态。此外，我还要补充一点，德劳内和这些早期的电影理论家——尤其是苏瓦奇和意大利人里乔托·卡努多（Riccioto Canudo）——都是以纪尧姆·阿波利奈尔（Guillaume Apollinaire）为中心的知识分子圈子中的一员。

然而，对于那些大胆使用"现代性媒介"的现代主义艺术家来说，我认为存在着一个根本性的问题：所有这些媒介并不是为了对历史进行批判性反思而产生的；我们甚至可以说，尤其是就电影而言，它们的功能就是否定批判性反思。

我们还可以进一步用罗莎琳德·克劳斯的话来说，一般而言，媒介只有在其过时的那一刻才会在其与历史的关系中具有批判性（Kraus, 1997: 5-33; Kraus, 1999）。因此，在现代主义的这种转向中，存在着一种内在的危险，即先锋艺术对"现代性媒介"的使用必然助长了艺术家所批判的状况——这是现代性媒介的特性。因此，尽管德劳内的作品可以被视为分解了资产阶级主体的稳定视觉空间，但它所提出的替代方案或许是在更大的视觉和触觉环境中颂扬表面的不稳定性，即肉体身份的丧失。大卫·哈维（David Harvey）认为，工业资本主义（尤其是泰勒主义）推动了空间和时间的计量化，现代主义先锋派通过创造空间和时间制度（尤其是，我认为，波希米亚既在实际领域也在概念领域）以及艺术作品对此做出反应，在其中，事物按照不同的时间表运行（Harvey, 1989: 201-283）。然而，我们可以将这些制度和艺术作品，尤其是通过"现代性媒介"实现的作品，理解为享有特权而持异议的资产阶级精英的游戏空间，他们不约而同地复制了工业资本主义为其子民创造的那些本地化、合法化、被扰乱的空间和时间，作为对他们在其他地方受到管制的补偿。

因此，艺术家对地方差异的表达归根结底是一种默剧，甚至通过对酒吧、舞厅和职业体育的描绘来颂扬工业资本主义在虚幻的娱乐自由中对主体性的普遍贬低。在这些地方政权中，就像在更广泛的日常生活领域中一样，通过将技术作为器官来推广，人们心甘情愿地将深刻的经验交换为即时的感官体验——在这种奇观中，所选择的媒介——作为现代性的产物——必然参与其中（Benjamin, 1997: 107-134）。

我认为，索尼娅·德劳内的服装作品赋予了物体双重功能，即"物"和"表征"，它不仅描绘了在极具现代特征的环境中被调动的身体的主观体验，还预示了物体（和身体）的碎片化，以模仿第一次世界大战战场上因伪装而产生的效果（Adorno, 2002: 316）。在德劳内和桑德拉尔对国际旅行浪漫的赞美诗《西伯利亚大铁路和法国小杰汉娜的散文》(*La Prose du Transsibérien et de la Petite Jehanne de France*, 1913) 与 1914 年至 1918 年间载着身着军装的士兵驶向西部前线铁路枢纽的运兵列车之间存在着一种令人不快但却中肯的共鸣。我很难不联想到一种可怕的并置关系——西伯利亚铁路上穿着优雅服饰的

2. 索尼娅·德劳内，《西伯利亚大铁路和法国小杰汉娜的散文》，1913 年，纸上水彩。

Fashion and art

现代主义旅行者，或许穿着德劳内的"同步"服装，以及仅仅几年后，那些制服和装备迅速与佛兰德斯风景颜色相匹配的人，他们将很快被埋葬在那里。在身体与风景的关系中，我们可能还会看到"同存主义"在不知不觉中预示着20世纪20年代法国风景画的新保守主义。在这种新保守主义中，第一次世界大战之前的现代主义者对画面的碎片化实验，通过后来被称为"立体主义"的方式，作为对为了保卫祖国阵亡的战士的破碎身体的纪念。

因此，在第一次世界大战之前的激进乐观主义和随后的文化与政治复苏之间，在对主体的宣示（通过时尚对现代主义美学的使用而增强了可见性）和主体的隐藏（无论是对风景的模仿，还是将主体置于风景之中，都使二者背道而驰）之间，存在着"同步主义"这个历史的铰链。我认为，这种双重轴心是分裂的延伸，西奥多·阿多诺在其《美学理论》(Aesthetic Theory) 中将其称为时尚的"危险的铰链"（同上）——在受到现代性历史条件威胁的反思性、自主的主体性与被工业现代性淹没的主体之间。当然，这些恰恰是我们可以定位现代主义艺术家和大众文化主体的对立的主观立场：一个是自主的艺术精英的体现，另一个是工业社会的从属实体和身份。

但正是通过沿着这条裂缝打开的缺口，我们才可能回到时尚在现代主义艺术中作为实验媒介的角色这一问题上来。特别是，它让我们理解了德劳内的服装对身体的强调，也体现了现代主义的一个基本困境。一方面，德劳内的作品既反映了介入身体所处的历史环境从而理解这些环境的愿望，也反映了将时尚作为一种特殊的"现代"现象，以扩大激进的、主体解放可能性的愿望。

但是，我们不得不承认这个作品的"失败"，它在20世纪20年代为社会和文化精英提供了一种想象中的自主性。正是这一精英阶层继续推行一种主观模式，这种模式往往在本质上敌视并抵制现代性，即使它直接或通过赞助产生了大量现代性的前卫文化。时尚可以作为一种新的审美和批判媒介，但它保留了对古老主体性的诉求，将其作为批判的出发点，或通过对签名和奢侈品的强调，在批判中重新找回主体性。

1913年夏天，索尼娅·德劳内是位于天文台大道上"布里耶舞厅"的常客。此时，德劳内夫妇（索尼娅和她的丈夫罗伯特）已经成为巴黎先锋派的重要人物。这对夫妇于1909年相识，1910年索尼娅（出生于乌克兰，原名索尼娅·斯特恩，1905年在圣彼得堡被收养她的叔父改姓特尔克）与德国艺术商人兼评论家威廉·伍德（Wilhelm Uhde）离婚后，与罗伯特结婚。

索尼娅·特尔克最早的作品受到野兽派的影响，她与德劳内对色彩有着共同的兴趣。索尼娅受过一些正式的艺术培训，而罗伯特的童年是在他时髦的、四处漂泊的母亲德·罗斯伯爵夫人的陪伴下度过的，接受的是非主流的美术教育。最初，他在工人阶级聚居的贝尔维尔郊区跟一名剧院装潢师当学徒；后来在1906年，他遇到了亨利·卢梭，当时他的母亲委托卢梭绘制油画《诱蛇者》。

大卫·科廷顿（David Cottington）认为，这种非传统的背景培养了德劳内"对他认为本质上是流行的文化价值观的深深依恋"（Cottington, 1998: 181）。当然，这种对"来自人民深处的艺术"[2]的兴趣可以在一定程度上解释德劳内为什么会转向谢弗勒尔的色彩理论。（谢弗勒尔曾是戈贝林挂毯厂的厂长，他所探索的概念至少部分是为了商业用途。）这也可以解释为什么德劳内夫妇更喜欢与日常生活更直接相关的艺术实践，而不是立体主义的知识和理论。

科廷顿认为，德劳内夫妇共同创造了一种"双重动力"。"将被定义为传统、乡土和隐含男性气质的大众概念，置换为被定义为现代、都市和消费主义——在许多方面往往带有明确的女性化——的概念"（Cottington, 1998: 178）。虽然这种对日常生活和流行的关注可能会被理解为立体主义"纯粹性"的衰落，变成单纯的装饰，但我认为这是一种认可，特别是在索尼娅·德劳内看来，时尚是一种"现代性的媒介"——通过这种媒介，现代性的体验既可以得到表达，同时也可以得到检验，因为它被现代性设定为一种媒介，是一个特定的现代历史时刻的象征。这与1912年立体主义画家转向装饰风格形成鲜明对比，安德烈·马雷与莱热、格利泽、德拉·弗雷斯纳耶和玛利·洛朗森等艺术家合作创建了"立体之家"。虽然这些艺术家本身在政治上可能比他所认为的更为激进（Antliff,

1999: 444-450），正如科廷顿所指出的，这个项目的结果是"拒绝……艺术工业化和美的民主化"，这是艺术社会理想的核心（Cottington, 1998: 175）。虽然德劳内作品本身在1914年后迅速被重新整合——一方面是通过"卡萨索尼娅"商店为"半上流社会"（demi-monde）提供奢侈品和时尚，另一方面是在为大规模战争设计伪装中消灭主观性和肉体性——但作品的最初冲动是将其功能作为媒介而非商品，并将其称为现代作品。相比之下，我们可以将"立体之家"中的物品看作专为资产阶级消费而制作的作品，这些作品通常由手工艺作坊制作，以本身不具备手工艺技能的艺术家的设计为基础。在那里展出的立体主义艺术品被视为资产阶级的消费对象，其参照物往往是具有历史意义的物品，试图在这种消费中将立体主义的现代主义地位与法国传统之间的联系合法化。

索尼娅·德劳内在1909年至1912年期间没有绘画：相反，她将注意力转向了刺绣，这是一种女性的家庭实践，这是她作为俄罗斯资产阶级家庭的养女而学会的家务活。我们可能会把这种退出绘画界的行为理解为索尼娅·德劳内把艺术上的卓越地位让给了她的新婚丈夫。这可能是现代主义先锋艺术家对性别关系最传统的解读，在现代主义中，女性被视为从属伴侣，为了男性伴侣而牺牲自己的事业。[3]然而，这种解读仍需大量支撑材料。首先，1909年后，已经一贫如洗的德·罗斯伯爵夫人开始利用她在这一领域的成就来赚钱——设计花卉刺

绣图案。有一些证据表明索尼娅·德劳内和她的婆婆之间出现了裂痕：结婚后罗伯特·德劳内很少见到他的母亲，尽管她承诺支持这对夫妇，但他们的收入主要依靠特尔克家族的津贴和出售艺术品（Baron，1995：79）。伯爵夫人的行为被视为激励索尼娅从她的装饰技能中赚钱的动力。科廷顿认为索尼娅·德劳内在"装饰艺术"领域的活动——至少在1912年至1913年期间——是"这对夫妇在欧洲前卫市场推广其画作的创业方式的延伸"（Cottington，1998：187）。但由于当时她已重新开始绘画，我们可以将其刺绣的转向视为艺术家实践理念发生变化的征兆——尤其是在野兽派的调色板上塑造动态运动的兴趣。

伊丽莎白·莫拉诺（Elizabeth Morano）指出，在1909年德劳内用缎缝羊毛在亚麻布上刺绣的树叶作品中，"她不再依赖她可靠的绘图（原文如此）能力来勾勒形状。相反，由不同方向的细小针脚形成的颜色形状暗示了树叶的有节奏的波动"（Morano，1986：12）。

这表明，索尼娅·德劳内转向一种熟悉的家庭媒介，部分原因是为了将自己从野兽派绘画实践中分离出来，并在其他媒介中解决夫妇俩的理论研究中提出的色彩和节奏问题。1909年，这一实验主要是以拼接的方式进行的——就像罗伯特·德劳内在1907年以修拉的方式用更大的笔触进行了一种点彩艺术的实验一样。雅克·达马塞（Jacques

3. 索尼娅·德劳内，《巴尔布里耶》，1913 年，油画。

Damase）认为索尼娅·德劳内的这一转变是为了放弃透视（Damase，1972：52）。当然，她认为使用"装饰"的做法与她丈夫的绘画以及他们对色彩理论的共同兴趣是一致的："我的绘画和我所谓的装饰世界之间没有隔阂……次要艺术从来都不是一种艺术挫折，而是一种自由扩展，一种对新空间的征服。这是同一项研究的应用。"（Delaunay，1978：96）然而，到了 1911 年，这项研究在家庭中的应用使德劳内为她的小儿子查尔斯制作了一床被子。虽然她也认为这是对俄罗斯农民传统的继承，但在她的作品中，不同颜色的矩形构成了一种复杂的视觉节奏，形状、颜色和纹理之间既互补又冲突。朋友们从立体派艺术的角度来理解这床被子——尽管德劳内夫妇与格利泽和梅青格等画家和理论家并无艺术渊源。德劳内很快又创作了类似的作品，将灯罩和靠垫等家用物品有节奏地分割成色彩平面。1913 年，她还将这一实践转向自己的绘画和纸上作品，在为桑德拉尔和卡努多等前卫作家的书籍装帧中使用了彩色丝印模板技术和胶粘彩纸，而后转向了广告，1916 年她为 Vogue 设计了封面，并在整个 1916 - 1930 年期间从事时尚和室内设计制作。[4] 正是在这一创作背景下，包括她对布里耶舞厅和评论家莱姆·卡努多的知识分子环境所创作的变体绘画，我们才得以理解索尼娅-德劳内的"同步服装"。

从形式上看，这件衣服与被子和其

他家用物品有着本质区别：被子和其他家用物品是由彩色方格组成的，而衣服则是用一组相互交错的"彩色弧线"在身体上旋转，在衬衫上则有一组三角形和矩形，同样是用对比色在底部切割成一个点。[5] 阿波利奈尔（Apollinaire）描述了 1914 年德劳内稍晚的一套服装：

　　紫色裙子，紫绿相间的宽腰带，外套下是胸花式上衣，色彩鲜艳色块，饱和度或高或低，混合了以下颜色：干枯玫瑰色、黄橙色、纳蒂尔蓝、大红色等，出现在不同的材质上，使羊毛、塔夫绸、薄纱、法兰绒、水洗丝绸和棱纹绸并置出现。（Apollinaire，1914）[6]

　　即使作为一个静态表面，"同步服装"与当时的立体派绘画也没有形式上的关系。首先，它是完全抽象的，任何残留的形象都是穿在身上的产物；其次，它抵制了单色调的趋势，而这正是当时格利泽和其他人作品的特点。因此，杰弗里·维斯（Jeffrey Weiss）在 1911 年秋季评论《瞧，瞧！》中将这条裙子与演员兼导演阿曼德 - 贝尔特兹（Armand Berthez）穿的西装进行比较时，受到了误导。他显然是为了嘲笑立体主义绘画，将德劳内的服装描述为"服装设计中的俄耳甫斯立体主义的应用"（Weiss，1994：3）。维斯在继续讨论德劳内的服装与路易斯·马库锡（Louis Marcoussis）的奇妙设计以及玛丽·马克斯 1912 年秋天穿着的服装之间的关系时，将其称为"未来主义的使徒"，加剧了这一错误（将"几何"设计解读为必然的"立体主义"）。维斯认为：

4.　索尼娅·德劳内，同步服装，1913 年。

The power of fashion

作为现代主义的舞厅化妆舞会，德劳内的服装属于戏剧的延伸概念。（……）嘲笑和真诚之间的界限几乎被大众舞台的幻想所抹去，这是一个德劳内与玛丽·马克斯共享的舞台。事实上，作为一个概念，前卫风格的戏剧化可以说支配了精英视觉文化向流行和滑稽风格的所有转变；从这个意义上说，布里耶舞厅的同步时装就像"未来主义"音乐厅的方格边框和八角形飞行员护目镜一样，都是一种戏仿。（同上：207）

对德劳内布里耶舞厅创作的这种解读存在两个基本问题。首先，"同步服装"属于"戏剧的延伸概念"的概念——也就是说，德劳内认为它在特定背景下是表演性的——这是"现代主义的假面舞会"。其次，维斯认为服装的生产是一种从高雅文化到低俗文化的转变，这种转变必然是通过沉思美学到表演美学的转变实现的。

这从根本上违背了德劳内的艺术观，即对大众、日常和文化边缘化的投资。虽然立体派艺术家可能非常乐意区分高雅文化和低俗文化，但作为亨利·卢梭的追随者，主张对德劳内进行这样的划分则更成问题。德劳内的服饰并不是现代主义实践的转变，它允许高雅艺术与大众文化的某些方面产生交集，然后再恢复更疏离和更微妙的状态。正如德劳内后来所说的那样，它由大众文化产生，并直接参与其中："探戈舞是大众舞蹈的新殿堂。节奏让人能够舞动色彩。"（Delaunay 1978：36）[7] 她还在声音、动作和色彩之间建立了更牢固的关系："玫瑰与探戈的对话，深蓝与猩红的交锋。"（同上）[8]

但这种介入并非"戏剧性"的，甚至也不是"表演性"的，尽管波烈等高级时装设计师最近引入了色彩，但"同步服装"（以及罗伯特·德劳内穿的相应套装）甚至都不是"时尚"。

德劳内评论说："我们对当时的时尚不感兴趣，我不是要在剪裁形状上创新，而是利用各种新材料和新色彩，使服装制作艺术变得生动活泼。"（同上）[9] 根据阿波利奈尔的说法，德劳内没有在布里耶舞厅跳舞，而是坐在管弦乐队附近。她这样做也许是为了更有效地协调管弦乐队的节奏与服装的节奏：穿上这套服装并不一定要跳舞，它本身就是环境的反映和回应。德劳内将衣服中的各种颜色比喻为音阶，从而强化了这一概念。衣服为德劳内伴舞，它参与了一项有节奏的事业，同时将身体溶解在空间中，使一个新的、现代的、切分音的主体显现出来，与周围环境形成和谐（或不和谐）的关系。

衣服是一种"视觉音乐"的屏幕，是一种在视觉和听觉模式（节奏）之间产生延伸的时间关系的方式，在其产生地——舞厅——是现代性的象征。如果，正如罗莎琳德·克劳斯所观察到的那样，"节拍具有分解和消解视觉性所依赖的形式连贯性的力量。"（Krauss，1988：51）我们可以将索尼娅·德劳内对布里耶舞厅的介入视为对现代主义视觉制度的质疑——至少是立体派所理解和实践的现代主义视觉制度——而不是其模仿性的延伸,尤其是对20世纪早期现代主义"将视觉艺术建立在视觉自主性这一特定概念之上的雄心"的挑战(同上)。没有稳定的视觉主体:身体被分割成一个个视觉平面,但同时也以一种模仿的方式被分割入周围的环境。

为了实现这一条件,将身体与环境联系起来的表面必然是时间性的:它是有节奏的。德劳内的服装属于现代主义的扩展概念,而不是戏剧的扩展概念:在这一概念中,身体参与现代性并反映现代性,而不是试图成为一个有距离感的旁观者。

我们可以看到,在对同一空间的更传统的处理方式中,也出现了类似的人物形象的消解——德劳内于1913年创作的《巴尔布里耶》系列油画。其中的主要版本(如果仅就其规模而言)高近一米,长达四米。也就是说,它具有壁画的公共存在感,可以被理解为一种公共艺术形式,它试图打破观众与框架画之间传统的、占主导地位的视觉关系,正如其内部结构的具象几乎完全消解在了抽象的形式和色彩中一样。正如雅克·达马塞所说,"我们试图传递舞者的主观印象。……迷失在噪音和运动的混乱中"(Damase, 1972: 75)。虽然画中有残留的身体,但其中只有一个是孤立的。大概是在舞池中,有三对情侣缠绕在一起,他们似乎在画布中有自己的韵律关系——第二对和第三对之间的距离大约是第一对和第二对之间的两倍。这幅画和"同步服装"还有一个相似之处:

它们使用了几乎相同的色调。这幅画没有主色调,而是使用了猩红色、各种深浅不一的绿色、紫色、橙色和棕色,只有少数地方是黑色。环绕伴侣腰部和肩部的手臂弧线与画作表面交替出现的矩形和三角形等抽象的彩色曲线产生了共鸣。很难区分身体、影子、伴侣以及墙壁和地板上的闪光。雪莉·巴克伯勒(Sherry Buckberrough)认为,这种综合体以及缺乏中心人物的情况,与未来主义的舞厅图像(也可以加上"涡轮主义")形成了鲜明对比:"相反,它是一种群体运动和互动的形象,与儒勒·罗曼斯(Jules Romains)的哲学——统一主义理论——十分吻合。"(Buckberrough, 1980: 39)德劳内有一本罗曼斯写的《巴黎的追求》(*Pursuance de Paris*),他放弃个人主体性的群体生活理念,尤其是在流行文化的背景下进行讨论时,很可能会在日常生活中对德劳内夫妇产生影响。

《巴尔布里耶》画作有一种节奏感;当然不是韵律,而是左半部分粗略的垂直分割,右半部分被分割成更加圆润的片段。正如达马塞(Damase, 1972: 75)所指出的,这种节奏感和模糊的运动感具有早期电影摄影的特征。我将回到这个观点,但我想说的是,通过这幅画,德劳内确实在努力实现抽象形式的节奏和运动的概念,这将引起早期抽象电影理论家(如苏瓦奇)和后来的实践者(如汉斯·里希特)的兴趣,德劳内的同代人莱热在他的电影《芭蕾机械》(1924)中也确实采用了这种概念。莱热在讨论这部作品时写道：

> 这部电影的特别之处在于我们对"固定图像"的重视，对其算术式的自动投影、放慢或加速（附加的）相似性的重视。影片构建所依据的两个系数：放映速度的变化，这些速度的节奏。（Leger 1924-25，42-44）[10]。

莱热的电影可以被理解为一个中间阶段，在这一阶段中，前卫艺术家对作为现代性时空衔接的节奏的兴趣，从抽象转向了摄影具象——在季加·维尔托夫（Dziga Vertov）的《带摄影机的人》（Man With the Movie Camera）中达到了最高峰。然而，早在1912年，未来主义者布鲁诺·科拉（Bruno Corra）就已经在他的论文《抽象电影——色调音乐》中对时间效果的视觉想象进行了类似的探索，而这篇文章又是对卡努多的《第六艺术的诞生》（1911年）的思想的发展。我将再次论述德劳内与未来派之间的重要关系，其中部分是以卡努多的思想为中介，但我想说的是，总体而言，这种兴趣源于哲学家亨利·柏格森（Henri Bergson）的各种解读，被1914年之前法国前卫艺术界所接受。例如，柏格森说："真实是形式的不断变化：形式只是过渡的快照"以及"我们的知识机制是电影式的"（Bergson，1911）。但是，如果说柏格森关于形式在时间中不断转换的论述开辟了一种思考电影的方式，那么他的哲学却与构建电影媒介的时间概念大相径庭。电影只是通过有规律地将时间/空间连续体划分为一定数量的空间（帧），并以一定的、约定俗成的时间单位（无声时代为每秒16帧）呈现运动的假象。尽管这种将时间划分为一致的尺度的做法是现代性的特征之一——例如，正是这种划分使工厂劳动和泰勒主义效率模式或铁路时刻表成为可能——但却遭到了柏格森的质疑，因为柏格森相信空间/时间体验的双向能力。[11]因此，电影因其表现运动的能力而成为前卫艺术家们极具诱惑力的媒介，但它仍然存在问题，因为如果用于摄影，它就会以一种与柏格森主义相悖的方式来规范这种运动。抽象电影，允许没有固定时间停顿节奏的运动，是解决这个问题的一种方法。正如哈维所言，"困扰柏格森的难题……成为未来主义和达达主义艺术的核心问题"，即"空间化，尤其是美学实践，如何表现流动和变化"（Harvey，1989：206）。一个至关重要的问题是，在调动空间的过程中，"节奏"在多大程度上促进了类似立体主义绘画的主观内在性和自我意识，以及在多大程度上它仍然是一种表面效果的媒介。

从某种意义上说，德劳内的巴尔布里耶的服装和绘画都是"电影化的"。它们是大众文化的产物，就衣服而言；它们是有节奏的，它们似乎试图传达柏格森哲学所关注的"时间之流"的（durée）体验，即主体参与其自身的空间和时间，而不是旁观一个由现代主体性工具化为其创造空间和时间的世界。然而，我想指出的是，德劳内在这里探索的节奏运动的想法与立体主义是不一致的——尽管该流派的艺术家对柏格森主义感兴趣——因为它本质上是"投射性的",也就是说,它承载在身体和主体的表面。立体主义理论家认为时间是嵌入艺术品中的。例如,梅青格在《立体主义与传统》(1911)中声称,立体主义通过在物体周围移动而将时间融入其中(Metzinger, 1966)。我们可能会看到梅青格、格利泽和福康涅等人,正如马克·安特利夫所声称的那样,用一种有节奏的空间通道来代替空间的定量分析,这是毕加索和布拉克立体主义的特征(Antliff, 1993: 13)。

但是"节奏",作为一种切分音运动或其字面意思,似乎是对立体主义的一种诅咒,事实上,它与"电影"这一称谓一起,通常被用作一种批评或侮辱。例如,罗杰·阿拉德(Roger Allard)在对未来主义者的攻击中指控:

> 你们这些肚子里装着电影摄影机的人,应该从安格尔令人陶醉的宁静中懂得,试图固定运动并对这种运动进行分析叙述是愚蠢至极的(……),艺术家的资源是线条和体积、等式和平衡,任何形式的诡计都不可能给人以节奏的错觉!(Allard, 1911: 134)[12]

对此,博乔尼(Boccioni)还引用了亨利·德斯·普鲁(Henri des Pruraux)的话:

> 正是从这张快照中衍生出了如下荒谬的陈述:一匹奔跑的马有二十双腿。快照,更有甚者,电影打破了生活,以一种单调、急促的节奏将生活折腾得支离破碎——难道未来主义者就是在画廊中尊崇这两个新经典而否决了大师们吗?(La Voce, 1912)[13]

我认为,这里的关键在于节奏的定位及其主观品质。虽然有些艺术家会在两极之间游走,但这场辩论实际上是在深度和表面的二元对立之间进行的,一种是对柏格森的认同,认为生命的节奏体现在内部,体现在一种平衡的、可以说是"私人的"主观性中,另一种是将柏格森的时间之流视为一种表面动力,投射到个人身上,在其现代表现形式中,主观性可能会被消解。对阿拉德来说——对电影表面效果的怀疑显然是他攻击未来主义的核心——节奏从根本上与"深层结构"有关,时间之流是一种深度属性,以旋律、和谐和综合为特征。

正如安特利夫所指出的:"当阿拉德在象征主义期刊《艺术纤维》(1910年11月)中将立体主义定义为'未来的古典主义'时,他声称立体主义画布的节奏特性反映了时间之流中固有的音乐结构。"(Antliff, 1993: 18)继毕加索和布拉克之后,立体主义绘画关注的是"时间之流"的内在化方式,以及作为主体属性的内在化的节奏敏感性如果说立体主义的主题有一种音乐动力在起作用,那也不是狐步舞或探戈的音乐。

我们可以从梅青格的《代价》(Le Couter)(1911年)**图4**等画作中看到这一点,安特利夫评论说,这幅画"不仅表现了一位品茶的女子,还暗指立体派画家的一种审美鉴别力,即对其作品持续时间特性的直观把握"(同上: 13)。因此,立体派的主体是"品位"的主体,既是作品中的主体,也是作品的鉴赏者。格莱兹(Gleizes)的《雅克·纳瓦尔肖像》

(*Portrait of Jacques Nayral*，1911）等画作重申了这一立场，并将主体性条件延伸到立体主义艺术家身上。图5无疑将沉思默想的作家-思想家描绘成韵律领域中的平衡人物，但这幅画是艺术家根据自己的内化记忆创作的，而不是其对象在静坐时创作的（同上：54-56）。正如阿拉德所认为的，立体主义主体尽管其在空间上的理解具有"现代性"，但从根本上来说是古典主义的。

事实上，我们可以将这一主体看作被沃尔特·本雅明视为被现代性取代的主体——诗人（Benjamin，1997：111）。雅克·纳瓦尔和《代价》中不具名的女模特被定位为经验内化过程中的形象。

他们的主体性是本雅明所称的经验（Erfahrung）的结果，即在生活中经验是积累、权衡、协调和构建的，而不受表面感觉的支配（同上：117，154）

在他的《人类进化之书》（*Livre de l'évolution. L'Homme*，1907）中，卡努多提出了与阿拉德类似的音乐类比。该书认为音乐是"人"的未来发展的核心，并认为音乐和视觉艺术共同超越了文学的感伤主义，界定主体的自我认知来自其在节奏中的升华，即"重新发现自己与无限的沟通"（Canudo，1907：325）。

卡努多和科拉随后发表的关于电影的文章表明，与未来主义有关的艺术家和评论家认为视觉音乐及其节奏与立体主义的音乐具有根本不同的肉体效果和主体定位。未来主义的绘画和表演——例如卡努多与舞蹈家瓦伦丁·德·圣点（Valentine de Saint-Point）在1913年12月合作创作的《梅塔乔里》（*Métachorie*，抽象的几何舞蹈，配以诗歌），或巴拉（Balla）的《小提琴手的节奏》（*Rhythm of the Violist*，1912）等画作——创作的主要精力聚焦在节奏上，将其作为主体融入现代世界的一种效果，而不是主体在其中找到一种内在的、反思性的平衡。

事实上，我们可以注意到，从研究人与音乐到宣布电影为"第六艺术"的四年间，卡努多开始将电影理论化，认为电影在促进人类发展的能力上超越了音乐，将其理解为以前不相关的、有节奏的艺术的辩证综合。"这将是空间节奏（造型艺术）和时间节奏（音乐和诗歌）的完美融合。"（Canudo，1988：57）但卡努多也将电影视为一种特殊的"现代"媒介，象征着现代社会通过技术对"宁静之爱"的破坏（同上：60）。如果说对阿拉德和潜在的立体主义来说，节

5. 阿尔伯特·格莱兹，《雅克·纳瓦尔肖像》，1911年，油画，乔治·霍特收藏，拉弗莱舍，法国。

奏是一种主体效果,是人们为了反思世界和自己在世界中的位置而产生的,那么对未来主义来说,节奏则是世界对肉体表面的一种影响,人的主体性由此产生。我认为,这种主体性类似于本雅明所描述的现代主义主体性,即体验(Erlebnis):由经验的表面效果而非内在化产生。(Benjamin, 1997: 117, 154)在此,我们不妨顺便回顾一下,本雅明也将电影理解为一种特别现代的表面效果媒介,在这种媒介中,"对感知的冲击被确立为一种形式原则"(同上:132)。

类似卡努多所表现出的对节奏的关注显然对德劳内产生了重要影响,但对于那些野兽派画家——也就是那些与德劳内对色彩的应用最为接近的艺术家——来说,这也是 1908 年后转向立体主义风格变体的核心所在。正如马克·安特利夫所指出的,那些被他称为"节奏野兽派"的艺术家和相关评论家早在格莱兹和梅青格在《立体派》(Du Cubisme, 1912)一书中重申他们的柏格森观点之前,就利用柏格森哲学重新定义了野兽派(Antliff, 1993: 69-70)。

安特利夫还评论了这个群体保守的性别政治,并特别指出 J.D. 弗格森的绘画是"资产阶级摆脱传统进入'自然'领域的标志"(同上:76)。我们可以注意到,对弗格森而言,服装和环境都是主体性的象征,并提供了一个主体与之融合的环境——就像德劳内的"同步服装"既揭示了穿着者的身份,又将穿着者融入了周围的环境中,就像卡努多想象通过音乐将自我融入无限中。弗兰克·拉特(Frank Rutter)评论道,弗格森"对节奏进行了微妙的调整,使他所描绘的每个人都与众不同"(Rutter, 1911: 207)。这种典型化往往是时尚的效果——例如在《斑点围巾》(1908 - 1909)——但在这幅画中,围巾与画中女性人物所在的田野之间存在着进一步的节奏关联,这与《雅克·纳瓦尔》等肖像画中人物与场景的关系形成了鲜明对比。

从 1916 年到 20 世纪 20 年代,德劳内的时尚设计事业不断扩展——通过销售"卡萨索尼娅",通过为制造商 Bal Transmental 工作,通过送给巴黎先锋派朋友的服装礼物——德劳内将她的时尚服饰主题定位于这些领域。到了 20 年代中期,人们穿着德劳内设计的服装,离开德劳内设计风格的家,开着一辆印有德劳内图案的雪铁龙汽车,飞速驶向现代的、碎片化的城市。第一次世界大战之前的现代主义绘画和当代抽象电影的特征是人物和场地之间主体性的混淆,这种混淆从表现领域滑入了体验领域。图6

时尚是一种"现代性的媒介",通过它,德劳内可以同时表现和阐述大都市、工业化生活的体验,这与她的知识圈子成员对其他现代媒介的理论化相呼应。这种做法始于"同步服装",但在 20 世纪 20 年代,"时尚"成了她的主要阵地。

卡努多将电影理解为"在时间中发展的绘画和雕塑"(Canudo, 1988: 59)。这与德劳内在 1913 年使用同步服装的方式非常相似,既是视觉领域,也是一个通过身体赋予时间性的触觉对象。巴克伯勒试图从美学的角度将德劳内与

6.

7.     8.

6. 索尼娅·德劳内设计的雪铁龙汽车 CV5，图中的模特身穿德劳内设计的服装，1925 年。
7. 索尼娅·德劳内设计的橱柜，1924 年。
8. 索尼娅·德劳内的服装设计手稿，1923 年，水粉画。

Fashion and art

未来主义区分开来，尤其是她对布里耶舞厅的绘画中去中心人物的实践（Buckberrough, 1980: 39）。卡莉·诺兰（Carrie Noland）认为，第一件"同步服装"是德劳内与未来主义艺术家交流时精心策划的举动（Noland, 1998: n. 7, 26）。然而，我认为，德劳内通过罗曼斯（Romains）的主体间性思想（其本身也受到柏格森的影响）对柏格森的节奏思想进行过滤，并将其作为一种投射性表面在大众文化领域中表现出来，她是在参与未来主义项目。她既颂扬现代性，又让身体沉浸在现代性的表面效果中，也许这与塞韦里尼（Severini）之前描绘舞厅内部的方式不同，但肯定与未来派描绘大众的方式相同。

事实上，一些未来派画家似乎从德劳内那里得到了启发：塞韦里尼的《海=舞者》（Sea=Dancer, 1914）与德劳内的完全抽象版《布里耶舞厅》在形式上有惊人的相似之处——尽管意大利人的色调更加欢快。然而更引人注目的是德劳内对巴拉 1915 年绘制的未来主义《反中性服装》（Anti-Neutral Dress）的影响。

与德劳内的服装一样，这套衣服也有一系列横跨身体的弧线，而裤腿上有类似的三角形和不同颜色的不规则矩形图案。[14] 实际上，未来主义时尚提出的色调其实就是德劳内的色调。然而，巴拉却宣称这种色调"十分强健"，极具男性魅力，并以现代战争的术语阐明了时装的剪裁，当时意大利正处于参加大战的边缘。在舞厅机械化的环境中，适合身体的服装，无论是用于有节奏的舞蹈，还是用于光和声在身体上有节奏的演奏，都变得适合机械化的冲突环境对身体的要求——同样现代化而且纯化个性。未来主义服装"适合步枪射击、过河或游泳"；"剪裁……以这样的方式……在长途行军和疲劳攀登中，皮肤可以自由呼吸"。（Taylor, 1979: 77）

如果电影是摧毁宁静的现代性媒介，我们可以说电影是主体"自愿"沉浸在"娱乐"领域的环境——作为对劳动领域中受管制和被强加的感觉的补偿和缓解。

显然，这不是一个由阿拉德想象和格莱兹描绘的那种内化的自我节奏构成的空间。我们也可以这样说，德劳内为她的创作对象准备了战后巴黎生活的主体体验，并在其中有效地对他们进行了"伪装"。然而，正是这种内化成了这件投影作品的基础，如果该作品得以实现，它将与德劳内的服饰在形式动态和时间质量上最为相似。这就是莱奥波德·苏瓦奇的《色彩节奏》（Rhythme coloré, 1913），它提出了一种基于"色彩视觉形式的动态艺术，其作用类似于音乐中的声音"（Survage, 1988: 90）。然而，与其试图分析这种主体体验可能是什么——我们可以将其理解为立体主义的作品——苏瓦奇的作品似乎是试图通过表面效果来诱发这种体验，即通过"使其（形式）运动、转换并与其他形式相结合"，使其"能够唤起一种感觉"（同上: 91）。此外，这种尝试还否定了在古典立体主义所特有的时间之流内最终平衡相互竞争的构成元素。苏瓦奇写道：《色彩节奏》绝不是一部音乐作品的插图或诠释。它本身就是一门艺术,即使它所依据的心理事实与音乐相同。(……)正是这种时间上的连续模式,在音乐的声音节奏和色彩节奏之间建立了类比关系—我主张通过电影手段来实现这一点。(同上)

苏瓦奇绘制的《色彩节奏》系列作品中大量不均匀的色块似乎满足了"节奏野兽派"评论家C.J.霍姆斯所说,"如果我们想要诗意的节奏,那我们必须要用色调和轮廓(正如他已经提到的色彩方面)来处理大块的、不均衡的元素"(Holmes, 1911: 3)。此外,这与索尼娅·德劳内为时尚业设计的"同步"面料在1924年法国秋季沙龙上的展示方式有相似之处,正如巴克伯勒所言,这些面料"'以电影的方式'……展示在她丈夫设计的移动线圈中"(Buckberrough, 1980: 65)。如果说舞厅是一个我们可以感受到现代性脉搏的地方,是一个节拍重复的地方,那么电影院也许是另一个这样的所在。

本雅明在强调电影媒介的技术结构时指出了这一点(Benjamin, 2002: 101-133),[15]但这也是电影本体论的一个功能,即一个画面接着一个画面,画面之间的差异极小,在以固定脉冲的光线投射出来(这是20世纪60年代"结构"电影刻意强调的效果)——以及电影的修辞形式:流派的构建和翻拍文化。这种固有的"节拍"——影像流逝的时间性——在苏瓦奇提议的电影等项目中、在里希特20世纪20年代早期的"节奏"练习等抽象电影中、在甘斯(Gance)和莱热在《铁路的白蔷薇》(La Roue)和《机械芭蕾》中的剪辑策略中,以及在季加·维尔托夫作品复杂的蒙太奇节奏中得到了强化。

在德劳内的作品和抽象电影的节奏运动中,都存在着对视野的破坏。它并不稳定,人物与场景的不断混淆,[16]没有任何观赏中心店。我们还可以补充一点,两者都发挥了克劳斯所描述的"节奏"的另一个作用,即对抗"现代主义光学的形式前提"(Krauss, 1988: 53)。它们"最终挑战了一种观念,即低俗艺术或大众文化实践是一种为高雅艺术服务的、变异的附属品"(同上: 53-54)。我认为,在20世纪20年代和30年代,这两种实践并没有将大众文化提升为高雅艺术,而是将现代主义的波希米亚风格和艺术实践具体化为预示着后现代性发展的大众文化。[17]克劳斯所观察到的对视觉领域的干扰并不总是像她所说的那样,让主体意识到自己与景观的结合以及主体性在其中的产生;相反,它只是对其进行表演和重申。[18]在某些情况下,现代主义对现代性的迷恋——在抵制自身对资产阶级主体毋庸置疑的优越性的倾向的同时——完成了现代性的工作,那就是加速甚至庆祝除最有效地服务于工业资本主义的主体性之外的任何形式的主体性的贬值。

对现代性影响的迷恋是德劳内布里耶系列作品的核心,这些作品在第一次世界大战前夕对未来主义服装理念产生了影响,同时也影响了早期理论家和先锋派对电影可能性的想象。我认为,这

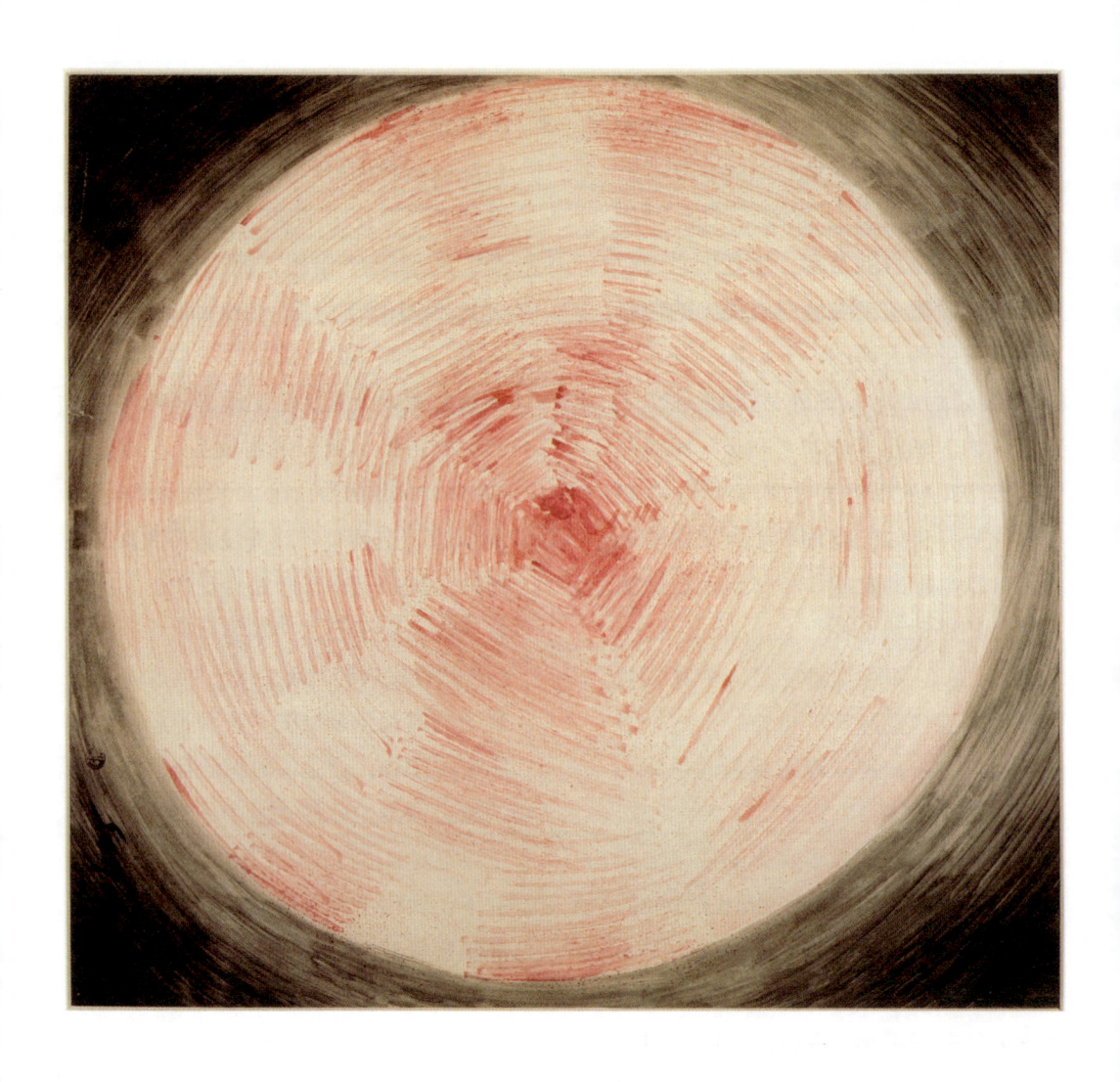

9. 莱奥波德·苏瓦奇,《色彩节奏》,1913 年,水墨画,图片:
CNAC/MNAM Dist. RMN/ 版权所有。

是对现代性景观的征服效应的迷恋，而不是对它们的挑战。大卫·哈维声称罗伯特·德劳内试图"通过空间碎片来表现时间"……与福特公司的"生产线"做法相仿（Harvey, 1989: 266）。也就是说，现代主义艺术对现代性影响的局部回避仍然将这些影响表现为新奇的、令人兴奋的又或许有益的，即使现代主义艺术家并未受到影响。索尼娅·德劳内对布里耶舞厅的再现可以理解为对现代性体验的时空重构的参与——在这种情况下，是通过管理效率和资本主义生产话语，对主观时间和空间的外部组织的娱乐性补偿。"同步服装"与这一空间相契合，不是作为批判，不是作为节奏的内化，而是作为其表面效果的重复和延伸：与其说主体在寻找自我，不如说主体迷失在现代性对肉体的游戏之中。

桑德拉尔用"她的裙子上有一个身体"这一反身性游戏作为他关于德劳内服装的诗的标题，比他意识到的更中肯，因为我们面对的是主体暴露于现代性的冲击之下。如果说弗格森的画作是资产阶级对"自然"的幻想，那么布里耶舞厅的系列画作和"同步服装"则是资产阶级从传统逃逸到现代景观领域的标志，在那里，大众主体是由反射而非反思构成的。

本雅明观察到，"路人在人群中的震惊体验与工人在机器前的体验相对应"（Benjamin, 1997: 134）。正是这种体验是舞厅中主体的状态——在那里，它从有偿劳动转变为付费消遣。正是这种主观性及其主体间性（在他人的经验中丧失自我）让索尼娅·德劳内以及许多未来派着迷。哈维认为，现代主义试图通过空间的碎片化来表现现代体验中的时间转换，"很可能没有意识到"它们与福特主义在现代工厂中的实践的相似之处（Harvey, 1989: 267）。安特利夫认为，哈维对立体主义的批判是错误的，因为立体派在他们对柏格森的特殊（目前是准确的）解读中，关注存在于主体的积累（本雅明式的 "经验)中的流动的时间体验。立体主义者拒绝哈维所说的"公共时间"，而是坚持私人的、内化的、时空建构的首要地位。正如安特利夫所说，"立体主义意象并非完全来自对外部世界的观察；它出现在意识的持续流动中"。（Antliff, 593: 53）

然而，就索尼娅·德劳内的作品而言——鉴于其对"大众文化"的关注，其将日常生活的时空体验与高雅艺术相联系的兴趣，其参与现代文化的主体从属效应并试图同时表现这些效应——哈维的说法可能更为准确，我们可以利用这种与时间和空间体验的不同关系，将1914年之前的立体主义与现代主义先锋派中那些看似相关的碎片美学区分开来。正如本雅明在乌托邦时期和罗莎琳德·克劳斯所说的那样，德劳内放弃了意识，转而追求感觉，她被肤浅的、统一的节奏效果所奴役，这远非鼓励主体自我意识到自己在现代生活中的（失）定位，而是反映了现代性中个体反思的从属地位，无论是个人反思还是历史反思（当我们观察现代主义的色调空间碎片化和服装剪裁的功能时，这一点就变得很清楚了）。在努力成为"现代"的过程中，这种对责任的否认预示着1918年后抽象电影在努力成为"神秘"或"美丽"事物的过程中也会出现类似的否认。如果不是探戈和狐步舞的乐曲声音,人们几乎可以听到现代文化走向现代战争灾难的铁轨的节奏声。

## 注释

1. 这个领域的跨学科研究兴趣日渐浓厚,见 Michaud 2004。
2. R. 德劳内,"我的朋友亨利·卢梭"第1部分,《法国书信集》,1952年8月7日,引自 Cottington 1998: 179。
3. 关于现代主义中女性艺术家的边缘化问题,请参见 Suleiman 1990, Chadwick and De Courtivron 1993, Duncan 1973。
4. 卡努多是先锋派杂志 MountJoie 的创始人,也是德劳内和未来主义者之间的重要纽带。(很可能是他,而不是塞韦里尼,将未来主义者的注意力转向德劳内的"同步服装"的首次出现。)
5. 我们也可以从德劳内的书的封面上看到这种设计转变,从几乎统一的矩阵到三角形、弧形以及矩形。德劳内会根据阿波利奈尔的描述来描述她。
6. 在《我们直奔太阳》这本自传中,德劳内引用阿波利奈尔的描述,作为"同步服装"的脚注。
7. 原文为法文:"Le fox-trott le disputait au tango dansce nouveau temple de la danse populaire.Les rythmesnous donnaientenvie de faire danser aussilescouleurs." 此处根据作者英译本译为中文。
8. 原文为法文:"Le vieux-rose dialoguait avec le tango,le bleu nattier jouait avec Icarlate." 此处根据作者英译本译为中文。
9. 原文为法文:"La mode du jour ne nous interessait pas.je ne cherchais pas innover dans la forme de la coupe.mais a egayer et animer ]'art vestimentaire, en rutilisantles matieres nouvelles porteuses de nombreusesgammes de couleurs." 此处根据英译本译为中文。
10. 与此相关的是索尼娅·德劳内的密友桑德拉尔和卡努多。桑德拉尔在战后密切参与电影制作,作为阿贝尔·冈斯的评论家和编剧。卡努多,1911年就已经将电影理论化,1922年创立了"艺术七友俱乐部"。该组织的行动委员会的第一批行动之一是在1924年4月放映冈斯的《红》(1921—1922年)中包含工业机械图像的所有蒙太奇序列的摘要集。这很可能对莱热的后续作品产生了影响。莱热和桑德拉尔都是该俱乐部成员。到20世纪20年代中期,德劳内自己也开始密切参与电影制作,为马塞尔·莱尔比埃的《眩晕》和雷内·勒·索普蒂尔的《小巴黎人》设计服装和布景。
11. 本雅明评论说柏格森"设法避开他自己的哲学经验,或者更确切地说,对它产生的反应"。这是一个大规模工业化的冷漠、盲目的时代(Benjamin, 1997: 111)。
12. 引自翁贝托·博乔尼的回应,"未来主义的活力和法国绘画",Lacerba, 1998年8月1日。
13. 引自"未来主义动态与法国绘画"。
14. 巴拉的宣言和绘画,被转载于 Tayor, 1979: 77-79。
15. 对本雅明写作中游戏和经验条件的分析,我参考了 Bratu Hanson 2004。
16. 对早期的抽象电影中这一点的赏析,请参见 Turvey, 2003: 13-36。
17. 除了德劳内的时尚项目的著名案例,我还想到了抽象电影具体化的不同阶段和方向,无论是在20世纪30年代奥斯卡·费钦格的电影《交响乐》中,还是在20世纪60年代摇滚音乐会和迪斯科舞厅的"灯光秀"中使用的灯光投影。
18. 克劳斯认为这是一种"双重效应,既有经验,又从外部观察自己的经历"(Krauss, 1988: 58)。这类似于本雅明在卓别林的身体"碎片化"中提出的策略,通过使自我异化可见,从而使其具有生产性。(Bratu Hanson, 2004: 26)

## 参考书目

Adorno, T. *Aesthetic theory*. Translated by R. Hullot-Kentor. London: Continuum, 2002.

Allard, R. "Les Beaux arts", *Revue indepéndante* no. 3 (August 1911): 134.

Antliff, M. *Inventing Bergson: Cultural politics and the Parisian avant-garde* (Princeton: Princeton University Press, 1993) p. 13.

— "Cubism in the Shadow of Marx", *Art history* (September 1999): 444-450.

Apollinaire, G. "The Seated Woman", *Mercure de France*, 1914.

Baron, S. *Sonia Delaunay: The life of an artist*. London: Thames & Hudson, 1995.

Benjamin, W. "Some Motifs in Baudelaire", in *Charles Baudelaire: A lyric poet in the era of high capitalism*. London: Verso, 1997.

— "The Work of Art in the Age of its Technological Reproducibility" (second version), in *Walter Benjamin: Selected writings, vol. 3, 1935-1938*, edited by H. Eiland and M.W. Jennings. Cambridge, Mass.: Harvard University Press, 2002.

Bergson, H. *Creative evolution*. Translated by A. Mitchell. New York: 1911.

Boccioni, U. *La Voce* 44 (31 October 1912).

— "Futurist Dynamism and French Painting", *Lacerba* (1 August, 1913).

Bratu Hansen, M. "Room for Play: Benjamin's Gamble with Cinema", *October 109* (Summer 2004).

Buckberrough, S.A. "A Biographical Sketch", in *Sonia Delaunay: A retrospective*. Buffalo: Albright-Knox Gallery, 1980.

Canudo, R. *Le Livre de L'évolution. L'Homme (Psychologie musicale des civilisations)*. Paris: E. Sansot & Cie, 1907.

— "Naissance d'un sixième art", translated in *French Film Theory and Criticism: A history/anthology*, vol. 1: 1907-1929, edited by R. Abel. Princeton: Princeton University Press, 1988. Originally published in Les Entretiens idéalistes (25 October 1911).

Chadwick, W. and I. de Courtivron. *Significant others: Creativity and intimate partnership*. London: Thames & Hudson, 1993.

Cottington, D. *Cubism in the shadow of war: The avant-garde and politics in Paris, 1905-1914*. New Haven: Yale University Press, 1998.

Damase, J. *Sonia Delaunay: Rhythm and colours*. London: Thames & Hudson, 1972.

Delaunay, S. *Nous Irons Jusqu'au Soleil*. Paris: Éditions Robert Lafont, 1978.

Duncan, C. "Virility and Domination in Early Twentieth Century Vanguard Painting", *Artforum* (December 1973).

Harvey, D. *The condition of post-modernity: An enquiry into the origins of social change*. Cambridge, Mass.: Harvard University Press, 1989.

Holmes, C.J. "Stray thoughts on rhythm in painting", *Rhythm* 1, no. 3 (Winter 1911): 3.

Krauss, R. "The Im/Pulse to See", in *Vision and visuality: Dia Art Foundation discussions in contemporary culture*, no. 2, edited by H. Foster, 51-75. Seattle: Bay Press, 1988.

— "...and then turn away? An essay on James Coleman", *October* 81 (summer 1997): 5-33.

— "Reinventing the Medium", *Critical inquiry* 25, no. 2 (winter 1999).

Léger, F. "Mechanical Ballet". *The little review* (Autumn-Winter 1924-25): 42-44.

Metzinger, J. "Cubisme et tradition", in *Cubism*, translated by E.F. Fry. New York: McGraw-Hill, 1966. Originally published in Paris-Journal (16 August 1911).

Michaud, P-A. *Aby Warburg and the image in motion*. Translated by S. Hawkes. New York: Zone Books, 2004.

Morano, E. *Sonia Delaunay: Art into fashion*. New York: George Braziller, 1986.

Noland, C. "High Decoration: Sonia Delaunay, Blaise Cendrars, and the Poem as Fashion Design", *Journal x: A biannual journal in culture & criticism* 2, no. 2 (spring 1998). http://www.olemiss.edu/depts/english/pubs/jx/2_2/noland.html

Rutter, F. "The Portrait Paintings of John Duncan Fergusson", *The studio* 54, no. 225 (December 1911): 207.

Suleiman, S.L. *Subversive intent: Gender, politics and the avant garde*. Cambridge, Mass.: Harvard University Press, 1990.

Survage, L. "Le Rythme coloré", translated in *French film theory and criticism: A history/anthology*, vol. 1: 1907-1929, edited by R. Abel. Princeton: Princeton University Press, 1988. Originally published in Les Soirées de Paris 26-27 (July-August 1914).

Taylor, C.J. *Futurism: Politics, painting, performance*. Ann Arbor: UMI Research Press, 1979.

Turvey, M. "Dada Between Heaven and Hell: Abstraction and Universal Language in the Rhythm Films of Hans Richter", *October* 105 (Summer 2003): 13-36.

Weiss, J. *The popular culture of modern art: Picasso, Duchamp, and avant-gardism*. New Haven: Yale University Press, 1994.

## 艾尔莎·夏帕瑞丽（Elsa Schiapareli）

1890，罗马（意大利）— 1973，巴黎（法国）

2003年，美国费城美术馆（Philadelphia Museum of Art）以"震惊！艾尔莎·夏帕瑞丽的艺术与时尚"（Shocking! The Art and Fashion of Elsa Schiaparli）为题，为意大利设计师艾尔莎·夏帕瑞丽举办了第一次大型作品回顾展，并同步出版了一本收集大量图片的精美目录。这项展览2004年也在巴黎时装博物馆进行展出。首次曝光的数百张图片证明，这位一度走在时代前沿的设计师如今已渐渐被人们所淡忘。

艾尔莎·夏帕瑞丽于1890年诞生在罗马的一个富裕家庭里，小时候就对美术、戏剧、音乐与诗歌感兴趣。1919年，夏帕瑞丽到纽约旅行，在那里认识了一群新潮艺术家，其中包括马塞尔·杜尚（Marcel Duchamp）和曼·雷（Man Ray）。三年后她前往巴黎，接触了她的人生楷模保罗·波烈，他成为夏帕瑞丽展开她自己的设计工作的动力。在现代主义大行其道的当时，夏帕瑞丽为现代女性制作简单的单品与运动装，例如一款饰以白色蝴蝶结的基础款黑色毛衣，很快流行了起来。其早期设计的特色往往体现在衣服的搭配细节上，如白色蝴蝶结、羽毛、彩色刺绣、胸针，以及纽扣。

夏帕瑞丽在巴黎很快就成为前卫艺术界的一分子。20世纪30年代，在曼·雷圈子中超现实主义艺术家的影响之下，她的作品及配件变得轻佻、古怪，尤其是细节部分。受超现实主义的影响，她用戏谑的方式将日常物品融入作品之中。一只鞋子和一个墨水瓶转变成一顶帽子，一只带有指甲的手变成一只手套，书桌抽屉被融入衣服当中，而首饰则加上了甲虫和蜜蜂。萨尔瓦多·达利（Salvador Dali）、让·谷克多（Jear Cocteau）与阿尔伯托·贾柯梅蒂（Alberto Giacometti）等艺术家的作品往往都是她的灵感来源。这些艺术家也经常参与其布料、配件和广告的设计，例如，达利为夏帕瑞丽设计了举世闻名的黑色电话包，贾柯梅蒂设计了各式各样的纽扣，谷克多则为她设计过刺绣。这些设计结合她爱用的色彩，如橘色、绿色，尤其是亮粉红色，再加上创新的材质，成了货真价实的艺术品。夏帕瑞丽并未限制自己只设计成衣或定制系列，她也制作戏剧或电影服装，例如，莎莎·嘉宝（Zza Gabor）主演的《红磨坊》等经典名片中的服装就是她的作品。后来她也在产品线中加入了香水和化妆品。

直到第二次世界大战之前，艾尔莎的设计都是大明星的最爱，如凯瑟琳·赫本（Katharine Hepburn）、琼·克劳馥（Joan Crawford）及葛丽泰·嘉宝（Greta Barbo）等，她对美国时尚业的影响力尤其值得重视。第二次世界大战之后，她为财务问题所困，在1954年关闭了自己的沙龙，1973年与世长辞。

参考资料：

Blum, Dilys E. *Shocking! The art and fashion of Elsa Schiaparelli*. Philadelphia: Philadelphia Museum of Art, 2003.

White, P. Elsa *Schiaparelli: Empress of Fashion*. New York: Rizzoli, 1986.

插图：

1. 艾尔莎·夏帕瑞丽，龙虾裙，1937年系列。
2. 艾尔莎·夏帕瑞丽，泳装，1928年系列，摄影：乔治·霍宁根·华内。
3. 艾尔莎·夏帕瑞丽，蝴蝶结毛衣，1927年系列。
4. 艾尔莎·夏帕瑞丽，由丝巾制成的礼服，印有著名的法国军团旗帜图案，1940年系列。
5. 艾尔莎·夏帕瑞丽，印有让·谷克多画作的礼服，1937年系列。
6. 艾尔莎·夏帕瑞丽，有唇形纽扣的短外套，1936年系列。
7. 艾尔莎·夏帕瑞丽，具有形状轮廓的洋装，1951年系列。
8. 艾尔莎·夏帕瑞丽，饰有昆虫的透明项链，1938年。

1.

2.

3.

4.

5.

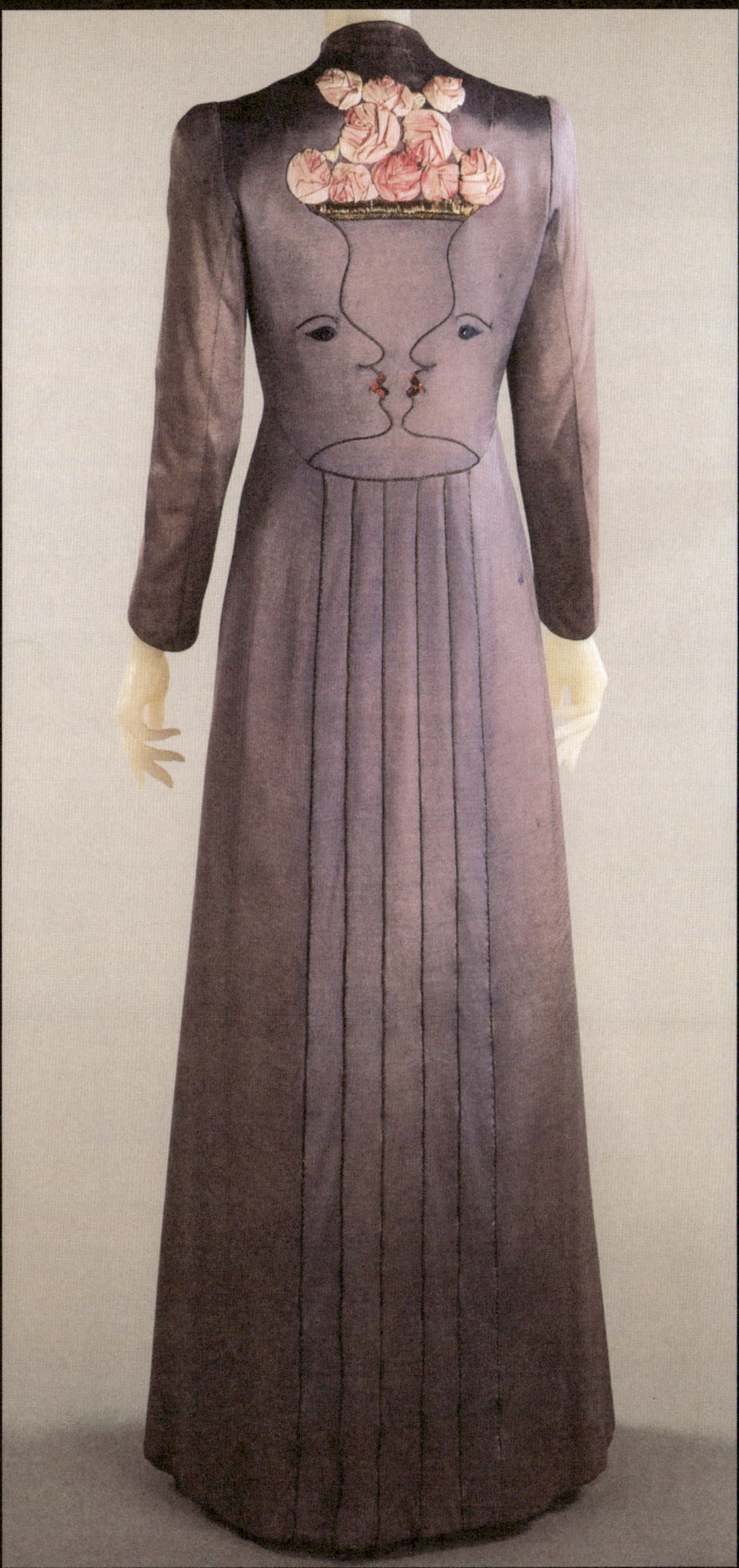

6.

7.

8.

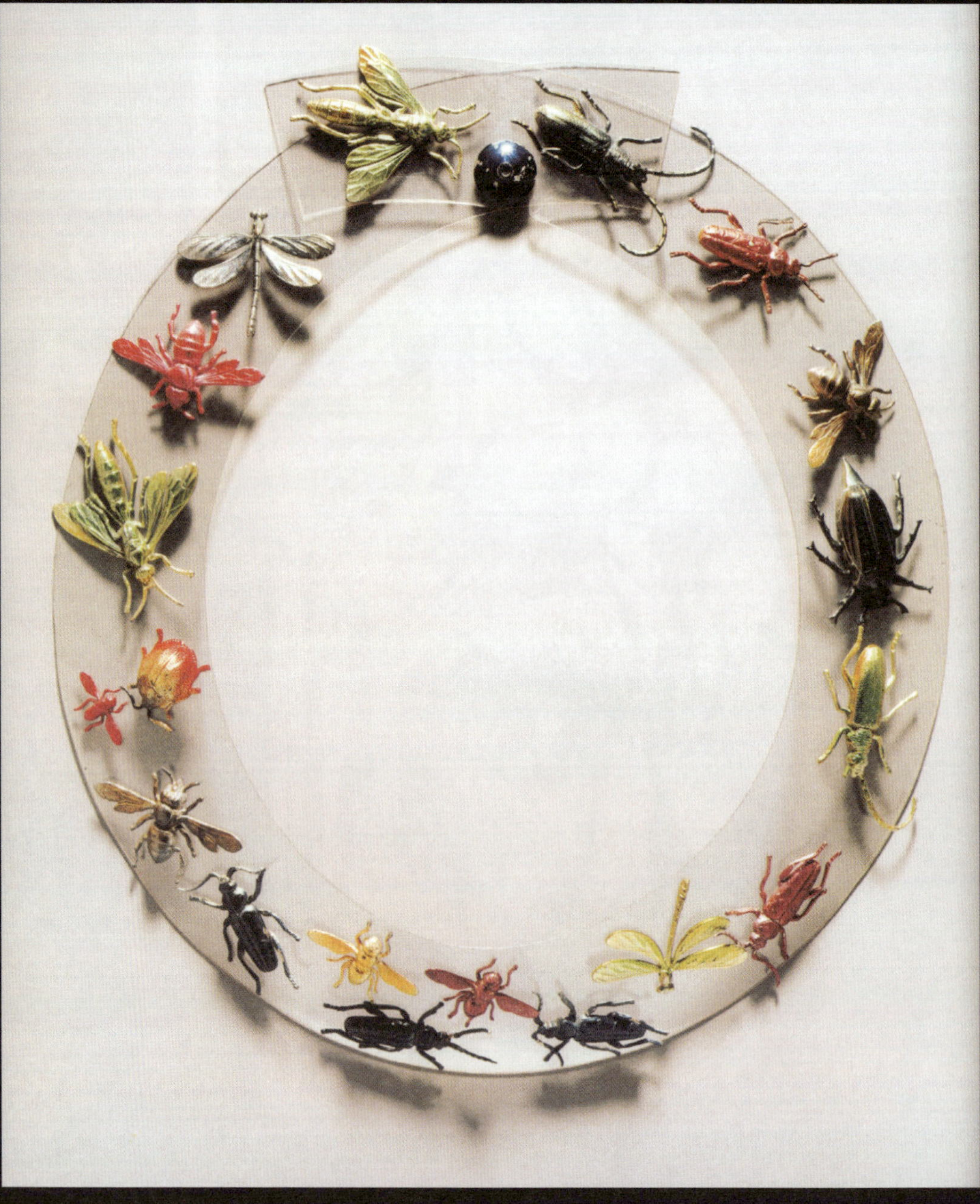

**Fashion theory**
时尚理论

亨克·赫克斯（*Henk Hoeks*）、杰克·波斯特（*Jack Post*）
# 时尚理论的
# 五位先驱：
# 一项全面调查
(*Five pioneers of fashion theory*
　*An encyclopaedic survey*)

# 引言

要确定时尚到底包括哪些内容并非易事，因为它涵盖了各种风格、色彩、礼仪和行为方式。时尚可能包括发型和配饰、珠宝和化妆品，甚至建筑。然而，在这里，我们将时尚的概念局限于服装领域。

两个方面在时尚中起着关键作用。第一是时间，第二是社会群体。每一种时尚都是短暂的，它的寿命是有限的。前一秒流行的东西，下一秒就会被新的潮流取代。除了随着时间的推移而变化，时尚的第二个基本特征是它的穿着群体。因此，时尚的前提是一种特殊的集体行为。

自1850年以来的一个半世纪里，许多思想家和作家都对时尚现象着迷不已。本文将介绍其中的五位，因为他们的思考超越了道德判断或纯粹的描述。他们或多或少地开辟了新的领域，试图将时尚的出现理解为与现代社会密不可分的新事物。诗人夏尔·波德莱尔认为时尚是一种新的美的典范。对他以及马拉美、齐美尔、本雅明和巴特等其他作家来说，时尚与现代主义密不可分。他们赞同意大利诗人贾科莫·莱奥帕尔迪（Giacomo Leopardi）在"关于时尚与死亡的对话"中扼要的观点——死亡是时尚的姊妹，因为两者都是时间和短暂的产物（Leopardi, 1827）。这些理论家的观点很大程度上彼此互鉴，他们仍然是时尚和现代性讨论中的关键参考人物。

# 夏尔·波德莱尔

1821，巴黎（法国）— 1867，巴黎（法国）

夏尔·波德莱尔被认为是 19 世纪最重要的诗人。1821 年，他出生在巴黎一个还算富裕的家庭，1867 年在悲惨的环境中去世，精神和肉体都受到了摧残。波德莱尔被认为是"被诅咒的诗人"（poetes maudites）或"不幸诗人"（doomed poets）中的一员，他们是在整个欧洲，尤其是法国出现的资产阶级新秩序的弃儿。他更喜欢过花花公子的生活。在他眼里，花花公子是一种英雄，一种新型的贵族，自私自利、精于计算的市民。花花公子回避市侩气，致力于美，通过奢侈的行为来培养美。

波德莱尔设计了一个"邪恶帝国"来对抗现有秩序。他的灵感来自犯罪、卖淫和毒品，而不是美德、婚姻和家庭。他的诗中经常出现边缘人物，如罪犯、酒鬼、拾荒者和妓女。因此，当他在 1857 年出版诗集时，他给诗集取了一个有力的名字《恶之花》（*Les fleurs du mal*）。这本书一经出版就激起了人们的愤慨，因其淫秽和亵渎而受到谴责。根据法庭命令，诗集中删去了六首诗。1861 年，新版《恶之花》问世，波德莱尔补充了新诗。《恶之花》是他唯一的诗集，但他会对其进行补充，并不断润色和完善现有诗作。是的，《恶之花》奠定了波德莱尔作为 19 世纪最重要的诗人的地位，事实上他是第一位伟大的现代诗人。时至今日，在诗集首次出版多年之后，他的诗作仍以其令人难以置信的完美技巧、出人意料的现代内容和深刻内涵激励着读者，使他们为之着迷。波德莱尔从抽象的原则出发，或建立在既定的概念之上。这种美所缺乏的或使其多余的，是扎根于自己的新时代，扎根于新的大都市文化的现实。

波德莱尔不仅是一位诗人，还是一位才华横溢的艺术评论家。1860 年，他完成了一篇题为《现代生活的画家》的文章，直到 1863 年才出版。这篇文章的主题是法国画家康斯坦丁·盖斯（Konstantin Guys，1802-1892）。在这篇生动的文章中，波德莱尔在盖斯绘画的基础上提出了一个新的美学概念——"现代性"（la modernité）。他对现代美的定义是对古典美的诠释的否定。现代美由"一个永恒不变的元素和一个相对的、因时而定的元素组成，前者的量很难确定，后者则由当下的时尚、道德和激情决定"。他的这篇文章重点论述了相对的、因时而定的元素："短暂、转瞬即逝、不断变化的元素在任何情况下都不能被轻视或抛弃。撇开它，必然会走向抽象和无法定义的美的深渊。"时尚或许是所有都市现象中最短暂的一种，它是这种转瞬即逝、不断变化的元素的主要组成部分，在当代美学中留下了浓墨重彩的一笔。

波德莱尔认为，狭义的时尚，即服装和化妆品，是对自然的胜利。自然是粗糙、庸俗、丑陋的。与美德一样，美只能源于理性。它是精心计算的结果。服装和化妆将自然的身体塑造并扭曲成崇高的存在，遵循某种超自然的理想。身体和服饰形成了不可分割的整体。不幸的是，这种魔力只能持续片刻，因为每一种时尚都只是或多或少成功地接近了理想状态，是对充实时间的记忆，而不是忧郁（Spleen）——对空虚时间的意识。正是时尚的这种相对性激发了我们一次又一次的欲望。艺术家收集了现代生活中转瞬即逝的琐碎细节，将它们综合为一个整体，一种表象。然而，艺术家绝不能就此罢休。对波德莱尔来说，这些表象只是原材料，诗人/艺术家必须通过想象力将其转化为超越时间的本质。换句话说，诗人追求的是不可能：一种现代生活的概念，没有现代性特有的短暂和死亡的痕迹。

参考书目

Baudelaire, Charles. *The Painter of Modern Life and Other Essays*. London: Phaidon, 1964/2005. Translation by Jonathan Maine of Le peintre de la vie moderne.
— *Oeuvres Complètes*. Edited by Claude Pichois. Paris: Gallimard, 1975.
— *The Flowers of Evil*. Translation by James McGowan of Les fleurs du mal. Oxford: Oxford University Press, 1998.

斯特芳·马拉美

1842，巴黎（法国）— 1898，巴黎（法国）

斯特芳·马拉美被认为是法国最杰出的象征主义诗人之一。马拉美生前是一名英语教师，他在知识分子、作家和画家的小圈子之外并不出名。直到他去世后，其大部分未完成的作品才得以出版，他才逐渐为人所知。

马拉美摒弃了自然主义的工具性和描述性语言，以及19世纪中期"巴那斯诗派"风格。他强调每个词的象征性和语言的直接诗意表现力，因此他的诗风具有高度的视觉、节奏、感官和印象主义特征。他的文学作品可以称得上是一项持续的语言实验，是在不依赖外部现实或诗人主观经验的情况下创造象征性和感官语言现实的持续努力。

很少有人知道，马拉美不仅创作了他闻名于世的"纯粹的诗歌"，而且他还编辑了1874年9月至12月出版的八期时尚杂志《最新时尚》（*La Demiere Mode*）。传统的文学批评一直在与这位使用玛格丽特·德·庞蒂（Marguerite de Ponty）、萨丹小姐（Miss Satin）和lx.等笔名的马拉美作斗争，他写了很多关于珠宝、帽子、蕾丝、精美面料、室内设计和"巴黎美丽世界"的文章。很难让人相信整本杂志几乎都是马拉美这位象征主义诗人写的，包括给编辑的信，他的隐士般的诗句和对语言的崇拜似乎反映了他对新闻和时尚等短暂现象的明确拒绝。

最近的研究和新出版的作品集纠正了这一印象。事实上，马拉美一直在与19世纪新兴的资产阶级大众文化现象进行对话。在19世纪所有以时尚为主题的作家中，他的地位非同一般，因为他对时尚产业不仅有理论上的兴趣，也有实践上的兴趣。他为《最新时尚》撰稿的初衷是继续研究波德莱尔开创的时尚崇高之美（见波德莱尔条目）。

与波德莱尔一样，马拉美认为时尚和现代性密不可分。然而，与波德莱尔不同的是，马拉美并不试图找出现代美的绝对和永恒的本质，而是强调现代时尚的短暂和瞬间之美。马拉美曾经说过，时尚是外表的女神。这种外表不是古代女神的永恒之美，而是大都市巴黎街头的女人——一个走在林荫大道上的路人，她的服装被设计成艺术品，往往只穿一次。马拉美试图在他的杂志中通过插图，但主要是通过语言来捕捉这种时尚的转瞬即逝的现代和短暂之美。他的文本使用了图形和具体的时尚术语，同时也唤起了服装和面料的感官特质。他的语言就像华丽的裙子或帽子的外表一样，转瞬即逝、精致而具体。如果没有他的介入，它们的美丽将永远消失。时尚本身需要被记录下来，尽管不是通过新发明的照相机；在马拉美看来，只有语言能够捕捉时尚的瞬间外观，比如说，闪光织物的色彩、昂贵织物的沙沙声、珠宝的光芒或布料抚摸皮肤的方式。马拉美与他那个时代的时尚新闻的不同之处就在于此，当时的时尚新闻主要将时尚物品描述为商品，促使人们在过时之前进行购买。马拉美将时尚视为一种超越个人作品的创作过程。隐藏在各种笔名之后，诸如玛格丽特·德·庞蒂和她的专栏"时尚"（La Mode）、萨丹小姐和她的"时尚公报"（Gazette de la fashion）或无名氏 lx. 和她的"巴黎编年史"，马拉美为他的读者提供了源源不断的风格创新和建议，甚至描述了并不存在但却是他想象出来的时尚。他问他的女性读者最喜欢哪件衣服，是真实的还是想象中的。尽管情报员让他对时尚界的动态了如指掌，但马拉美显然不认为自己的作品是对"最新时尚"的真实描述。对他来说，《最新时尚》主要是一个修辞阵地，旨在对时尚和现代美进行"诗意召唤"。一些人认为正是这种态度让他在仅仅做了八期之后就被另一位编辑取代了。

在为《最新时尚》所写的稿件中，马拉美试图摆脱必须持续捕捉时尚现状的压力，因为他知道，今天的时尚一旦被记录下来，就已经"过时"了。这是他那个时代新兴时尚产业的铁律，也被许多人视为新兴消费文化的象征。对马拉美来说，时尚的生动形象只存在于语言中，与现实中街头或沙龙中衣着时尚的女性并无太多共同之处。将"时尚"从现在拯救出来，并为其提供语言的避难所，这是释放"现代美"形象的唯一途径。或许这就是时尚的真实形象：一种局限于杂志描述中的想象体验。

参考书目

Lecercle, J.-P. *Mallarmé et la mode*. Paris : Libr. Séguier, 1989.
Mallarmé, S. *La dernière mode. Gazette du monde et de la famille* [Facsimile reproduction]. Paris: Ramsay, 1978.
— *Oeuvres complètes*, vol. 2. Paris: Gallimard, 2003.
Mallarmé, S., P. N. Furbank and A. M. Cain. *Mallarmé on Fashion: A Translation of the Fashion Magazine, La Dernière Mode, with commentary*. Oxford, New York: Berg, 2004.

# 格奥尔格·齐美尔

1858,柏林（德国）— 1918,斯特拉斯堡（德国）

格奥尔格·齐美尔 1858 年出生于柏林,1918 年在斯特拉斯堡去世,曾是斯特拉斯堡的一名大学教授。他在柏林学习哲学和历史,并于 1885 年成为一名无薪大学讲师。齐美尔被认为是社会学的奠基人之一,社会学在 19 世纪下半叶开始发展成为一门严肃的学科。

当谈到社会学家齐美尔时,我们应该把他看作一个分析社会现象的理论家,而不是当代实证社会学研究者。齐美尔被认为是形式社会学的创始人,这意味着他分析和描述了社会化过程的形式。他感兴趣的是个人和其他个人之间、个人和群体之间以及群体之间的联系和关系,而不是它们内容实质。

齐美尔是一位非常多产的作家,发表了大量主题广泛的著作。他不仅在社会学专业领域,而且在文化和文化哲学领域,在他的祖国德国以及在意大利、法国和美国等其他国家都具有影响力。

他的作品中经常出现的一个主题是"大都市文化"。城市化、工业化和大众化等现代化现象很早就吸引了他的注意力,他对这些进程如何影响个人及其行为特别感兴趣。

在他发表于 1900 年出版的主要著作《货币哲学》(*Philosophie des Geldes*)中,齐美尔将重点放在了货币上,认为货币是现代社会的象征,而现代社会的特点是没有人情味、关系日益冷漠和疏远。他对不断进步的货币经济所带来的后果持矛盾的观点,因为这从根本上影响了人与人之间的交往行为。他赞赏不断扩张的货币经济所促进的象征化、精神化、解放和内在生活,但同时也敏锐地注意到"货币思维"作为一种"绝对手段"可能导致的病态过程。例如,他指出,质的价值被简化为量的价值,是因为生活变成了连续的数学计算,或者是因为生活本身被边缘化了。然而,齐美尔在《货币哲学》中提出的最重要的命题是,客观思想对主观思想的支配力日益增强,换言之,经济世界对作为工作和消费实体的人类的支配力日益增强。

后来,齐美尔在多篇论文中阐述了当代大都市文化的各个方面。其中最重要的是他的论文《大都市与精神生活》(*Die Grossstâdte und das Geistesleben*),在这篇文章中,齐美尔提出了以下观点,为了保护自己的内心生活不受大都市生活的压迫,城市居民发展出了一种精神盔甲。这件盔甲通过抵御来提供保护。过度的刺激会麻木感官,导致城市居民对细节产生了一定程度的漠视。

他们学会了与他人保持距离，只建立正式关系。漠不关心的态度是城市人的典型特征。持续的过度刺激产生的后果是他甚至对最强烈的刺激都反应冷漠、怀疑和麻木。任何人想要打破这样的麻木，就必须使用更猛烈的炮火，从而引发无休止的连锁反应。

齐美尔是最早关注时尚这一大都市空间现象的哲学家之一。尽管时尚不是一个专属于现代的现象，但它确实需要一个高度分化的社会。"南非的布须曼人（……），他们的社会没有阶级，从来没有发展出任何时尚，从某种意义上说，他们从未表现出对更换衣服或饰品的兴趣。"时尚不仅在阶级内部划定界限，而且特别是在不同阶级和社会阶层之间划定了界限。时尚利用了人类渴望自我区分并联合成一个可见的群体的冲动。齐美尔认为，只有前卫的人才参与时尚，而群体作为一个整体只是在走向时尚的路上。换句话说，时尚是一种区分和模仿的游戏。齐美尔说，从根本上说，人是一种二元论的生物，他既想与众不同，又想隶属于某个群体。这种二元论引发了一个行动和反应的无尽的重复过程。

这种区分和模仿游戏在社会各阶层和社会各阶级之间尤其有效，尽管在社会顶层的群体之间也有这种游戏。社会底层群体试图模仿经济条件更好的群体——这是时尚的社会层面——而在上层群体中，这引发了将自己与底层群体区分开来的需要。为了实现这一目标，上层社会开始寻找新的符号，并将其作为一个群体符号。因此一种新的时尚诞生了。这种连续的时尚动态可以被称为时尚的时间性。根据齐美尔的这个主张，阶级差异是时尚的唯一基础。在一个共产主义和平等主义的社会中，所有人都是平等的，不会担心社会等级差异的消失——在"有教养的人的阶层"中，社会等级差异会导致衣服、行为、品位等方面的差异。

因此，在一个社会中，时尚是自上而下的。地位较高的群体在决定时尚的节奏和形态方面起着主导作用。根据齐美尔的观点，底层人并不觉得有必要划清界限、联合起来，这就是为什么他们自己不会去寻找新的时尚。他们只是跟随上层社会的潮流。"社会习俗、服装、品位趋势——人类的所有表现形式都在不断被时尚改变，但时尚只会影响上层社会。"因此，时尚只能是一种不为整个社会所承载的现象。它属于"以日益无限的传播和日益完美的实现为目标的现象类型，尽管达到这一绝对目标会使这种现象与自身发生冲突，并导致其消亡"。

这意味着时尚追求一个它永远无法达到的目标，因为目标的实现将使它丧失动机本身。与其说是生存还是毁灭，不如说它的问题是生存和毁灭的同时存在；"时尚总是将自己定位在过去和未来的分水岭上，因此只要它处于高潮，就会给我们一种比大多数其他现象更强烈的过去感"。

因为齐美尔只是将时尚视为一种社会现象，所以他并没有探究其意义或内容。新时尚的出现也超出了他的研究范围，尽管他在这方面提出了一个有趣的观点。齐美尔说,就其内容而言,新时尚不一定来自社会上层。这些阶层的成员宁愿"选择已经存在的特定内容,并由此将它们变成时尚"。根据齐美尔的说法,新内容通常由"暗娼阶层"产生,由于其"背井离乡的生活方式",注定会产生新的内容。其作为社会弃儿的存在,使其对任何已经合法化或既定的事物产生了公开或潜在的仇恨。

毁灭的冲动似乎是"被遗弃者"的典型特征,它在审美上表现为对迄今未知的新时尚的不断追求。齐美尔的观点为时尚研究开辟了一个有趣的新视角。

**参考书目**
Georg Simmel devoted three essays to the topic of fashion, the most important of which is *Philosophie der Mode* (Philosophy of Fashion) published in 1905. The other two are *Zur Psychologie der Mode: Sociologische Studie* (On the Psychology of Fashion: A Sociological Study, 1895) and *Die Frau und die Mode* (The Woman and Fashion, 1908), all of which are included in: Georg Simmel. *Gesamtausgabe*. 24 Volumes. Frankfurt a/M: Suhrkamp Verlag, 1989 (volumes 10, 5 and 8 respectively).

# 瓦尔特·本雅明

1892，柏林（德国）— 1940，波特博（西班牙）

瓦尔特·本雅明于1892年出生于柏林一个富裕的犹太家庭，1940年在法国沦陷后试图逃往美国的途中，在国家社会主义的威胁下自杀身亡。本雅明是"二战"前德国知识界的一位重要人物。

他在家乡柏林和其他许多地方学习哲学，并于1917年在瑞士伯尔尼大学获得博士学位。1925年，他的资格论文被拒，学术生涯的希望破灭。此后，作为一名现代知识分子，本雅明只能靠自己的笔杆子生活。他的作品在20世纪70年代之前大部分没有发表过，其形式、风格和内容多样，有哲学论文和随笔、艺术评论、文学评论、格言、诗歌和大量信件。他的著作涉及认识论、他那个时代的先锋文学以及17世纪巴洛克式的德国悲剧。他尤其关注生活和社会现代化对文化的影响。在早期远离学术哲学之后，本雅明思考了迄今为止仍在哲学思想范围之外的主题，如儿童读物、色情、卖淫、摄影、电影和时尚。他的文风晦涩难懂，有时因其内容深奥而难以把握，但往往精彩而犀利。回想起来，他可以说是魏玛共和国（1918—1933）最重要、最睿智的文化评论家。

很难确定本雅明思想的中心，他的作品的最佳特点是零散和随笔式的。从很早开始，本雅明就拒绝接受当时占主导地位的历史观，以及历史学是系统地积累有关历史时期的知识的观点。在他看来，历史学不是叙述历史，而是努力揭示过去的"真实"形象，这种形象以一种特殊的方式与现在联系在一起。本雅明称之为"辩证形象"，一个能够让历史的进程暂时停止的形象。本雅明所使用的历史天使的鲜明形象有助于阐释这一观点：进步的风暴"不可抗拒地将他推向未来"，而他"则希望停留下来，唤醒死者，并使破碎的东西变得完整"[1]。这一救世主思想来自他1939年写的《历史哲学论纲》（On the Concept of History），一系列论文旨在为他的《拱廊计划》提供认识论上的正当性，二者一起被视为本雅明的遗嘱。

20世纪30年代，本雅明致力于对19世纪的巴黎进行宏大研究，该研究被命名为《拱廊计划》。这项他于1927年开始的研究在他去世时仍未完成，其中包括大量各种来源的引文，以及本雅明自己的评论。《拱廊计划》在20世纪80年代才出版，长达1000多页。本雅明生前曾发表过几篇论文，可视为这部作品的序言，如关于诗人波德莱尔、超现实主义和艺术的论文。在《拱廊计划》中占据中心位置的是本雅明所说的19世纪的首都——巴黎。

19世纪，巴黎经历了从中世纪到现代城市的彻底转变。在一项全面现代化的计划中，这座城市被赋予了新的街道规划——宽阔的林荫大道网络，以及购物中心、地标、冬季花园、游戏厅、车站和展览馆等新建筑。本雅明并没有试图记录或描述所有这些现代化的影响。齐美尔已经完成了大部分工作（参见关于齐美尔的条目）。他想表达的是另一种东西：描绘一个不折不扣的资本主义社会，这个社会在生产商品的同时却不自知，更愿意从文化、幸福和进步的角度来看待自己。本雅明用"幻象"一词来指代这种对现实的漠视。

诚然，幻象是一种幻觉，但又不仅仅是幻觉。它是资本主义商品世界迷人而诱人的感官知觉，是19世纪城市居民的栖息地。在欧洲，这种资本主义文化最系统、最具美感的体现莫过于19世纪下半叶的巴黎。

在本雅明看来，工业资本主义的出现让欧洲陷入了"沉睡"，他已经到了唤醒欧洲的危急时刻。我们需要进行批判性的回顾，将现在从19世纪的幻梦中解脱出来。如何着手呢？本雅明认为，不是通过批判或揭开意识形态的面具，而是通过关注幻象中包含的那些已经走向解放的元素。这些都是本雅明想要在历史中"拯救"的幸福预示。一旦早期现代文化表现形式的幻象魅力消失，它们的本来面目就会清晰可见。本雅明关于时尚的观点应该放在这个宏大的、未完成的、更广阔的《拱廊计划》框架中来看待。他引用了波德莱尔、马拉美和齐美尔关于时尚的论述，并试图对他们的思想进行综合。

本雅明认为，时尚与齐美尔提出的管理现代城市的新时间制度密切相关（见齐美尔条目）。正是这种制度唤起了波德莱尔所说的"无聊"（ennui）的感觉——一秒一秒地流逝，却不留下任何痕迹。资本主义大都市中的每个人都受制于抽象的、量化的时钟时间，浪荡子和轮盘赌者都是如此。这两种形象的出现都是为了应对这种新的时间秩序。浪荡子有意放慢脚步，培养一种慵懒的生活方式，而轮盘赌者则体现了没有经验的时间，即永恒的"回到原点"的原则。无休止的重复所带来的空虚感被波德莱尔称为"忧郁"。如何才能打破这种不断以新的面目出现的旧的循环？

在本雅明看来，时尚体现了新的梦想。它有能力一次又一次地自我更新，但它带来的新却是旧的重新发行。这就是为什么本雅明称时尚为旧瓶装新酒。时尚撷取了过去的主题和形式，并将其作为新事物进行再循环。然而，本雅明认为时尚能够跳出这种"新而不变"的循环。这是因为，正如本雅明在《历史哲学论纲》一书中写道："时尚对时事有一种鉴别力，无论在哪儿它都能在旧日的灌木丛中激荡风云。"当时尚"引用"过去时，它就像本雅明所说的那样"它像一次虎跃入过去"。在那一刻，过去在现在崛起，历史的进程被打断。

因此，时尚的关键在于它与时间的关系。时尚是短暂的，它的时间不是永远，而是现在（见马拉美条目）。时尚是引用的艺术。时尚的存在离不开对过去的不断追溯。在引用被遗弃的、过时的时尚时，它摧毁了它们，同时又通过赋予它们新的生命来拯救它们。

时尚是当下的游戏，它设法以完美的形式捕捉这一时刻。有那么一瞬间，时间似乎静止了，永恒似乎降临了，然后时间飞速前进，打破了这一瞬间，那一刻的感觉才被揭示出来，它是短暂的，是乌托邦式的。正是这种短暂的体验让瞬间笼罩在忧郁的光环中。

在本雅明对现代都市文化的分析中，时尚占据了重要地位。他称时尚为"辩证的（Umschlageplatz）"，是一个实现过渡的地方（可以略带讽刺地译为"通道"）。本雅明引用了波德莱尔在《恶之花》中最感人的一首诗《一个过路的女子》，提出了这样的箴言："无论如何，永恒是一件衣服上的褶边，而不是一种理念。"这意味着在现代文化中，除了瞬间的永恒，没有其他的永恒存在，短暂地被时尚所束缚。时尚将短暂变为永恒，正如它将有机与无机、生命与死亡联系在一起一样。时尚是对肉体短暂性的典型否定。

时尚在本雅明的历史哲学中发挥着不可低估的作用，即作为现在与过去之间新关系的典范。他认为时尚可以在他拯救过去的计划中发挥关键作用。毕竟，时尚可以虎跃入过去，这是本雅明对革命概念的加密表达。

本雅明揭示了促使波德莱尔、马拉美和齐美尔等知识分子认真对待时尚的核心原因。他们中没有人从道德高地贬低时尚，也没有人将其简化为纯粹的经济现象。他们很早就认识到，时尚是一个新的文化领域，它迫使他们改变了对时代文化的思维方式。

注释

1. Translated by Lloyd Spencer: http://www.tasx.ac.uk/depart/media/staff/ls/WBenjamin/CONCEPT2.html

参考书目

Benjamin, Walter. Baudelaire. Amsterdam, 1979. [English: *Charles Baudelaire: A lyric poet in the era of high capitalism.* Translated by Harry Zohn. New York: Verso, 1997.]
— *Das Passagen-Werk.* 2 vols. Frankfurt a/M: Suhrkamp 1983. [English: *The Arcades Project.* Edited by Roy Tiedemann. Translated by Howard Eiland and Kevin McLaughlin. Cambridge MA: Harvard University Press, 1999.]
— *Maar een storm waait uit het paradijs. Filosofische essays over taal en geschiedenis.* Nijmegen: SUN, 1996.
Vande Veire, Frank. *Als in een donkere spiegel.* Amsterdam: SUN, 2002.
Vinken, Barbara. *Mode nach der Mode: Kleid und Geist am Ende des 20. Jahrhunderts.* Frankfurt a/M: Fisher Taschenbuch, 1993.

罗兰·巴特
1915，瑟堡（法国）—1981，巴黎（法国）

罗兰·巴特是一位多才多艺的知识分子。他不仅研究古典和现代文学、戏剧和音乐，还研究电影、摄影和旅游等大众文化现象。20世纪50年代，他发表了大量关于时尚的文章，并于1963年撰写了论文。在巴特看来，时尚与食物、城市或文学一样，是我们用来沟通和交流信息的复杂符号系统。

与语言学对语言系统（任何语言）、语词（日常荷兰语口语）和语言（荷兰语）的区分类似，巴特将时尚区分为服装（时尚系统）、单件服装（穿在身上的时尚）和服饰（属于某种文化的服饰）。由于符号学研究的是时尚系统（"服装"），因此他的研究被命名为《时尚系统》。正如对裙子长度的分析所示，时尚的变化是由潜在系统的规则决定的。正如甲壳虫乐队引入的革命性发型与传统发型相比是长的，但与几年后的发型相比却是短的一样，裙子的长度本身并不重要，重要的是它比前一个时期的裙子要么长要么短。

语言学家认为，荷兰人之所以能分辨出某一音位序列的含义，是因为我们都使用相同的语言系统。

语言系统与说话者个人无关，因为他或她只涉及日常用法。语言学从日常语言的大量具体事实中推导出基本的抽象语言系统。同样，巴特说，时尚系统可以从某种文化中的服饰中推导出来。

该系统由一系列元素组成，这些元素可以按照一定的规则进行组合，有些组合在某一年是允许的（短裙是"时尚"），其他则是被禁止的（长裙"过时了"，而中长裙"还不流行"）。

巴特开始研究时尚时，对时尚的研究还很少。为数不多的出版物大多由对事实有详细了解的行家撰写，他们通常根据气候、社会学或人类学现象（如性别、婚姻状况或社会阶层）来解释时尚的变化。这些研究都无法回答巴特的问题，即时尚到底是什么，它作为一种社会交流系统是如何发挥作用的。

研究时尚，又该从何入手呢？在巴特看来，研究街头实际穿着的时尚几乎是不可能的。这当然存在符号逻辑方面的问题，但主要困难在于准确确定服装的含义。一方面，时尚承载着各种性、社会学、文化和职业含义，另一方面，又很难将这些含义与具体的服装联系起来。时尚是由服装搭配决定的吗？是由任何一件服装决定的吗？是由配饰还是颜色决定的吗？时尚的含义很难确定，这不仅是因为它随着时间和历史时期的变化而变化，还因为它取决于服装所处的特定时尚体系的限制和禁止。只有在极少数情况下，服装才具有永久的象征意义，例如日本的和服或拉丁美洲的庞乔斗篷。服装的哪一方面具有意义，有什么意义，这些都很难确定。巴特找到了解决这个问题的方法，既简单又巧妙。他决定不分析街头时尚或时尚摄影，而是分析时尚杂志中的时尚新闻。

为什么要研究时尚新闻？因为 *Jardin des Modes* 和 *Elle* 等时尚杂志在定义时尚和向大众传播时尚方面发挥着至关重要的作用。在这些杂志中，时尚以一种非常特别的方式出现。服装被插图从现实中分离出来，并被标题赋予意义。不断变化的时尚形象被凝固在这种文字与表象的相互作用中，我们可以对其进行更近距离的观察。时尚的新形象并非如人们想象的那样由插图传达，而是由"引用"时尚并对其进行描述的文字传达。

巴特在分析中指出，时尚杂志不仅告诉公众什么是"时尚"，还掩盖了时尚是一种人为制造的社会现象这一事实。时尚产业的生存权来自读者年复一年地购买最新的时尚的事实。杂志在这一经济体系中扮演着重要角色，它们小心翼翼地抹去时尚的所有商业和人为因素，并暗示这些意义与服装自然相关，并与服装的功能或性质交织在一起——而事实上，这些易变和随意的意义将在下一年的时尚中被其他意义所取代。因此，所有时尚杂志谈论的都是时尚：正在流行的时尚。在巴特看来，这是一种同义反复：一次又一次，在一张又一张照片和一个又一个标题中，重复着这样的信息：这就是时尚，这就是流行。唯一会随着季节变化的是服装。换句话说：时尚卖的不是物品，而是意义，这也是时尚满足消费者拥有"时尚"之物的愿望的方式。

**参考书目**

Barthes, R. *Système de la mode*. Paris: Éditions du Seuil, 1967.

— 'Systeem van de Mode: De retoriek van de signifié', *Versus: Kwartaalschrift voor film en opvoeringskunsten* 4 (1985): 45-53. (Translated fragment from *Système de la mode*, with a brief introduction by van Eric de Kuyper.)

— 'De modefotografie' *Versus: Kwartaalschrift voor film en opvoeringskunsten* 4 (1985): 107-109. (Translated essay from *Système de la mode*.)

— *Le bleu est à la mode cette année et autres articles*. Paris: Institut français de la mode, 2001.

R. Barthes and M. Ward. *The fashion system*. Berkeley: University of California Press, 1990.

# 图片来源

American Fine Arts Co., Inc., New York: p.355, p.356

Richard Avedon 为 Vogue 杂志所摄（1968年）: p.36

Boissonnas en Taponier 为 Les Modes 杂志所摄（1907年）: p.60（上）

CNAC / MNAM Dist. RMN / Droits réservés: p.382

CNAC / MNAM Dist. RMN / Philippe Migeat: p.367, pp.370-371

Diesel: p.165（左）, p.266, p.278, p.279, p.280, p.281

André Durst 为 Vogue 杂志所摄（1938年）: p.61

Anders Edström: p.43（左）

Peter Eisenman, Silvia Kolbowski: p.347, p.352, p.354

Marco Fasoli: p.339

Marina Faust: p.39, p.43（右）

Jean François: p.40, p.302, p.303（上）

Shoji Fujii: p.106, p.107

Guy Bourdin Estate: pp.248-249, p.250, p.251, p.252, p.253, pp.254-255, p.256, p.258

George Hoyningen-Huene: p.286

Hulton Getty Picture Collection: p.200（右）

Matt Jones: p.133

Tatsuya Kitayama: p.30, p.42

Micha Klein: p.156

Hans Kroeskamp: p.178

Kazumi Kurigami: p.296

Dan Lecca: p.277

Les Modes 杂志 1908 年 1 月刊（第 85 期）: p.62（上）

Les Modes 杂志 1910 年 10 月刊（第 118 期）: p.48（上）

Christophe Luxereau: p.175

Guy Moberly: p.268（右）

Helmut Newton: p.260, p.261, p.262

Sandra Niessen: p.267（左）

Port Discovery, Baltimore, USA: p.87（左）

Power Plant, Baltimore, USA: p.85（右）

Ralph Lauren: p.276（右）, p.286

Man Ray 为 Harpers Bazaar 杂志所摄（1940）: p.60（上）

Léopold Reutlinger 为 Les Modes 杂志所摄（1904）: p.44

Peter Stigter: 封面, p.24, p.37, p.40（上）, p.113, pp.188-191, pp.218-219, p.220, p.221, p.224, p.239, p.307, p.315

Ronald Stoops: p.38

Javier Vallhonrat: p.53

Marcel van der Vlugt: p.169（上）

Vogue 杂志 1983 年 7 月刊: p.294

www.adje.punt.nl: p.165（右）

The power of fashion about design and meaning
©2006 Uitgeverij Terra Lannoo BV and ArtEZ Press
Published by agreement with ArtEZ Press, through the Chinese Connection Agency, a divison of Beijing XinGuangCanLan ShuKan Distribution Company Ltd., a.K.a Sino-Star.

---

图书在版编目（**CIP**）数据

时尚叙事：内涵、历史与祛魅 /（荷）扬·布兰德（Jan Brand）等编；温亚男译 . -- 重庆：重庆大学出版社，2025.3. --（万花筒）. -- ISBN 978-7-5689-4907-1

Ⅰ. TS941.12

中国国家版本馆 CIP 数据核字第 2024SX0075 号

---

时尚叙事：内涵、历史与祛魅
SHISHANG XUSHI: NEIHAN、LISHI YU QUMEI
[荷] 扬·布兰德 (Jan Brand) 等 / 编
温亚男 / 译

责任编辑：张　维　　　书籍设计：typo_d
责任校对：关德强　　　责任印制：张　策

重庆大学出版社出版发行
出版人：陈晓阳
社　址：(401331) 重庆市沙坪坝区大学城西路 21 号
网　址：http://www.cqup.com.cn
印　刷：天津裕同印刷有限公司
版　次：2025 年 3 月第 1 版
印　次：2025 年 3 月第 1 次印刷
开　本：710mm×1020mm　1/32
印　张：25.75
字　数：550 千
书　号：ISBN 978-7-5689-4907-1
定　价：189.00 元

本书如有印刷、装订等质量问题，本社负责调换
版权所有，请勿擅自翻印和用本书制作各类出版物及配套用书，违者必究